XINXING YOUYUAN PEIDIANWANG
YUNXING TIAOKONG JISHU

新型有源配电网运行调控技术

范　辉　杨少波　梁纪峰
　　　　　　　　　　　　编著
罗　蓬　胡雪凯　马　瑞

中国电力出版社
CHINA ELECTRIC POWER PRESS

内 容 提 要

本书从我国新型有源配电网发展形势及技术现状出发，首先介绍了新型有源配电网的组网装置及形态特征，阐述了有源配电网的典型场景；从分布式光伏功率预测、用电行为特性分析、需求侧响应、边缘节点感知优化配置等方面介绍了新型有源配电网智能感知技术；提出了新型有源配电网承载力动态评估技术，对研发的光伏承载力评估系统设计方案及功能应用进行了阐述；研究提出了配电台区资源优化配置、源网荷储互动及边缘自治决策技术，介绍了自主研制的配电台区光伏感知决策一体化终端；研究提出了中压配电网光伏集群云边协同优化调控的架构、模型和算法，并进行了案例分析；在此基础上，阐述了有源配电网分布式光伏并离网主动控制、电能质量统一调控及多模态平滑切换等技术，介绍了分布式储能参与电网一次调频的容量配置、控制策略及控制系统结构设计方案；针对分布式电源点多面广的现状，研究提出了分布式电源集群控制架构及策略，介绍了研制的主动支撑型分布式光伏样机；在有源配电网快速保护方面，分析阐述了拓扑自识别、基于 5G 的馈线自动化及多端差动保护、主站集中式故障定位技术；最后从供电可靠性评估、故障就地自愈及集中式恢复策略等方面介绍了新型有源配电网故障恢复体系，保障新型有源配电网的安全稳定运行。

本书适用于分布式电源及配电网领域的工程技术人员，同时也可供电气工程领域的研究人员、电力公司技术人员及相关专业的学生查阅参考。

图书在版编目（CIP）数据

新型有源配电网运行调控技术 / 范辉等编著.

北京：中国电力出版社，2024. 12. -- ISBN 978-7-5198
-9717-8

Ⅰ. TM73

中国国家版本馆 CIP 数据核字第 20250LF759 号

出版发行：中国电力出版社
地　　址：北京市东城区北京站西街 19 号（邮政编码 100005）
网　　址：http://www.cepp.sgcc.com.cn
责任编辑：孙　芳（010-63412381）
责任校对：黄　蓓　常燕昆
装帧设计：赵姗姗
责任印制：吴　迪

印　　刷：三河市万龙印装有限公司
版　　次：2024 年 12 月第一版
印　　次：2024 年 12 月北京第一次印刷
开　　本：787 毫米×1092 毫米　16 开本
印　　张：18.5
字　　数：432 千字
印　　数：0001—1000 册
定　　价：85.00 元

前　言

随着我国"四个革命、一个合作"能源发展新战略的提出和能源清洁低碳转型战略的推进，我国新能源尤其是分布式新能源持续保持快速发展，新能源发电总装机容量连续多年位居世界第一位。2021 年全国分布式光伏新增装机容量超过集中式光伏，截至 2023 年底，全国新能源发电总装机容量达 12.8 亿 kW，占全国发电总装机的比例超过 40%，分布式光伏装机容量 2.54 亿 kW，新能源整体呈现分布式与集中式并举的发展形势。

大规模分布式电源、储能及新型负荷广泛接入各级配电网，配电系统由传统的放射状交流无源系统向末端源网荷储互动、交直流混合系统演变，进而呈现出多元融合与多态混合的新型有源配电网形态。2024 年 2 月，国家发改委和国家能源局联合发布的《关于新形势下配电网高质量发展的指导意见》（发改能源〔2024〕187 号）为新型有源配电网的发展指明了方向。

规模化分布式光伏接入配电网，给配电网的安全可靠运行带来严峻挑战，突出表现在以下几个方面：一是传统配电网设备信息化和智能化水平低，电力调控中心无法感知分布式光伏的状态信息，缺乏调控分布式光伏的技术手段，只能采用盲调方式进行电力平衡控制，导致调度控制准确率低、配电网末端电压偏差大、设备反向重过载和高线损等问题。二是传统光伏逆变器采用电流源和最大功率跟踪模式，缺乏有功无功主动支撑能力，离网带载运行时无法对外提供稳定电压和频率支撑，同时在离网和并网模式切换时存在暂态时间长、电压畸变率大等问题。储能具有功率和容量双重支撑能力，然而当前储能容量有限且成本高昂，现有控制策略主动支撑能力弱。三是传统辐射状配电网变为多端、多源、弱馈问题突出的有源配电网，潮流方向由传统单向确定性潮流变为双向不确定潮流，短路电流双向流动导致传统保护方案不再适应，增加了传统保护误动、拒动风险。四是传统配电网故障供电恢复慢，影响范围大，是造成长时停电的主要原因，严重影响配电网供电可靠性。同时，高比例分布式光伏、储能等分布式资源的接入为配电网故障恢复提供了全新的技术手段。

本书针对传统配电网可观可测可调可控能力不足、主动支撑性能不足、保护配置不完善、故障恢复速度慢等问题，从新型有源配电网智能感知、集群云边协同调控、主动支撑、保护及故障恢复技术等四个方面进行了重点介绍，提升新型有源配电网的智能感知决策水平，通过配网资源的协调配置，提高了分布式电源的承载力和利用率，有效支撑清洁能源的高效利用，对促进分布式电源的发展、配电网高品质供电意义重大。

编　者

2024 年 12 月

目 录

概　　述

　　配电系统作为电力资源从生产者到消费者的关键环节和最终环节，是构建新型电力系统的关键领域，是区域多能源互补的协同平台、交易平台，分布式能源接入和消纳平台。实现新型配电系统可测、全观、灵活可控和自愈，保障安全可靠和经济运行的供电要求十分重要。

　　随着新能源、储能、新型负荷的高渗透接入，配电网面临高渗透率分布式资源并网存在瓶颈、巨量分布式柔性负荷接入要求高、适应终端能源电力转型发展的配套机制政策相对滞后等新形势。电力电子化设备的大规模应用，使配电系统正在从传统交流系统向交直流混合的智能柔性配电系统演化。柔性配电网络有利于配电网满足各类型分布式电源、储能、柔性负荷的灵活接入和高效运行。同时，柔性互联也使得直流配电网更好地与交流配电网混合运行，配电网络结构将从传统放射型转变为多端闭合互联网络，并进一步向多层、多级、多环的复杂网络方向发展，进而呈现出多元融合与多态混合的新形态。

　　（1）存在问题。国家发展改革委　国家能源局《关于新形势下配电网高质量发展的指导意见》（发改能源〔2024〕187号）指出，加快配电网建设改造和智慧升级，强化源网荷储协同发展。开展交直流混合配电网、柔性互联等新技术应用，探索采用配电网高可靠性接线方式。大规模随机性的分布式光伏接入低压交直流混合配电网，给配电网的安全稳定经济运行带来严峻挑战，突出表现在以下几个方面：

　　1）传统配电网设备信息化和智能化水平低，面对高比例分布式光伏无序接入，电力调度机构无法感知到分布式光伏的装机和出力信息，只能通过集中式光伏电站的出力信息对分布式光伏进行粗放式预测拟合，同时调度机构缺乏实时调度控制分布式光伏的通道和技术手段，电网调度机构只能根据误差较大的分布式光伏出力预测信息调整其他源荷储资源，造成分布式光伏高渗透电网调度准确率低、末端电压偏差大、配电设备反向重过载和高线损率等突出问题。为确保电网和用户设备安全，政府和电网公司为配电网制定了统一的分布式光伏接入容量上限，无法根据不同配电台区的实际运行情况和新能源消纳利用率确定更加科学合理的光伏接入容量。

　　2）传统光伏逆变器采用跟网型控制技术，无法独立提供稳定的电压，需要利用锁相环技术跟踪电网相位并向电网注入电流，此种逆变器有功无功调节能力弱，无法主动支撑电网电压和频率，在电网故障情况下将脱离电网，进一步加剧电网故障程度。如何保证逆变器孤岛运行模式与并网运行模式的无缝切换是提高负载供电可靠性、充分利用光伏发电的关键技术。储能作为未来新型电力系统构建的关键设施，具有功率和容量双重支撑特征潜力，采用合适的储能变换技术，将能够为高比例新能源电网提供惯量/频率和电压的主动支撑，有效提升有源配电网的稳定运行能力。然而当前储能容量有限且成本高昂，当储能过充或过放时，会导致无法提供稳定的电压同步信号，现有控制策略难以支持其正常工作。

3）新能源的大量接入使传统辐射状配电网变为多端、多源、弱馈问题突出的有源配电网，双向不确定性潮流增加了传统保护误动、拒动风险。传统配电网为单电源辐射型网络结构，其潮流与故障电流方向固定，均由电源侧指向负荷侧，线路保护一般采用三段式电流保护即可实现故障区段的判断和隔离。三段式电流保护依靠保护定值的整定和时间配合，算法简单，易于实现，在配网中得到广泛应用，但对于有源配电网，分布式电源的分散接入使其变为潮流与短路电流双向流动，分布式发电具有间歇性、不确定性，传统保护方案不再适应。此外，传统的光纤智能分布式虽具有较强的可靠性，但依赖光纤通信实现终端间的信息传输，该种方式光线敷设难，建设成本高，一旦光纤遭到破坏，无法正常工作，且通信恢复时间较慢。

4）传统配电网故障恢复方案对新能源暂态响应特性及用户差异化可靠性需求考虑不足，转供方案不合理造成保护跳闸、用户停电、设备烧损，由此引发了越来越多的大规模、长时间停电事故，严重影响配网供电可靠性，对人们的生产和生活造成了严重影响。配电网作为电力系统中与负荷直接相连的最末端，是保障供电能力的关键环节，对于保障关键负荷的生存性具有重要意义。有源配电网呈现高比例分布式电源、储能以及电动汽车接入的特征，分布式电源、储能、电动汽车、柴油发电机以及应急发电车均可以作为有源配电网故障恢复的可用资源，通过多资源协调控制增强有源配电网抵御风险、可靠供电的能力成为当下研究的焦点。

（2）研究现状。针对高比例新能源接入后的配电网协调优化调度问题，目前国外主要是研究面向分散接入、基于市场化交易的配电网调度技术。美国电科院围绕多级能源综合协调优化，在新能源发电建模、参数辨识、仿真工具等方面做了大量的研究工作，开发了配电网快速仿真建模工具（DFSM），提出分布式自治实时架构（DART），支持多能源优化调度策略的制定；德国的 E-Energy 计划利用先进的信息通信技术对能源系统进行优化，紧密依托灵活电价实现互动激励，促进可再生能源消纳。针对"源—网—荷—储"协调控制和优化调度，国外学者做了深入研究，分别从供需两侧协调控制角度建立"源—网—荷—储"联合优化调度模型，有效降低系统运行成本，提高安全稳定性；将需求侧响应与储能纳入发电优化调度，促进风电消纳，经济效益显著。实际在可再生能源接入电网后的优化调度研究方面，国外主要考虑局域电网的运行可靠性风险等因素。

在光伏逆变器的输出控制方面，丹麦学者从动态和稳态性能、稳定性和复杂性三个方面对基于功率控制、电流控制和扰动观察三种方法进行了基准测试，发现基于扰动观察法的恒功率策略具有更好的鲁棒性，但是动态性能方面存在较大问题。法国康比涅理工大学采用 PI 控制实现了对光伏阵列的输出功率的跟踪控制，解决光伏电池 p/v 曲线不单调性所带来的控制规律的不一致性，仿真结果显示该方法有很好的控制效果，但并未解决定额功率输出和最大功率输出的平滑切换问题。日本电气工程师学会学者提出了一种调控光伏—柴油—电池孤岛微电网频率的控制技术，该方案使用模糊逻辑控制器来为光伏逆变器产生功率指令，该控制器以光照强度变化和频率偏差为输入，然而该方案在平抑光伏系统有功功率波动的问题方面还存在较大缺陷。加拿大新布伦瑞克大学针对分布式光伏发电支撑电力系统的技术进行了研究，探讨了光伏发电带来的末端电压提升问题及其影响，研究了包括网络升级、电容补偿、改变变压器变比以及改进光伏发电变流器的解决方案，研究通过构建设备的距离和无功电压之间的关系，以期望解决相关问题，然而该研究对网络拓扑有特异性要求，灵活性和适用范围受到局限。

在有源配电网故障快速处理方面，欧洲、美国和日本等国家开展研究相对较早，其主要研究基于：

（1）对传统电流保护方案进行改进，采用复杂的算法和判据来满足要求，如无通道保护等，以达到减少故障切除时间、提高保护灵敏性和适应性。

（2）采用输电线路的保护原理和方案，通过交换多端的信息来提高保护性能，如距离保护、纵联保护、高频闭锁方向保护等。

（3）随着对智能配电网的深入研究，采用一些智能设备及智能配网的通信手段来提高继电保护装置的适应性，在此基础上提出一些新型保护方案。有学者提出采用限流器限制新能源电源馈入的短路电流以减小其对配电网的影响，但是该方法不适用于大量新能源接入的配电网保护。有的学者提出将高压输电网的距离保护移植改造到配电网中，但距离保护需要获取线路中的电压信息，然而在实际配电网中电压互感器安装量有限，难以得到快速推广。改进的一些保护方案对于一些小容量新能源接入情况下较为适用，然而随着新能源接入的比例越来越高，基于采用智能配网的通信手段进行保护是未来的发展趋势。配网故障处理技术应用上，欧洲发达国家在配网故障处理上可以做到对配电变电所出线断路器、线路分段开关进行远程监控，能够及时检测、处理及修复配电网故障，同时配电的广泛应用，基本都实现了配电调度、停电投诉处理、故障抢修流程的管理计算机化。

国内由于前期侧重于输电网的研究与建设，配电网投资建设相对滞后，配电网的状态感知和数据采集研究尚处于探索示范阶段，在高比例新能源接入后急需研究配电网及分散接入的新能源全景感知技术。目前常用的光伏接纳能力评估方法主要包括数学优化方法和随机场景模拟法，均存在较大偏差；部分专家开展了计及源荷时空特性、考虑多市场主体经济性的优化调度理论研究。针对主动配电网的运行特征，提出了多源协同优化调度的总体架构和应用框架，设计了时间尺度和空间尺度的优化调度策略。上海交通大学刘东教授团队针对主动配电网的优化调度与控制进行了深入研究，提出了考虑主动配电网特征以及分布式能源特性的优化调度模型及其求解方法。此外，有专家针对分布式电源的间歇性和波动性，基于模型预测控制的理论，对主动配电网的多时间尺度动态优化调度进行研究，并针对主动配电网中分布式电源和负荷的不确定性，提出基于多场景的优化调度方法。

在分布式光伏高渗透配电网功率控制策略研究方面，仍旧以最大功率跟踪和输出为单一控制目标，相关研究主要可以从光伏逆变器和光伏电站两个层面进行。随着国家智能电网工程的不断推进，大量智能仪器仪表从配电网中带回海量的电能信息，对这些大数据的整理、分析及应用离不开数据挖掘和人工智能技术。近年来，以天津大学和西安交通大学等为主的高校已经开始对其进行研究，其主要目标是提高智能配电网中对分布式电源的消纳能力。其研究方向涉及综合考虑分布式电源出力和负荷需求下基于人工智能算法的光伏并网电压特性拟合、基于大数据的储能装置与光伏逆变器群协调配合的储能装置平滑功率研究等方面。然而，国内对于配网中分布式电源的大数据和智能控制技术还没有形成系统的理论计算方法和成熟的应用案例。

在配电网的故障定位及网络重构方面，国内在含高比例新能源的配电网故障精准定位、隔离与恢复方面尚缺乏实用化的技术成果。各研究机构及相关单位在定位故障、隔离故障和恢复供电三个方向开展了大量的技术研究和应用实践。故障定位方面，国内配电网故障定位在实际生产运行中多采用故障指示器技术和故障选线技术，但两类技术都存在使用局限性，因此近几年国内在配电网故障定位方面的研究重点主要倾向于故障区段定位和故障精准定位这两种精度更高的配网故障定位新技术，其中故障精准定位更受到重视与关注。目前，国内故障精准定位的研究热点主要集中于阻抗法、非阻抗分析的稳态故障精确定位方法、行波法和非行波分析的暂态故障精确定位。在阻抗法方面，山东工业大学基于传统的解微分方程算法进行改进，提出解决高阻接地故障时测距误差过大问题的方法。华北电力大学提出基于节点阻抗矩阵的配电网故障精确定位改进算法。在非阻抗分析的稳态故障精确定位方法方面，广西大学基于遗传算法提出了改进的配电网故障定位数学模型。在行波法定位方面，华中科技大学提出利用迭代算法提取出更为准确的零模波速度，再基于模量行波传输时间差实现故障的双端定位方法。在非行波分析的暂态故障精确定位方面，四川大学利用母线电压暂降和相位跳变与线路区段的距离关系进行区段定位。故障隔离方面，目前国内对配网故障隔离的算法包括矩阵算法、基于专家系统的分析法、基于神经网络的算法、基于遗传算法的分析法、基于模糊集理论的分析法。故障恢复方面，国内目前研究围绕着供电恢复策略的制定展开，现已提出了多种方法解决供电恢复的问题，主要包括传统数学优化算法、启发式算法和人工智能算法三类。由于上述三种方法均具有各自的优点和局限性，目前普遍采用基于启发式规则的人工智能算法或将以上智能算法相结合，以便快速准确地搜索到全局的最优解，实现故障快速恢复。

综上所述，虽然国内外专家学者对针对高比例新能源接入配电网这种大容量源荷同时接入的配电网优化调度尚无深入研究，尤其是在考虑新能源用户行为的源荷储交互式就地决策与云平台协同优化调度领域，尚无相关研究成果报道。另一方面，国内外学者虽然认可电流差动保护是当前配电网的有效保护手段，但是受制于配电网保护信道环境、电气量测点和开关配置简单等因素，目前的研究主要集中于低同步要求、高耐受同步误差、低保护通信量的配电网纵联保护的原理开发上，基于高速无线通信的配电网电流差动保护研究仍处于起步阶段，还未有真正的工程应用。

新型有源配电网组网形态

随着我国"双碳"目标的提出，预计到 2030 年和 2060 年新能源装机主体和电量主体基本实现。以河北南部电网为例，截至 2022 年底，新能源装机容量约 3000 万 kW，其中分布式光伏装机容量超 1500 万 kW，占比超 50%，分布式光伏渗透率跃居全国第一，部分县级电网分布式光伏渗透率超过 100%，配电系统的网络形态和调控方式发生了深刻变化，如图 2-1 所示。

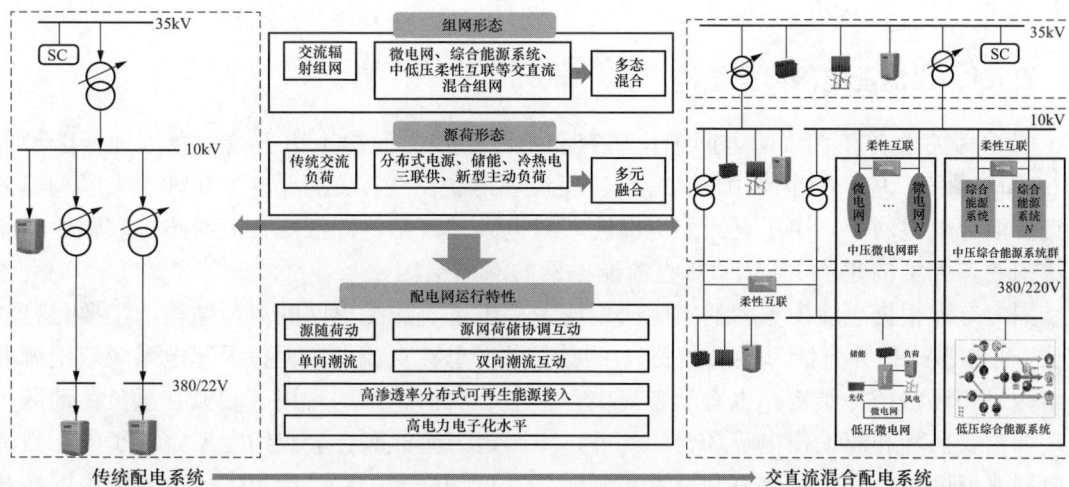

图 2-1　配电系统形态变化

从电源侧来看，随着新能源的大规模接入配电网，电源结构整体由"集中式、大容量、高电压等级并网"向"分布式、小容量、低电压等级并网"转换，发电设备由电磁感应设备向电力电子设备转换。从负荷侧来看，负荷侧类型由传统的交流负荷向充电桩、电动汽车、冷热电三联供等交直流负荷转变，负荷相应特性更加多元化。从电网侧来看，随着电力电子变压器、多端口电能路由器等柔性互联设备的接入，以及微电网、综合能源系统等多元组网形式的出现，配电网形态由传统的放射状交流无源系统向末端源网荷储互动、交直流混合系统演变，进而呈现出多元融合与多态混合的新形态。

传统配电网受"闭环设计，开环运行"方式影响，调控手段有限且灵活性较差。以配电网电压控制为例，传统配电网通过调整有载调压变压器分接头或电压调节器虽可抑制电压越限，但随着大规模新能源和电动汽车的接入，调控资源明显不能满足要求。随着电力电子技术的发展，交直流混合配电技术越来越多地被应用于中低压配电网。相比于传统的交流配电系统，交直流混合配电系统具有容量大、损耗小、便于新型源荷接入等优势。因此，发展建设交直流混合配电系统并展开交直流混合配电关键技术研究，对提升配电网灵活调控能力、促进新型电力系统建设具有重要意义。

针对大规模分布式光伏的多层级接入问题，在不同层级进行交直流改造的目的和作用不同。在低压配电网中，台区内交直流混合配电网的核心在于提升台区能效，改善低压台区供电能力不足的问题；台区间的柔性互联可以实现负载均衡，以及故障状态下的负荷转供。交直流混合中压配电网可以有效增强网络调度功率的能力，实现馈线间功率的实时灵活转供，提升分布式可再生能源的消纳能力。在区域间，交直流混合配电网能够充分利用区域间源荷的互补潜力，实现大时空尺度的能量互济。综合来看，多层级交直流互联的新型配电系统可以促进光伏消纳，充分挖掘新型源荷的调度和故障恢复潜力，推进"双碳"目标实现。

2.1 直流配电网典型结构及选取原则

2.1.1 直流配电网典型结构

国外有关学者在直流配电网理论研究和工程实践方面提出用于接纳和管理新能源的 FREEDM 系统，基于能量路由器构建低压直流辐射状出线；美国弗吉尼亚理工大学构建的交直流混合配电网中，中压直流配电网选取双电源并联结构，低压直流线路选取辐射状结构德国亚琛大学构建了 10kV 中压直流配电网的双极结构。

国内专家根据直流配电网的实际应用场景提出了直流配电网的典型结构，主要包括放射状（也称链式拓扑直流母线式拓扑）、两端拓扑（也称直流中压手拉手配电系统双电源并联结构）和环状拓扑结构。也有学者提出一种中心负荷型结构，用于对孤立重负荷地区供电，如重要孤岛和海上供电等场合。此外，中国电力企业联合会组织专家完成了中压直流配电网典型网架结构及供电方案技术导则（T/CEC 166—2018），给出中压直流配电网拓扑形式（主要包括单端拓扑结构、双端拓扑结构和多端拓扑结构）。其分类依据为电源端的个数，单端拓扑结构包括单端辐射状和单端环状拓扑结构，多端拓扑结构包括多端树枝状和多端环状拓扑结构。在国内的示范工程中，基于变流器构建了交直流配电网的双端三端和五端结构，基于 PET 构建了中压直流互联低压直流辐射状运行的拓扑。

综上，直流配电网典型结构主要包括辐射状两端拓扑、三端拓扑、多端拓扑和环状拓扑结构。

2.1.2 直流配电网拓扑选取原则

在实际应用中，直流配电网拓扑结构的选取主要考虑地区对供电可靠性的要求、新能源接入情况、网络结构的可拓展性等原则。

（1）供电可靠性。供电可靠性是用以度量和评估电力系统向电力用户提供不间断的合格电能的重要指标。直流配电网的供电可靠性与网络电源端的个数呈正相关的关系，即多端拓扑可靠性＞三端拓扑可靠性＞两端拓扑可靠性＞辐射状拓扑可靠性。居民住宅区或直流配电网建设初期，对供电可靠性要求不高，可选用单端拓扑结构；重要负荷区工业园区大型居民住宅区等，对于供电可靠性要求较高，可根据实际情况灵活选择双端、三端、多端拓扑结构或环状拓扑结构。

（2）新能源接入情况。对于新能源分布较少的地区，分布式电源接入个数少且容量小，新能源易消纳，对直流配电网的灵活性要求不高，可选灵活性较低的辐射状结构；对于新能源分布丰富的地区，分布式电源的接入个数较多且容量大，容易出现新能源不能完全消纳的问题，要求直流配电网具有较高的灵活性，可选择双端、三端、多端拓扑结构或环状拓扑结构，在配电网运行中实现不同端馈线间的潮流调节以消纳更多的新能源。

（3）网络结构的可拓展性。一般而言，电源端个数越多网络结构越复杂，越不便于升级改造，网络结构的可拓展性越低，因此针对网络结构的可拓展性方面将直流配电网的典型拓扑结构进行排序为：单端拓扑可拓展性＞双端拓扑可拓展性＞三端拓扑可拓展性＞多端拓扑可拓展性＞环状拓扑可拓展性。

2.2　主要组网装置及形态

2.2.1　柔性互联装置

目前，配电网主流的互联装置主要包括换流器、智能软开关（soft open point，SOP）、电力电子变压器（power electronic transformers，PET），这三种互联装置都是由电力电子器件构成，且都可以实现交－直转换。

（1）换流器。换流器是连接交直流配电网最基本的转换装置，可以实现 AC/DC、DC/AC 转换。基于换流器的交直流配电网组网和控制模式简单，可拓展性强。模块化多电平换流器由于具有良好的冗余性和输出特性而被广泛应用。

（2）智能软开关。SOP 典型装置目前主要有串联补偿器、统一潮流控制器和背靠背电压源型换流器。

SOP 的各个端口出线接入交流配电网，其直流侧可接入源－储－荷形成直流微电网，能够实现 AC/DC/AC 转换。SOP 最初的发展形态是安装于传统联络开关处的双端 SOP，根据配电网应用模式的需求，双端 SOP 进一步拓展为多端 SOP 的形式。多端 SOP 应用于配电网的场景更加灵活多样，可在不替换联络开关的场景下结合网络重构同时对多条馈线进行调节。

（3）电力电子变压器。PET 区别于传统变压器，除具备常规变电器的电压变换和电能分配的功能外，还具备柔性控制各端口功率的功能。PET 可以根据实际需求设计为任意多端口形式。其端口可以根据不同电压等级和不同电能形式进行分类。端口的电压形式可以分为交流端口和直流端口，其中交直流端口可包含高压、中压、低压中的任意电压等级及其组合形式。

2.2.2　配电网组网形态特征

（1）基于换流器的新型有源配电网。基于换流器的新型有源形态结构分为基于单换流器的辐射状直流配电网和基于两个以上换流器的合环运行直流配电网。另外，根据《直流配电网与交流配电网互联技术要求》（T/CEC 167—2018），基于换流器的交直流配电网的典型形态特征如图 2-2、图 2-3 所示。

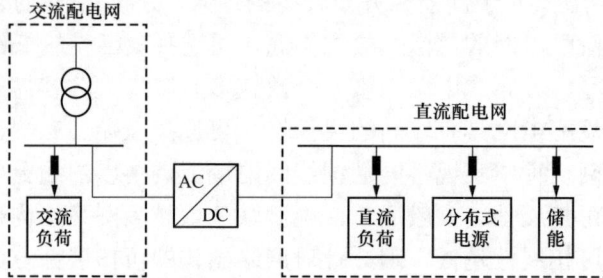

图 2-2 基于 AC-DC 的交直流配电网拓扑

图 2-3 基于 AC-DC-AC 的交直流配电网拓扑

基于 AC-DC 的交直流配电网适合直流源—储—荷发展初期且分布较为分散，并对供电可靠性要求较低的地区。其中，交流部分与上级交流电网连接，直流部分可根据当地用户对供电可靠性的要求选取单端拓扑结构。

基于 AC-DC-AC 的交直流配电网含有两个电源端，适合直流源—储—荷发展中期且分布较为集中，以及对供电可靠性要求较高的地区。两个换流器分别连接两个交流电网、中间直流侧组成直流配电网，直流负荷可从两个方向获取电能，直流部分的拓扑选取双端拓扑结构。直流源—储—荷发展后期接近饱和状态时，交直流配电网可能发展为大范围互联的情形。

除了以上两种基本形态特征，还可以进一步发展为基于多个换流器的交直流配电网，可以是以上两种形态特征的组合以形成更大规模的交直流配电网。此时，直流配电网的拓扑可根据应用场景选取三端多端或环状拓扑结构。

换流器可安装于传统变电站内，呈现传统变电站与换流站混合的新型变电站形式。因换流器安装位置分布较为分散，各换流器呈现分立式结构，单换流器交直流配电网的直流线路呈放射状，基于两个及以上换流器的交直流配电网的直流线路可闭环运行。

直流源—储—荷的分布和发展情况决定基于换流器的交直流配电网的网架结构形态：直流源—储—荷的发展前期、中期、晚期可分别选择基于单个换流器两个换流器多个换流器的交直流配电网网架结构。

（2）基于 SOP 的交直流配电网。目前，关于 SOP 的研究和示范应用工程发展到四端口 SOP。以双端 SOP 为例对 SOP 接入交直流配电网的方式进行说明，如图 2-4 所示。

对于 SOP 接入配电网的位置，双端 SOP 既可替换线路联络开关的位置来调节两条馈线的潮流，也可以在不替换联络开关的情况下调节不同馈线的潮流；对于三端 SOP 和四端

SOP，同样存在以上两种接入方式，但由于 SOP 端口数的增加，还可以存在两种接入方式的混合接入形式。

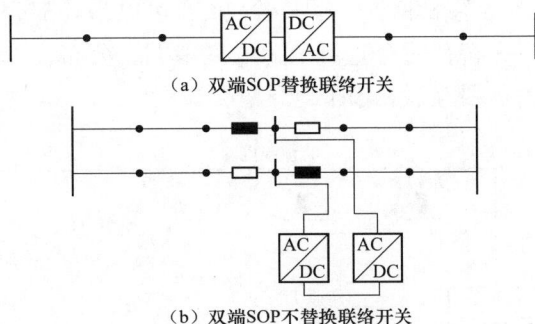

(a) 双端 SOP 替换联络开关

(b) 双端 SOP 不替换联络开关

图 2-4　基于 SOP 的交直流配电网拓扑

考虑到 SOP 的造价成本高，需要选取重要地区的关键位置接入，并以最大程度发挥其运行效益。因此 SOP 接入交直流配电网场景的选择，需要结合地区实际网络拓扑结构负荷分布和发展情况、新能源分布等考虑经济性可靠性等因素，合理选择 SOP 的容量和接入位置。

SOP 安装位置的研究还不成熟，相关学者从现有配电网向柔性配电网改造过渡的角度，提出 SOP 可安装于传统联络开关处的开闭站。但是，由于 SOP 能够通过各个端口的出线连接不同馈线，从而实现各个馈线的潮流调节，因此 SOP 的选址可不局限于开闭站。

SOP 的应用主要是为了应对分布式电源的随机性、间歇性等问题，以达到实时调节馈线潮流的作用。而 SOP 直流侧构造直流电网的能力受限于自身的接入容量，一旦直流形式的源—储—荷发展到一定比例，有必要构造基于换流器或 PET 的以交直流电网同时为骨干或以直流电网为骨干的交直流配电网。因此，基于 SOP 的交直流配电网适合直流形式的源—储—荷发展初期或中期，直流负荷的负荷密度不高及分布式电源渗透率相对较低的场景。

（3）基于 PET 的交直流配电网。PET 能够连接不同电压等级的交流电网和直流电网，现有研究及示范工程发展到两个 PET 通过中压直流配电网进行互联的情形。按 PET 互联的个数，可组成不同的交直流配电网的形态特征，以三端口 PET（包含一个交流端口和两个直流端口）为例进行说明。

基于单个 PET 的交直流配电网的拓扑如图 2-5 所示。一个高/中压交流端口可连接上级电网，高/中压直流端口可通过远距离接入集中式分布电源，低压直流端口的直流配电网可直接接入直流形式的源—储—荷。由于直流电网的电源端只有一个，其拓扑可根据当地用户对供电可靠性的要求选取单端拓扑结构。一旦 PET 发生故障，根据 PET 内部互联结构的影响会使一部分负荷失电，可靠性较低。这种形态特征适合直流源—储—荷的即插即用对供电可靠性要求不高、直流负荷发展前期且分布较为分散的地区。

基于两个 PET 的交直流配电网拓扑如图 2-6 所示。通过两个 PET 的高/中压直流端口连接，每个 PET 的高/中压交流端口可与上级电网连接。这种形态特征下，通过两个 PET

的调节作用可实现对两个变电站供电范围下的馈线潮流的调节，两个 PET 互联的直流线路可选取双端拓扑结构，具有单端电源的直流线路根据当地用户对供电可靠性的要求选取单端拓扑结构。当一个 PET 发生故障时，另一个 PET 可以为其部分负荷供电，在一定程度上提高了可靠性。这种形态特征适合直流负荷发展中期、分布较为集中、对供电可靠性要求较高，并在一定范围内需要互联调节的地区。

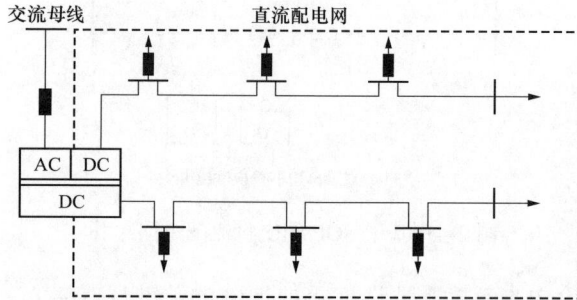

图 2-5　基于单个 PET 的交直流配电网拓扑

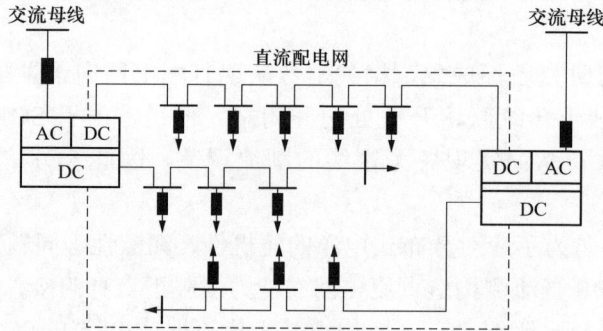

图 2-6　基于单个 PET 的交直流配电网拓扑

基于多个 PET 的交直流配电网拓扑如图 2-7 所示。通过多个 PET 的高/中压直流端口构成一个环状网络，每个 PET 的高/中压交流端口可与上级电网连接。这种形态特征下，通过 PET 的调节作用可实现对多个变电站供电范围下的馈线潮流的调节，将两个 PET 互联的直流线路选取双端拓扑结构，具有单端电源的直流线路根据当地用户对供电可靠性的要求选取单端拓扑结构。当一个 PET 发生故障时，相邻的多个 PET 可以为其部分负荷供电，可靠性程度高于两个 PET 互联的交直流配电网。这种形态特征适合直流负荷发展后期、分布较为集中、供电可靠性要求高，并在大范围内需要互联调节的地区。

PET 是柔性变电站的主要装置。柔性变电站可替代传统的变电站，呈现一站多能的特点。PET 内部是由多个换流器通过多种连接方式集成的拓扑结构，可设计成多电压等级包含多个交直流端口的拓扑结构。与基于多个换流器的交直流配电网相比，呈现集中式结构。基于单个 PET 的交直流配电网中，除了与上级电网相连的端口，其他端口出线呈放射状；基于两个及以上 PET 的交直流配电网可通过相同电压等级的端口进行连接，使系统呈现闭环运行的状态。

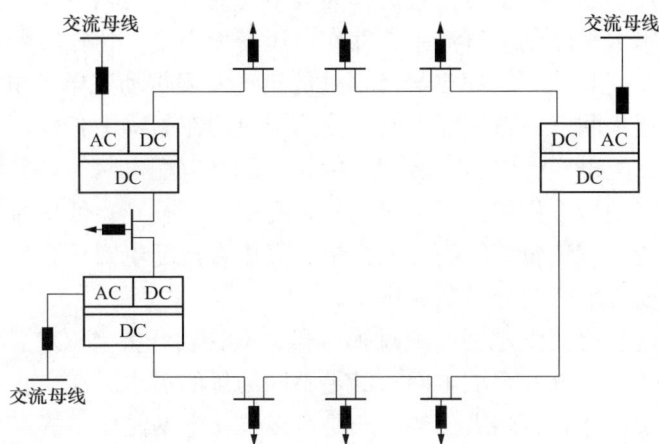

图 2-7 基于多个 PET 的交直流配电网拓扑

从组网复杂性的角度来看，基于换流器的交直流配电网中换流器可安装于传统变电站内，可与周边多个变电站存在联络关系，网架结构较为复杂；SOP 是在原有配电网网架基础上接入的，SOP 的直流侧虽能构成直流微电网，但能力受限于自身容量；基于 PET 的交直流配电网可以有多电压等级、多个交直流端口出线成网，网架结构相对简洁。因此，对于某一供电区域，当连接相同数量的交流线路和直流线路时，由于 PET 具有多端口集成的优势，构建基于 PET 的交直流配电网的组网形态将更简单。

与基于换流器的交直流配电网类似，直流形式的源—储—荷的分布和发展情况同样决定基于 PET 交直流配电网的网架结构形态。直流形式的源—储—荷的发展前期、中期、晚期可分别选择基于单个 PET、两个 PET、多个 PET 的交直流配电网网架结构。从调节馈线潮流作用范围的角度，PET 相比于换流器和 SOP 可在更大的范围内调节电网潮流。交直流配电网网架结构的发展依赖于电力电子装置的发展，基于 IGBT 的电力电子器件运行效率较低，而基于 SiC 的功率器件运行效率虽高但造价高，因此交直流配电网的大规模应用有赖于电力电子装置成本的降低。此外，交直流配电网网架结构的发展依赖于通信的发展，在交直流配电网实际运行中，为保证运行经济性和可靠性，需要各个电力电子装置的协调配合对配电网进行调节。最后，基于电力电子装置的交直流配电网网架结构的发展还受电力电子装置的容量限制，需要进一步研发电力电子装置的新型结构，在降低投资成本的基础上扩大容量。

2.3　有源配电网典型场景

面对配电结构新特征，交直流混合配电网正在兴起。在已有交流网架基础上，建立直流配电系统，实现交直流电压互补，构建多电压等级、多层次环网状、源—网—荷—储灵活互联的配电网系统，有助于促进新能源消纳及多能互补有效利用，提升电能转换效率，提高网架可靠性及多元化需求响应能力。

在电力系统输配体系刚产生时，直流作为最主要的电能传输方式首先得到了应用，但受当时电力电子技术水平限制，直流系统存在电压变换困难、传输容量小等问题，被交流系统逐步取代。20 世纪以来，功率半导体器件的迅猛发展带动了电力电子技术的革新，直流供电技术的优势逐步回归。直流配电网与交流配电网在架构上相似，也是多级互联的网络，可分为高压直流配电网、中压直流配电网、低压直流配电网等。各级配电网面向用户的电压等级不同，其功能不尽相同，各级电网相互配合与补充。低压直流配电网可直接实现分布式电源、储能、直流负荷等的接入；中、高压直流配电网适合作为环网建立区域互联网架，为城市和偏远地区的分散负荷供电。

直流配电网与现有交流配电网可通过换流器、双端软开关（SOP）等电力电子器件进行互联，构成多元化交直流混合配电网，满足不同场景的需求。在交直流混合配电网新形态下，不同线路间柔性互联有四大优势：一是可以优化电网结构，提高分布式可再生能源接入灵活性，实现多类型可再生能源和电动汽车等负荷协调互补消纳，通过电力电子技术对潮流的灵活控制提高设备利用率；二是直流配电系统能够为直流负荷直接供电，减少AC-DC 换流环节，有效降低电能转换损耗，提高能源利用效率；三是通过多端口柔直环节不同交流供电分区或者多条交流线路的合环运行，在有效隔离各类交流故障影响的同时实现故障情况下的多电源快速切换，从而提高系统供电可靠性；四是直流配电相比交流配电，在供电半径、传输容量、运行效率等方面具备优势，可解决部分城市配电网老旧区域增容改造"卡脖子"问题。

近年来，随着交直流配电网的优势凸显，在城市高可靠性供电区域、工业园区等应用场景涌现出了一批示范工程。典型应用场景的构建是推动交直流混合配电网高质量发展的关键。

（1）典型场景一：城市区域。城市核心区域面临负荷增长与新建配电网占用地紧张的矛盾。通过换流器等电力电子器件连接已有交流配电网组成交直流配电网，不仅便于分布式能源、储能、直流负荷等接入，而且可以实现能量跨区域互动，提高现有交流系统负载率，无需新建配电网就可以在一定程度上满足城市负荷快速增长的需求，解决城市供电占用地瓶颈。

南方电网在珠海唐家湾投运了 ±10kV、换流容量为 40MW 的四端柔性直流配电网，如图 2-8 所示，该配电网具有三端联网运行、双端联网+单端供电分列运行、单端 STATCOM 运行等 10 种运行方式既能调节潮流，又能调节电压，能够对电网内各个节点的电压水平进行实时调控，实现了与交流电网有功、无功功率统一协调控制，提高了线路负载率，也为交流电网提供了紧急电源支撑。

（2）典型场景二：工业园区。大型工业园区内，分布式新能源接入逐渐增多，各类变频器、电解炉、电子精密仪器等敏感负荷、电弧炉、大型空调换风系统等中压直流负荷众多，直流负荷的比例占到 40%～60%；工业园区对供电容量、供电可靠性、电能质量的需求较高，交流配电网大量的换流环节带来的成本增加、损耗加重和故障频发等问题日益显著。直流配电网的优势与工业园区的发展需求高度契合，一方面可以直接为直流负荷供电，提高能效；另一方面能够更方便接入储能设备，便于利用储能设备平抑分布式电源出力的波动，并使其作为用电系统的后备电源，维持系统电压的稳定。

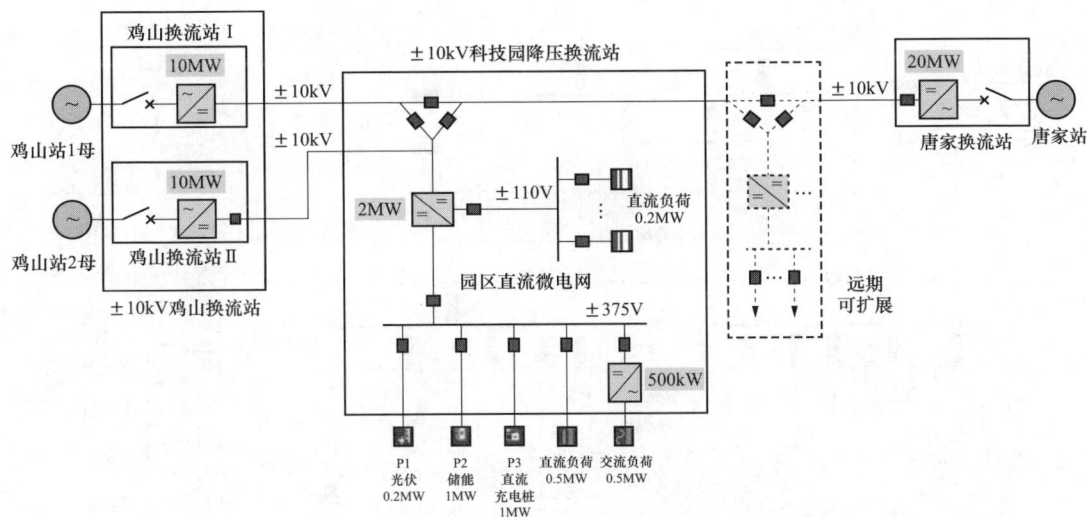

图 2-8 唐家湾四端柔性直流配电网拓扑示意图

近日，国家电网承担的苏州中低压直流配用电系统示范工程（见图 2-9）投运，建设了涵盖直流±10kV、±750V、±375V 三个电压等级，在苏州吴江经济开发区（同里镇）25km^2 范围内，建立多应用场景的中低压直流配用电系统。工程采用具有高可靠性的双端环形网架结构和"两站—四所—六线—九用户"的整体方案布局。园区内分布式新能源和直流负荷能够即插即用，无需经过交直流转换，实现了分布式能源 100% 全消纳。实际运行数据显示，发电侧光伏系统运行效率提升 2% 以上，高耗能工业用户、市政路灯、数据中心、居民用户通过直流化改造可提升整体能效 2%。同时，实现了全网故障 100ms 恢复供电，供电可靠率提高至 99.999%。

（a）

图 2-9 苏州中低压直流配用电系统示范工程（一）

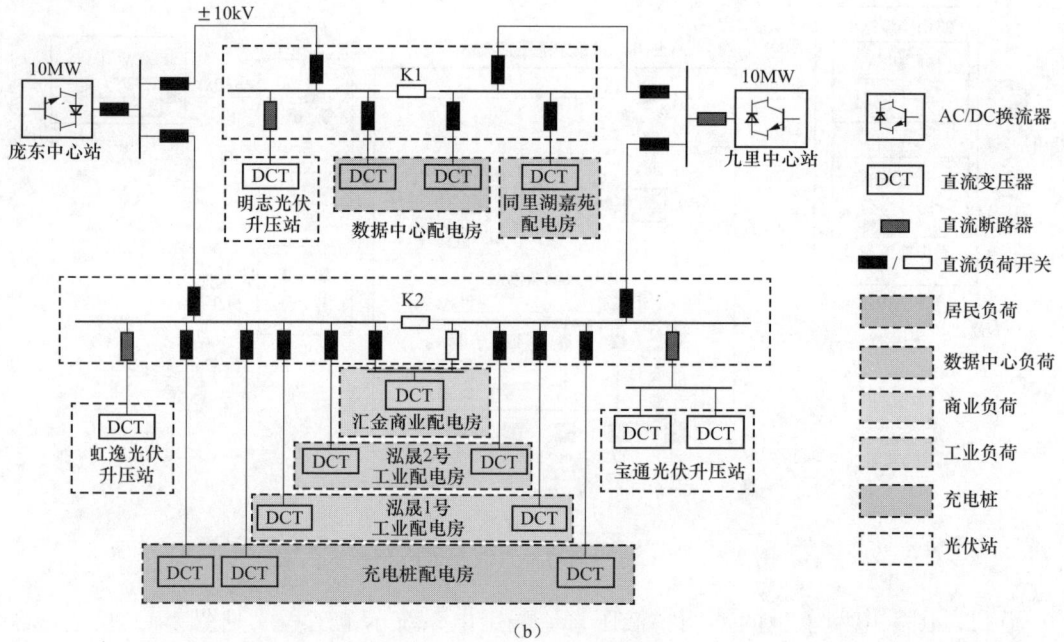

图 2-9　苏州中低压直流配用电系统示范工程（二）

（3）典型场景三：数据中心。数据中心是"能耗大户"，年用电量约占全社会用电的2%，且增速明显，节能减排潜力巨大。采用直流配电将减少大量的换流环节，有效降低变换损耗。通过优化网络结构，直流配用电系统将会在数据中心节能降耗方面发挥巨大作用。

国家电网在张北交直流配电网工程（见图 2-10）中，通过接入张北 2.5MW 光伏发电，为阿里巴巴张北数据中心提供了绿色电能，让光伏发电既能优先在数据中心就地消纳，又能在电量富余时保证全额上网消纳而获得收益。据估算，光伏并网及数据服务器采用直流配电，可以节省数据中心设备投资约 1%，降低数据中心能耗 10%～20%。

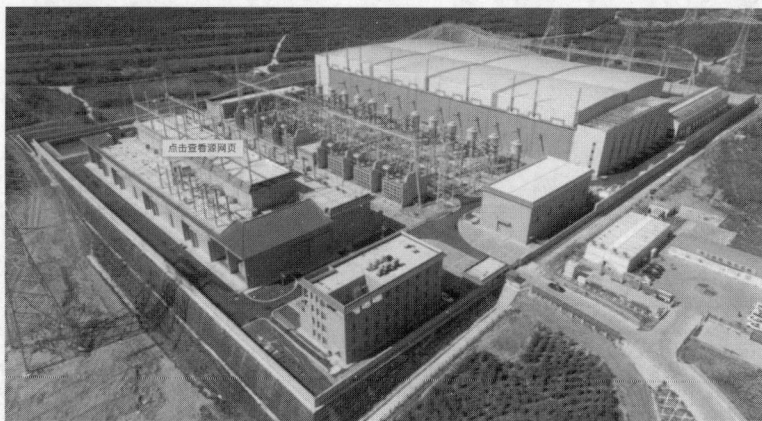

图 2-10　张北柔性交直流配电网科技示范工程

（4）典型场景四：商业楼宇。随着经济发展与城镇化进程的加速，建筑能耗尤其是商业楼宇能耗在社会总体能耗中的占比逐年增加，采用交流配电的商业楼宇能耗费用约占物业管理成本的 30%～40%。而商业楼宇配电系统的主要负荷类型是中央空调、电梯等动力用电，包含大量直流变频设备，其中中央空调系统的能耗一般占总能耗的 40%～65%。另外，商业楼宇正在加大光伏、储能等分布式电源的配置。采用直流配电可有效整合分散的电源和负荷，大大减少换流设备、降低功率损耗、提高能效。有研究表明，采用直流配电的办公楼宇，相比交流配电可节能 11%。虽然前期建设成本较高，但运维 3 年后，总成本将低于交流配电系统。亚信科技大厦综合能源智慧管控平台如图 2-11 所示。

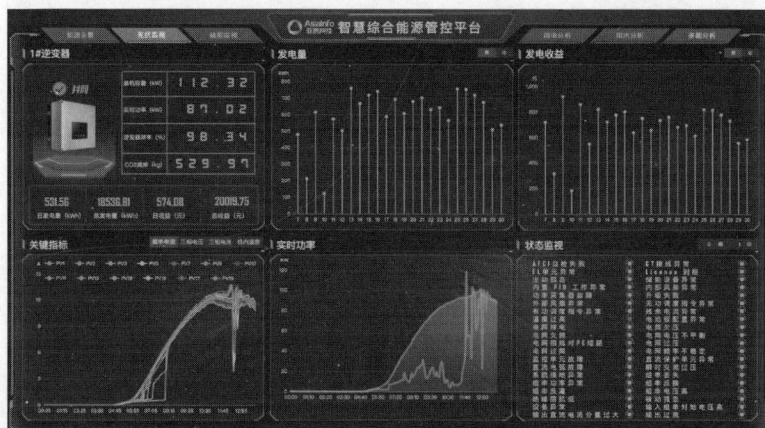

图 2-11　亚信科技大厦综合能源智慧管控平台

15

3

新型有源配电网智能感知

3.1 分布式光伏功率预测

3.1.1 功率波动特征识别

3.1.1.1 改进的变分模态分解算法

由于环境因素和设备本身的影响，光伏输出功率会出现随机性、周期性波动，具有很明显的非平稳性。变分模态分解（Variational Mode Decomposition，VMD）是一种不同于递归式模态分解新方法，可以有效处理非线性、非平稳的时间序列信号，具有优良的频域分解特性。

变分模态分解的具体步骤为：

（1）分问题，假设数据 $f(t)$ 被分解为 k 个分量，为保证分解序列为具有中心频率的有限带宽的模态分量，同时还要保证各个模态分量估计宽带之和最小，其约束条件为所有模态分量之和与 $f(t)$ 相等。带有约束条件的变分表达式为

$$\begin{cases} \min\limits_{\{u_k\},\{\omega_k\}} \left\{ \sum_k \left\| \partial_k \left[\left(\delta(t) + \dfrac{j}{\pi t} \right) * u_k(t) \right] e^{-j\omega_k t} \right\|_2^2 \right\} \\ s.t. \sum\limits_{k=1}^{K} u_k = f(t) \end{cases} \tag{3-1}$$

式中　K——最终分解的模态分量数；

u_k、ω_k——第 k 个模态分量及其中心频率；

$\delta(t)$——狄拉克函数；

$*$——卷积运算符。

（2）引入拉格朗日乘子 λ 并构造拉格朗日函数，将上述带有约束的变分问题转变成无约束的变分问题，得到增广表达式为

$$\begin{aligned} L(u_k, \omega_k, \lambda) = {} & \alpha \sum_k \| \partial_t \{ [\delta(t) + j/\pi t] * u_k(t) \} e^{-j\omega_k t} \|_2^2 \\ & + \| f(t) - \sum_k u_k(t) \|_2^2 \\ & + \left\langle \lambda(t), f(t) - \sum_k u_k(t) \right\rangle \end{aligned} \tag{3-2}$$

式中　α——二次惩罚因子，作用是降低高斯噪声的干扰。

（3）利用交替方向乘子迭代算法，结合帕塞瓦尔定理和傅里叶等距变换，优化得到各个模态分量和中心频率，并且搜寻增广拉格朗日函数的鞍点。交替寻优迭代后的 u_k、ω_k 的表达式为

$$
\begin{cases}
\hat{u}_k^{(n+1)}(\omega) = \dfrac{\hat{f}(\omega) - \sum\limits_{i \neq k} \hat{u}_k^{(n)}(\omega) + \dfrac{\lambda^{(n)}(\omega)}{2}}{1 + 2\alpha(\omega - \omega_k^{(k)})^2} \\[4mm]
\omega_k^{(n+1)} = \dfrac{\int_0^\infty \omega |\hat{u}_k^{(n+1)}(\omega)|^2 \, d\omega}{\int_0^\infty |\hat{u}_k^{(n+1)}(\omega)|^2 \, d\omega}
\end{cases} \tag{3-3}
$$

式中　$\hat{f}(\omega)$，$\hat{u}(\omega)$，$\hat{\lambda}(\omega)$——$f(t)$，$u_k(t)$，$\lambda(t)$ 的 Fourier 变换；

　　　　ω——频率；

　　　　n——迭代次数。

变分模态分解技术是一种不同于递归式的模态分解新方法，具有优良的频率分解特性，但是其在处理信号时受分量个数影响严重。通过主观经验难以合理设置该分量个数，分量个数设置不合理会导致模态混叠现象，所以变分模态分解技术并不能自适应地确定分解个数。针对这一问题，引入奇异值分解技术，根据奇异值分解原理，其去噪过程是保留前 K 个较大奇异值，将 K 之后的奇异值置零，重构序列基本能准确反映原序列。从构造原理可知，前 K 个较大的奇异值反映序列的主要成分，K 之后较小的奇异值反映了噪声成分，K 值的确定可以根据奇异值分布曲线来实现，当奇异值由极大值快速下降到稳定的极小值时，其转折点就是奇异值阶数 K 值。而变分模态分解在处理噪声部分时是直接删除。因此奇异值分解后的突变点 K 值和变分模态分解的分量个数 K 在序列处理的过程中起的作用一致，所以模态分量个数 K 可以根据奇异值分解的有效阶次来确定。为了顺利搜寻奇异值突变点阶次，此处提出一种自适应确定的方法，具体实施步骤如下：

（1）根据奇异值分布曲线，计算各阶次对应奇异值的斜率，即

$$
g_m = \frac{ds}{dm} \tag{3-4}
$$

式中　s——奇异值；

　　　m——奇异值对应的阶次。

（2）计算相邻两个奇异值斜率的差值，即

$$
g_m = g_{m+1} - g_m \tag{3-5}
$$

（3）如果相邻两个奇异值斜率的差值满足

$$
f(dg_m > thr_1 \,\&\, dg_{m+1} < thr_2),\ then\, k = m \tag{3-6}
$$

式中　thr_1——斜率差的上阈值；

　　　thr_2——斜率差的下阈值，两者具体数值根据序列强度大小而定，一般取 $thr_1 = 50$，
　　　　　　$thr_2 = 5$ 便可以求出奇异值突变点阶次 k。

3.1.1.2　波动特征识别模型

通过改进的变分模态分解技术分解光伏功率序列后得到若干模态分量，其中高频分量被认为是波动特征更为复杂的序列。因为 LSTM 在处理复杂任务方面具有明显的优势，所以 LSTM 模型用于高频分量的训练，而低频分量用于训练 CNN 模型，高频分量和低频分

量借助波动特征识别模型来区分。

为了准确区分波动特征，首先定义以下波动特征参数：

（1）光伏日功率序列波动峰值 P_m，即

$$P_m = \max(|P'_{r+1} - P'_r|), \ r = 1,2,\cdots,n-1 \tag{3-7}$$

式中 $\bar{P}'_r$——归一化日功率极值点序列在 r 时刻的值；

r——归一化日功功率极值点序列的序号；

n——日功率序列的极值点数量。

（2）光伏日功率序列波动频率 f，即

$$f = \frac{n}{96} \tag{3-8}$$

（3）光伏日功率序列波动变化率 η_m，即

$$\begin{cases} l_r = \begin{cases} t_r, \ r = 1 \\ t_r - t_{r-1}, \ r = 2,3,\cdots,n \end{cases} \\ \eta_m = \max l_r, \ 1,2,\cdots,n \end{cases} \tag{3-9}$$

式中 l_r——归一化日功率序列相邻极值点的时间间隔；

t_r——归一化日功率序列极值点所对应的时刻。

根据定义的光伏功率序列波动特征参数，采用四分位法确定高、低频分量的分界参数。

3.1.2 功率预测模型

3.1.2.1 改进型 Tent 混沌映射方法

PS0 等众多群体智能优化算法通过随机初始化确定个体的初始位置，虽然能够保证个体初始位置的随机性，但有可能使得个体初始位置距离最优位置较远，从而导致解的精度低、收敛速度慢。混沌映射序列具有遍历性、随机性、初值敏感性，能够有效弥补随机初始化方法的缺陷。Tent 混沌映射表达式为

$$z_{k+1} = \begin{cases} 2z_k, \ 0 \leqslant z_k \leqslant 0.5 \\ 2(1-z_k), \ 0.5 \leqslant z_k \leqslant 1 \end{cases}, \ k = 0,1,2\cdots \tag{3-10}$$

式中 k——映射次数；

zk——第 k 次映射值。

从式（3-10）可以看出，混沌映射属于[0,1]分布，但是实际分布主要集中在[0.2,0.8]之间，因此对 Tent 混沌映射进行改进，改进后的函数表达式为

$$z_{k+1} = \begin{cases} 2(z_k + 0.1 \times rand(0,1)), \ 0 \leqslant z_k \leqslant 0.5 \\ 2(1 - z_k - 0.1 \times rand(0,1)), \ 0.5 \leqslant z_k \leqslant 1 \end{cases}, \ k = 0,1,2\cdots \tag{3-11}$$

式（3-11）中，当 $z_{k+1} > 1$ 时，其返回值为 1；当 $z_{k+1} < 0$ 时，其返回值为 0。

改进后的 Tent 混沌映射在[0,1]之间的遍历性明显有效提升，分布更加均匀。由此，采用改进后的 Tent 混沌映射初始化种群。

混沌变量转化为种群解空间变量的逆映射为

$$x_k = l_k + (u_k - l_k) \cdot z_k, \ k = 0,1,2,\cdots \tag{3-12}$$

式中　l_k 和 u_k——优化变量区间的最小值和最大值。

种群初始化流程如下：

（1）步骤一：设优化变量数目为 n，随机赋予 n 个式（20）中 z_k 的初始值 z_0；

（2）步骤二：利用式（3-11）产生混沌变量 $\{z_{ik}, i=1,2,\cdots,n\}$；

（3）步骤三：将混沌变量 z_{ik} 利用式（3-12）逆映射到种群解空间，完成种群初始化。

3.1.2.2　麻雀搜索算法理论

麻雀搜索算法（SSA）主要是受麻雀的觅食行为和反捕食行为的启发而提出的。该算法比较新颖，具有寻优能力强、收敛速度快的优点。在 SSA 中，将所有个体分为发现者、加入者和警戒者。发现者主要为种群提供觅食方向，加入者跟随发现者觅食，警戒者负责对觅食区域进行监督，如发现危险，立即通知整个种群逃离。在觅食过程中，三者不断更新当前位置，寻找最优位置。警戒者占种群比例是 15%～20%，发现者和加入者是动态变化的，即某个个体成为发现者必定有另外一个个体成为跟随者。

设种群中有 N 只麻雀，所有个体组成的种群可表示为 $X=[x_1, x_2, \cdots x_N]$，每个个体对应的适应度函数为 $F=[f(x_1), f(x_2), \cdots f(x_N)]^T$。其中，发现者位置更新规则为

$$x_{i,j}^{t+1} = \begin{cases} x_{i,j}^t exp\left(\dfrac{-i}{\alpha \times iter_{max}}\right) \\ x_{i,j}^t + Q \times L, R2 \geqslant ST \end{cases} \tag{3-13}$$

式中　　　　t——当前迭代次数；

$x_{i,j}^t$——在第 t 代中第 i 只麻雀在 j 维的位置；

$\alpha \in (0,1]$; $iter_{max}$——最大迭代次数；

$R2$——报警值；

ST——安全阈值；

Q——服从正态分布的随机数；

L——$1 \times d$ 的矩阵；

d——个体维度。

跟随者的位置更新规则为

$$x_{i,j}^{t+1} = \begin{cases} Q \times exp\left(\dfrac{x_w^t - x_{i,j}^t}{i}, i > \dfrac{n}{2}\right) \\ x_p^{t+1} + |x_{i,j}^t - x_p^{t+1}| \times A^+ \times L, \ i \leqslant \dfrac{n}{2} \end{cases} \tag{3-14}$$

式中　x_w^t——第 t 代适应度最差的个体位置；

x_p^{t+1}——第 $t+1$ 代中适应度最佳的个体位置；

A——$1 \times d$ 的矩阵，其中每个元素随机设置为 ± 1，$A^+ = A^T(AA^T)^{-1}$。

警戒者的位置更新规则为

$$x_{i,j}^{t+1} = \begin{cases} x_b^t + \beta \mid x_{i,j}^t - x_b^t \mid, \ f_i \neq f_g \\ x_b^t + k \left(\dfrac{x_{i,j}^t - x_b^t}{\mid f_i - f_w \mid + \varepsilon} \right), \ f_i = f_g \end{cases} \tag{3-15}$$

式中　　x_b^t ——第 t 次迭代中的全局最优位置；

　　　　β ——控制步长，服从（0，1）的正态分布；

　　　　ε ——常数，以规避分母为零；

　　　　f_i ——当前个体适应度值；

　f_g 与 f_w ——目前全局最优和最差个体的适应度值。

式（3-15）中，$k \in [-1,1]$。

为提高文中提出的 CNN/LSTM 混合网络模型的预测精度，采用改进型麻雀搜索算法优化 CNN/LSTM 混合网络模型，其优化流程如图 3-1 所示。

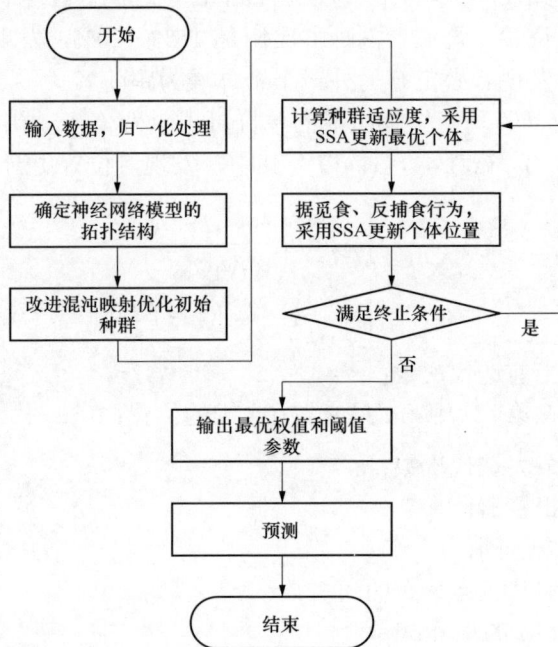

图 3-1　优化算法流程图

3.1.2.3　混合神经网络预测模型

CNN 和 LSTM 在光伏功率预测方面的精度表现不俗，但在处理更加复杂的问题时，CNN 难以与 LSTM 相提并论。为进一步提高模型预测精度，采用组合预测模型，考虑用 CNN 建立低频分量的预测模型，用 LSTM 建立高频波动分量的预测模型。由于低频分量具有波形更加规律的特点，同时模型参数比较少，为保证这部分分量预测精度较高，选取 CNN 建立预测模型更为合适。高频分量的预测可以认为是更加复杂的问题，采用 LSTM 网络能获得更加准确的预测结果。

（1）长短期记忆神经网络（LSTM）。LSTM 是在 RNN 基础上改进的一种特殊神经网络模型，不同的是 RNN 中每一个隐藏层上添加遗忘门、输入门、更新门、输出门。这样就可以将当前信息与历史信息进行对比，通过选择遗忘、自我抉择的机制进行学习，以此可以缓解 RNN 训练中容易出现梯度爆炸或者消失的问题。

该模型有三个输入，包括 C_{t-1}、h_{t-1}、x_t，分别表示为上一时刻的长期记忆信息、上一时刻的短期记忆信息、当前输入。模型内部有三个门来控制信息的舍去与否，分别为输入门 i_t、输出门 O_t、遗忘门 O_t。更新公式为

$$\begin{cases}
f_t = \sigma(w_f \bullet [h_{t-1}, x_t] + b_f) \\
i_t = \sigma(w_i \bullet [h_{t-1}, x_t] + b_i) \\
O_t = \sigma(w_o \bullet [h_{t-1}, x_t] + b_o) \\
\tilde{C}_t = \tanh(w_c \bullet [h_{t-1}, x_t] + b_c) \\
C_t = f_t * C_{t-1} + i_t * \tilde{C}_t \\
h_t = O_t * \tanh(C_t) \\
y_t = w_y h_t + b_y
\end{cases} \tag{3-16}$$

式中　w 和 b——控制门的权重矩阵和偏置向量；

　　　σ——激活函数；

　　　y_t——最终输出结果；

　　　$*$——Hadamard 积。

（2）卷积神经网络（CNN）。卷积神经网络在图像识别、分类，以及预测方面的应用较多。模型结构主要由卷积层和池化层构成，其利用局部连接、权值共用等特点加快训练速度、提高泛化性能。

卷积层由多个特征面组成，每个特征面由多个神经节点（元）组成。其中，每一个神经元通过卷积核与上一层对应的局部特征面域相关联，卷积层就是通过卷积核的卷积操作来提取特征的。紧随卷积层的是池化层，与卷积层相似的是池化层也是由多个特征面组成，其每一个特征面与上一层特征面相对应，所以特征面数量与卷积层一样。池化层的功能是对数据特征进行二次提取，目的是随数据降维处理。其常用的池化方法是均值池化法和最大池化法。

CNN 是一种专门用于处理具有网格状拓扑结构数据的神经网络。在该应用场景中，需处理一维时序数据，一维时序数据可以看成按一定时间间隔采样的一维网格，所以本书采用一维卷积神经网络。其一维卷积计算表达式为

$$x_k^l = f\left(\sum_{i=1}^{N} x_i^{l-1} * w_{ik}^l + b_k^l\right) \tag{3-17}$$

式中　x_k^l——l 层第 k 次卷积；

　　　f——激活函数；

　　　N——输入数据的需做卷积映射的数量；

　　　$*$——卷积操作；

　　　w_{ik}^l——l 层第 k 个卷积核做第 i 次运算的权值；

　　　b_k^l——l 层相对应的第 k 个卷积核的偏置。

采用最大池化法，表达式为 $\hat{x}_k^l = \max(x_k^l : x_{k+r-1}^l)$，表示取从向量 x_k^l 到向量 x_{k+r-1}^l 的最大值。

对于序列 x，重复对每一个窗口为 r 的连续向量进行最大池化操作，可得到最大特征序列。

3.1.3 超短期功率预测方法

超短期光伏功率预测办法主要分为以下步骤：

（1）利用奇异值分解技术对历史光伏功率序列进行分解，确定最佳分量参数 K。

（2）进行变分模态分解，得到模态分量，假设有 K 个。

（3）针对（2）得到的 K 个模态分量，通过分量波动特征识别模型将其分为高频分量和低频分量。

（4）针对低频分量构建 CNN 预测模型，针对高频分量构建 LSTM 预测模型。将分量 1 到分量 N、分量 $N-1$ 到分量 K 分别作为 CNN_1 到 CNN_N 模型、$LSTM_{N-1}$ 到 $LSTM_K$ 模型的输出。所有的模型以历史环境数据作为输入，在训练模型过程中采用改进的麻雀搜索算法优化模型参数，从而建立对应的预测模型。

（5）将当前时段的环境数据输入到已经训练好的预测模型中，分别把高、低频分量预测结果叠加重构得到当前时段光伏功率预测值。

3.1.4 算例验证

计算机配置：处理器为 Intel（R）Core（TM）i5-4200UCPU@1.60GHz 2.3 GHz，64 位操作系统，基于 x64 的处理器；仿真软件：MATLABR2019b。仿真对 CNN/LSTM 预测模型和改进的 SSA 优化算法模型进行测试，同时与 CNN、LSTM 两个单一神经网络模型、未经优化的 CNN/LSTM 模型、优化后的 CNN/LSTM 模型的预测结果进行对比。由于本实验所提供的数据集规模、维数较大，各模型训练时间耗时较长，因此主要考虑各种模型预测误差性能指标。其中，数据集来源于河北某光伏电站，数据集规模为 3671×19，前十八维为影响光伏出力的环境因子和光伏设备运行影响参数，最后一维是对应的历史光伏功率值。为验证所提模型的预测性能，将前期整理好的实验数据集 3500 个样本作为训练集，171 个样本作为测试集。

（1）误差衡量指标。

在对预测模型的准确性进行评价时，一般选择平均平方差（MSE）、平均绝对误差（MAE）、平均平方根误差（$RMSE$），以及平均绝对误差率（$MAPE$）作为误差评价指标。MSE 可以评估一个模型的稳定性；MAE 是一种观察误差的基础性指标；$RMSE$ 对异常点较为敏感；$MAPE$ 能凸显误差与真实值之间的比率。其计算表达式为

$$MSE = \frac{1}{N}\sum_{i=1}^{N}(x_i - \hat{x}_i)^2 \tag{3-18}$$

$$MAE = \frac{1}{N}\sum_{i=1}^{N}|x_i - \hat{x}_i|^2 \tag{3-19}$$

$$RMSE = \sqrt{\frac{1}{N}\sum_{i=1}^{N}(x_i - \hat{x}_i)^2} \tag{3-20}$$

$$MAPE = \frac{100\%}{N}\sum_{i=1}^{N}\left|\frac{x_i - \hat{x}_i}{\hat{x}_i}\right| \tag{3-21}$$

式中　x_i、$\hat{x}_i$——预处理后的光伏功率预测值和实际值；

　　　N——测试集的数据个数。

（2）改进的变分模态分解结果。选取测试集的 3500 个历史光伏输出功率序列样本，如图 3-2 所示。从图 3-2 可以得出，光伏输出功率序列具有明显的波动性、随机性、非平稳性的特点。若不采用波动特征识别模型区分类型，而直接将全部历史光伏功率序列进行样本分解，分解后的各模态分量图如图 3-3 所示。很明显可以观察到，模态分量多且波形复杂，所以需要训练的模型多、训练困难，最终会对预测精度带来影响。

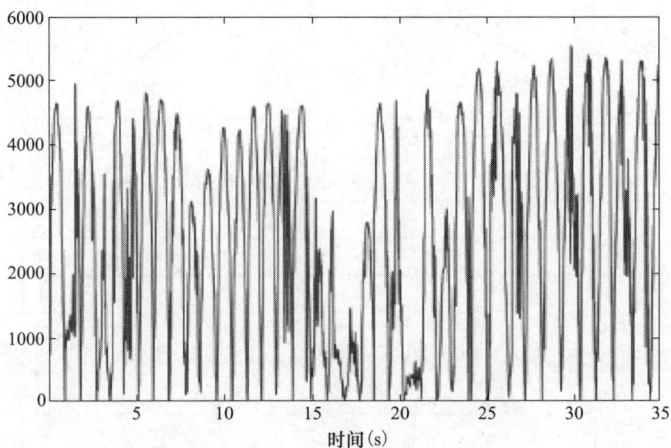

图 3-2　光伏历史功率时间序列

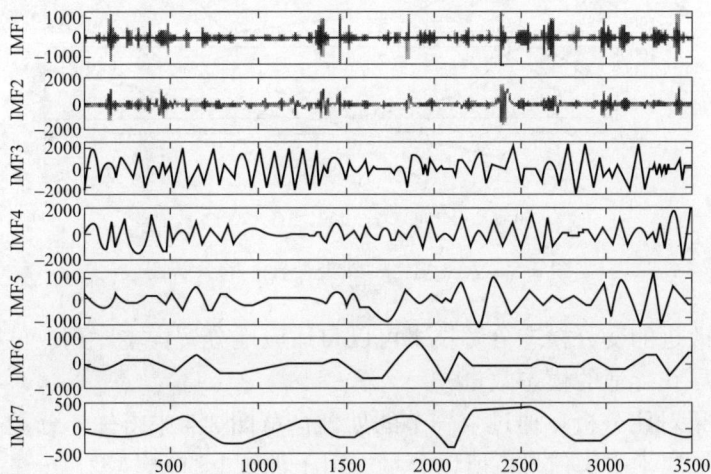

图 3-3　全部样本的改进 VMD 分解结果

首先采用波动特征识别模型将所选取的样本分为天气变化缓慢和天气变化剧烈两种类型；然后利用改进的变分模态分解技术将两种类型的数据进行分解，天气变化缓慢类型样本和天气变化剧烈类型样本分别分解，如图 3-4、图 3-5 所示。相比于图 3-3 可知，图 3-4、图 3-5 中模态分量少且波形规律性，便于后续的训练和预测。

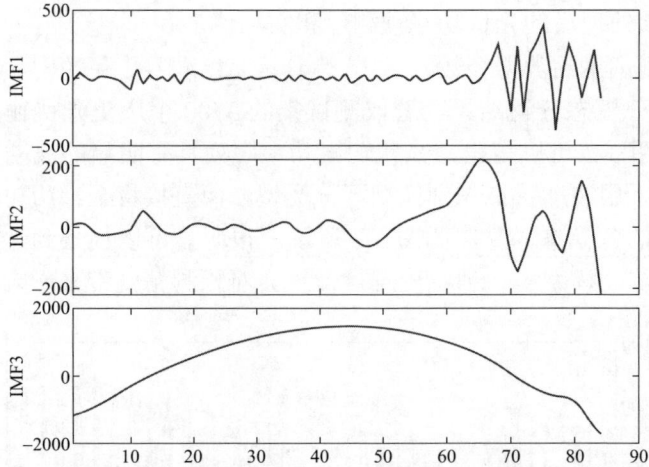

图 3-4　天气变化缓慢类型样本的分解图

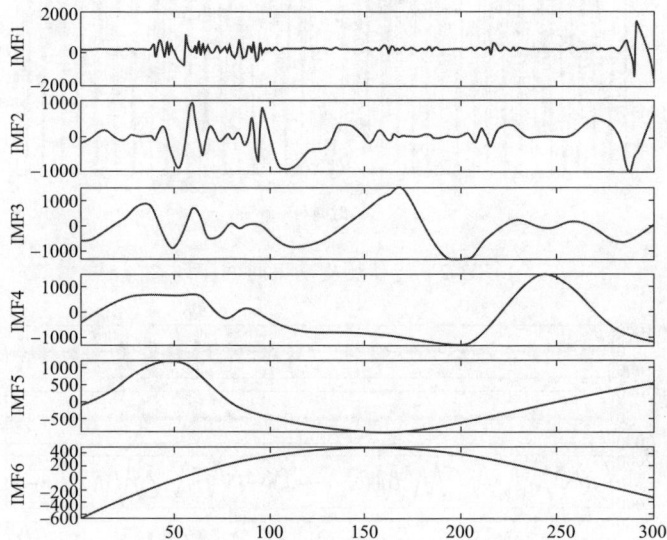

图 3-5　天气变化剧烈类型样本的分解图

　　另外，利用改进的变分模态分解技术可以自适应地分解样本序列，可以避免采用繁琐的中心频率法去寻找合适的模态数量。

　　（3）实验结果对比分析。通过上一节的处理，从图 3-4 中得知，分量一属于比较复杂信号，分量二、三属于平稳信号，所以分量一用于训练 LSTM 模型，分量二、三用于训练 CNN 模型；从图 3-5 得知，分量一、二属于比较复杂信号，分量三、四、五、六属于平稳信号，所以分量一、二用于训练 LSTM 模型，分量三、四、五、六用于训练 CNN 模型。

　　为了验证文中所采用模型的优越性，分别采用 BP 模型、CNN 模型、LSTM 模型、未经优化 CNN/LSTM 模型，以及优化后的 CNN/LSTM 模型对天气变化缓慢、天气变化剧烈两种类型的测试集样本进行预测，对比实验仿真效果。两种天气类型下不同预测模型的误差对比如表 3-1 所示。

表 3-1　　　　　　　　　　　　两种天气类型下不同预测模型的误差

预测模型	MAE（%）		MAPE（%）		MSE（%）		RMSE（%）	
	a 类	b 类	a 类	b 类	a 类	b 类	a 类	b 类
BP	12.33	18.56	10.91	17.16	1.34	3.05	16.34	19.24
CNN	7.68	15.37	7.59	14.92	0.98	1.97	12.11	15.03
LSTM	6.08	9.16	4.20	8.52	0.84	1.76	9.18	14.32
CNN/LSTM	3.28	6.43	1.36	2.84	0.39	1.03	6.26	10.28
SSA-CNN/LSTM	2.92	4.29	1.02	2.19	0.34	0.94	1.36	4.71

在预测精度方面，从各种网络模型的预测功率曲线与真实功率曲线对比来看，BP 网络模型的预测效果最差，CNN 和 LSTM 网络预测效果要显著优于 BP 网络模型；LSTM 网络模型的预测效果要优于 CNN 网络模型；未经优化的 CNN/LSTM 混合网络模型的预测效果优于 LSTM 网络模型；经过 SSA 优化后的 CNN/LSTM 混合网络模型的预测效果要优于其他 4 种模型，尤其在天气变化剧烈的时，其预测效果表现更好。

通过进一步具体分析预测误差指标发现，无论哪种天气类型，在各种预测误差指标下，BP 网络模型预测效果最差，这主要是由于 BP 网络模型的拟合能力相比于其他几种网络模型较差。特别是在 MSE 指标下，指标误差本已经特别小的基础上，两种天气类型中 SSA-CNN/LSTM 混合网络模型比单一网络模型最好的结果分别减少了 50%、82% 的误差，比未经过优化的 CNN/LSTM 混合网络模型分别减少了 5%、9% 的误差，进一步也说明采用的 CNN/LSTM 模型不仅具有更高的光伏预测精度，并且对天气的影响具有突出的适应性。相对于单一网络模型，混合网络模型预测精度明显提升，这充分表明混合网络模型在处理规律比较明显的序列时，CNN 与 LSTM 的能力相当；而在处理复杂的任务时，LSTM 的学习能力更胜一筹。相对于未经优化的混合网络模型，体现了 SSA 训练参数的强大能力，不仅避免了模型训练过拟合，同时防止训练过程中梯度消失或者爆炸的情况出现，从而提高预测精度。因此，SSA-CNN\LSTM 混合网络模型在各种误差指标分析中表现都是最佳的。

在收敛速度方面，需要特别指出的是，由于 Tent 混沌映射的改进，使得种群初始化更为合理，提高了近似解的精度。同时，根据麻雀搜索算法的思想，迭代过程中能更快地更新到最优解的位置附近，收敛速度很快。优化后的混合网络模型不仅收敛速度更快而且在预测精度上也略有提升。即使收敛速度快，但在改进的混沌映射作用下，也不容易陷入局部最优的情况。正因为改进的麻雀搜索算法具有上述优势，才会在几种对比模型的预测结果中表现出优秀的性能。

3.2　光伏用户用电行为特性分析

3.2.1　用电特征指标

电力用户用电特性可以采用功率曲线表征，也可从功率曲线获取特征指标来描述。现有研究通过增加特征指标提升聚类效果。而增加特征指标并不能保证聚类质量的提升，因为若增加的特征指标存在冗余，将会给聚类效果带来负面影响。在原始电量特征集中提取了能够反映用户用电特性的完备特征指标进行特征指标完善，最大限度地保证各类负荷曲线形态特征，且特征指标不产生冗余效应以提升算法效率。原始电量特征集包含参数有日用电量、日最大负荷、日最小负荷、日平均负荷、日谷峰差、谷电系数、日负荷率、日峰谷差率、峰时耗电率、平时段用电百分比、日最大负荷利用小时数、峰期负荷率、谷期负荷率、平期负荷率等。其中，日最大负荷利用小时数可由日负荷率表示，日平均负荷可由日用电量获得，日谷峰差和日峰谷差率可由日最大负荷和最小负荷计算，日负荷率可由日用电量和日最大负荷描述。据此，所提的完备的特征指标及物理意义如表 3-2 所示。

表 3-2　　　　　　　　　　　各类特征指标及物理意义

特征指标	定　　义	物理意义
日用电量	$a_1 = \int_0^{24} P(t)\mathrm{d}t$	全天负荷总量
日最大负荷	$a_2 = P_{max}$	全天最大负荷
峰期负荷率	$a_3 = P_{ave,peak} / P_{ave}$	峰期负荷变化
谷期负荷率	$a_4 = P_{ave,low} / P_{ave}$	谷期负荷变化
平期负荷率	$a_5 = P_{ave,sh} / P_{ave}$	平期负荷变化
日最小负荷	$a_6 = P_{min}$	全天最小负荷
谷电系数	$a_7 = P_{low} / \left(\int_0^{24} P(t)\mathrm{d}t \right)$	谷时用电比例
峰时耗电率	$a_8 = P_{peak} / \left(\int_0^{24} P(t)\mathrm{d}t \right)$	峰时电网的压力程度
平均段用时百分比	$a_9 = P_{sh} / \left(\int_0^{24} P(t)\mathrm{d}t \right)$	用户用电波动性强弱

注　P 代表各采样点的负荷大小；ave，low，sh，$peak$ 分别代表平均值、谷期、平期、峰期。

根据负荷用电一般规律，选择峰时段为：9:00—12:00，18:00—21:00；谷期时段为：22:00—06:00；平期为：6:00—9:00，12:00—18:00，21:00—22:00。

3.2.2　用户负荷聚类

随着大数据技术的不断发展，聚类这种无监督学习的数据挖掘方法出现了较多经典算法，如 K 均值聚类、基于密度的 DBSCAN 等，而这些传统的聚类算法均需要人为设置邻域参数。虽然这些算法因简单、快捷得到了广泛的应用，但均存在对参数敏感的缺陷，限制了在数据更高维、规模更大场合的应用。针对传统算法缺陷同时传承其简单、快捷的优点，采用一种新的邻域概念——自然最近邻，根据数据自身特性自适应地确定邻域参数，结合密度峰值算法的优势进行电力负荷聚类。

（1）改进型自然最近邻密度峰值算法。针对传统聚类算法对参数敏感和初始聚类中心难以确定等问题，采用改进型自然最近邻密度峰值算法能够自适应地获取每个样本点的自然最近邻居。据此计算每个样本点 i 的局部密度 ρ_i 和其与较高密度点的最近距离 δ_i，以局部密度做横轴，以距离做纵轴，绘制决策图。在决策图中选择最近距离和局部密度均较大的数据点作为初始聚类中心。进一步地，给出如下定义：

定义 1（数据点的局部密度）：将局部密度定义为

$$\rho_i = \begin{cases} \sum\limits_{\substack{d_{ij} \leq dk_{(i)}}}^{j \in 3N(i)} exp(-d_{ij}), & nb(i) > 0 \\ 0, & nb(i) = 0 \end{cases} \tag{3-22}$$

式中　$nb(i)$——点 i 的自然最近邻居数，$k(i)=\min\{sk, nb(i)\}$；

d_{ij}——点 i、j 之间的欧氏距离；

$3N(i)$——点 i 的自然最近邻域。

定义 2（与较高密度最近距离）：点 i 与较高密度点的最近距离 δ_i 定义为

$$\delta_i = \begin{cases} \min\limits_{j: p_j > p_i}(-d_{ij}), & \rho_i < \max(\rho) \\ \max\limits_{j}(-d_{ij}), & \rho_i = \max(\rho) \end{cases} \tag{3-23}$$

定义 3（离群点）：离群点距离正常点较远，难以被其他数据点识别为自然最近邻居，因此由上述自然最近邻居搜索算法和自然最近邻的定义可知，离群点的自然最近邻居数为 0，即 $nb(i)=0$ 的数据点可以认为是离群点。

定义 4（样本相似度）：对于两个不同的非离群点 i 和 j，两者相似性定义为

$$\begin{cases} sim(i, j) = \alpha(i, j) \times \dfrac{|int\ er(i, j)| + 1}{d_{ij}} \\ aved_i = \dfrac{1}{nb(i)} \sum\limits_{m \in 3N(i)} d_{im} \\ \alpha_{ij} = \min\left\{ \dfrac{aved_i}{aved_j}, \dfrac{aved_j}{aved_i} \right\} \\ int\ er(i, j) = \{3N(i) \cap 3N(j)\} \end{cases} \tag{3-24}$$

式中　$aved_i$——数据点 i 与其自然最近邻的平均距离；

α_{ij}——缩放系数；

$int\ er(i, j)$——数据点 i 和 j 的自然最近邻集合的交集；

1——常数。

式（3-24）中，常数设置为 1 的目的是避免没有自然最近邻交集的两点相似度为零，增强相似性度量的稳健性。

定义 5（隶属度）：将数据点 i 对簇 C 的隶属度定义为

$$\begin{cases} P_i^c = \sum\limits_{j \in 3N(i), y_j = c} \omega(i, j) sim(i, j) \\ \omega(i, j) = sim(i, j) / \sum\limits_{l \in 3N(i)} sim(i, l) \end{cases} \tag{3-25}$$

式中　$\omega(i, j)$——权重；

y_j ——数据点 j 的簇标记。

定义 6（相似可达）：若 $j \in 3N(i)$，且 $sim(i, j) = \max\limits_{m \in 3N(i)} \{sim(i, m)\}$，称点 j 为点 i 的相似可达。

定义 7（簇核心区）：对于一个未被分配聚类中心的数据点 i，其自然最近邻为 $3N(i)$，将点 i、$3N(i)$ 以及从 $3N(i)$ 出发、相似可达概念经过的点统称为该簇的簇核心区。

定义 10（簇间相似度）：若有两簇 C_p 和 C_q，两个簇中互为自然最近邻居的点对数量为 $DN(C_p, C_q)$，这两个簇的所有数据点的平均自然最近邻数分别为 $mnb(C_p)$ 和 $mnb(C_q)$，两簇间的相似度定义为

$$S(C_p, C_q) = \frac{DN(C_p, C_q)}{mnb(C_p)p_1 + mnb(C_q)(1 - p_1)} \tag{3-26}$$

式中　$|C_p|$ 和 $|C_q|$ ——两个簇的样本数，$p_1 = |C_p| / (|C_p| + |C_q|)$，当 $S(C_p, C_q) \geqslant 1$ 时合并两簇。

利用改进型自然最近邻密度峰值算法和决策图确定初始簇中心后，进行两步分配策略，其核心思想为：①将初始聚类中心密度按降序排列，不断挑选出剩余未分配的聚类中心，分配簇标签，并确定对应的簇核心区域；②按照隶属度定义（见定义 5）将未分配的非离群点分配给隶属度最高的簇。

具体地，第一次分配：赋予从未被访问过的聚类中心中挑选局部密度最大的点，以及该点的自然最近邻居以簇标签，并标记已访问；然后，对该被赋予标签的集合（除了该聚类中心以外）的每个点，寻找其最相似的自然最近邻，如果被认为是最相似的自然最近邻在被标记集合的范围之外，则将该点归到该标签下，直到所有的点均被遍历为止；再继续对剩余的未被访问过的聚类中心重复上述步骤，最终确定每一个初始聚类中心的簇核心区。第二次分配：经过上述步骤后，对仍然未被访问过的点计算每个点对每个簇核心区的隶属度，并将点归于对应隶属度最大的簇；重复此过程，直到余下的点都被访问为止。最后，计算簇间距离，若此距离不小于 1，则合并相应的两簇，并返回聚类结果。

（2）聚类质量检查指标。聚类质量的好坏需要通过可靠的检验指标来衡量。高质量的聚类结果要求簇内样本间具有较高的相似性，簇间的样本具有较高的差异性。评价聚类有效性指标众多，其中轮廓系数（silhouette）、戴维森堡丁指数（DBI）能够同时考虑类间距离和内距离，均能全面体现聚类结果的有效性。因此，上述两项指标适用于对电力负荷数据的聚类质量的检验。

在聚类准确率检测方面，曲线聚类后的归属类别与聚类之前的归属类别一致，则认为聚类准确。将聚类准确率定义为

$$c = \frac{L_{c,all}}{L_{all}} \times 100\% \tag{3-27}$$

式中　$L_{c,all}$ ——聚类准确的日负荷曲线总条数；

L_{all} ——日负荷曲线总数。

（3）算例分析。为验证所采用方法的有效性和优越性，本节算例分析设置为：①以实际日负荷曲线数据为基础，分别采用传统聚类算法（k-means）、仅选取典型特征指标的聚类算法、特征指标选取完善后的聚类算法（本书算法）进行用户负荷聚类，并进行对比分

析；②选取典型负荷曲线构造模拟数据并加入一定比例的扰动，验证本书聚类算法的鲁棒性；③分析特征指标选取差异以及权重配置变化对本书聚类算法鲁棒性的影响。

1）实际日负荷曲线聚类分析。

以某市 2018 年某日实测 312 个典型电力用户的日负荷曲线为研究对象，数据细粒度为 1h/点，每条曲线共计 24 个功率点。经数据预处理后，本算例共有 305 条有效日负荷曲线（轻工企业 80 条、重工业 108 条、市政居民 117 条，分别定义为第一、二、三类负荷曲线）。

计算每条负荷曲线的 9 个特征指标值，得到 305 个 9 维数值向量，采用熵权法得到权重向量 W=[0.056，0.108，0.142，0.121，0.166，0.152，0.200，0.021，0.034]；然后，将特征指标数值向量每一维分别乘以对应的权重系数得到的新向量，作为聚类输入；利用 3 种聚类算法（传统聚类算法为方法一、基于典型特征指标的聚类算法为方法二、基于特征指标完善的聚类算法为本书算法）对该 305 条日负荷曲线进行分类，并在聚类质量、聚类效率方面进行对比分析。传统聚类算法的聚类结果中归于一、二、三类的曲线数依次为 96、108、101，基于典型特征指标的聚类算法的聚类结果中归于一、二、三类的曲线数依次为 94、108、103，文中提出的聚类算法的聚类结果中归于一、二、三类的曲线数依次为 85、108、112。由于第二类曲线与其他两类曲线的负荷水平以及形态相差较大，所以 3 种聚类算法都能将其准确区分；而第一类和第三类负荷水平曲线存在较大的相似性，容易产生误分情况。

对各簇的形态特性分析为：第一类为单峰型，曲线所反映的特性比较符合事业单位、轻工业电力用户的用电行为，仅白天负荷水平高；第二类为平峰型，比较符合重工业电力用户的用电行为，负荷形态比较平稳、持续保持较高负荷水平；第三类为三峰型，曲线所反映的特性比较符合市政居民用电行为，早、中、晚分别会出现对应的小高峰、次高峰、最高峰。

对 3 种方法的聚类准确率进行计算，方法一、二、三的聚类准确率分别为 94.7%、95.4%、98.4%。方法一、二的聚类准确率和聚类结果高度相似，说明在用户用电特性分析中可采用特征指标代替功率向量作为聚类输入，且能够满足实际工程的需要；通过所提方法所得的聚类准确率与方法一、二进行对比可知，采用完备的特征指标作为输入，聚类准确率明显提升。

进一步，对 3 种算法聚类结果性能进行对比，如表 3-3 所示。在聚类结果相似的情况下，传统聚类算法和选取典型特征指标的聚类算法在聚类有效性指标方面较为接近，在完善特征指标选取后，聚类有效性指标方面表现比前两者更优。

表 3-3　　　　　　　　　　　3 种算法聚类结果性能对比

算法	运行时间（s）	DBI	Silhouette
方法一	7.53	1.726	0.544
方法二	11.71	1.533	0.605
方法三	14.04	1.016	0.723

2）算法的鲁棒性验证。为了验证所采用的聚类算法相比于传统算法具有优良的鲁棒性，分别选取单峰型、双峰型、平峰型、三峰型、避峰型五类典型的日负荷曲线，在每一

类典型日负荷曲线上的每一个功率点处添加比例为 r 的随机干扰，通过仿真模拟得到五类日负荷曲线（每一类 100 条，总计 500 条），如图 3-6 所示。因为各点扰动比例相同，所以在负荷水平较高时波动较大，在负荷水平较低时波动较小。其中，当随机扰动比例为 30%时，500 条模拟日负荷曲线如图 3-6 所示。从模拟数据中提取特征指标，并得到聚类结果。改变随机干扰比例，分别采用 3 种算法进行用电负荷聚类分析，利用聚类质量检验指标大小、聚类准确率共 3 个指标检验新算法的鲁棒性，如表 3-4 所示。

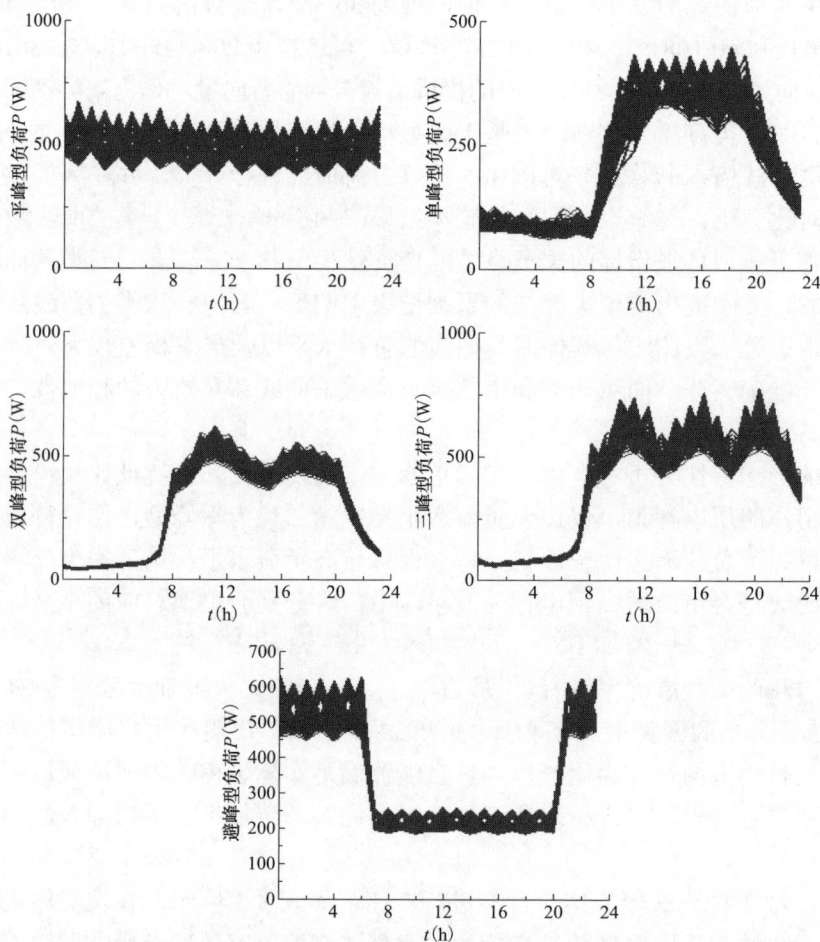

图 3-6 模拟五类典型负荷曲线（$r=30\%$）

由表 3-4 可知，随着扰动比例的增加，DBI 指标数值增大，silhouette 指标数值减小，分类准确率降低。对于 3 种不同算法，当随机扰动比例增加时，各项指标值和聚类准确率都呈现变差的趋势。具体地，方法一，当随机扰动超过 10%时各项指标已经开始出现偏差，聚类准确率也出现波动，因此该算法受随机扰动影响大，鲁棒性差；方法二，当随机扰动比例超过 25%时聚类质量开始明显下降；方法三，当随机扰动比例超过 35%时各项指标和聚类准确率才会出现明显偏差。因此，所采用算法的鲁棒性相比传统聚类算法有明显提升，且随着特征指标的完善，鲁棒性更优。

表 3-4   3 种算法鲁棒性比较

r（%）	方法一			方法二			方法三		
	DBI	Silhouette	c（%）	DBI	Silhouette	c（%）	DBI	Silhouette	c（%）
5	1.02	0.993	100	1.11	0.996	100	0.96	0.997	100
10	1.18	0.892	93.2	1.16	0.990	100	1.01	0.992	100
15	1.23	0.866	87.5	1.25	0.881	96.3	1.09	0.938	100
20	1.35	0.851	86.8	1.32	0.857	95.8	1.15	0.874	100
25	1.44	0.794	81.7	1.47	0.811	93.7	1.29	0.842	100
30	1.60	0.755	76.3	1.55	0.773	87.2	1.40	0.801	98.2
35	1.69	0.729	70.9	1.63	0.738	77.6	1.56	0.768	97.5
40	1.72	0.702	67.5	1.69	0.708	70.1	1.61	0.739	88.6

3）对聚类效果产生影响的其他因素分析。特征指标完善前聚类准确率等各方面的检验指标表现均较差，主要原因为选取典型特征指标难以表达原始负荷曲线的局部、整体特征，容易导致误分类，同时鲁棒性较差，且随着扰动增加，上述情况会愈加明显；随着特征指标的完善，上述情况都会得到明显改善。在上一小节中，采用方法二、三对实际日负荷曲线聚类的分析亦可得出相同的结论。在此特别强调，相比于选取典型特征指标时，虽完善特征指标会增加聚类数据的维数，影响聚类效率，但相比于原始数据维数已经大大降低，而且还能显著提升聚类质量和鲁棒性。因此，完善特征指标不但满足精细化聚类的要求，还提升聚类综合效果。

以从实际负荷数据得到的 9 类特征指标数据为基础，分别在不配置权重、凭借专家经验的方法配置权重、合理配置权重的 3 种方式下（分别对应方式一、二、三），采用的聚类算法分别计算各种指标和聚类准确率，如表 3-5 所示。

由表 3-5 可知，聚类效果会受到权重配置的影响，虽然方式二的配置方法较为主观，但能够一定程度上体现各指标的贡献度，通过配置权重可以减弱干扰对聚类结果的影响，在一定程度上提升聚类效果；通过方式二和三的聚类效果对比可知合理配置权重可进一步提高聚类质量和抗干扰的能力。

表 3-5   不同权重配置方式下聚类效果对比

方式	聚类准确度（%）	DBI	Silhouette
方式一	86.7	1.520	0.511
方式二	93.6	1.203	0.629
方式三	98.4	1.016	0.723

3.3 电力用户画像分析

3.3.1 用户用电需求响应模型

在需求侧响应手段中，分时电价是一种最常见的方式。由于用户类型差异和价格水平不同，电力价格变化时电力用户用电需求变化具有较大不确定性，因此需要对用户用电需求响应度进行建模。

根据经济学原理，通常采用商品需求价格弹性系数反映商品需求量对价格变化的敏感程度。电力是一种特殊的商品，电力需求价格弹性系数能够反映电力用户用电需求量对电价变化的敏感程度。由于每一个时段的电价改变不仅影响本时段的电力需求，而且还会影响其他时段的电力需求，故电力需求价格弹性系数分为自弹性系数与互弹性系数，两者定义式为

$$e_{ii} = \frac{\Delta Q_i / Q_i}{\Delta P_i / P_i} \tag{3-28}$$

$$e_{ij} = \frac{\Delta Q_i / Q_i}{\Delta P_j / P_j} \tag{3-29}$$

式中　e_{ii}——需求自弹性系数；

　　ΔQ_i——i 时段用户电量变化量；

　　Q_i——i 时段用户原始用电量；

　　ΔP_i——i 时段电价改变量；

　　P_i——i 时段原始电价；

　　e_{ij}——需求互弹性系数；

　　ΔP_j——j 时段电价变化量；

　　P_j——j 时段原始电价。

在传统的电量需求弹性矩阵中，i 时段的需求电量变化量 ΔQ_i 是由 i 时段电价变化量 ΔP_i 和其他时段 $j(i \neq j)$ 电价变化量 ΔP_j 联合影响的。根据用户响应特性可知，i 时段电价变化对 i 时段电力需求的影响显著大于其他时段电价变化对 i 时段电力需求量的影响。为了让模型更加贴近实际情况，本书引入权重系数来衡量不同时段电价改变对 i 时段电力需求的影响程度。权重系数定义为

$$\omega_{ij} = \frac{\Delta Q_{ij}}{\Delta Q_i} \tag{3-30}$$

式中　ω_{ij}——j 时段的电价改变影响 i 时段而产生的电量变化量，即 ΔQ_{ij} 占 i 时段总电量变化量 ΔQ_i 的比例。

将灵活负荷的可转移时段长度 L 进行划分，然后每个时段的需求电量拆分，其表达式为

$$Q_i = \sum_{L=1}^{N} Q_{i,L} \tag{3-31}$$

式中　$Q_{i,L}$——可转移时段为 L 的灵活负荷在时间段 i 内的电量需求。

在分时电价方式下，可转移时段为 L 的灵活负荷可以向电量需求弹性矩阵对角线侧转移，转移时段总长度为 $2L-1$，故自、互弹性权重表达式为

$$\omega_{ii} = \frac{1}{Q_i} \cdot \sum_{L=1}^{N/2} \frac{1}{2L-1} \cdot Q_{i,L} = \sum_{L=1}^{N/2} \frac{1}{2L-1} \cdot \varphi_{i,L} \tag{3-32}$$

$$\omega_{ij} = \sum_{L=(|j-i|+1)}^{N/2} \frac{1}{2L-1} \varphi_{i,L} \tag{3-33}$$

式中 $\varphi_{i,L}$ ——可转移时段为 L 的灵活负荷在 i 时段内的电力需求占该时段总电力需求 Q_i 的比例。

引入权重，修正后的自、互弹性系数的表达式为

$$x = e'_{ii} = \omega_{ii} \cdot e_{ii} \quad\quad e'_{ij} = \omega_{ij} \cdot e_{ij} \tag{3-34}$$

则修正后的需求弹性矩阵可表示为

$$E' = \begin{bmatrix} e'_{11} & \cdots & e'_{1n} \\ \vdots & \ddots & \vdots \\ e'_{n1} & \cdots & e'_{nn} \end{bmatrix} \tag{3-35}$$

式中 n ——用电数据时段数。

根据用户电量需求弹性系数表达式，可计算用户用电响应度，矩阵表达式为

$$\begin{bmatrix} Q'_1 \\ \vdots \\ Q'_n \end{bmatrix} = \frac{1}{n} \begin{bmatrix} Q_1 & & \\ & \ddots & \\ & & Q_n \end{bmatrix} E' \begin{bmatrix} \Delta P_1 / P_1 \\ \vdots \\ \Delta P_n / P_n \end{bmatrix} + \begin{bmatrix} Q_1 \\ \vdots \\ Q_n \end{bmatrix} \tag{3-36}$$

式中 Q'_n ——n 时刻用电响应后的用电量。

3.3.2 需求响应特征指标

（1）指标体系构建。

需求响应特征指标可以刻画用户响应度，即在分时电价作用下各类用户的响应程度和互动潜力，也可以表征用户响应后对用户负荷曲线移峰填谷的贡献度。为此定义以下 9 个需求响应特征指标。

1）峰荷减少率。

$$p_1 = \frac{Q_{\max} - Q'_{\max}}{Q_{\max}} \times 100\% \tag{3-37}$$

式中 $Q_{\max}$、$Q'_{\max}$ ——用户响应前、后负荷的峰值。

2）谷电系数率变化比。

$$p_2 = \frac{Q' \sum Q'_{\min}}{Q \sum Q_{\min} \times 100\%} \tag{3-38}$$

3）需求响应潜力熵。

根据信息论中信息熵的概念，定义电力用户需求响应潜力熵，它可以用来描述用户需求响应的潜力，其值越大，表明峰负荷曲线波动较大，其表达式为

$$p_3 = \frac{1}{-\sum_{i=1}^{n} x_i \ln x_i} \tag{3-39}$$

式中 n ——电力用户每日负荷采集次数，一般 $n=24$；

x_i ——i 时刻电力用户的原始负荷量。

4）负荷率变化比。

$$p_4 = \frac{Q'_{ave} / Q'_{max}}{Q_{ave} / Q_{max}} \times 100\%$$ （3-40）

式中　Q_{ave}、Q'_{ave}——用户响应前、后的平均负荷。

5）峰谷差率。

$$p_5 = \frac{Q'_{max} - Q'_{min}}{Q_{max} - Q_{min}} \times 100\%$$ （3-41）

式中　Q_{min}、Q'_{min}——用户响应前、后负荷的谷值。

6）峰时耗电率变化比。

$$p_6 = \frac{Q' \sum Q'_{max}}{Q \sum Q_{max}} \times 100\%$$ （3-42）

式中　$\sum Q$、$\sum Q'$——用户响应前、后总负荷。

7）峰期负荷率变化比。

$$p_7 = \frac{Q'_{p,ave} / Q'_{ave}}{Q_{p,ave} / Q_{ave}} \times 100\%$$ （3-43）

式中　$Q_{p,ave}$、$Q'_{p,ave}$——峰期平均负荷。

8）谷期负荷率变化比。

$$p_8 = \frac{Q'_{l,ave} / Q'_{ave}}{Q_{l,ave} / Q_{ave}} \times 100\%$$ （3-44）

式中　$Q_{l,ave}$、$Q'_{l,ave}$——谷期平均负荷。

（2）用户特征指标选取。在构建用户画像过程中，反映用户互动潜力的需求响应指标众多，可能存在冗余特征，难以精简地体现用户互动行为，且用户互动潜力的画像本质是特征选择。在定义并计算各个需求响应指标值后，为建立用户真实互动状态的虚拟模型，需要进一步进行特征选择。

基于相关性的特征选择原理是一种启发式和过滤式相结合的方法，其核心思想是通过最佳优先搜索策略生成特征子集，利用相关性矩阵计算该特征子集的评价值，选择评价值最大对应的特征子集作为最优特征子集组合。

1）计算相关性。首先，计算相关性矩阵。需求响应特征与电力用户类别之间，以及不同需求响应特征之间的相关性是以信息熵作为衡量标准，表示的意义分别为已知该需求响应特征时电力用户类别的不确定性减少程度和已知需求响应特征时另一个需求响应特征指标不确定性减少程度。在计算过程中，为了让每个需求响应特征更具有统计学意义，先将其值归一化处理，然后将特征变量区间离散化，从而得到各个需求响应特征变量的概率分布，最后完成需求响应特征与电力用户类别，以及不同需求响应特征之间的相关性衡量标准—信息熵的计算。

根据信息论，熵是不确定性的度量标准，变量 Y 的熵的定义表达式为

$$H(Y) = -\sum_{y \in Y} p(y) \log_2 [p(y)]$$ （3-45）

式中 Y——y 所有可能的取值情况；

$p(y)$——y 具体取值情况发生的概率。

在给定一个变量 Y 的条件下，另一个变量 X 的条件熵为

$$H(Y|X) = -\sum_{x \in X} p(x) \sum_{y \in Y} p(y|x) \log_2[p(y|x)] \tag{3-46}$$

式中 X——x 所有可能的取值情况；

$p(x)$——x 具体取值情况发生的概率；

$p(y|x)$——在 x 确定的条件下，y 具体取值情况发生的概率。

信息增益表示变量 Y 的熵的减少量反映由变量 X 提供的关于变量 Y 的附加信息，也称为互信息，其表达式为

$$IG(X,Y) = H(Y) - H(Y|X) = H(X) - H(X|Y) = H(X) + H(Y) - H(X,Y) \tag{3-47}$$

信息增益是一种对称性度量，即观察到 X 后获得关于 Y 的信息量等于观察到 Y 后获得关于 X 的信息量。对称性是变量与变量之间互相关的一个理想属性，但由式（3-48）计算得到的值更偏向于信息量更大的变量，而对称不确定性可以补偿偏向于信息量更大特征的信息增益偏差，并将其值规范化为[0,1]的范围。对称不确定性表达式为

$$SU = 2 \times \frac{IG(X,Y)}{H(X) + H(Y)} \tag{3-48}$$

第 i 个需求响应特征 f_i 熵的计算表达式为

$$H(f_i) = -\sum_{u=1}^{M_i} \left(\frac{F_u}{F} \log_2 \frac{F_u}{F} \right) \tag{3-49}$$

式中 M_i——特征 f_i 的离散区间数量；

F_u——特征 f_i 处于第 u 个离散区间的样本个数；

F——总的样本数。

电力用户类别 c 的熵的计算表达式为

$$H(c) = -\sum_{v=1}^{M_c} \left(\frac{F_v}{F} \log_2 \frac{F_v}{F} \right) \tag{3-50}$$

式中 M_c——电力用户类别总数；

F_v——属于第 v 个类别的样本总数。

第 i 个特征 f_i 与电力用户类别 c 之间的联合信息熵为

$$H(F_i, c) = -\sum_{u=1}^{M_i} \sum_{v=1}^{M_c} \left(\frac{F_{uv}}{F} \log_2 \frac{F_{uv}}{F} \right) \tag{3-51}$$

式中 F_{uv}——特征 f_i 处于第 u 个离散区间同时属于类别 v 的样本个数。

第 i 个特征 f_i 与第 j 个特征 f_j 之间的联合信息增益计算表达式为

$$IG(f_i, f_j) = \sum_{u=1}^{M_i} \sum_{w=1}^{M_j} \left[\frac{F_{uw}}{F} \log_2 \frac{F_{uw}/F}{(F_u/F) \cdot (F_w/F)} \right] \tag{3-52}$$

式中 M_j——特征 f_j 的离散区间数量；

F_{uw}——特征 f_i 处于第 u 个离散区间同时特征 f_j 处于第 w 个离散区间的样本个数；

F_w——特征 f_j 处于第 w 个离散区间的样本个数。

需求响应特征 f_i、f_j 之间和需求响应特征 f_i 与用户类别 c 的对称不确定性为

$$SU(f_i, f_j) = 2 \times \frac{IG(f_i, f_j)}{H(f_i) + H(f_j)} \tag{3-53}$$

$$SU(f_i, c) = 2 \times \frac{H(f_i) + H(c) - H(f_i, c)}{H(f_i) + H(c)} \tag{3-54}$$

2）特征选择评价标准。假设共有 c 个用户类别、某个特征子集有 k 个需求响应特征，该特征子集评价值的计算表达式为

$$M_s = \frac{k\overline{r_{fc}}}{\sqrt{k + k(k-1)\overline{r_{ff}}}} \tag{3-55}$$

式中　M_s——特征子集的评价值；

　　　$\overline{r_{fc}}$——特征与类之间的平均相关性；

　　　$\overline{r_{ff}}$——特征与特征之间的平均相关性。

基于相关性的特征选择是通过计算各个特征子集的特征与类别，以及特征与特征的相关性，然后根据式（3-55）计算由最佳优先搜索策略生成的每一个特征组合的评价值来实现。

（3）最佳优先搜索策略。在计算得到需求响应特征与电力用户类别的相关性和需求响应特征之间的相关性组成相关性矩阵后，使用最佳优先搜索策略生成待评价的特征子集。该策略步骤为：假设特征组合 M 开始于一个空的特征集，首先，将单个需求响应特征（假设共有 N 个）分别放入 M 中组成 N 种只含有一个需求响应特征的组合，分别计算这 N 种组合的评价值，并选择评价值最大的一个特征组合中的需求响应特征保留在 M 中；然后将已选需求响应特征和剩下的 $N–1$ 个需求响应特征逐个组合成含有两个特征的组合，分别计算 $N–1$ 种含有两个需求响应特征的评价值，挑选评价值最大且大于单个特征最优评价值对应的组合，并将该组合的两个需求响应特征保留在 M 中；以此类推即可寻得评价值最高的需求响应特征组合，即最优特征子集。为了节约计算开销、缩小搜索空间，特此设置 1 个停止搜索的附加条件：假设已选择 i 个需求响应特征加入 M 中，但连续增加 3 个特征所得到的各个最佳评价值都小于之前 i 个已选特征子集的评价值，则停止继续搜索生成新的特征子集，即认为已选的 i 个特征子集组合为最优特征子集。

3.3.3　算例验证

（1）聚类分析。以某市 2015 年某日实测 310 个典型电力用户的日负荷曲线为研究对象，数据细粒度为 1h/点，每条曲线共计 24 个功率点。经数据预处理后，本算例共有 243 条有效日负荷曲线。以该数据集为基础进行聚类分析，得到电力用户分类数、每一类的样本数量，以及每一类用户用电曲线的形态特性，便于后续计算需求响应特征与用户类别相关性，以及定义电力用户类别标签。直接对已经过数据预处理的数据集进行聚类，采用 K-means 聚类算法[18]得到三类用户负荷曲线，如图 3-7 所示。

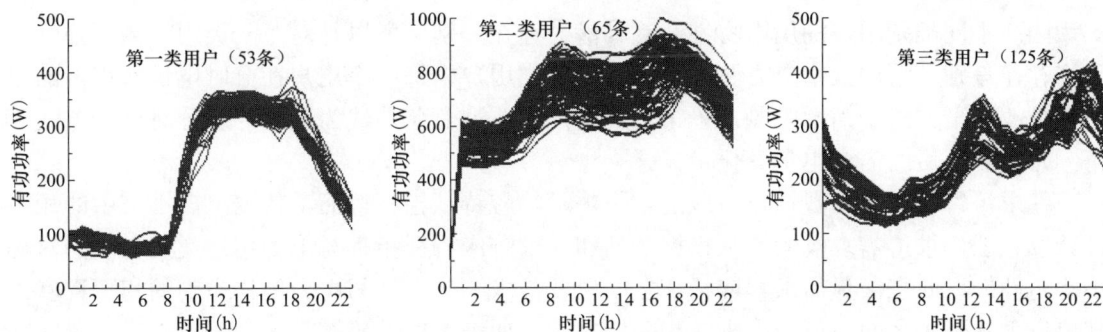

图 3-7　分类后的三类用户用电曲线

由图 3-7 可知，第一类用户从早上 9:00—18:00 持续高峰，其他时段用电水平较低；第二类用户在上午 7:00—9:00 和下午 17:00—19:00 出现两次高峰，整体用电水平较高；第三类用户在早、中、晚时段各出现小高峰、次高峰、最高峰，整体负荷水平呈上升趋势。因此，三类用户的类别标签依次分别为午晚长峰型用户、早高峰晚高峰型用户、早低峰午次峰晚最高峰型用户。

（2）需求响应特征选择分析。为刻画电力用户互动潜力，定义了 8 个需求响应特征指标，以此构建原始特征集 T_z = {峰荷减少率、需求响应潜力熵、峰谷差率、负荷率变化比、峰时耗电率变化比、谷电系数变化比、峰期负荷率变化比、谷期负荷率变化比}。

因需求响应潜力熵值计算只与原始用电数据有关，只需要计算另外 7 个特征指标。为计算每一个样本点响应后的 7 个特征指标，首先利用用户响应度模型计算分时电价方式下各类用户响应程度以及需求变化量。原始电价为 0.55 元/kWh，采用如表 3-6 所示的分时电价。

表 3-6　　　　　　　　　　　电力用户分时电价

时段分类	起止时段	电价标准（元/kWh）
峰时段	9:00—12:00 18:00—23:00	0.92
谷时段	23:00—7:00	0.13
平时段	7:00—8:00 12:00—18:00	0.25

根据我国各地轻工企业需求响应的状况，可得该数据采集地区关于轻工业电力用户的电价弹性系数如表 3-7 所示。

表 3-7　　　　　　　　　　　电价弹性系数

e_{ii}/e_{ij}	峰时段	谷时段	平时段
峰时段	−0.25	0.16	0.13
谷时段	0.16	−0.25	0.12
平时段	0.13	0.12	−0.25

因为不同类别用户的用电特性和互动潜力存在差别，所以针对每一类用户需求弹性矩阵亦存在差别。采用上小节方法分别求取每一类用户中每一个用户在分时电价作用下的电力需求改变量。由于篇幅限制，以第一类用户的典型负荷曲线为例，计算分时电价方式下每一时段响应后的需求电量变化量。

在求得每一个样本数据点对应的各个需求响应特征指标值后，依据上一小节中的相关性计算方法，求得需求响应特征指标之间和需求响应特征指标与电力用户类别之间的对称不确定性，以此来衡量需求响应特征之间以及需求响应特征与电力用户类别的相关程度。其值介于 0 至 1 之间，值越大表明相关性越高，如表 3-8 所示。

表 3-8 特征与类别以及特征之间的相关性

特征	$p1$	$p2$	$p3$	$p4$	$p5$	$p6$	$p7$	$p8$	c
$p1$	1	0.103	0.090	0.091	0.056	0.149	0.027	0.119	0.147
$p2$	0.103	1	0.126	0.114	0.162	0.223	0.323	0.196	0.025
$p3$	0.020	0.126	1	0.086	0.002	0.059	0.216	0.194	0.133
$p4$	0.091	0.114	0.086	1	0.176	0.261	0.384	0.199	0.024
$p5$	0.056	0.162	0.002	0.176	1	0.315	0.301	0.295	0.120
$p6$	0.149	0.223	0.059	0.261	0.315	1	0.336	0.311	0.103
$p7$	0.027	0.323	0.216	0.384	0.301	0.336	1	0.300	0.053
$p8$	0.119	0.196	0.194	0.199	0.295	0.311	0.300	1	0.084

由表 3-8 可知，当特征子集 M 中只有一个特征时，取特征 $p1$，其评价值为 0.147 且最大；当 M 中只有两个特征时，取特征 $p1$、$p3$，其评价值为 0.189 且最大；当 M 中只有 3 个特征时，取特征 $p1$、$p3$、$p5$，其评价值为 0.220 且最大；当继续增加 M 中特征数时，特征子集的评价值都会小于 0.220。由此可知，最优特征子集为 $M=\{p1、p3、p5\}$，即最优特征集由峰荷减少率、需求响应熵、峰谷差率 3 个需求响应特征构成。

可靠性是评价一个特征选择方法优劣的标准，为验证所选取的最优特征集的可靠性，首先采用不同特征选择方法选取最优需求响应特征子集，其次将各个方法得到的最优需求响应特征子集用于聚类，然后对比聚类的计算时间、聚类准确率。为便于比较不同特征选择算法的性能，在比较聚类结果时，应该对相同的数据集使用相同的聚类算法——K-means 聚类算法。不同特征选择方法性能对比如表 3-9 所示。

表 3-9 不同特征选择方法性能对比

特征选择方法	最优特征集	聚类准确率（%）	计算时间（s）
文献	$p1$、$p2$、$p3$、$p5$	71.3	15.22
本书	$p1$、$p3$、$p5$	88.21	11.65
—	原始特征集	65.79	26.47

由表 3-9 可知，无论在聚类时间还是在聚类准确度上，所提特征选择方法都显著优于

其他两种对比方法，而且最优需求响应特征子集中需求响应特征的数量也是最少的，所以算法所选的最优需求响应特征子集在整体性能上优于其他方法。值得注意的是，原始特征集的聚类结果并没有优于经过特征提取之后的需求响应特征子集的聚类结果，这主要是由于原始特征集合包含太多冗余特征，冗余信息的存在对数据样本相似性度量带来了干扰，从而影响聚类质量。由此可知，从特征体系中提取有效性较高而冗余性较低的特征是必要的。

（3）电力用户互动潜力的画像分析。首先以电力用户日负荷曲线作为原始数据，经过聚类分析、用户响应模型分析将原始数据转化为需求响应特征值，然后通过所提特征选择办法得到最优需求响应特征子集，最后将最优需求响应特征子集中包含的需求响应特征对应的值归一化，采用雷达图对三类用户的互动潜力画像进行展示。类内行为画像分别如图 3-8～图 3-10 所示。

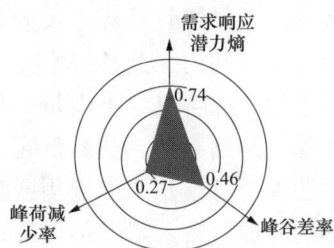

图 3-8　午晚长峰型用户互动潜力画像

由图 3-8～图 3-10 可以清晰地表达各类用户的互动潜力，峰荷减少率反映用户响应前、后峰值减少程度，其值越大表明削峰效果越明显；需求响应潜力熵反映用户用电曲线波动程度，其值越大表明用户互动潜力越大；峰谷差率反映用户响应前、后峰谷差变化程度，其值越小表明移峰填谷效果越佳。

结合图 3-8～图 3-10 分析对比可知，第一类用户需求响应潜力熵较大，峰荷减少率较大，峰谷差率较小，表明该类负荷具有较大的互动潜力，是参与互动的积极响应者，可科学合理地制定分时电价政策，进行移峰填谷；第二类用户需求响应潜力熵较小，峰荷减少率较小，峰谷差率较大，同时平均用电量偏高，整体用电比较规律，表明该类用户具有一定的互动潜力，是参与互动的普通响应者；第三类用户潜力熵较大，峰荷减少率偏大，峰谷差率较小，表明该类负荷也具有较大的互动潜力，是参与互动的积极响应者。

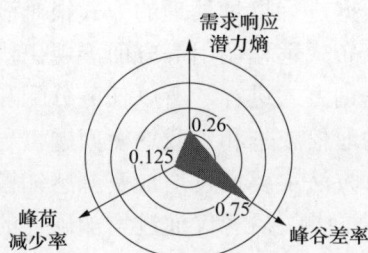

图 3-9　早高峰晚高峰型用户互动潜力画像

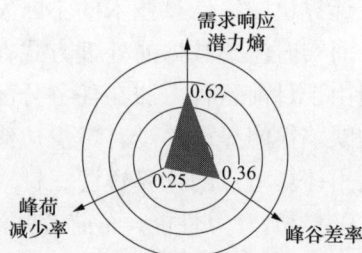

图 3-10　早低峰午次峰晚最高峰型用户互动潜力画像

根据以上分析，对于积极响应者，可以给予政策优惠，支持此类用户参与调峰工作；对于普通响应者，可努力挖掘其互动潜力，降低整体用电水平，在用电高峰时段可以减轻电网负担。

3.4 边缘节点感知优化配置

3.4.1 基础理论

云计算（cloud computing）是分布式计算的一种，指的是通过网络"云"将巨大的数据计算处理程序分解成无数个小程序，然后通过多部服务器组成的系统进行处理和分析这些小程序得到结果并返回给用户。云计算早期，简单地说，就是简单的分布式计算，解决任务分发，并进行计算结果的合并。因而，云计算又称为网格计算。通过这项技术，可以在很短的时间内（几秒钟）完成对数以万计的数据处理，从而达到强大的网络服务。现阶段所说的云服务已经不仅是一种分布式计算，而是分布式计算、效用计算、负载均衡、并行计算、网络存储、热备份冗杂和虚拟化等计算机技术混合演进并跃升的结果。

边缘计算是指在靠近物或数据源头的一侧，采用网络、计算、存储、应用核心能力为一体的开放平台，就近提供最近端服务。其应用程序在边缘侧发起，产生更快的网络服务响应，满足行业在实时业务、应用智能、安全与隐私保护等方面的基本需求。边缘计算处于物理实体和工业连接之间，或处于物理实体的顶端。而云端计算，仍然可以访问边缘计算的历史数据。

传统的云计算是将智能采集设备的海量数据通过无线网或者光纤直接传输到云计算中心进行处理，但是容易造成数据拥堵，以及传输延迟高、通信成本高等问题。为了应对云计算中心计算任务过重问题，边缘计算随之诞生，其主要思想为将云计算中心的部分计算任务直接"下沉"到数据源附近进行，这样既节省了大数据流的通讯成本，也减轻了云计算中心的计算负担，同时也满足实时低延迟的需求。但这种计算模式仍然存在缺陷，如边缘节点之间容易形成信息孤岛，数据不能共享，从而导致重复计算，浪费计算资源。针对现有边缘计算的不足，提出在通信拓扑上形成云边互动、边边协调的一种计算资源调度模式。

随着计算机网络信息技术的不断发展，对大规模数据进行批量处理的方式很难满足实际需求，而实时流式数据的处理方式在大数据计算、分布式远程调用等方面展现出优秀的性能，但由于目前这种方法在任务分配上通过简单的轮询方式进行，所以任务分配和资源调度上的缺陷很明显，并没有考虑边缘计算节点之间的通信成本和负载均衡问题，导致无法充分利用计算节点的计算资源。针对这一问题，现有方法主要通过增加资源感知模块或采用 GPU 来提升计算性能，而前者并没有在根本上解决问题，后者仅通过增加硬件的方式提升计算能力，没有考虑成本增加和节点的负载均衡问题。

边缘计算技术通过将云计算中心的部分计算任务和存储能力下沉到数据源附近，由现场附近提供强大的计算能力，极大地缩短了数据流的传输路径，降低了系统整体时延，但边缘计算节点计算资源和硬件能力依然是有限的，太过于密集的计算任务下沉很容易造成边缘计算节点出现和云计算中心一样的数据拥堵问题，这就无法满足低延时、能耗小、可靠性高的现实需求。为了边缘计算节点配置存在的以上不足，提出一种云边互动、边边协调的一种计算资源调度模式。

3.4.2 边缘计算节点配置策略

为简化过程，以两个边缘节点为例进行说明。针对现场待处理数据和计算能力的具体情况，将边缘计算优化调度分为三个阶段：

（1）同一个通信区域内的所有边缘节点都能满足自身的数据处理请求，没有大数据互传和超负荷计算，无需优化。

（2）同一个通信区域内的个别边缘节点的计算能力不能满足该边缘节点范围内的计算任务，且同一个通信区域内的总计算任务没有超过同一个通信区域内所有边缘节点计算能力，边缘节点之间需要进行计算资源的优化调度。

优化策略步骤为：

步骤一：将拓扑数据流中的实例，以数量组组成的集合形式，通过调度器分配到相应的节点，从而改变 Storm 计算框架下的任务分配方式。

步骤二：将附加的节点配置信息检测模块获取的配置信息作为调度的输入，计算出所有可能的调度方案，然后以执行一次调度总消耗时间和边缘节点的负载均衡程度作为调度方案的评价值，在得到的各种调度方案中选取调度方案评价值最优的方案作为最优的调度方案。

步骤三：将步骤二计算得到的最佳方案集合，基于出、入栈的思想将工作线程来对应的实例集合，然后将全局最优解集合，按照最优解集合中每一个维度的属性分配到集群节点中。

（3）同一个通信区域内所有边缘节点计算能力不能满足同一个通信区域内总计算任务，需要进行云、边优化调度，卸载一部分计算任务到云端计算中心。

其技术方案如下：首先建立卸载决策模型和资源分配模型，其中卸载决策模型分为本地计算模型和卸载计算模型；然后再基于 PSO 算法求解卸载决策以及采用 Lagrange 函数求解资源分配策略。

3.4.3 边—边协同的资源优化配置

关于在 *Storm* 调度框架下边缘节点任务调度优化方法为：

（1）步骤一：以集合的形式，将拓扑数据流 *T* 中的实例通过调度器分配到相应节点，改变 *Storm* 的分配方式。

其具体步骤为：

1）所述 *Storm* 集群 N 包括 n 个工作节点，$N = \{n_i \mid i \in [1, n]\}$ 任一工作节点 n_i 配置有 S_i 个 *Slot*，*Slot* 的集合 R 为 $R = \{S_j^i = <i, j> \mid i \in [1, n], j \in [1, S_i]\}$，$S_j^i$ 表示第 n_i 节点的第 j 个 *Slot*。

2）获得拓扑数据流 T，包括进程中的若干线程，线程中的实例定义为

$$[start - task - id, end - task - id] \tag{3-56}$$

实例中开始和末尾的 *id* 相同，实例为 E_i，$i \in [1, N]$。

3）对于 T 的每个实例的 $N_e(T)$ 个线程以 $[start - task - id, end - task - id]$ 集合的形式均匀分配到相应节点所对应的 *Slot* 的空集合，最终线程在每个 *Slot* 集合中的储存形式是其分

配到相应 $Slot$ 的数量。

4）对 T 的资源调度为 $f(x) \rightarrow S$，函数 $f(x)$ 表示线程到 $Slot$ 的映射，x 表示执行实例的线程集合和容纳线程集合，S 为对应的 $Slot$。占用的进程数不大于集群节点的 $Slot$ 数。当两个线程不属于同一个 T 的线程时，所述两个线程不会被分配到同一个进程中。

上述集合实际为一个数组，数组中的每个元素为分配到该 $Slot$ 线程的数量，将计算得到的全局最优解集合，按照其集合中每个维度的属性通过调度器 $Scheduler$ 分配到相应节点，也即是集合的每个维度代表节点中每个 $Slot$ 所分配到线程的数量。

（2）步骤二：将附加的节点配置信息检测模块获取的配置信息作为调度的输入，计算出所有可能的调度方案，然后以执行一次调度总消耗时间和边缘节点的负载均衡程度作为调度方案的评价值，在得到的各种调度方案中以调度方案评价值最优搜寻最优的调度方案。

其具体步骤为：

1）初始化解集 $res = \{res1, res2, \cdots, resn\}$，定义当前节点的 $Slot$ 的索引为全局变量 idx，T 配置的线程数量为 $N_e(T)$，$Slot$ 的数量为 $N_s(T)$；设置 T 配置的线程数量的最大值 $MaxN_e(T)$ 及最小值 $MinN_e(T)$，$MaxN_e(T)$，$MinN_e(T) \in [1, N_s(T)]$。

2）初始化当前已经分配的线程数为 0。

3）判断当前节点的 $Slot$ 的索引 idx，如果当前索引值小于 $N_s(T)$ 且当前已分配线程数小于 $N_e(T)$，则根据全局变量索引 idx，循环遍历将第 j 个值赋值到 $res[idx]$ 中。

4）重复步骤 2）、3），将还未分配的任务数补位到数组 $res[N_s(T)]$ 的位置；得到当前节点的调度方案集合。

5）若还存在没有处理的节点，则以没有处理的节点为新的当前节点，返回 1），使用递归的形式重复循环遍历，直至计算得到所有可能的调度方案集合。

6）对解进行评价，以得到的最优解作为 $Storm$ 节点任务调度的最佳分配方案。

上述步骤 6）中，最优解为执行时间最短且负载均衡的标准差最小的解；第 i 个 $Slot$ 分配到的线程所需要的执行时间为 T_i，其表达式为

$$T_i = \sum_{i=1}^{N_s(T)} \frac{res[i]}{C_{sys} \cdot \left(\dfrac{1}{res[i] \cdot P_{exe}} \right)} \tag{3-57}$$

式中　　C_{sys}——系统分配给集群的 CPU 值；

P_{exe}——给每个线程的 CPU 占集群总值的百分比。

负载均衡的标准差为

$$LB = \sqrt{\frac{1}{N_s(T)} \sum_{i=1}^{N_s(T)} (T_i - T_{avg})^2} \tag{3-58}$$

式中　　T_{avg}——集群所有节点分配线程所需的执行时间 T_i 的总和的平均值。

（3）步骤三：将步骤二中计算出的最佳分配方案集合，基于出、入栈的思想将线程以 $[start - task - id, end - task - id]$ 对应的首尾实例的集合，将计算得到的全局最优解集合，按照其集合中每个维度的属性分配到集群中。集合中，每个维度代表了节点中每个 $Slot$ 所分配到线程的数量，最优调度方案集合实际为一个数组，数组中的每个元素为分配到该 $Slot$

线程的数量。

这里以一种集合的形式，集合每个维度代表节点中每个 *Slot* 所分配到线程的数量，将拓扑数据流 *T* 中的实例通过调度器分配到相应节点，改变 *Storm* 的分配方式；通过获取集群节点的配置信息并作为调度的输入、计算出所有调度方案，再以一次任务调度的总执行时间和每个边缘节点的负载均衡标准差作为解的评价值，以得到评价值最优的全局最优解，作为 *Storm* 节点任务调度的最佳分配方案，最后基于出、入栈的思想将线程以对应的首尾实例的集合，按照其集合中每个维度的属性分配到集群中。

改变 *Storm* 调度框架中 *Task* 实例的排序分配方式，以及 *Task* 实例和 *Slot* 任务槽的映射关系，然后根据边缘节点配置检测的结果来计算出最优的全局调度方案。本算法复杂度低、运行速度快，适合并发情况，且无须手动配置参数，能将属于同任务的线程最大化地分配到相同节点，保证了边缘节点的通信代价最低。

3.4.4 云—边计算任务卸载决策

（1）本地模型。本地计算模型中，某个边缘计算节点 i 的计算时延为

$$t_{i(z)}^{\mathrm{L}} = C_i / A_i^{\mathrm{L}} \tag{3-59}$$

计算能耗为

$$e_i^{\mathrm{L}} = C_i / B_i^{\mathrm{L}} \tag{3-60}$$

式中　A_i^{L} ——边缘节点计算能力；

B_i^{L} ——边缘计算节点单个 CPU 计算周期内的能耗；

C_i ——边缘节点完成任务所需时间。

因为没有其他时延和能耗，所以所述计算时延为总时延，所述计算能耗为总能耗。

（2）卸载计算模型。卸载计算模型中，卸载时延上行数据为

$$r_{i \rightarrow y}^{\mathrm{M}} = W \mathrm{l}b[1 + (P_i^y G_i^y)/(D_i^y + k_0)] \tag{3-61}$$

可得传输时延为

$$t_{i \rightarrow y}^{\mathrm{M}} = D_i / r_{i \rightarrow y}^{\mathrm{M}} \tag{3-62}$$

整个卸载过程中没有其他形式的时延，所以总计算延时为

$$t_i^{\mathrm{M}} = t_{i \rightarrow y}^{\mathrm{M}} + t_{i(z)}^{\mathrm{M}} \tag{3-63}$$

决策机制 $a_{i,j}$ 引入后，卸载模型时延为

$$t_{i \rightarrow y}^{\mathrm{M}} = \frac{D_i}{W \mathrm{l}b\left[1 + (P_i^y G_i^y)/\left(\sum_{l=1, l \neq i}^{\mathrm{N}} a_{l,2} P_i^y G_i^y + k_0\right)\right]} \tag{3-64}$$

卸载能耗模型中，边缘计算节点 i 与云计算中心传能能耗为

$$e_{i \rightarrow y}^{\mathrm{M}} = P_i^y D_i / t_{i \rightarrow y}^{\mathrm{M}} \tag{3-65}$$

执行能耗为

$$e_{i(z)}^{\mathrm{M}} = C_i B_i^y \tag{3-66}$$

除此之外并无其他能耗，所以计算任务卸载总能耗为

$$e_i^M = e_{i \to y}^M + e_{i(z)}^M \tag{3-67}$$

综合考虑能耗和时延的边缘计算节点卸载计算模型为

$$\min \sum_{i=1}^{N} \{\varphi_i^T (a_{i,1} z_1 + a_{i,2} z_2) + \varphi_i^E (a_{i,1} e_1 + a_{i,2} e_2)\} \quad s.t. t_{i,z}^L \leq t_i \tag{3-68}$$

$$a_{i,1} + a_{i,2} = 1, a_{i,1}, a_{i,2} \in [0,1] \tag{3-69}$$
$$\varphi_i^T + \varphi_i^E = 1, \varphi_i^T, \varphi_i^E \in [0,1]$$

式中　　φ_i^T——时间需求系数；

　　　　φ_i^E——能耗需求系数；

　$a_{i,j}$——决策机制（$a_{i,j} = \{0,1\}$）；

　　　j——决策方式，$j=\{1,2\}$，$j=1$，本地计算模型执行计算任务，$j=2$，云计算中心执行计算任务；

z_1、z_2——本地计算和云计算的总时延；

e_1、e_2——本地计算和云计算的总能耗。

（3）模型求解。为了搜寻最优边缘计算卸载方案，且需要适用于多竞争模式，采用粒子群算法来求解综合考虑能耗和时延的边缘计算卸载决策模型。

基于 PSO 算法的卸载决策求解过程如下：

步骤 1：初始化。确定空间维度 $D=50$ 和种群规模 $V=100$；惯性权重极值 w_{max} 和 w_{min} 分别设为 0.7 和 0.1；初始位置和初始速度在搜索空间范围内随机产生。

步骤 2：求适应度值。根据适应函数计算系统总消耗。

步骤 3：寻找个体极值 P_{bestk} 和群体极值 G_{best}。寻找选择不同的卸载方式产生的系统消耗的极小值 P_{bestk}，以及所有不同卸载方式组合下系统消耗的最优值 G_{best}。

步骤 4：更新粒子位置和速度。每个粒子都共享其与当前系统最优值的距离。粒子 k 选择到达系统最近的消耗目标值；其他粒子将相对于粒子 k 的位置和自己曾离所求最小系统能耗目标值的最优位置进行矢量叠加。

步骤 5：更新个体极值 P_{bestk} 和群体极值 G_{best}。将每个粒子的系统消耗值和 P_{bestk} 相比较，如果目前的消耗值比 P_{bestk} 小，就用目前位置替代 P_{bestk}，然后把 P_{bestk} 中的系统消耗最小位置和 G_{best} 相比较，如果 P_{bestk} 中的系统消耗值比 G_{best} 更小，则替代 G_{best}。

步骤 6：终止条件判断。终止条件根据最大迭代次数进行判断。如果满足算法终止条件，退出循环，返回最优搜索结果 G_{best}。如果不满足算法终止条件，则重复执行步骤 2～步骤 5，直到满足算法终止条件。

步骤 7：输出最优解，即系统消耗的最小值。

3.4.5　云—边计算资源分配

资源分配模型主要基于可靠值的博弈模型来解决分配问题，以实现计算资源的整体优化配置。

资源分配模型为

$$\max \Pi (L_i - L_{i(\min)})^{P_i} \left(s \cdot t \cdot \sum_{i=1}^{N} L_i < L \right) \tag{3-70}$$

式中　L_i——云计算中心为第 i 个边缘计算中心分配的计算资源；

　　　$L_{i(\min)}$——云计算中心为第 i 个边缘计算中心分配的最小计算资源；

　　　P^i——决策因子 $P^i = M_i / \sum_{i=1}^{N} M_i$（$M_i$ 与当前边缘计算中心可靠值有关）。

采用 Lagrange 乘子法来求解博弈模型以解决计算卸载资源分配问题。构造 Lagrange 函数求解，基于 Lagrange 乘子法的卸载计算资源分配求解过程如下：

步骤一：引入 Lagrange 乘数 λ 构造 Lagrange 函数：

$$L = \left[\sum_{i=1}^{N} P_i \ln (L_i - L_{i(\min)}) \right] + \lambda \left(\sum_{i=1}^{N} L_i - L \right) \tag{3-71}$$

步骤二：对每一个 L_i 求偏导数，根据函数取极值的必要条件可知，令所有偏导式子等于零，得到局部最优解。

4

新型有源配电网承载力动态评估

4.1 承载力评估模型

大规模户用分布式光伏接入低压配电网后，传统的辐射状配电网成为潮流双向不确定的有源配电网，配电网末端电压偏差过大、损耗过高、三相不平衡等问题突出，甚至造成10kV线路电压越限和潮流返送情况，在邢台、衡水、保定等部分地区，频繁出现光伏台区配变反向重过载乃至烧毁的情况。为充分调动台区级馈线级"源荷储充"等分散资源，促进分布式光伏就地消纳，减少台区光伏返送，以 10kV 馈线潮流返送最小、网损最小、电压不越限为优化目标，建立了馈线级分布式光伏消纳能力的优化评估模型。

4.1.1 承载力评估目标

目标函数如下：

（1）在约束下的光伏接入容量最大是光伏消纳的重要指标，其具体表达式为

$$P = \sum_{i=1}^{N_{PV}} P_{PV,i} \tag{4-1}$$

式中　N_{PV}——系统中接入光伏的总节点数；

　　　$P_{PV,i}$——第 i 个节点的光伏接入量。

（2）分布式光伏电源接入配电网后会对电网中支路潮流流向及大小产生影响，使得线路损耗发生变化，而网损过大也不利于配电网的经济运行。其具体表达式为

$$P = \sum_{i,j \in \{N_l\}} \frac{P_{ij}^2 + Q_{ij}^2}{U_i^2} R_{ij} \tag{4-2}$$

式中　N_l——系统中所有节点构成的集合；

　　P_{ij}、Q_{ij}——支路 ij 上流过的有功功率和无功功率值；

　　　U_i——第 i 个节点的电压幅值；

　　　R_{ij}——节点 i 和节点 j 之间的线路电阻值。

4.1.2 多不确定约束条件分析

（1）等式约束，主要包括系统潮流约束。

$$\begin{cases} P_{i+1} = P_i - R_{i+1} \dfrac{P_i^2 + Q_i^2}{U_{i-1}^2} - P_{Li} + P_{PVi} \\[2mm] Q_{i+1} = Q_i - X_{i+1} \dfrac{P_i^2 + Q_i^2}{U_{i-1}^2} - Q_{Li} \\[2mm] U_{i+1}^2 = U_i^2 - 2(R_i P_i + X_i Q_i) + (R_i^2 + X_i^2)\dfrac{P_i^2 + Q_i^2}{U_{i-1}^2} \end{cases} \tag{4-3}$$

式中　$P_{G,i}$、$Q_{G,i}$ ——节点 i 处电源的有功输出和无功输出；

　　　$P_{L,i}$、$Q_{L,i}$ ——节点 i 处电源的有功负荷和无功负荷；

　　　U_i、U_j ——节点 i 和节点 j 处电压的幅值；

　　　　　N ——节点总数；

　　　G_{ij}、B_{ij} ——节点 i 和节点 j 之间的支路 ij 的电导和电纳；

　　　　θ_{ij} ——节点 i 和节点 j 的电压相位差。

（2）节点电压约束表达式。

$$U_N(1-\varepsilon_1) \leqslant U_i \leqslant U_N(1+\varepsilon_2) \tag{4-4}$$

式中　U_N ——系统的额定电压；

　ε_1，ε_2 ——国标规定允许的电压偏差率。

（3）支路电流约束表达式。

$$I_{ij} \leqslant I_{ij\max} \tag{4-5}$$

式中　I_{ij} ——连接节点 i 和节点 j 的支路 ij 的支路电流；

　$I_{ij\max}$ ——连接节点 i 和节点 j 的支路 ij 所允许通过的最大电流值。

（4）短路电流约束表达式。

$$I_{\text{trouble}} \leqslant I_{\text{troublemax}} \tag{4-6}$$

式中　I_{trouble} ——故障点线电流的有效值；

　$I_{\text{troublemax}}$ ——国标规定的最大短路电流值。

4.2　评估模型求解方案设计

4.2.1　求解方案分析

CS 算法最早是由剑桥大学 Yang 等人提出的一种新型群体智能优化算法，通过模仿布谷鸟的巢寄生育雏行为并结合鸟类、果蝇等的 Lévy flights 机制进行寻优操作，具有参数少、操作简单等优点。

Lévy flights 机制是一种随意游走方式，由高频率的短距离移动和低频率的长距离移动组成，它的移动距离服从莱维分布。

Yang 等人假设了 3 个理想状态用于 CS 算法：

（1）每只布谷鸟每次只产生一个鸟蛋，并随机孵化到一个鸟巢里；

（2）在更新鸟巢时，优质鸟巢将会被保留到下一代；

（3）可利用的鸟巢数量是固定的，并设鸟巢中外来鸟蛋被发现的概率为 P_a，$P_a \in [0,1]$。

在三个假设的基础上，CS 算法的位置更新公式可以被概括为

$$X_i^{t+1} = X_i^t + \alpha \oplus L\acute{e}vy(\beta) \tag{4-7}$$

式中　X_i^t ——第 t 次迭代中第 i 个鸟巢的位置；

　　　α ——步长控制因子；

⊕ ——点对点乘法；

$Lévy(\beta)$ ——随机搜索路径。

其表达式为

$$Lévy(\beta) = \frac{\phi \cdot u}{|\upsilon|^{1/\beta}} \tag{4-8}$$

式中 u、υ ——服从标准正态分布的随机变量。

ϕ 的取值为

$$\phi = \left[\frac{\Gamma(1+\beta) \cdot \sin(\pi \cdot \beta / 2)}{\Gamma(1+\beta/2) \cdot \beta \cdot 2^{(\beta-1)/2}} \right]^{1/\beta} \tag{4-9}$$

式中 β ——分布因子，通常取 1.5；

Γ —— Γ 分布函数。

采用位置更新公式更新鸟巢位置后，对每个鸟巢产生一个与之相对应的随机数 $rand$，$rand \in [0,1]$，如果 $rand > P_a$，则随机更新一次与之对应鸟巢的位置，否则鸟巢位置不变。

4.2.2 求解方案改进

在 CS 算法中，其关键参数 α 和 β 均为定值，使得位置更新距离 $s = \alpha \oplus Lévy(\beta)$ 不能自适应调整，从而使得算法在收敛速度和搜索精度上不能兼顾，为此分别从以下 4 个方面对其进行改进。

（1）借鉴粒子群算法，对式（4-7）进行改进，增加每个鸟巢与全局最优鸟巢的相关性，改进后的表达式为

$$X_i^{t+1} = X_i^t + \alpha \oplus Lévy(\beta) \cdot (X_{best}^t - X_i^t) \tag{4-10}$$

式中 X_{best}^t ——第 t 次迭代中质量最优鸟巢的位置。

（2）添加局部扩散算子，增加算法的局部搜索能力。

$$\begin{cases} X_{i,ver1}^t = X_i^t + (X_{best}^t - X_i^t) \cdot rand \\ X_{i,ver2}^t = (1-\gamma)X_i^t + \gamma \cdot rand \cdot X_i^t \\ X_i^{t+1} = \max\{X_i^t, X_{i,ver1}^t, X_{i,ver2}^t\} \end{cases} \tag{4-11}$$

式中 $X_{i,ver1}^t$、$X_{i,ver2}^t$ ——第 t 次迭代中随机扩散的两个鸟巢；

γ ——扩散因子；

$\max\{\}$ ——选择质量最优的鸟巢；

$rand$ ——[0,1]之间的随机数。

（3）结合式（4-10），可以看出 $Lévy(\beta)$ 受分布因子 β 影响，随着 β 的增大，$Lévy(\beta)$ 逐渐减小。

在传统算法中 β 取值 1.5，这使得算法在前期全局搜索能力较差，在后期局部搜索能力较差，容易差生震荡现象，错过最优解。因此选择 $\beta \in [0.8,1.8]$，使 β 随迭代次数自适应调节，同时引入随机数，增加其波动性，具体表达式为

$$\beta = \frac{5 \cdot \sin[(t/T) \cdot \pi/2] \cdot rand + 4}{5} \tag{4-12}$$

式中　t——当前迭代次数；

　　　T——所设最大迭代次数。

随着迭代次数 t 的增加，β 从 0.8 随机波动到 1.8，实现 β 的自适应调节。

（4）在传统 CS 算法中，α 为固定值，无法自适应调节迭代过程中搜索范围，因此对 α 进行自适应改进，提高算法灵活性，改进公式，即

$$\beta = \frac{2.5 \cdot \cos[(t/T) \cdot \pi/2] \cdot rand + 3.5}{5} \tag{4-13}$$

随着迭代次数 t 的增加，α 从 1.2 随机波动到 0.7，实现 α 的自适应调节。

4.2.3　标准函数验证

验证 ICS 算法的寻优能力，采用 4 个标准测试函数（见表 4-1）分别对 CS 算法和 ICS 算法进行测试。

标准测试函数见表 4-1。其中，测试维度均为 40，两种算法初始化鸟巢数量均为 50，最大迭代次数为 300，在两种算法的鸟巢被发现概率均设置为 0.25。

表 4-1　　　　　　　　　　　　　标 准 测 试 函 数

测 试 函 数	最优值	取值范围
$f_1(x) = \sum\limits_{i=1}^{n} x_i^2$	0	$[-100,100]$
$f_2(x) = \sum\limits_{i=1}^{n} \lvert x_i \rvert + \Pi_{i=1}^{n} \lvert x_i \rvert$	0	$[-10,10]$
$f_3(x) = \sum\limits_{i=1}^{n}\left(\sum\limits_{j=1}^{i} x_j\right)^2$	0	$[-100,100]$
$f_4(x) = \dfrac{1}{4000}\sum\limits_{i=1}^{n} x_i^2 - \Pi_{i=1}^{n}\cos\left(\dfrac{x_i}{\sqrt{i}}\right) + 1$	0	$[-600,600]$

对于 4 个标准测试函数，ICS 算法收敛曲线明显低于 CS 算法的收敛曲线，说明 ICS 算法具有更快的收敛速度。

表 4-2 为各测试函数对应计算结果，对于 4 个测试函数，CS 算法的收敛精度都是最差的，并且没有收敛到全局最优值 0。相较而言，ICS 算法已经收敛到最优值 0。

综上可知，ICS 算法在搜索速度以及搜索精度上都远远优于 CS 算法，同时能够有限避免陷入局部最优。

表 4-2　　　　　　　　　　　　　测 试 结 果

测试函数	算法	最小值	最大值
f_1	CS	1.25×10^2	2.63×10^2
	ICS	2.28×10^{-15}	5.87×10^{-13}
f_2	CS	41.03	66.42
	ICS	1.77×10^{-8}	1.51×10^7

测试函数	算法	最小值	最大值
f_3	CS	1.02×10^4	1.52×10^4
	ICS	2.51×10^{-11}	6.97×10^{-10}
f_4	CS	6.41	15.66

4.2.4 算例验证

采用 IEEE-33 节点配电系统（见图 4-1）作为测试对象，其中负荷及 DPV 节点均视为 PQ 节点，系统总负荷 3715kW+j2300kvar，基准电压 12.66kV，基准功率 10MVA。

在不允许功率倒送的约束下，采用 ICS 算法对 DPV 的单节点及多节点最优接入容量进行计算。其中，在无 DPV 接入条件下系统总的有功功率损耗为 202.5kW。

（1）分布式光伏的单节点接入。

选取主干线上 3～17 号节点作为 DPV 单节点接入测试节点。

越接近线路末端节点，DPV 最优接入容量越小，制约最优接入容量的关键因素是电压，越靠近线路末端，线路阻抗越大，线路电流越小，从而当电压达到上限时，其允许接入的最优容量越小。

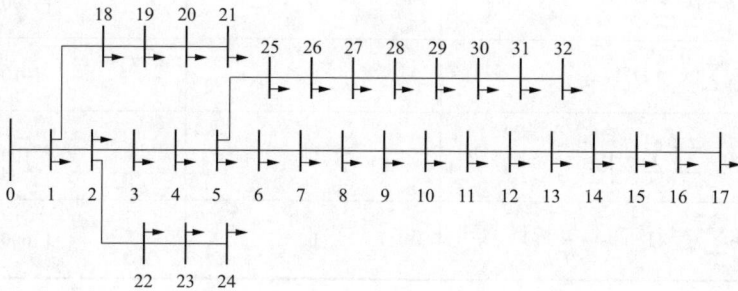

图 4-1　IEEE-33 节点配电系统图

在线路始端部分，λ 越小，接入容量越大；在线路末端部分，λ 越大，接入容量越大。这是因为，在线路末端部分制约最优容量的关键因素是电压，λ 越小，DPV 发出的无功功率越多，电压抬升越大。在线路始端，电压不是制约 DPV 接入容量的关键因素，此时在有功负荷一定的情况下，λ 越小，DPV 接入容量越大。

λ 越小，线路的有功功率损耗也越小。这是因为，DPV 发出的无功对系统进行无功补偿，抬升了节点电压，进而降低相邻节点的电压差，使得线路中电流减小，从而减小线路中的有功功率损耗。

（2）分布式光伏的多节点接入。将所有节点均作为 DPV 的可接入节点，对其最优接入容量进行计算，得出不同 λ 下各节点的 DPV 接入容量。

系统总的 DPV 接入容量为 3.7912MW，线路总的有功功率损耗为 80.98kW。

DPV 的多节点接入降低了单节点的接入容量，同时 DPV 的多节点接入使其发出功率就地消纳，有效降低了系统的有功功率损耗。

表 4-2 为不同λ下的系统 DPV 接纳能力及有功功率损耗对比。由表 4-2 可知，λ越大，系统的 DPV 接纳能力越低，系统的有功功率损耗越大。

系统中没有发生节点电压达到上下限的情况，此时λ越小，系统对 DPV 接纳能力越大，同时λ越小，DPV 发出的无功功率越多，使得系统中电压波动减小，从而系统的有功功率损耗也减小。不同算法的优化结果如表 4-3 所示。

表 4-3　　　　　　　　　　　　　不同 λ 下的 DPV 接纳能力

λ	DPV 接纳能力（kW）	有功功率损耗（kW）
0.9	4149.72	20.68
0.95	3959.44	47.6
1	3791.24	80.98

ICS 算法收敛曲线处于 CS 算法下面，说明 ICS 算法具有更快的收敛速度，其大约在第 25 次循环接近最优值，而 CS 算法在大约第 70 次循环才接近最优值，可见算法的收敛速度得到了显著提升。

由表 4-4 可知，无论是在 DPV 接纳能力还是在有功功率损耗上，ICS 算法都具有更好的寻优结果。其中，在 DPV 接纳能力上，ICS 算法相较于 CS 算法，提升约 2.28%，在功率损耗上 ICS 算法相较于 CS 算法，降低约 7.97%，相较于未接入 DPV 时 202.5kW 的有功功率损耗，降低约 60%。

表 4-4　　　　　　　　　　　　不同算法下的 DPV 接纳能力

算　法	DPV 接纳能力（kW）	有功功率损耗（kW）
CS 算法	3706.83	87.99
ICS 算法	3791.24	80.98

4.3　承载力评估系统开发

4.3.1　评估软件设计方案

（1）配电网模型：导入配电网结构参数以及源荷功率参数。

（2）优化模型：以分布式光伏接入容量最大及线路损耗最小为目标，在电压、电流等约束条件下，通过控制算法分别得到分布式光伏在指定区域的最优接入容量。

（3）可视化界面：将计算得到的最优接入容量通过视图的形式呈现，并将在最优接入容量下，配电网的线路状况，包括节点电压、节点功率、支路电流，以及线路损耗等进行视图呈现。

4.3.2　软件应用场景

（1）配网类型：辐射状配电网（以负荷作为驱动，在不同负荷下得到不同的评估结果，在极限负荷下可得到最大准入容量）。

（2）评估结果：根据预选目标节点，显示该节点的可接入容量，当选中全部节点时，可显示整个配电网的极限接入容量以及每一个目标节点的当前可接入容量。

同时可将承载力极限条件下的各个节点的电压、功率，各支路的电流，以及各部分的线路损耗进行显示。

新型有源配电网云边协调调控

5.1 配电网资源优化配置

基于光伏用户的用户画像以及光伏承载力的研究结果，根据配电网光伏台区自治的配电网架构结合博弈论以及配电网中各主体的模型和特性，建立多层次多主体的配电网光伏台区博弈策略。配电网与各台区之间存在决策先后，配电网作为领导者，先进行决策，台区随之进行决策，因此，配电网与台区之间形成主从博弈。而在台区内部，在光伏台区自治的基础上，台区内部的光伏用户之间，通过社交网络进行信息交互，并考虑到光伏用户的有限理性，在用户之间通过演化博弈模拟台区用户对比策略，学习他人策略的过程，从而实现整体上多层次（主从博弈、演化博弈）多主体（配电网、台区、用户）的博弈架构。

5.1.1 运营商与台区主从博弈

台区作为配电网和光伏用户之间的中介，通过搜集电网电价及用户用电时间信息，光伏发电情况制定电价，给为台区中的光伏用户供电，同时也为台区中用户反向向电网售电过程制定合理的购电价格。其日常工作包括日前申报、等值聚合和信息互动等。同时其作为台区内光伏用户的聚合器，将用户的历史用电、发电信息进行整合，通过对历史数据进行分析和建模，可以对用户的用电和发电潜力进行较为准确的预测，从而可以进一步更加准确地制定购售电计划和实时调度策略的实施。相关信息的采集和监测都可以通过台区的智能终端结合用户的智能电表进行获取。

而从配电网角度上来说，配电网运营商是台区和上级电网之间的中介。一方面，配电网运营商直接对所属的配电网台区进行管理，负责将电力从上级电网经过变电站合理地配送到各个光伏台区，电量的分配不仅要根据台区的实际负荷情况和发电情况来决定，同时也需要考虑台区作为一个单独的利益主体且具有议价权，针对其给出的购售电情况来做出决策。另一方面，在与上级电网的交互过程中也要服从上级电网的调度决策进行调整。

可以看出，配电网运营商会根据各个台区的实际负荷情况和发电情况来制定合理的电价，使运营商的利益最大；而电价出台之后，光伏台区会结合台区的情况和电价的大小来调整台区的购售电量，从而达到台区利益的最大化。因此，光伏台区和配电网运营商之间形成了一个两个利益主体之间的博弈关系。

（1）主从博弈原理。主从博弈本质上可被视为一类特殊的二人非零和非合作博弈，通常满足下述设定：参与者 u 在博弈过程中起主导作用，他会首先宣布己方策略并有能力予以实施。参与者 v 在博弈中起到一种追随作用，v 只能以 u 的策略作为约束限制并对此作出对应的理性反应。同样，博弈主体会考虑到博弈从体的理性反应，从而合理地选择自己的策略以取得最好的结果。主从博弈的均衡由 Stackelberg 提出，因此被称为 Stackelberg-Nash 均衡。以下为主从博弈的 Stackelberg 均衡的定义。

若存在 $(u^*, v^*) \in R(u, v)$，使所有 $(u, v) \in R(u, v)$ 都有如式（5-1）所示的不等式关系，则称 (u^*, v^*) 为二人非零和主从博弈的 Stackelberg 均衡。其中，u^* 为博弈主体的最优策略，$v^* = \varphi(u^*)$ 为博弈从体的最优策略。

$$J_1(u^*, v^*) \leqslant J_1(u, v) \tag{5-1}$$

从上述定义可以看出，参与者之间的主从关系一旦确定，则博弈主体和从体的最优策略就构成了 Stackelberg 均衡。若博弈从体采取其他策略，则其就会收益下降；若主体采取其他策略，博弈从体的策略也会随之改变，也会导致博弈主体收益下降。

对配电网运营商和光伏台区之间基于需求响应的策略互动行为进行研究。假定配电网运营商以较低成本获得较大利润，而台区则在较低支付下获得最大化满意度，因此需要采取适当的策略以维持配电网运营商和台区之间的电力供需平衡。

除了配电网运营商和台区之间的博弈之外，台区之间互相进行价格竞争向配电网销售电力以达到利润最大化，但此博弈关系不是所研究的重点，此处不做赘述。

（2）主从博弈模型建立。配电网与其他同级主体进行博弈价格竞争并达到 Nash 均衡后，均衡价格通过智能仪表传送到每个台区的能量管理控制器，接下来台区内部的用户之间进行动态演化并最终达到演化均衡。考虑配电网运营商和台区之间的顺序竞争行为，将其构建为一个主从博弈，配电网运营商的目标是在每个时段制定最优电价以获得最大利润，台区则选择购售电策略最终达到最优电量消费。在此博弈中追随者的均衡策略是对售电商宣布的价格 $P_{j,k}$ 作出的最优反应。

令 Γ_R 和 $\Gamma_{U,i}$ 分别为配电网运营商和台区 i 的策略集合，于是对于配电网运营商，p_k^* 是一个主从博弈的均衡策略，如果其满足

$$R_k[p_k^*; z(p_k^*)] \geqslant R_k[p_k, p_{-k}^*; z(p_k^*, p_{-k}^*)] \tag{5-2}$$

式中　z ——所有用户的策略，$z = [z_{1,k}, z_{2,k}, \cdots, z_{n,k}]$；

$z(p_k^*)$ ——所有台区对价格向量的反应。

式（5-2）中，$p_k^* = (p_k^*)$。将 $z(p_k^*)$ 反馈给上层所有配电网运营商后，售电商进行价格竞争得到 Nash 均衡，均衡价格再次被告知给全部台区，重复进行上述过程直至 p_k^* 和 $z(p_k^*)$ 保持稳定不变，则向量 (p_k^*, z_k^*) 即为主从博弈的均衡策略。

在配电网运营商和台区之间策略互动生成的主从博弈中，当配电网运营商宣布电价时，所有台区收到价格信息并参与演化过程，最终达到演化均衡。因此，一旦配电网运营商在非合作博弈中调整电价收敛到一个 Nash 均衡，则此主从博弈有一个均衡。

在此主从博弈模型中，台区通过对配电网运营商电价和提供电量大小作出最优反应以实现最优电量需求。当售电商彼此相互不知道定价等信息时，均衡求解就会遇到困难，于是设计算法以使所有配电网运营商之间达到 Nash 均衡，进而与台区间的演化均衡交互信息进行顺次竞争，迭代得到主从博弈均衡。

当电价被调整后，台区演化达到一个新的均衡，传递给售电商之后，售电商再次调整

价格；重复进行直至电价和用户策略保持稳定。

因此，配电网运营商和光伏台区之间的主从博弈模型如下：

1）对于配电网运营商，即

$$
\begin{cases}
\max c_t p_{it} + \sum_t \pi_t^- E_t^- - \pi_t^+ E_t^+ \\
s.t. \quad c_{\min} \leqslant c_t \leqslant c_{\max} \\
\quad \sum_t^T c_t / T = c_{av} \\
\quad 0 \leqslant E_t^+ \leqslant M z_t \\
\quad 0 \leqslant E_t^- \leqslant M(1 - z_t) \\
\quad \sum_t p_{it} = E_t^+ - E_t^-
\end{cases}
\tag{5-3}
$$

式中　　c_t——t 时段向台区的购售电电价；

E_t^-、E_t^+——t 时段从上级电网出售和购入的电量；

z_t——布尔变量，t 时段的能量交易状态；

π_t^-、π_t^+——t 时段实时市场的购售电电价；

$c_{\min}$ 和 $c_{\max}$——向台区购售电电价的最小值和最大值；

c_{av}——日平均电价；

M——足够大的正常数。

式（5-3）中，目标函数为极大化配电网运营商的盈利。代理商的盈利由 3 部分组成，其中第 1 项代表向台区购售电的收入；第 2 项为向上级电网售电的收入；第 3 项为上级电网购电的成本。

2）而对于光伏台区，有

$$
p_{it} = argmin \sum_t c_t p_{it}
$$

$$
s.t. 0 \leqslant p_{it} \leqslant p_{im}
$$

$$
0 \leqslant p_{i,l,t} \leqslant p_{i,l,t}^{\max}
\tag{5-4}
$$

$$
0 \leqslant p_{i,pv,t} \leqslant p_{i,pv,t}^{\max}
$$

$$
p_{it} = p_{i,l,t} - p_{i,pv,t}
$$

式中　　p_{im}——第 i 个台区的最大购售电功率；

$p_{i,l,t}$、$p_{i,pv,t}$——第 i 个台区 t 时段的负荷情况和光伏发电情况。

5.1.2　光伏台区用户演化博弈

在电力市场中，基于用户不同的响应方式，需求响应可以分为基于激励和基于价格的需求响应。一些研究中，采用弹性系数刻画用户响应量与电价或激励之间的关系，其将用户的响应量与电价简化成正比关系，该方法较为粗糙；也有研究者从博弈视角分析用户响应特性，认为用户为完全理性经济人，总能寻求利益最大化，忽略了用户群体为有限理性和异质性的多利益主体。从上述问题出发，首先考虑光伏用户社群系统在台区内部的信息传递结构，通过社交网络这一复杂网络建立台区光伏用户之间的信息交互模型；其次，计及用户信息交互影响和实际用户的有限理性特征，将电价或激励措施视为外部影响条件，基于社交网络上的演化博弈模型建立了台区光伏用户需求响应决策模型，并设计了相应求解算法；最后，通过仿真算例分析了不同用户社交网以及电价或激励措施对用户需求响应特性的影响，利用所提方法与实际运行数据对比。

（1）演化博弈概述。经典博弈理论的研究对象为具有完全理性的博弈者，研究为了获得更大的博弈效用该如何进行决策。这不仅要求决策者具有在各种环境中追求自己利益最大化的判断能力，还要求决策者具有完美的决策和对未来的预测能力。

演化博弈的产生和兴起一方面受到生物进化论的启示，另一方面也受到经典博弈理论的影响。演化博弈问题分析的核心从经典博弈最优策略的寻找变成了决策者学习调整的过程。在演化博弈中，传统的博弈方之间的均衡转变为博弈策略的稳定性，即博弈的参与者采用某一种特定策略的比例保持稳定，这也意味着即使达到了均衡，也可能会在下次的决策中偏离，这一特征体现出了演化博弈有限理性的基本假设。经典博弈和演化博弈的区别如表 5-1 所示。

台区内的光伏用户作为有限理性的个体，在选择其用电策略时，没有能力在一开始就找出最优的策略，而需要在与其他用户交流的过程中进行学习模仿和试错，不断调整找出更好的策略。因此，通过演化博弈模型来分析用户的用电策略演化过程。

（2）社交网络生成原理。光伏台区用户之间的社交关系和信息交互将影响用户对电价激励的响应程度，反映用户之间的社交关系和信息交互的网络为用户社交网，其是一种典型复杂网络。同时，用户个体决策将会影响其他用户利益。因此，光伏台区用户的需求响应决策过程实质上是复杂网络上的博弈过程。

表 5-1 经典博弈和演化博弈的区别

博弈问题	经 典 博 弈	演 化 博 弈
理性假定	完全理性	有限理性
研究对象	参与者个体	参与者群体
动态概念	不涉及达到均衡的调整过程和外在因素的影响	注重群体行为达到均衡的调整过程
均衡概念	任何参与者单方面偏离均衡策略时其收益不会增加	达成演化稳定均衡时群体能够消除微小突变
达到均衡的过程	系统常常处于均衡状态，均衡到非均衡无需时间	均衡只是暂时甚至不可能的，达到均衡需要长期演化

首先，利用图论方法建立用户社交网模型。节点和连接线是构成社交网络的基本元素，不同节点代表了不同的光伏用户，连接线代表了用户之间存在的社交关系，也即用户之间社交关系反映了其信息交互关系。相关学者证明了小世界属性和无标度特性是社交网络的两个主要属性。无标度分布是指节点的度分布服从幂律分布。复杂网络的小世界属性是指网络具有较短的平均路径长度的同时具有较大的集聚系数。平均路径长度为网络中任意两点之间的最短路径长度的平均值。集聚系数则描述了节点的两个近邻本身是相邻的可能性，

即连接在一起的集团各自的邻居中有多少是共同的邻居。

网络的聚集系数的计算方法：假定一个节点 i 有 l_i 个最近邻，C_i 为这些最近邻之间实际存在的连接数，则集聚系数 q_i 可表示为

$$q_i = \frac{2C_i}{l_i(l_i - 1)} \tag{5-5}$$

对网络中全部节点的集聚系数 q_i 取平均值，就得到整个网络的集聚系数，即

$$q = \frac{1}{N} \sum_1^N q_i \tag{5-6}$$

因此，考虑到光伏台区用户社交网络的上述属性，使用无标度社区网络建立用户社交网络模型，其度分布满足幂律分布，具有小世界属性和社区结构，可以很好地模拟光伏台区用户之间的信息交互结构。

具体的网络生成流程如下：

步骤一：设置初始社区数量 M，生成初始 $m_0(m_0 \geqslant M)$ 个节点，保证每个社区至少有一个节点，初始节点之间完全连接，设置新生成节点数量 t_0，$t=1$。

步骤二：网络中加入一个新的节点，在 M 个社区中等概率随机选择一个进入，记为社区 j，它与社区 j 中的 $m(m \leqslant m_0)$ 个节点建立连接（若社区 j 中节点数量小于 m，则与社区内所有节点相连），连接规则：新的节点与社区 j 中的节点 i 相连的概率为

$$P(s_{ij}) = \frac{s_{ij}}{\sum\limits_k s_{kj}} \tag{5-7}$$

式中　s_{ij}——节点 i 与社区 j 内的节点之间的连接度，即建立的连接数量；

　　　k——社区 j 内的全部个体。

步骤三：判断新的节点是否与外部社区建立连接，建立连接的概率为 $p(0 < p < 1)$，若不建立连接，则直接进入步骤四；若建立连接，则连接规则：连接数量为 n，新的节点与社区 $h(h \neq j)$ 中的节点 i 相连的概率为

$$P(s_{ih}) = \frac{s_{ih}}{\sum\limits_{n,n \neq j,l} s_{ln}} \tag{5-8}$$

式中　s_{ih}——节点 i 与社区 h 内的节点之间的连接度；

　　　n——全部外部社区；

　　　l——外部社区中有外部连接的全部个体。

步骤四：$t = t+1$，当 $t > t_0$ 时停止，否则回到步骤二重复进行。

通过以上步骤进行无标度社区网络的生成，即可得到通过不同聚集特性的用户社交网，其中用户社交网聚集特性由参数 p 决定，其值越大社交网络聚集特性越明显，对应的集聚系数 q 也越大。

（3）光伏台区用户决策的演化博弈模型。台区内的光伏用户作为产消者，其生产的光伏电能首先考虑用于自身负荷需求，若有余电，剩余电量由台区统一售卖给电网；若不足以满足需求，则向电网购电以保证负荷运行。台区作为用户的集中器，一方面从配电网购电以满足负荷需求，另一方面将台区内的光伏反向售卖给配电网。作为集中器的台区在发

布购售电电价时，其定价策略受到台区整体购售电量的影响，而台区的整体购电量与每一个用户的用电量都直接相关。因此，每个用户的用电决策都可以影响到整体的购售电价格，进而决定了用户的用电成本。基于此，建立了光伏台区用户决策演化博弈模型。

当光伏台区作为整体参与到配电网运行调控过程中，为了满足配电网运行需求，作为集中器的台区将通过发布电价以调整用户购售电量。由于用户社群系统中存在信息传播和决策的相互学习，每个用户决策中均会评估和学习与自己有社交关系的其他用户的策略，以追求自身利益和满意度。因此，每个用户的策略都会受到与其有社交关系的用户的影响，即社交网络反映了博弈关系。建立用户决策博弈模型：

$$S = \{N, \{m_i\}, i \in N, \{\pi_i\} i \in N\}$$ ，其包含以下主要三要素。

1）决策者：台区内 N 个光伏用户。

2）决策空间：$\{m_i \mid m_i \in [0,1,2,\cdots,100], i = 1,2,3,\cdots,N\}$。

其中，m_i 为用户 i 的用电程度，即用户的实际用电量占用户最大用电量的比例为 $m_i\%$。

$$Q_i = m_i\% Q_{\max,i} \tag{5-9}$$

式中　Q_i ——用户 i 的实际用电量；

$Q_{\max,i}$ ——用户 i 的最大用电量，即忽略用户用电弹性的最大用户需求量，由 m_i 的范围可知，$Q_i \in [0, Q_{\max,i}]$。

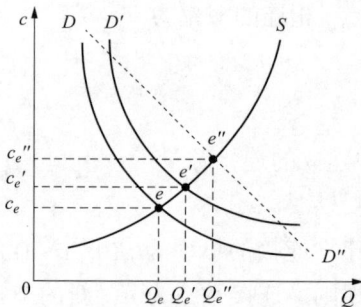

图 5-1　需求改变对市场均衡与价格的影响
c—电价；Q—需求

根据电价理论和市场的供需关系，电价的制定受到用户整体用电量影响，当整体用电量较大时，电价将会提高以降低用户响应度；反之，用户整体用电需求较低时，电价将会降低，如图 5-1 所示。电价 c 和需求 Q 两者之间为复杂的非线性关系，难以用某一确定模型进行描述。

为了能够较为准确地描述供电方（作为集中器的台区）的电价制定策略，首先，供电方作为一个具有完善的调度决策模式的主体，其为价格的主导者，将根据其自身收益最大化来制定价格。其次，供电方的收益由其成本和售电收入构成。

因此，可以将供电方的定价策略描述为

$$c^* = argmax\, w_0\left[c, \sum_1^N (Q_i - Q_{\mathrm{pv},i})\right] \tag{5-10}$$

式中　c ——当前电价；

c^* ——最大化收益时最优电价；

$Q_{\mathrm{pv},i}$ ——用户的光伏出力；

其中，$w_0\left[c, \sum_1^N (Q_i - Q_{\mathrm{pv},i})\right]$ 为供电方的收益函数。

$$w_0\left[c, \sum_1^N (Q_i - Q_{\mathrm{pv},i})\right] = \sum_1^N I_i - L \tag{5-11}$$

式中　I_i、L——对第 i 个用户的售电收益和总生产成本。

供电方的生产成本包括设备投入、原料购买和运营调度成本等，采用代价函数来进行描述。首先做出以下假设：生产成本只与总售电量，即用户的总购电量有关，售电量为 0 时成本亦为 0；生产成本随着购电量的增大而增大；生产电量的单位成本也随着电量的增大而增大。基于上述假设，使用二次函数作为代价函数，即

$$L = a\sum_1^N (Q_i - Q_{pv,i})^2 + b\sum_1^N (Q_i - Q_{pv,i}) \tag{5-12}$$

式中　a，b 和 n——与发电成本相关的价格参数；

　　　　a——二次价格敏感系数；

　　　　b——一次价格敏感系数，$a>0$，$b>0$。

供电方的售电收入即为电价与售电量的乘积，即

$$I_i = c(Q_i - Q_{pv,i}) \tag{5-13}$$

此外，还需要考虑电价的上限约束问题，即

$$0 \leqslant c \leqslant c_{max} \tag{5-14}$$

式中　c_{max}——当前时间段内的可取电价最大值。

根据式（5-10）～式（5-14）所构成的优化问题，可以通过优化算法求解得到最优的决策电价 c^*，可以看出，c^* 的大小收受到每一个用户的用电量 Q_i 的影响。

3）收益（效用）函数：正常情况下，用户 i 的用电效用 π_i 由三部分构成，即购电成本、光伏售电收益和用电满意度大小。其中，购电成本和光伏售电收益在假设条件下可以整合为一个表达式，因此 π_i 可以可表示为

$$\begin{aligned}\pi_i &= f(Q_i, Q_{-i}) \\ &= -c^*(m_i\%Q_{max,i} - Q_{pv,i}) + S_i\end{aligned} \tag{5-15}$$

式中　Q_{-i}——除用户 i 以外，其他用户用电决策，可知单个用户决策收益将受到群体用户决策影响；

　　　　S_i——用户 i 的用电满意度大小。

S_i 由二次效用函数确定，即

$$S_i = \begin{cases} \omega Q_i - \dfrac{\alpha}{2}Q_i^2 & 0 \leqslant Q_i \leqslant \dfrac{\omega}{\alpha} \\ \dfrac{\omega^2}{2\alpha} & Q_i > \dfrac{\omega}{\alpha} \end{cases} \tag{5-16}$$

式中　ω、α——事先设定好的参数，反映用户用电产生的效用大小。

可见用电量越高，对应的用电效用越大，然而其有一个上限值，达到上限值之后，用电量的增加并不会导致用电满意度的提高。更高的 ω 和更小的 α 会提高满意度上限。

考虑到社交网络中信息的传播和用户的相互学习，用户将通过不断更新自身策略以追求自己满意利益。因此采用最优反应学习算法来模拟这种策略调整的动态过程。基本原理为单个用户通过与社交网络中的其他用户博弈获得收益，当用户更新自身博弈策略时，其

将自身收益与所有邻居节点的收益进行比较，选择邻居节点中收益最高的策略作为自身的下一个博弈策略。

（4）模型的求解算法。为了对社交网络上的演化博弈模型 S 进行求解，设计了一种串行求解算法，其主要步骤为：

步骤1：$N=1$，设置迭代次数 N_0，设置参数：用户最大用电量，a，b，n，ω，α 等。

步骤2：初始化用电策略，即用电程度。

步骤3：根据每个用户的用电程度大小计算每一个用户的用电效用 π_i，通过优化算法更新电价。

步骤4：网络中的每一个用户与和自己具有社交关系的邻居的用电效用进行比较，若均小于自身效用，则下次迭代中策略保持不变；若存在效用大于自己的邻居，则选择效用最大的邻居，将其策略作为下次迭代中的策略。

步骤5：$N=N+1$。

步骤6：所有个体同时更新策略。

步骤7：若 $N>N_0$，则终止演化博弈，否则返回步骤3重复进行。

5.1.3 算例验证

（1）配电网主从博弈算例仿真。以一个配电网运营商和一个光伏台区之间的博弈关系为研究对象，建立主从博弈优化仿真算例。

配电网运营商从上级电网的购售电价格分为峰段、谷段和平段，不同时段的购售电价格不同，峰段最高、谷段最低、平段居中。其具体价格情况如表 5-2 所示。

表 5-2　　　　　　　　　　　　　　电 价 情 况 表

时段	时间区间	购电价格（元）	售电价格（元）
峰段	16:00—23:00	1.2	0.9
平段	6:00—15:00	0.8	0.6
谷段	0:00—5:00	0.4	0.3

按照上述数据，在 Windows 10，Intel（R）Core（TM）i7-10700 CPU@2.90GHz 环境下，16.0GB，基于 Matlab 平台，结合 yalmip 工具箱和 Gurobi 9.0 求解器，进行求解。

通过双层优化进行主从博弈求解，配电网运营商在一天 24h 范围内，其向光伏台区的售电电价大致有 3 个峰值，分别在 6:00—7:00、13:00—14:00 和 19:00—20:00 3 个范围内出现，对应用户用电的 3 个负荷高峰，反映了配电网运营商在决策过程中最大化自身利益的趋势，体现了模型的有效性；台区的光伏出力大致符合光伏的实际出力趋势，即"昼出夜伏"的特性，一方面体现了光伏的消纳，另一方面表明了模型的可行性和有效性。

（2）台区演化博弈算例仿真。考虑由 100 个光伏用户组成的光伏台区。社区数量 $M=3$，初始用户 $m_0=3$，新增用户数 $t_0=97$，内部连接数 $m=3$，外部连接数 $n=1$，外部连接概率 $p=0.3$。生成的无标度社区网络拓扑图呈现明显的社区结构，社区之间存在少量连接。

1）用户用电响应分布特征。根据某一实际电力系统的价格制定策略，将相关参数设

置为 $a=3\times10^{-4}$，$b=0.32$，$\omega=0.267$，$\alpha=8.89\times10^{-3}$，用户的日最大需负荷电量 $Q_{max,i}$ 通过蒙特卡洛模拟进行随机生成，范围在 10～50kWh 之间；同样地，光伏出力 $Q_{pv,i}$ 在 5～20kWh 之间。

经过多次重复仿真发现，演化博弈在 10 次左右即达到收敛。因此，取前 20 次的演化结果，以 20% 为粒度进行分组，得到其不同用电程度所占比例的收敛过程。

另外，统计演化稳定过程中整个台区用电程度的平均值 mave 的收敛过程。

用电程度在 61%～80% 的用户比例从第 2 次迭代开始就逐渐上升，通过 6 次左右的迭代演化快速收敛至演化稳定值，并最终占到整体的 50% 以上；用电程度在 81%～100% 的用户比例从博弈开始即处于下降状态，达到收敛之后占比几乎为 0。整体的用电程度最终收敛至 54% 左右，代表了整体用电程度的平均水平。因此，在上述的参数配置下，大量用户最终通过社交网络进行策略学习与更新，更倾向于选择 20%～80% 这一区间的用能策略，整体用电程度较低。

2）用户响应策略演化过程。为了更直观地展现在社交网络上用户策略的更新、淘汰和扩散的过程，取第 1、3、5、7 次演化迭代的结果进行分析。

$t=3$ 时，社交网中用户策略取值在 0～0.2 的比例较高，覆盖了社交网的大部分区域。然而，经过两次迭代之后，策略取值在 0.4～0.6 的比例急速升高，渗透到每一个社区之中。最终达到收敛之后，每个社区之中均存在占主导地位的占比较高的策略，且各不相同。由此可以看出，由于社交网络具有的小世界属性，效益高的策略会快速沿着社交网络传播，而当出现新的更好策略之后，原有优势策略又会很快被新策略覆盖。此外，社交网具有社区属性（集聚特性），即不同社区之间集聚特性和网络结构的不同会影响某个优势策略扩散到所有节点，使每个社区或社交群体保持相对独立的策略稳定性。

另外，为了分析稳定性的形成原因，取社交网中相互关联的 10 个节点进行单独分析，达到收敛后，存在两个主要优势策略 0.31 和 0.38，两种策略之间相互接触然而仍保持策略的稳定性，这种稳定性是由于核心节点 S 的策略始终不变导致，其在宏观上即反映为社区内部的策略稳定性。

3）不同社交网络结构对台区用户整体响应水平影响分析。社交网络的集聚系数反映了光伏用户之间信息交互的广度以及对应台区内部的社交紧密度和信息传递效率。根据式（5-5）和式（5-6），可计算出上节生成的社交网络的集聚系数为 0.215，而分析第 1 节的模型建立流程可知，社交网的聚集系数主要受节点外部连接概率 p 的影响。因此为了分析网络集聚系数对演化结果的影响，通过设置不同参数 p，生成不同集聚系数 q 的社交网络，用同样的演化博弈方式进行博弈，比较其结果。

社交网络的集聚系数越大，其达到收敛之后对应的用户平均用电程度也越大，说明社交网络的小世界属性可以提升用户的用电需求量，提高用户的用电意愿。

4）不同定价策略对台区用户整体响应水平影响分析。由于台区作为集中器参与到电网运行调控时，其需要根据电网需求制定不同的电价，为了分析不同电价制定策略对用户响应结果的影响，设置了 3 个不同参数组合，如表 5-3 所示。

基于不同的电价制定参数组合，在上节中生成的同一个社交网络中进行博弈，其余参数保持不变，得到的平均用电程度演化收敛情况。

表 5-3 不同的电价制定策略

参　数	组合 1	组合 2	组合 3
a（元/kWh）	3e-4	3e-4	2e-4
b（元/kWh）	0.3	0.4	0.3

一方面，对于电价二次灵敏系数 a，其反映了电价随用户总购电量的变化而改变的程度，a 的提高会导致最终平均用电程度 $mave$ 的降低，这表明用户在用电需求量对电价影响较大的情况下，会更倾向于选择需求量较小的用电策略，光伏用户通过降低自身需求量可以减少向电网的购电量，进而获得更多的光伏余电上网售电收入，这与实际用户的决策情况相吻合。另一方面，对于一次价格灵敏系数 b，随着 b 的提高，用户的最终平均用电程度 $mave$ 相对降低，b 对应了当购电量为 0 时的基础电价，基础电价的升高会导致用户用电意愿的降低。因此，分析结果表明了建立的演化博弈模型的实际可操作性和真实性。对于电网侧，通过分析结果可以判断，通过降低 a、b 可以提高用户的用电需求，从而促进光伏的消纳。

5）模型有效性验证。为了验证所构建模型的合理性和有效性，借助某实施需求响应地区的连续 6 天的实际日负荷数据，根据该地区实际用户情况，设计仿真算例进行模型有效性验证。将所提方法与弹性系数法、线性分段法、求解复制动态方程法以及实际情况进行对比。

可以明显看出，所构建的基于社交网上演化博弈需求响应模型从误差和趋势上来看，相比于其他方法都更贴近真实的负荷情况，证明了所提模型的有效性和合理性。分析可知，将用户的需求响应模型线性化之后，会导致供需平衡点上移，对应的电价 c 和需求电量 Q 都会升高，进一步证明了所构建模型的合理性。

5.2　配电台区源—网—荷—储协同互动

根据分布式可再生能源、网侧重构能力、负荷侧协调潜力和储能系统的快速响应能力，配电网之间的电能交互关系，构建"源—网—荷—储"互动机理。在一个具体的应用场景中，配电网系统包括"源""网""荷""储" 4 个子系统，各个子系统之间不断交互以保持配电网系统的安全稳定运行。

具体的，电源子系统包括多种新能源发电子系统，"源"侧利用双馈感应风电机组和光伏逆变器的有功解耦装置、无功解耦装置来迅速响应时序动态的无功补偿，同时利用分布式可再生能源与有载调压变压器和电容器并联组的协调来充分改善电压分布，实现分布可再生能源的多异质出力时序特性和空间分布特性互补，降低功率波动对系统运行影响，促进分布式可再生能源的消纳。储能子系统包括多种储能装置，"储"侧能够快速响应调度指令，快速追踪分布式可再生能源出力，促进消纳。负荷子系统包括用电类型和负荷量各不相同的众多用户，"荷"侧通过调动居民主动负荷及分时电价信号来改变居民用户的电力消费行为，从而降低成本，充分发挥主动负荷可调节特性，参与系统运行控制，提供灵活性资源，追踪间歇性分布式可再生能源出力，并促进其负荷侧就地消纳。电网子系统用于将配电网系统与外部电网联系起来，"网"侧可以随着遥控开关的控制逐步接入，配电网具备更加快速灵活的重构能力。

"源"与"荷"的交互可以实现用电的削峰填谷。"源"与"网"的交互可以缓解配电网的出力波动。"源"与"储"的交互可以实现有功频率和无功频率的支撑。"储"与"荷"的交互可以实现平抑出力波动和低储高发套利。"荷"与"网"的交互可以促进新能源消纳,通过考虑居民主动负荷在空间上的差异性对配电网潮流和电压分布的影响,进而优化配电网的潮流分布,解决不同特性的分布式可再生能源接入时动态时空分布匹配失衡的问题。"储"与"网"的交互可以实现优化潮流分布的功能。

5.2.1 用电负荷模型

首先,获取目标源网荷储系统中荷侧用户的用能数据,根据所述用能数据建立所述荷侧用户的用能模型。在一些实施例中,负荷可以分为不可控负荷、可转移负荷以及可中断负荷。其中不可控负荷的断电会影响居民的正常生活,因此不能参与需求响应,例如照明设备、电视剧、台式电脑等。可转移负荷的用电时间较为灵活,在某一时间内完成工作需求即可,例如洗衣机和电饭煲等。可中断负荷可以短时间内断电而不影响用户的正常生活,例如空调和热水器等。但可中断负荷的用电中断后,其工作状态将发生变化,耗电量受负荷断电的硬性而减少,设备断电时长过长时会影响用户舒适度。以上可转移负荷和可中断负荷作为主动负荷参与需求响应,满足分布式电源的消纳需求。

相应的,所述用能模型包括不可控负荷模型、可转移负荷模型以及可中断负荷模型。

不可控负荷模型的表达式可以为

$$U^g = [P^g_{\min}, P^g_{\max}, T^g_{\text{start}}, T^g_{\text{end}}] \tag{5-17}$$

$$\begin{cases} P^g_{\min} \leqslant P^U_t \leqslant P^g_{\max} & \forall t \notin [T^g_{\text{start}}, T^g_{\text{end}}] \\ P^U_t = 0 & \forall t \notin [T^g_{\text{start}}, T^g_{\text{end}}] \end{cases} \tag{5-18}$$

式中　　$P^g_{\min}$——设备的最小耗电功率;

　　　　$P^g_{\max}$——设备的最大耗电功率;

　　　　T^g_{start}——设备的起始运行时间;

　　　　T^g_{end}——设备的结束运行时间;

　　　　P^U_t——t时段的耗电功率。

可转移负荷模型的表达式可以为

$$T^g = [P^g_{\min}, P^g_{\max}, T^g_{\text{start}}, T^g_{\text{end}}, Q^g_{\min}] \tag{5-19}$$

$$\begin{cases} P^g_{\min} \leqslant P^T_t \leqslant P^g_{\max} & \forall t \notin [T^g_{\text{start}}, T^g_{\text{end}}] \\ P^T_t = 0 & \forall t \notin [T^g_{\text{start}}, T^g_{\text{end}}] \\ Q^g_{\min} \leqslant \sum P^T_t & \forall t \notin [T^g_{\text{start}}, T^g_{\text{end}}] \end{cases} \tag{5-20}$$

式中　　$Q^g_{\min}$——可转移负荷设备完成任务的最小耗电量。

由可转移负荷模型可知,在可转移负荷设备运行时间内,其功率处于运行范围内,在可转移负荷运行结束后,耗电量应满足最小耗电量要求从而表明该设备已经完成工作。转移负荷设备可以通过转移用电时段并保证完成工作要求来参与电网的负荷响应需求。

可中断负荷模型的表达式可以为

$$I^g = [P^g_{\min}, P^g_{\max}, T^g_{\text{start}}, T^g_{\text{end}}, \theta^g_{\min}] \tag{5-21}$$

$$\begin{cases} 0 \leqslant P_t^T \leqslant P_{\max}^g & \forall t \notin [T_{\text{start}}^g, T_{\text{end}}^g] \text{且} \theta_t^g > \theta_{\min}^g \\ P_{\min}^g \leqslant P_t^T \leqslant P_{\max}^g & \forall t \notin [T_{\text{start}}^g, T_{\text{end}}^g] \text{且} \theta_t^g \leqslant \theta_{\min}^g \\ P_t^T = 0 & \forall t \notin [T_{\text{start}}^g, T_{\text{end}}^g] \end{cases} \tag{5-22}$$

式中 P_t^T ——可中断负荷设备在 t 时段的耗电功率；

     $\theta_{\min}^g$ ——可中断负荷设备需满足的最小舒适度要求；

     θ_t^g ——居民用户在 t 时段对设备的实际舒适度值。

由可中断负荷模型可知，可中断负荷设备运行期间，当设备的实际状态满足用户舒适度需求时，其最小功耗可为零；反正当设备的实际状态不满足用户舒适度需求时，其最小功耗为用电器的额定功率。通过以上可中断负荷模型对可中断负荷设备的运行进行限制，可以在满足用户舒适度要求的前提下使可中断负荷设备参与负荷调度。

5.2.2 分布式发电模型

获取目标源网荷储系统中源侧分布式电源的发电数据，根据所述发电数据建立源侧分布式电源的发电模型。所述发电模型包括光伏出力模型。

光伏出力模型的表达式可以为

$$P_{\text{PV}}^t = n_{\text{PV}} P_{\text{PV}}^S \frac{L_t}{L_S} [1 - \eta_{\text{PV}} (T_t - T_S)] \tag{5-23}$$

式中 P_{PV}^t ——t 时段的分布式光伏出力；

     n_{PV} ——台区分布式光伏数量；

     P_{PV}^S ——标准条件下的分布式光伏额定出力；

     L_t ——t 时段的光照辐射强度；

     T_t ——t 时段的温度；

     L_S ——标准条件下的光照辐射强度；

     T_S ——标准条件下的温度；

     η_{PV} ——出力温度系数。

由发电模型可知，分布式光伏利用光伏组件将太阳能转化为电能的出力取决于光照辐射度和温度。

5.2.3 台区互动分时电价模型

基于所述用能模型和所述发电模型建立所述目标源网荷储系统的互动分时电价制定模型。基于所述用能模型和所述发电模型建立所述目标源网荷储系统的台区并网点负荷模型和电价模型。基于所述台区过往的负荷模型和电价模型建立所述目标源网荷储系统的目标函数。基于分布式光伏出力、台区内外交换功率、储能模型以及约束条件，构建比例可再生能源接入下的源网荷储系统的分时电价制定模型。分时电价制定模型可以包括台区并网点负荷模型。

台区并网点负荷模型的表达式可以为

$$P_{\text{E}}^t = \sum_k P_k^t - P_{\text{PV}}^t \tag{5-24}$$

$$P_P^t = \begin{cases} P_E^t & P_E^t > 0 \\ 0 & P_E^t \leqslant 0 \end{cases} \tag{5-25}$$

$$P_G^t = \begin{cases} -P_E^t & P_E^t > 0 \\ 0 & P_E^t \leqslant 0 \end{cases} \tag{5-26}$$

式中　P_E^t——t 时段的台区内外交换功率；

　　　P_k^t——t 时段用户 k 的用电负荷；

　　　P_P^t——t 时段的台区外购功率；

　　　P_G^t——t 时段的分布式光伏上网出力。

由以上台区并网点负荷模型可知，在源网荷储系统中，台区内的分布式光伏首先进行就地消纳，满足台区内的用电需求，再将多余的电能输送至电网，不足部分由外部电网供应。当台区内外的功率交换大于零时，台区内的用电需求无法完全通过分布式光伏得到满足，台区的内外交换功率即为台区外购功率。当台区内外交换功率小于零时，分布式光伏满足台区用电需求后仍有剩余，则台区内、外交换功率的绝对值即为分布式光伏上网出力。分时电价制定模型可以包括电价模型。

电价模型的表达式可以为

$$P_k^t = \begin{cases} p_k^f & t \in t_k^f \\ p_k^p & t \in t_k^p \\ p_k^g & t \in t_k^g \end{cases} \tag{5-27}$$

式中　　　　P_k^t——t 时段用户 k 的电价；

p_k^f、p_k^p、p_k^g——峰、平、谷时段的分时电价。

所述目标函数的优化目标为所述目标源网荷储系统的收益最大和所述目标源网荷储系统的光伏就地消纳最大。具体的，目标源网荷储系统的收益包括用户售电收入、台区用户容量收入和分布式光伏上网收入，成本包括外购电量电费和容量电费。

目标源网荷储系统的目标函数可以为

$$\begin{cases} \min \sum_{t=0}^{T} P_{PV}^t - \sum_k \left(\sum_{t=T_{start}^{g,U}}^{T_{end}^{g,U}} P_t^U + \sum_{t=T_{start}^{g,T}}^{T_{end}^{g,T}} P_t^T + \sum_{t=T_{start}^{g,l}}^{T_{end}^{g,l}} P_t^l \right) \\ \max(W_S + W_C + W_G - C_P - C_C + C_{se}) \\ W_S = \sum_k \sum_{t=0}^{T} P_k^t p_k^t \\ W_C = \sum_k w_k^C \\ W_G = \sum_{t=0}^{T} P_G^t p_G \\ C_P = \sum_{t=0}^{T} P_P^t p_E^t \\ C_C = \max_t(\,|\,p_E^t\,|\,) p_C \\ C_{se} = \sigma_{se} P_{se}^j \end{cases} \tag{5-28}$$

式中　　W_S ——台区用户售电收入；

　　　　W_C ——台区用户容量收入；

　　　　W_G ——分布式光伏上网收入；

　　　　C_P ——外购电量电费；

　　　　C_C ——容量电费；

　　　　C_{se} ——储能运行净收益；

　　　　w_k^C ——用户 k 的容量收入；

　　　　p_G ——分布式光伏上网电价；

　　　　p_E^t —— t 时段外部电网销售电价；

　　　　p_C ——容量电价；

　　　　P_{se}^j ——台区第 j 个储能单元在 t 时段的储能充放电功率；

　　　　σ_{se} ——储能运行效益系数。

由以上目标函数可知，台区用户售电收入为不同时段台区用户用电量和其他台区分时电价的乘机之和。由于台区用户电量部分由光伏就地消纳供应，相应时段的台区分时电价为分布式光伏就地消纳电量的电价。分布式光伏上网收入为不同时段分布式光伏上网电量和其上网电价的乘积之和。上网电价可以参考燃煤机组的上网电价，不同时段的电价相同。外购电量电费为不同时段台区外购电量和外部电网销售电价的乘机之和，外部电网销售电价为峰谷电价，台区外购电量根据外部电网销售电价划分的峰平谷时段分别结算。

这里提供的需求响应策略可以充分考虑用户的用电习惯和用电意愿，在不影响居民正常生活的前提下满足分布式电源消纳的要求。相对于单一的电源侧消纳，本消纳方法能够在源网荷储互动下调动用户的主观能动性，降低电力运维成本，保持电力企业与用户的良好互动。

基于多目标算法对所述互动分时电价制定模型进行求解，得到所述目标源网荷储系统的分时电价方案。在预设约束条件下对所述互动分时电价制定模型进行求解，得到所述目标源网荷储系统的分时电价方案。具体的，所述预设约束条件包括非负约束、电价递减约束以及内外交换功率约束。

具体的，非负约束的表达式可以为

$$\begin{cases} P_k^t \geqslant 0 \\ p_k^t > 0 \end{cases} \tag{5-29}$$

电价递减约束的表达式可以为

$$p_k^p \geqslant (1+\alpha)p_k^f \geqslant (1+\beta)p_k^g \tag{5-30}$$

电价递减约束即峰平谷时段的电价依次递减，通过电价递减约束可以促进分布式光伏的就地消纳，促进削峰填谷。

内外交换功率约束的表达式可以为

$$-E_T \leqslant P_E^t \leqslant E_T \tag{5-31}$$

式中　　E_T ——并网点变压器容量。

分时电价制定模型相对于实时电价的需求响应机制，能够灵活地定值精细化、差异化的峰谷电价。本实施例提供的分时电价制定方法能够考虑主动负荷参与需求响应的过程和储能系统的充放电过程，更加符合用户与配电网互动的实际情况。

本方案提供的源网荷储系统的分时电价制定方法能够灵活地对分时电价进行制定，从而有效调整用户的用电行为，促进新能源的就地消纳和配电网系统的安全稳定运行。具体的，提供的方法相对于分布式可再生能源的电源侧消纳可以降低电网投资成本、有效整合需求侧响应资源；相对于实时电价的需求响应机制，分布式电源自发自动综合效率更高，经济效益更好，调度用户主动负荷参与分时电价的主管能动性更强。

5.3　配电台区分布式光伏边缘自治决策

目前，针对不确定性优化问题，一般可采用随机规划和鲁棒优化两种解决方案。其中，随机规划局限性明显，实际工况下不确定变量的分布较难准确获取，不满足随机规划对不确定变量概率分布特征的准确性要求。鲁棒优化则不需要获取不确定变量的分布特征，仅需要对其采用不确定性集合描述，优化目标对于不确定性集合上的任意点，便能确保获得鲁棒最优解。

为实现双重高不确定性条件下的台区经济自治运行，促进"源—网—荷"协调，首先考虑主动负荷的灵活可调节性和需求响应特性，以最小化运行成本为目标建立台区经济自治运行确定性优化模型；接着，计及高比例光伏出力和海量柔性负荷双重不确定性，通过鲁棒多面体不确定集合在时间、空间、功率区间3个维度构造表征源侧和荷侧不确定特征，以此构建计及源荷双重高不确定性的台区经济自治运行不确定性优化模型；随后通过鲁棒对等将其转换为可解耦迭代求解的鲁棒优化模型，采用交替方向乘子算法（Alternating Direction Method of Multipliers，ADMM）实现了模型的分布式迭代求解。

5.3.1　主动负荷类型划分

家庭用电设备包括恒功率设备和可变功率设备，根据运行特性又可分为是否可中断负荷和是否可平移负荷。如照明设备，其用电时间相对固定，用电功率波动范围较小，既无储能特性，也无负荷转移能力，此类用电负荷称为固定负荷；如电饭煲、洗碗机等，其用电时间相对灵活，具备负荷转移能力，此类用电负荷称为可平移负荷；如热水器、空调、取暖器等，其用电时间段内可随时中断，中断后其工作状态发生变化，从而导致耗电量减小，且该类设备的断电时长受用户舒适度影响，此类用电负荷称为可中断负荷；具有可平移性负荷或可中断性负荷统称为灵活负荷。三种主动负荷的分类和典型例子如表5-4所示。

表5-4　　　　　　　　　　　主动负荷及其典型示例

用电设备	功率特性	可中断	可平移
洗碗机	恒功率	√	√
冰箱	可变功率	√	√
洗衣机	恒功率	×	√

用电设备	功率特性	可中断	可平移
烘干机	恒功率	×	√
空调	可变功率	√	√
照明	恒功率	×	×
电动汽车	可变功率	√	√

用户通过灵活负荷调整实现用电任务的优化，在日用电时间段内（0:00—24:00），对一天时长进行 h 等分，并对时段依次编号为 $1\sim h$。设 H 为用户用电任务调度的时段集合，即 $H=\{1, 2, 3, \cdots, h-1, h\}$，$|H|=h$；设 t 为时段变量，$t\in H$；设 S 为在 H 上运行的所有用电任务集合，$S=\{\text{task}1, \text{task}2, \cdots, \text{task}N\}$，$|S|=N$，$N$ 为用电任务总量；i 为用电任务变量，$i\in S$。假设 P_i 为任务 i 的运行功率向量，有 $P_i=\{p_i,1, p_i,2, \cdots, p_i,t, \cdots, p_i,h\}$，$p_i,t$ 为任务 i 在 t 时段上的功率。因此第 j 个用户 X_j 在 t 时段上的负荷功率为

$$P_{X_j,t} = \sum_{i=1}^{N} p_{i,t} \qquad (5-32)$$

5.3.2 台区自治确定性优化

分布式光伏台区的经济运行实质是利用主动负荷的功率可调节性进行最优功率分配，从优化求解的角度讲，主动负荷的灵活可调节性存在差异，计及该差异的优化便为分布式光伏台区经济运行本质。

设该分布式光伏台区中存在其他类型的分布式电源，且忽略光伏电站的其他成本，仅存在建设成本，则整个分布式光伏台区的总经济成本包括主动负荷的调度补偿成本、分布式光伏台区与配电网的功率交互成本及其他分布式电源的燃料和启停成本。该确定性优化模型考虑以最小化总经济成本为目标，则构造以下目标函数

$$C_{obj} = \min\left[\sum_{t=1}^{N_T} p_t P_t^c + \sum_{t=1}^{N_T}\sum_{d=1}^{N_d}(C_{d,t}^{on\_off} + C_{d,t}^f) + \sum_{t=1}^{N_T}\sum_{j=1}^{N_X} C_{X_j,t}\right] \qquad (5-33)$$

式中　p_t ——t 时段的电价；

　　P_t^c ——分布式光伏台区与配电网的交互功率；

　　N_d ——其他分布式电源的数量；

　　$C_{d,t}^{on\_off}$ ——第 d 个分布式电源在 t 时段的启停成本；

　　$C_{d,t}^f$ ——第 d 个分布式电源在 t 时段的燃料成本；

　　$C_{X_j,t}$ ——第 j 个用户 X_j 在 t 时段的主动负荷调度补偿成本。

燃料成本 $C_{d,t}^f$ 为

$$C_{d,t}^f = a_d(P_{d,t}^f)^2 + b_d P_{d,t}^f + c_d \qquad (5-34)$$

式中　a_d、b_d、c_d ——其他分布式电源的燃料成本系数；

　　$P_{d,t}^f$ ——第 d 个分布式电源在 t 时段的发电功率。

由于台区中存在主动负荷具有可平移性和可中断性，台区内第 j 个用户 X_j 在 t 时段的

主动负荷调度补偿成本 $C_{X_j,t}$ 产生于用户进行负荷功率削减或调整时，因此 $C_{X_j,t}$ 最终是由用户 X_j 在 t 时段的主动负荷灵活调剂特性决定。由之前所述主动负荷特性可知，固定负荷并不具备灵活调节特性，则无调度补偿成本，因此，用户 X_j 在 t 时段的主动负荷调度补偿成本 $C_{X_j,t}$ 取决于灵活负荷。对于用户 X_j 来说，其 t 时段的灵活负荷总功率为

$$P_{2,t}^j = \sum_{m}^{N_{2,t}^j} P_{j,m,t} \tag{5-35}$$

式中　$N_{2,t}^j$ ——用户 X_j 的主动负荷设备集合中灵活负荷设备的数量；

　　$P_{j,m,t}$ ——t 时刻灵活负荷集合中第 m 个负荷设备的功率。

调度补偿成本产生的核心因素为主动负荷功率削减或调控，因此定义用户 X_j 在 t 时段的功率削减量 $P_{j,t}^*$ 为

$$P_{j,t}^* = \sum_{q=1}^{N_t^j} P_{c,q}^r - P_{2,t}^j \tag{5-36}$$

式中　$P_{c,q}^r$ ——灵活负荷设备 q 的额定功率；

　　N_t^j ——t 时段用户 X_j 中灵活负荷以功率 $P_{2,t}^j$ 运行的主动负荷数量。

则第 j 个用户 X_j 在 t 时段的主动负荷调度补偿成本 $C_{X_j,t}$ 便为

$$C_{X_j,t} = \alpha_t P_{j,t}^* \tag{5-37}$$

式中　α_t ——t 时段的调度补偿价格。

考虑如下约束条件：

（1）其他分布式电源运行时，存在对 $\forall k,t$ 均成立的约束条件，即

$$\begin{cases} P_{f,d}^{\min} \leqslant P_{f,d,t} \leqslant P_{f,d}^{\max} \\ P_{f,d,t} - P_{f,d,t-1} \leqslant P_{f,d}^{u\,\max} \\ P_{f,d,t-1} - P_{f,d,t} \leqslant P_{f,d}^{d\,\max} \\ (u_{d,t-1} - u_{d,t})(t_{d,\mathrm{on}} - T_{d,\mathrm{on}}) \geqslant 0 \\ (u_{d,t} - u_{d,t-1})(t_{d,\mathrm{off}} - T_{d,\mathrm{off}}) \geqslant 0 \end{cases} \tag{5-38}$$

式中　$P_{f,d}^{\min}$ 和 $P_{f,d}^{\max}$ ——第 d 个分布式电源的功率下、上限；

　　$P_{f,d}^{u\,\max}$ 和 $P_{f,d}^{d\,\max}$ ——第 d 个分布式电源单位时段内的最大上下爬坡功率；

　　$u_{d,t}$ 和 $u_{d,t-1}$ ——第 d 个分布式电源在 t 时段的启停状态 0、1 变量；

$t_{d,\mathrm{on}}$、$t_{d,\mathrm{off}}$ 和 $T_{d,\mathrm{on}}$、$T_{d,\mathrm{off}}$ ——第 d 个分布式电源的持续开停机间和最小开停机时间。

（2）台区功率平衡约束条件为

$$\sum_{d=1}^{N_d} P_{f,d,t} + P_t^c + p_t = P_{L,t} + P_{A,t} \qquad \forall t \in T \tag{5-39}$$

其中

$$p_t = \sum_{a=1}^{N_{\mathrm{PV}}} P_{a,t}^{\mathrm{PV}} \qquad \forall t \in T \tag{5-40}$$

$$P_{A,t} = \sum_{j=1}^{N_X} P_{X_j,t} \qquad \forall t \in T \tag{5-41}$$

式中　$P_{L,t}$——台区用户除主动负荷外的基础负荷；

　　　$P_{A,t}$——N_X 个用户的总功率；

　　　$P_{1,t}^{j}$——t 时刻用户 X_j 的固定负荷功率 $P_{X_j,t} = P_{1,t}^{j} + P_{2,t}^{j}$。

5.3.3　台区鲁棒优化调度模型

（1）分布式光伏多面体不确定性集合。设分布式光伏台区光伏电站数为 N_{PV}，设光伏电站 $a(a = 1, 2, \cdots, N_{\mathrm{PV}})$ 在时段 $t(t \in T)$ 的功率区间为 $[\rho_{a,t}^{\min}, \rho_{a,t}^{\max}]$。由于自适应鲁棒模型的保守度需平衡，故而引入鲁棒控制系数 η_T^{PV}、η_S^{PV}，建立如下多面体集合 Ω_{PV}。

$$\Omega_{\mathrm{PV}}:\{\rho_{a,t} \big| \rho_{a,t} = (\rho_{a,t}^{\max} - \rho_{a,t}^{d})b_{a,t} + (\rho_{a,t}^{\min} - \rho_{a,t}^{d})c_{a,t} + \rho_{a,t}^{d}\} \tag{5-42}$$

其中：

$$\begin{cases} \sum_{t=1}^{N_T}(b_{a,t} + c_{a,t}) \leqslant \eta_T^{\mathrm{PV}} & \forall a \\ \sum_{a=1}^{N_{\mathrm{PV}}}(b_{a,t} + c_{a,t}) \leqslant \eta_S^{\mathrm{PV}} & \forall t \\ b_{a,t} + c_{a,t} \leqslant 1 & \forall a, t \end{cases} \tag{5-43}$$

式（5-43）为时间、空间、功率区间三个维度的多面体集合，其中，$\rho_{a,t}$、$\rho_{a,t}^{d}$ 分别为台区内光伏电站 a 的实际功率和预测功率；$b_{a,t}$、$c_{a,t}$ 为 0、1 变量，$b_{a,t} + c_{a,t} \leqslant 1$ 为该多面体集合的极点约束条件，其控制光伏电站的实际出力在同一时段内仅为 $\rho_{a,t}^{\min}$ 或 $\rho_{a,t}^{\max}$；T 为优化的时间范围，N_T 为优化的时段数；η_T^{PV}、η_S^{PV} 分别为分布式光伏时间不确定性系数和空间不确定性系数，鲁棒优化模型的保守程度由这两个系数控制，当二者较大时，模型较为保守，反之则较为激进。

（2）主动负荷多面体不确定性集合。设第 j 个用户 X_j 在 t 时段的功率区间为 $[P_{X_j,t}^{\min}, P_{X_j,t}^{\max}]$，与分布式光伏多面体不确定性集合相似，主动负荷的多面体不确定性集合 Ω_{Q} 为

$$\Omega_{\mathrm{Q}}:\{P_{X_j,t} \big| P_{X_j,t} = (P_{X_j,t}^{\max} - P_{X_j,t}^{d})u_{j,t} + (P_{X_j,t}^{\min} - P_{X_j,t}^{d})u_{j,t} + P_{X_j,t}^{d}\} \tag{5-44}$$

$$\begin{cases} \sum_{t=1}^{N_T}(u_{j,t} + v_{j,t}) \leqslant \eta_T^{Q} & \forall j \\ \sum_{j=1}^{N_X}(u_{j,t} + v_{j,t}) \leqslant \eta_S^{Q} & \forall t \\ u_{j,t} + v_{j,t} \leqslant 1 & \forall j, t \end{cases} \tag{5-45}$$

式中　$u_{j,t}$、$v_{j,t}$——0、1 变量，$u_{j,t} + v_{j,t} \leqslant 1$ 为该多面体集合的极点约束条件，其控制第 j 个用户 X_j 在同一时段内的实际功率仅为 $P_{X_j,t}^{\min}$ 或 $P_{X_j,t}^{\max}$；

　　　$P_{X_j,t}$ 和 $P_{X_j,t}^{d}$——台区内第 j 个用户的实际功率和预测功率；

　　　η_T^{Q}、η_S^{Q}——第 j 个用户的时间不确定性系数和空间不确定性系数。

（3）模型构建。本节基于上节建立的分布式光伏和主动负荷的多面体不确定性集合，考虑源荷双重高不确定性，将分布式光伏台区经济自治运行确定性优化模型转化为自适应鲁棒优化模型。首先将台区功率平衡约束进行鲁棒对等转换，得到鲁棒对等表达式，即

$$\sum_{d=1}^{N_d} P_{f,d,t} + P_t^c + p_t + \eta_S^{\mathrm{PV}} v_R + \eta_S^Q v_T + \sum_{j \in S_0 \cup S_e} \varepsilon_{s,j} = P_{L,t} + P_{A,t} \qquad (5\text{-}46)$$

$$s.t. \begin{cases} \eta_S^{\mathrm{PV}} \leqslant |J_0| \\ \eta_S^Q \leqslant |J_e| \\ v_R + \varepsilon_{s,j} \geqslant \hat{p}_{t,a} & \forall j \in J_0 \\ v_T + \varepsilon_{s,j} \geqslant \hat{P}_{X_j,t} & \forall j \in J_e \\ v_R, v_T, \varepsilon_{s,j} \geqslant 0 & \forall j \in J_0 + J_e \end{cases} \qquad (5\text{-}47)$$

式中　　　J_0——分布式光伏电站集合，$|J_0| = N_{PV}$；

　　　　　J_e——台区用户集合，$|J_e| = N_X$；

η_S^{PV} 和 η_S^Q——控制分布式光伏和用户主动负荷在同一时段内达到多面体极点的数量；

$\hat{p}_{t,a}$ 和 $\hat{P}_{X_j,t}$——光伏电站 a 和用户 X_j 在 t 时段的最大波动量；

v_R、v_T、$\varepsilon_{s,j}$——鲁棒对等变换引入的对偶变量；

　　　　　S_0——η_S^{PV} 控制下的 J_0 的子集；

　　　　　S_e——η_S^Q 控制下的 J_e 的子集。

鲁棒对等式（5-46）仅考虑了单一时段内多个光伏电站和多个主动负荷设备的波动性，目标函数为整个优化时域 T 内的成本最小化，须同时考虑光伏电站和用户主动负荷的功率在多个时段内的波动性。同理，将目标函数式（5-34）进行对等转换，得到其鲁棒对等式，即

$$C_{\mathrm{obj}} = \min \left[\sum_{t=1}^{N_T} p_t P_t^c + \sum_{t=1}^{N_T} \sum_{d=1}^{N_d} (C_{d,t}^{\mathrm{on\_off}} + C_{d,t}^f) + \sum_{t=1}^{N_T} \sum_{j=1}^{N_X} C_{X_j,t} \right.$$

$$\left. + \eta_T^{\mathrm{PV}} v_S' + \eta_T^Q v_T' + \sum_{g \in H_T} \varepsilon_{s,g} + \sum_{h \in H_T} \varepsilon_{a,h} \right] \qquad (5\text{-}48)$$

$$s.t. \begin{cases} \eta_S^{\mathrm{PV}} \leqslant |H_T| \\ \eta_T^Q \leqslant |H_T| \\ v_S' + \varepsilon_{s,g} \geqslant \hat{f}_{c,g} & \forall g \in H_T \\ v_T' + \varepsilon_{a,h} \geqslant \hat{f}_{e,h} & \forall h \in H_T \\ v_S', v_T', \varepsilon_{s,g}, \varepsilon_{a,h} \geqslant 0 & \forall g, h \in H_T \end{cases} \qquad (5\text{-}49)$$

式中　　　H_T——优化时段集合，$|H_T| = N_T$；

η_S^{PV} 和 η_T^Q——控制分布式光伏和用户主动负荷在同一时段内达到多面体极点的数量；

$\hat{f}_{c,g}$ 和 $\hat{f}_{e,h}$——g 时段光伏电站 h 时段用户主动负荷的最大波动量；

v_S'、v_T'、$\varepsilon_{s,g}$ 和 $\varepsilon_{a,h}$ ——鲁棒对等变换引入的对偶变量。

（4）模型求解。式（5-48）待求解变量除其他分布式电源功率及交互功率外，还包括引入的对偶变量及主动负荷功率。随着台区规模的增大，主动负荷数量增多，求解复杂度急剧增加。考虑用户可对所辖主动负荷独立优化，基于 ADMM 方法，对式（5-48）进行解耦迭代求解。式（5-48）非凸，但其非凸性是由包含的其他分布式电源启停状态的 0、1 变量导致，有研究证明了 ADMM 算法在解决此类问题时，仍可在有限次迭代后收敛。

引入拉格朗日乘子 λ，得到式（5-48）的增广拉格朗日模型为

$$
\begin{aligned}
\min L(X, Z, \lambda) = & \sum_{t=1}^{N_T} p_t P_t^c + \sum_{t=1}^{N_T} \sum_{d=1}^{N_d} (C_{d,t}^{\text{on-off}} + C_{d,t}^f) + \sum_{t=1}^{N_T} \sum_{j=1}^{N_X} C_{X_j,t} \\
& + \eta_T^{\text{PV}} v_S' + \eta_T^Q v_T' + \sum_{g \in H_T} \varepsilon_{s,g} + \sum_{h \in H_T} \varepsilon_{a,h} + \sum_{t=1}^{N_T} \sum_{j=1}^{N_X} \lambda_{j,t} (P_{j,t}^{\text{DN}} \\
& - P_{A_j,t}) + \frac{\rho}{2} \sum_{t=1}^{N_T} \sum_{j=1}^{N_X} (P_{j,t}^{\text{DN}} - P_{A_j,t})^2
\end{aligned}
\tag{5-50}
$$

式中　$P_{j,t}^{\text{DN}}$ ——新引入的变量，表示 t 时段台区与第 j 个用户 X_j 的交互功率。

记变量 X 包含

$$
\left\{ \begin{array}{c} P_t^c, P_{f,d,t}, v_S', v_T', v_R, v_T, \varepsilon_{s,g}, \\ \varepsilon_{a,h}, \varepsilon_{s,j}, P_{j,t}^{\text{DN}} \end{array} \right\}
\tag{5-51}
$$

记变量 Z 包含 $\{P_{j,u,t}, P_{j,h,t}\}$。

基于 ADMM 算法，将式（5-50）进行解耦迭代求解，即

$$
\left\{ \begin{aligned}
X(r+1) = & \arg\min \sum_{t=1}^{N_T} p_t P_t^c + \sum_{t=1}^{N_T} \sum_{d=1}^{N_d} (C_{d,t}^{\text{on-off}} + C_{d,t}^f) \\
& + \sum_{t=1}^{N_T} \sum_{j=1}^{N_X} C_{X_j,t} + \eta_T^{\text{PV}} v_S' + \eta_T^Q v_T' + \sum_{g \in H_T} \varepsilon_{s,g} + \sum_{h \in H_T} \varepsilon_{a,h} \\
& + \sum_{t=1}^{N_T} \sum_{j=1}^{N_X} \lambda_{j,t}(r) P_{j,t}^{\text{DN}} + \frac{\rho}{2} \sum_{t=1}^{N_T} \sum_{j=1}^{N_X} [P_{j,t}^{\text{DN}} - P_{X_j,t}(r)]^2 \\
& s.t.(5-34),(5-38),(5-47),(5-49)
\end{aligned} \right.
\tag{5-52}
$$

$$
\sum_{d=1}^{N_d} P_{f,d,t} + P_t^c + p_t + \eta_S^{\text{PV}} v_R + \eta_S^Q v_T + \sum_{j \in S_0 \cup S_\theta} \varepsilon_{s,j} = P_{L,t} + \sum_{j=1}^{N_X} P_{j,t}^{\text{DN}}
\tag{5-53}
$$

式中　$\lambda_{j,t}(r)$ 和 $P_{X_j,t}(r)$ ——第 r 次迭代值。

用户 X_j 的独立优化算式为

$$
Z_j(r+1) = \arg\min \sum_{t=1}^{N_T} C_{X_j,t} - \sum_{t=1}^{N_T} \lambda_{j,t}(r) P_{X_j,t} + \frac{\rho}{2} \sum_{t=1}^{N_T} [P_{j,t}^{\text{DN}}(r+1) - P_{X_j,t}]^2
\tag{5-54}
$$

联立式（5-38），式（5-39），式（5-40），式（5-41），式（5-43）可得与式（5-54）最优解相同的等价式为

$$
\left\{ \begin{aligned}
& Z_j(r+1) = \arg\min \frac{\rho}{2} \sum_{t=1}^{N_T} [P_{j,t}^{\text{DN}}(r+1) - P_{1,t}^j - P_{2,t}^j]^2 - \sum_{t=1}^{N_T} [\beta_t + \lambda_{j,t}(r)] P_{2,t}^j \\
& s.t.(5-35),(5-37),(5-38),(5-40),(5-41)
\end{aligned} \right.
\tag{5-55}
$$

N_X用户均以式（5-55）对其主动负荷独立优化。在N_X用户均完成优化后，通过式（5-56）更新第r+1代$P_{X_j,t}$，$P_{X_j,t}$的值为

$$\begin{cases} P_{X_j,t}(r+1) = P_{1,t}^j + P_{2,t}^j(r+1) \\ P_{A,t}(r+1) = \sum_{j=1}^{N_X} P_{X_j,t}(r+1) \end{cases} \tag{5-56}$$

式中　$P_{2,t}^j(r+1)$——第j个用户在第r+1次迭代时通过式（5-54）优化得到灵活负荷的功率。

$\lambda_{j,t}$的迭代更新算式为

$$\lambda_{j,t}(r+1) = \lambda_{j,t}(r) + \rho[P_{j,t}^{\mathrm{DN}}(r+1) - P_{X_j,t}(r+1)] \tag{5-57}$$

式（5-52）、式（5-55）～式（5-57）即为式（5-51）的分布式迭代算式。式（5-58）为迭代收敛判别式，θ为预置常数。

$$\left\{ \sum_{t=1}^{N_T} \sum_{j=1}^{N_X} [P_{j,t}^{\mathrm{DN}}(r+1) - P_{X_j,t}(r+1)]^2 \right\}^{0.5} \leqslant \theta \tag{5-58}$$

综上分析，分布式光伏台区的自适应鲁棒优化模型求解步骤概述如下：

1）确定优化时域T及优化步长Δt，X_j读取T内三类主动负荷接入信息（预测值），X_j计算固定负荷的功率需求并置为首次迭代$P_{X_j,t}$的初始值。

2）设置ρ值，初始化参数λ和θ，置首次迭代r=1。

3）求解式（5-52）得到第r+1次迭代的变量X的集合，并将$P_{j,t}^{\mathrm{DN}}(r+1)$传递给式（5-55），$N_X$个用户均以式（5-55）独立优化，求解第$r$+1次迭代变量$Z$的值，进而通过式（5-38）、式（5-39）、式（5-56）更新$P_{X_j,t}(r+1)$和$P_{A,t}(r+1)$，并将$P_{X_j,t}(r+1)$传递给式（5-52）。

4）依据式（5-58）进行收敛判别，若满足式（5-58），则跳转到步骤6），若不满足，则通过式（5-57）更新$\lambda_{j,t}(r)$。

5）置迭代次数r=r+1，返回步骤3）。

6）迭代已收敛，迭代结束。

5.3.4　算例验证

（1）参数设置。设置优化时域T=24h，优化时段数为24，Δt=1h。台区内包含4个主动负荷用户（$X_1 \sim X_4$），台区内其他分布式电源数量为4，包含4个光伏电站（装机容量均为100kW）。设X_j中固定负荷与灵活负荷的比例为1:5，鲁棒控制因子η_T^{PV}、η_S^{PV}、η_T^Q、η_S^Q取值分别为3、7、3、7；β_t取c_t的50%。

算例在Python3.8环境下编程求解，并调用商用求解器GOROBI。计算机配置为i5-9300H，1.80GHz，8G RAM。

（2）鲁棒优化结果分析。迭代过程中ρ值的选择决定收敛效率，ρ值设定为160，经7次迭代后收敛。对于多面体不确定集合中功率的上确界和下确界，以预测误差的方式确定光伏电站功率及主动负荷功率区间。设光伏的功率预测误8%，主动负荷的功率预测误差为4%，则对任一电站a，其功率区间为$[0.92p_{a,t}^d, 1.08p_{a,t}^d]$；对任一用户$X_j$，功率区间为

$[0.96P_{X_j,t}^d, 1.04P_{X_j,t}^d]$。

交互功率成本的高低受市场电价影响，在 00:00～06:00 时段，由于市场电价较低，交互功率成本小于系统内其他分布式电源的发电成本，因而此时段内交互功率较高，系统内其他分布式电源则处于停机状态。在其他时段，为最小化系统运行成本，其他分布式电源以最优发电功率补偿功率需求，从而降低交互功率。

在 18:00～22:00 时段，交互功率并不高，但市场电价较高导致了此时段内主动负荷产生功率需求，交互功率成本仍然较高。在电价高峰时段内主动负荷调度补偿成本较高，在电价低谷时段内较低，这是由于电价较高时段也是基础负荷高峰时段，用户会调控可平移负荷和可中断负荷进行功率削减，调度补偿成本升高；反之，谷时段两类负荷已接近额定功率运行，调度补偿成本较小。由此可知，鲁棒优化模型可兼顾 Q2 和 Q3 中用户的利益，有利于降低用户的用电成本。

（3）分布式与集中式优化对比分析。不考虑主动负荷灵活调节差异性时，将三类负荷均视为可中断负荷，采用集中式优化方法。

分布式优化相比于集中式，更能显著减低台区总成本。表 5-5 给出了分布式与集中式的求解效率和弃光率的对比结果，分布式相比于集中式求解效率更高，且更能消纳光伏。

表 5-5 　　　　　　　　　　　　　求解效率与弃光率对比

方　案	求解时间（s）	弃光率（%）
分布式	51.3	5.04
集中式	75.7	11.5

（4）考虑双重不确定性与单侧不确定性的优化结果对比。仅考虑源侧即光伏侧的不确定性，本书所述双重不确定性优化方法，更能显著减低台区总成本。表 5-6 给出了两种方案的求解效率和弃光率的对比结果，考虑双重不确定性并未显著提高求解效率，但大大提高了光伏消纳。

表 5-6 　　　　　　　　　　　　　求解效率与弃光率对比

方　案	求解时间（s）	弃光率（%）
双重不确定性	51.3	5.04
单边不确定性	55.7	17.9

考虑新型电力系统中高比例分布式光伏和海量灵活资源接入的特点，通过计及台区中源、荷两侧的双重高不确定性，考虑主动负荷的灵活可调节性和需求响应特性，提出了主动负荷参与的含高比例分布式光伏台区经济自治运行鲁棒优化模型，并进行了算例验证，所得结论将为新型电力系统的建设和运行提供指导。研究可得出以下结论：

（1）计及源、荷两侧双重高不确定性的台区经济运行的分布式优化方法在求解效率上更优于集中式优化方法。

（2）通过考虑源、荷两侧双重高不确定性，协调"源—网—荷"运行，能够降低用户用电成本的同时促进分布式光伏消纳。

（3）相较于仅考虑单侧不确定的场景，考虑源、荷侧双侧不确定性算法，不仅能够保证求解效率，还能减小弃光率。

5.3.5 感知决策一体化终端研制

基于上述的分布式光伏感知决策技术，进行了分布式光伏感知决策一体化终端的设计、研制和相关测试。

终端中外接端口包括：弱点连接器 1 个，网口 2 个（FE 网口），调试串口 1 个，远程通信模块 1 个，本地通信模块 1 个。由于终端采用容器技术，针对应用软件的安装、运行等可以在单独的容器运行。终端的弱电连接器端子定义表如表 5-7 所示。

表 5-7 弱电连接器端子定义表

序号	弱电信号端子	序号	弱电信号端子	序号	弱电信号端子	序号	弱电信号端子
1	遥信Ⅰ	10	预留	19	485 串口Ⅰ端 B	28	预留
2	遥信Ⅲ	11	232 串口Ⅰ接收	20	485 串口Ⅳ端 B	29	PT100Ⅰ+
3	遥信Ⅱ	12	232 串口Ⅱ接收	21	485 串口Ⅱ端 A	30	PT100Ⅱ+
4	遥信Ⅳ	13	232 串口Ⅰ发送	22	预留	31	PT100Ⅰ-
5	遥信公共端Ⅰ	14	232 串口Ⅱ发送	23	485 串口Ⅱ端 B	32	PT100Ⅱ-
6	遥信公共端Ⅱ	15	232 串口Ⅰ地	24	预留	33	PT100Ⅰ COM
7	预留	16	232 串口Ⅱ地	25	485 串口Ⅲ端 A	34	PT100Ⅱ COM
8	预留	17	485 串口Ⅰ端 A	26	预留	35	预留
9	预留	18	485 串口Ⅳ端 A	27	485 串口Ⅲ端 A	36	预留

注　遥信公共端Ⅰ为遥信Ⅰ和遥信Ⅱ的公共端；遥信公共端Ⅱ为遥信Ⅲ和遥信Ⅳ的公共端。

通过使用指令集可以查看终端的 sn 号，使用 xshell 终端连接工具，进而登录物联网平台。在"设备管理"—"设备档案"进行新建设备档案。只有在设备档案存在的情况下，设备才能接入。

点击"新增"按钮，进行新增设备档案，从而对多个设备进行综合管理。

针对所研制的分布式光伏感知决策一体化终端设备的各项功能，主要为用户画像功能和云边协同功能，委托第三方公司进行了软件测试，测试结果表明各项功能都符合要求。

5.4 中压配电网云边协同调控

5.4.1 云边协同架构

根据分布式光伏台区、系统运营商、台区运营商和配电网之间的电能交互关系，确定配电网云边协同体系架构，如图 5-2 所示。在配电网云边协同体系架构中，每个分布式光伏台区作为边端，除向自身负荷供电外，还与主动配电网存在能量交换，其拥有对台区内部资源独立的调控权，以自身运行成本最小为优化调控目标；同时，系统运营商作为云端，由于整个多台区系统存在总购电需求和总售电需求，在上网电价远低于购电电价的背景下，当购电需求与售电需求不等时，云端既可以通过与大电网交易电量来满足需求响应，也可以从有售电需求的台区运营商收购电量，再售至有购电需求的台区运营商。

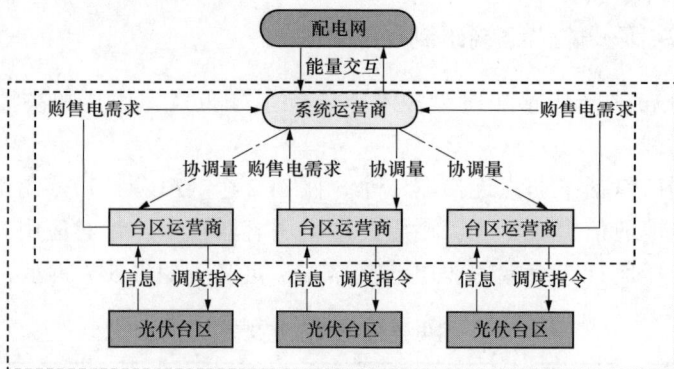

图 5-2　云边协同架构

5.4.2　云边协同调控模型

（1）台区级调控模型。根据分布式光伏台区运行规则，分布式光伏台区内部电价以电网电价为基准，以台区自身最小运行成本函数为目标函数，基于目标函数对应的约束条件，构建台区优化调控模型。

配电网设置的售电电价 P_{dnS} 和购电电价 P_{dnB} 为

$$P_{dnS} = [P_{dnS}^1, P_{dnS}^2, \cdots, P_{dnS}^T] \tag{5-59}$$

$$P_{dnB} = [P_{dnB}^1, P_{dnB}^2, \cdots, P_{dnB}^T] \tag{5-60}$$

式中　P_{dnS}^t ——t 时刻的售电电价；

　　　P_{dnB}^t ——t 时刻的购电电价。

t 时刻的售电电价应大于供电电价，即

$$P_{dnS}^t > P_{dnB}^t \qquad t \in [1, 2, \cdots, T] \tag{5-61}$$

构建最小运行成本函数，影响因素包括台区内用户的用电效益和分布式光伏台区运营商的售电净收益为

$$C_i = \sum_{t=1}^{T} [P_{dnB}^t E_{nlB,i}^t - P_{dnS}^t E_{nlS,i}^t + \lambda_i^t \ln(1 + E_{1,i}^t)] \tag{5-62}$$

式中　P_{dnS}^t ——t 时刻的售电电价；

　　　P_{dnB}^t ——t 时刻的购电电价；

$E_{nlS,i}^t$、$E_{nlB,i}^t$ ——第 i 个台区在 t 时刻的售电净负荷和购电净负荷；

　　　$E_{1,i}^t$ ——第 i 个台区在 t 时刻的用电量；

　　　λ_i^t ——负荷用电效益系数；

　　　C_i ——第 i 个台区在 H 小时内的总运行效益。

根据台区购售电规则，上述最小运行成本函数的约束条件包括等式约束和不等式约束。

等式约束为

$$E_{nlS,i}^t - E_{nlB,i}^t = E_{1,i}^t \tag{5-63}$$

不等式约束为

$$\begin{cases} E_{\text{nlS},i}^{\max} D_{S,i}^t \geqslant E_{\text{nlS},i}^t \geqslant 0 \\ E_{\text{nlB},i}^{\max} D_{B,i}^t \geqslant E_{\text{nlB},i}^t \geqslant 0 \\ D_{S,i}^t + D_{B,i}^t \leqslant 1 \end{cases} \tag{5-64}$$

式中　$E_{\text{nlS},i}^{\max}$ 和 $E_{\text{nlB},i}^{\max}$——第 i 个台区在 t 时刻的最大购电净负荷和最大售电净负荷；

$D_{S,i}^t$、$D_{B,i}^t$——边端仅有购电需求（$D_{S,i}^t$ 为 1），反之则表示边端仅有售电需求（$D_{B,i}^t$ 为 0）。

在日前优化调控阶段，可根据台区优化调控模型计算得到台区购售电需求、分布式光伏出力情况和用电负荷情况的历史参考数据，为日内阶段的配电网云边协同调控模型提供参考数据支撑。

（2）供电所级调控模型。基于台区优化调控模型和配电网云边协同体系架构，构建配电网云边协同调控模型。日内优化调控阶段，受天气等因素的影响，光伏发电的随机性和波动性无法忽略，故在日内运行阶段往往存在出力偏差。一般来说，云边协同技术分为三种模式：训练—计算的云边协同、云导向的云边协同和边端导向的云边协同。本方法采用训练—计算的云边协同技术，云端根据边端上传的数据对优化调控模型进行训练、计算迭代和更新，边端负责实时采集数据。

该阶段，作为云端的系统运营商可自行制定适当的台区内部电价，台区运营商根据内部电价调整计划出力，同时，基于训练—计算的云边协同技术，作为边端的台区负责实时监测台区内部的电能数据，并上传至云端，云端根据电能数据对优化调控模型进行训练、迭代和更新，根据优化调控结果，向电能富余的台区或储能单元发送指令，使得电能缺额的台区能够及时恢复出力。

首先，基于台区外部的储能系统建立约束条件，约束条件包括储能功率平衡约束、储能充放电量上下限约束、储能容量平衡约束和储能容量上下限约束；将系统运营商和台区运营商的效益计算函数作为配电网云边协同调控模型的目标函数，以储能功率平衡约束、储能充放电量上下限约束、储能容量平衡约束和储能容量上下限约束作为目标函数的约束条件，构建配电网云边协同调控模型。

系统运营商设置的台区内部售电电价 P_S 和购电电价 P_B 为

$$P_S = [P_S^1, P_S^2, \cdots, P_S^T] \tag{5-65}$$

$$P_B = [P_B^1, P_B^2, \cdots, P_B^T] \tag{5-66}$$

t 时刻的售电电价应大于供电电价。

式中　P_S^t——t 时刻的售电电价；

P_B^t——t 时刻的购电电价。

$$P_S^t > P_B^t \qquad t \in [1, 2, \cdots, T] \tag{5-67}$$

由系统运营商在 t 时刻售电至台区的售电量 E_S^t 为

$$E_S^t = \sum_{i=1}^N E_{\text{ctS}}^{i,t} \tag{5-68}$$

式中　$E_{\text{ctS}}^{i,t}$——第 i 个台区在 t 时刻的购电量。

由系统运营商在 t 时刻从台区收购的购电量 E_B^t 为

$$E_B^t = \sum_{i=1}^{N} E_{ctB}^{i,t} \quad\quad (5-69)$$

式中　$E_{ctB}^{i,t}$——第 i 个台区在 t 时刻的售电量。

令 $\Delta E^t = E_B^t - E_S^t$，则可得出日内阶段系统运营商在 t 时刻的效益计算函数为

当 $\Delta E^t > 0$ 时，得

$$C^t = P_S^t E_S^t - P_B^t E_B^t + P_{dnB}^t \Delta E^t \quad\quad (5-70)$$

当 $\Delta E^t \leqslant 0$ 时，得

$$C^t = P_S^t E_S^t - P_B^t E_B^t + P_{dnS}^t \Delta E^t \quad\quad (5-71)$$

式中　P_{dnS}^t——t 时刻的售电电价；

$\quad\quad P_{dnB}^t$——t 时刻的购电电价；

$\quad\quad P_S^t$——t 时刻的售电电价；

$\quad\quad P_B^t$——t 时刻的购电电价；

$\quad\quad E_S^t$——系统运营商在 t 时刻售电至台区的售电量；

$\quad\quad E_B^t$——系统运营商在 t 时刻从台区收购的购电量；

$\quad\quad C^t$——系统运营商在 t 时刻的效益。

考虑台区外部的储能系统，以 $E_{se,j}^t$ 表示第 j 个储能系统在 t 时刻的储能充放电功率，根据训练—计算的云边协同技术，电能缺额的台区会按照系统运营商发布的指令从储能单元或电能富余的台区中获得电能，令 $\Delta E_i^t = E_{nlS,i}^t - E_{nlB,i}^t = E_{l,i}^t$，当 $\Delta E_i^t > 0$ 时，台区为电能缺额台区，当 $\Delta E_i^t \leqslant 0$ 时，台区为电能富余台区。此时，电能缺额台区运营商在 t 时刻的效益计算函数变为

$$C_{csi}^t = \lambda_i^t \ln(1 + E_{l,i}^t) + P_S^t \Delta E_i^t + k E_{se,j}^t \quad\quad (5-72)$$

式中　k——储能运行效益系数。

电能富余台区运营商在 t 时刻的效益计算函数变为

$$C_{csi}^t = \lambda_i^t \ln(1 + E_{l,i}^t) - P_B^t \Delta E_i^t \quad\quad (5-73)$$

外部储能系统需满足如下约束条件：

（1）储能功率平衡约束。

$$E_{se,j}^t = E_{ch,j}^t \eta_{cj,j} - E_{dis,j}^t \eta_{dis,j} \quad\quad (5-74)$$

式中　$E_{ch,j}^t$ 和 $E_{dis,j}^t$——第 j 个储能系统在 t 时刻的充、放电功率；

$\quad\quad \eta_{cj,j}$ 和 $\eta_{dis,j}$——第 j 个储能系统的充、放电效率。

（2）储能充放电量上、下限约束。

$$E_{se,j}^{min} {}^t_{se,j} {}^{max} \quad\quad (5-75)$$

式中　$E_{se,j}^{min}$ 和 $E_{se,j}^{max}$——第 j 个储能系统的最小和最大充、放电功率。

（3）储能容量平衡约束。

$$E_{SOC,j}^t = E_{SOC,j}^{t-1} + E_{se,j}^t \Delta t \quad\quad (5-76)$$

式中 $E_{\text{SOC},j}^{t}$ ——第 j 个储能系统在 t 时刻的容量。

（4）储能容量上下限约束。

$$E_{\text{SOC},j}^{\min} \leqslant E_{\text{SOC},j}^{t} \leqslant E_{\text{SOC},j}^{\max} \tag{5-77}$$

式中 $E_{\text{SOC},j}^{\min}$ 和 $E_{\text{SOC},j}^{\max}$ ——第 j 个储能系统的容量下限和容量上限。

5.4.3 求解算法

（1）智能算法。云边协同是最近受到关注的一种协同计算形式，也是相对较为成熟的一种技术模式。边缘计算是云计算的延伸，在云边协同中，云端负责大数据分析、模型训练、算法更新等任务，边缘端负责基于就地信息进行数据的计算、存储和传输。一般来说，云边协同有三种模式：

1）训练—计算的云边协同。云端根据边缘上传的数据对智能模型进行设计、训练和更新，边缘端负责搜集数据并实时下载最新的模型进行计算任务。

2）云导向的云边协同。云端除了承担智能模型的设计、训练和更新，也会承担模型前段的计算任务，然后将中间结果传输给边缘端，让边缘端继续计算而得到最终结果。该模式旨在权衡云端和边缘端的计算量和通信量。

3）边缘导向的云边协同。云端只负责初始的训练工作，模型训练完成之后下载到边缘端。边缘端在执行计算任务的同时，也会利用实时就地数据来对模型进行后续训练。该模式旨在满足应用的个性化需求，更好地利用局部数据。

深度学习、神经网络、强化学习等智能算法能部署在边缘计算的框架中，利用分布式的智能终端承担复杂系统的计算任务，为边缘侧应用提供强有力的支撑。现阶段，由于大部分的智能算法和模型较为复杂，边缘侧设备的性能一般难以满足要求，智能计算服务被部署在云中心以处理业务需求。然而，这样的中心式构架不能满足一些超实时应用的需求，如实时分析、智能制造等，因此在边缘侧部署智能算法能扩宽边缘计算的应用场景。以深度学习为例，深度学习是被广泛应用在电力系统中的一种智能算法，它要求边缘计算设备需要具有相应的承载算力。基于前述云边协同技术，云中心将训练好的深度学习模型进行分割，并下沉到不同的边缘节点的数据进行预处理，边缘节点利用熟数据和卷积神经网络（convolutional neural network，CNN）进行计算并返回结果给云中心，云中心将边缘节点返回的结果输入到全连接卷积神经网络（fully-connected convolutional neural network，FCNN），得出最终的结果值。

现阶段，深度学习的训练都放在云中心，而训练数据都在边缘侧，这种模式并不适用于所有的深度学习应用场景，尤其对于一些需要本地信息和持续迭代训练的应用。海量数据的传输需要占用通信通道的资源，这不仅会带来极大的网络资源消耗，也难以确保信息传输的可靠性。另外，边缘侧的部分数据涉及边缘节点中终端用户的隐私，将所有的数据上传给云中心也不是一个实际的做法。因此，应该将带有稳定计算资源的边缘计算节点看作多个训练中心，在本地采集信息并进行数据预处理和模型训练。

（2）训练模型。训练方式需要结合边缘导向的云边协同和边边联邦训练协同两种模型。其主要有以下几个步骤：

1）云中心将初步训练的深度学习模型完整地下发给某个边缘节点，这个边缘节点可以被称为聚合服务器（aggregation server，AS）。

2）边缘节点参与 AS 的模型训练，利用它们的本地数据训练局部模型。

3）边缘计算节点将更新的局部模型发送 AS，得到更新后的全局模型。这种模型训练方法在保护边缘节点的数据隐私和安全的前提下，增加了模型训练的可靠性。

日内优化调控阶段，该阶段受天气等因素的影响，光伏发电的随机性和波动性无法忽略，故在日内运行阶段存在出力偏差。一般来说，云边协同技术分为三种模式：训练—计算的云边协同、云导向的云边协同和边端导向的云边协同。采用训练—计算的云边协同技术，云端根据边端上传的数据对优化调控模型进行训练、计算迭代和更新，边端负责实时采集数据。

该阶段，作为云端的系统运营商可自行制定适当的台区内部电价，台区运营商根据内部电价调整计划出力。同时，基于训练—计算的云边协同技术，作为边端的台区负责实时监测台区内部的电能数据，并上传至云端，云端根据电能数据对优化调控模型进行训练、迭代和更新，根据优化调控结果，向电能富余的台区或储能单元发送指令，使得电能缺额的台区能够及时恢复出力。

台区实时监测和采集电能数据，对电能数据进行预处理和初步计算并上传至云端，云端根据电能数据，对配电网云边协同调控模型进行训练、迭代和更新，输出模型优化结果。

台区与台区之间可等效为一系列的边缘节点，在云端将模型进行分割，同时下沉至相应台区的边缘节点，在边缘节点的下层布局适当的智能终端采集设备。该设备可监测和采集电能数据，并对采集到的台区及储能系统的电能数据进行预处理。在预处理的过程中可对相关数据进行解析和存储，同时利用如下全连接卷积神经网络进行初步计算，即

$$Z^{l+1} = \sum_{k=1}^{K_l}\sum_{i=1}^{L}\sum_{j=1}^{L}(Z_{ij,k}^{l}\omega_k^{l+1}) + b = \omega_{i+1}^{T}Z_{i+1} + b \tag{5-78}$$

式中 b——偏差量；

Z^l 和 Z^{l+1}——第 $l+1$ 层的卷积输入和输出；

    L^{l+1}——Z^{l+1} 的尺寸，$L^{l+1}=L$；

    K——卷积输入和输出的通道数。

计算结果通过全连接卷积神经网络输出并通过光纤、5G 等通信技术以报文的方式上传至上层的边缘节点，边缘节点将计算结果返回系统运营商。作为云端的系统运营商可以参考边缘节点的初步计算结果，同时云端中心的专业人员会对相应算法的时间复杂度和空间复杂度进行分析，确定所述算法是否满足要求，若不满足要求则对算法进行改进，最终确定满足所述配电网云边协同调控模型运算要求的算法。在日内阶段的实时调控中，总是希望算法有尽可能大的时间效率，同时也希望算法临时占用的存储空间尽可能小，所以既需要分析算法的时间复杂度又需要分析算法的空间复杂度。

算法的时间复杂度可以通过算法中所有语句的频度之和 $T(n)$ 来进行分析，$T(n)$ 是该算法问题规模 n 的函数，时间复杂度主要分析 $T(n)$ 的数量级。算法中，基本运算 $f(n)$ 的频度与 $T(n)$ 同数量级，因此通常采用算法中基本运算的频度 $f(n)$ 来分析算法的时间复杂度［取 $f(n)$ 中随 n 增长最快的项，将其系数置为 1 作为时间复杂度的度量］。例如，$f(n)=an^3+bn^2+cn$

的时间复杂度为 $O(n^3)$。$T(n)$ 是 $f(n)$ 的同阶无穷小量，算法的时间复杂度记为

$$T(n) = O[f(n)] \tag{5-79}$$

$O(f(n))$ 表示随着问题规模的增大，算法执行时间的增长率和 $f(n)$ 的增长率相同，故其称为算法的时间复杂度，仅通过算法数量级的比较，便能判断算法的执行效率。同理，算法的空间复杂度计算式为

$$S(n) = O[g(n)] \tag{5-80}$$

通过对算法得出在运行过程中临时占用存储空间大小量度，判断出算法的空间复杂度。在每次训练的过程中，云端、边端、边缘节点均会重复计算算法时间复杂度和空间复杂度的过程，在确定适合的算法后，通过该算法对模型进行运算，求解出最终的模型优化结果。

（3）指令发布。根据模型优化结果，云端向各台区发送调控指令，各台区接收调控指令并根据指令调整台区内电能出力和储存。具体的，如上述训练—计算的配电网云边协同调控方法，作为边端的台区负责实时监测台区内部的电能数据，并上传至云端，云端根据电能数据和各项约束条件，对模型进行训练，根据优化调控结果，向电能富余的台区或储能单元发送指令，使得电能缺额的台区能够及时恢复出力。具体的，作为云端的系统运营商从有售电需求的台区运营商收购电量再售至有购电需求的台区运营商，当购电与售电需求不等时，系统运营商通过与大电网交易电能来满足需求侧响应。在上网电价远低于购电电价的背景下，为了尽可能的使台区和系统的利益均达到最大化，系统运营商通过设置合理的内部电价，鼓励台区运营商参与电能交易，提升台区之间的能量共享水平，同时能够使得台区运营商的运行效益增加。

5.4.4 算例验证

5.4.4.1 基于 Matlab 的算例仿真

为了验证上述模型和决策方法的可行性和合理性，使用 30 节点配电网络进行仿真算例验证，其拓扑结构如图 5-3 所示。其中，节点 2、22、23、27 和 13 为光伏台区节点，线路为 10kV 配电网线路，基准容量为 100kVA。

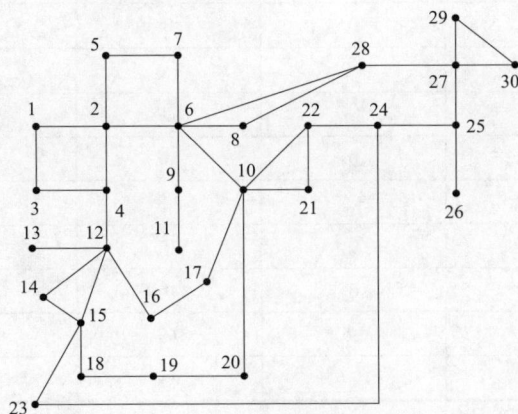

图 5-3 配电网拓扑结构

其节点数据和支路参数如表 5-8 和表 5-9 所示。

表 5-8 节 点 数 据

节点	类型	P_d（kW）	Q_d（kvar）	V_{max}	V_{min}
1	3	0	0	1.05	0.95
2	2	21.7	12.7	1.1	0.95
3	1	2.4	1.2	1.05	0.95
4	1	7.6	1.6	1.05	0.95
5	1	0	0	1.05	0.95
6	1	0	0	1.05	0.95
7	1	22.8	10.9	1	0.95
8	1	30	30	1.05	0.95
9	1	0	0	1.05	0.95
10	1	5.8	2	1.05	0.95
11	1	0	0	1.05	0.95
12	1	11.2	7.5	1.05	0.95
13	2	0	0	1.1	0.95
14	1	6.2	1.6	1.05	0.95
15	1	8.2	2.5	1.05	0.95
16	1	3.5	1.8	1.05	0.95
17	1	9	5.8	1.05	0.95
18	1	3.2	0.9	1.05	0.95
19	1	9.5	3.4	1.05	0.95
20	1	2.2	0.7	1.05	0.95
21	1	17.5	11.2	1.05	0.95
22	2	0	0	1.1	0.95
23	2	3.2	1.6	1.1	0.95
24	1	8.7	6.7	1.05	0.95
25	1	0	0	1.05	0.95
26	1	3.5	2.3	1.05	0.95
27	2	0	0	1.1	0.95
28	1	0	0	1.05	0.95
29	1	2.4	0.9	1.05	0.95
30	1	10.6	1.9	1.05	0.95

其中，节点类型为 1，则为 PQ 节点；节点类型为 2，则为 PV 节点；节点类型为 3，则为平衡节点。电压的基准值为 10kV。

表 5-9 支 路 参 数

起始节点	结束节点	R（Ω/km）	X（Ω/km）
1	2	0.02	0.06
1	3	0.05	0.19
2	4	0.06	0.17
3	4	0.01	0.04
2	5	0.05	0.2
2	6	0.06	0.18
4	6	0.01	0.04
5	7	0.05	0.12
6	7	0.03	0.08
6	8	0.01	0.04
6	9	0	0.21
6	10	0	0.56
9	11	0	0.21
9	10	0	0.11
4	12	0	0.26
12	13	0	0.14
12	14	0.12	0.26
12	15	0.07	0.13
12	16	0.09	0.2
14	15	0.22	0.2
16	17	0.08	0.19
15	18	0.11	0.22
18	19	0.06	0.13
19	20	0.03	0.07
10	20	0.09	0.21
10	17	0.03	0.08
10	21	0.03	0.07
10	22	0.07	0.15
21	22	0.01	0.02
15	23	0.1	0.2
22	24	0.12	0.18
23	24	0.13	0.27
24	25	0.19	0.33
25	26	0.25	0.38
25	27	0.11	0.21
28	27	0	0.4
27	29	0.22	0.42

起始节点	结束节点	R （Ω/km）	X （Ω/km）
27	30	0.32	0.6
29	30	0.24	0.12
8	28	0.06	0.2
6	28	0.02	0.06

（1）历史数据生成。根据上节中基于社交网络的光伏台区演化博弈模型，其中的用户需求响应特性可以根据配电网在某一时刻的实际电价情况，来通过用户在社交网上的信息交互和策略演化过程，得到用户的实时用电策略情况，即实现对光伏台区的需求性响应特性的准确描述。因而，可以通过光伏台区演化博弈模型，根据不同的电价情况，生成光伏台区中用户的不同用电水平，且接近真实情况。

基于上述分析，通过蒙特卡洛方法在[0.15,0.65]（元/kWh）的范围内随机生成 1000 个电价样本，并在演化博弈模型中，将生成的 1000 个电价作为演化博弈模型的参数进行仿真模拟，最终得到收敛的光伏台区中用户的用电情况，将用户的用电情况以及分布式光伏的发电情况进行整合计算，即可得到整个光伏台区对外的功率需求或功率外送情况。从而，可以得到 1000 个电价和用电量一一对应的样本数据。

为了实现云边协同的优化目标，设置目标函数为

$$min\ F = F_1 + F_2 + F_3 \tag{5-81}$$

式中　F_1——线路有功网损；

　　　F_2——发电机发电成本；

　　　F_3——配电网售电成本；

　　　F——总成本。

目标函数为总成本最小,即

$$F_1 = c_t P_{\text{loss},t} \Delta t \tag{5-82}$$

$$F_1 = aP_{\text{g},t}^2 + bP_{\text{g},t} + c \tag{5-83}$$

$$F_3 = c_t P_{\text{sell},t} \Delta t \tag{5-84}$$

式中　c_t——t 时刻的电价；

　　$P_{\text{loss},t}$——t 时刻的配电网中的有功功率损耗；

　　Δt——时间间隔，为 1h；

a、b 和 c——发电机组的发电成本系数；

　　$P_{\text{g},t}$——t 时刻的发电有功功率；

　　$P_{\text{sell},t}$——t 时刻的售电功率。

而对于云边协同调控过程来说，决策变量为光伏台区的功率输入和输出，而光伏台区可以等效成一个带用电负荷功率的发电机，其中，用电负荷根据光伏台区演化博弈模型已经可以确定，因此，光伏台区对外的功率情况仅通过分布式光伏的有功和无功输出来决定，

即决策变量为台区的发电功率。

此外，约束条件可以表示为

$$P_{g,min} \leqslant P_{g,t} \leqslant P_{g,max} \tag{5-85}$$

$$Q_{g,min} \leqslant Q_{g,t} \leqslant Q_{g,max} \tag{5-86}$$

式中 $P_{g,min}$、$P_{g,max}$——发电机有功功率输出的最小值和最大值；

$Q_{g,t}$、$Q_{g,min}$ 和 $Q_{g,max}$——发电机 t 时刻的无功功率输出，发电机无功功率输出的最小值和最大值。

基于上述的优化模型，便可以对配电网 10kV 线路中的光伏出力进行优化调控。

基于 Matlab 平台，调用 Matpower5.01 工具箱，对 30 节点的配电网进行优化求解，由于配电网的潮流为非线性问题，使用粒子群优化算法，通过启发式寻优对上述的优化问题进行求解。粒子群优化算法（Particle Swarm Optimization，PSO）通过个体之间的互动实现优化。其在优化过程中不涉及梯度信息，通过设计好的适应度函数即可进行优化。相比于遗传算法，其更简洁，操作更为简单。PSO 先随机生成初始种群，并通过适应度函数来计算每个个体的适应度。之后，种群中的个体会按照某种方式在可行域中移动，一般来说，粒子会跟随目前的最优粒子进行运动，通过不断迭代演化得到最优解。每一代中有两个极值，即该粒子目前找到的最优解 $pbest$ 和整个种群找到的最优解 $gbest$。其数学描述为：在一个 n 维的空间中，一个种群由 m 个粒子构成，即种群为 $X = \{x_1, x_2, \cdots, x_m\}$，其中第 i 个粒子的位置为 $x_t = (x_1, x_2, \cdots, x_m)^T$，其速度为 $v_t = (v_1, v_2, \cdots, v_m)^T$。个体极值为 $p_t = (p_{t1}, p_{t2}, \cdots, p_{tn})^T$，全局极值 $p_g = (p_{g1}, p_{g2}, \cdots, p_{gn})^T$。

将之前利用蒙特卡罗方法随机生成的 1000 组电价和负荷功率分别作为参数代入配电网模型中，通过 Matpower 工具箱进行潮流计算，再通过粒子群算法进行反复迭代求解，得到最优的调度策略。从而可以生成 1000 组历史数据，包括电价、用电负荷情况、各个光伏台区的出力数据。

（2）模型训练及结果。历史数据通过台区的智能终端进行采集，并根据云端发送的模型进行初步训练，所有终端再将训练结果统一发送到云端进行整合，从而得到最终的模型，即完成模型训练的过程。基于此，对上述历史数据，通过全卷积神经网络进行迭代训练。其中输入参数为电价和用电负荷情况，输出参数为 5 个光伏台区的输出功率大小。

从训练结果可以看出，经过 6 次左右迭代训练，训练的精度达到最高，而大部分的误差分布在 1.5 左右，根据回归的相关系数 R 的情况以及验证结果可以看出，训练的结果较为准确，同时也说明了所提出的云边协同的优化调度模型和算法的可行性和合理性，训练得到的模型可以用于实际情况下的云边协同训练和调度决策。

5.4.4.2 基于 RTDS 实时数字仿真平台的策略验证

本次试验使用 RTDS（实时数字仿真系统）建立包括发电机、变压器、输电线路以及负荷等配电网仿真环境，通过 RTDS 实时运行计算得到线路的潮流运行结果，包括各个节点的电压、相位情况以及线路的功率运行情况。将仿真运行得到的潮流结果输入到编写的台区自治和云边协同调度决策软件中进行优化求解，根据优化求解的决策结果对仿真模型中的发电机无功出力等参数进行调整，再利用 RTDS 实时运行进行计算，得到优化调度决策后的潮流结果。试验中采用了 IEEE 14 节点网络进行仿真，模拟配电网中的拓扑情况。

（1）验证内容。分布式光伏台区自治与云边协同优化调度策略正确性验证测试包括：

1）IEEE 14 节点电网实时运行仿真。

2）分布式光伏台区自治与云边协同优化调度决策。

3）优化调度决策后的 IEEE 14 节点电网实时运行仿真。IEEE 14 节点网络拓扑图如图 5-4 所示。

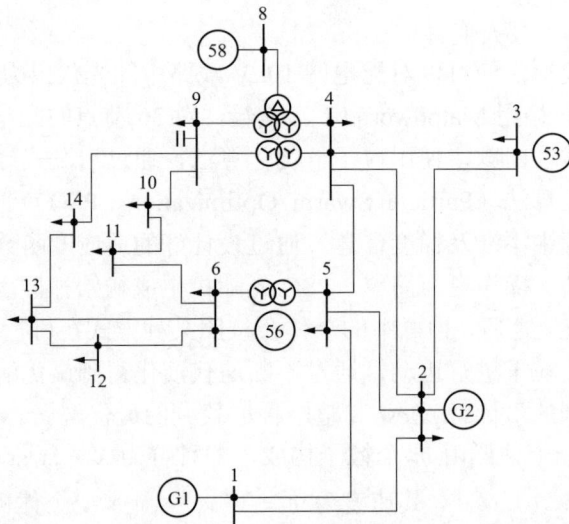

图 5-4　IEEE 14 节点网络拓扑图

（2）算例设置。

本次试验中采用的 IEEE 14 节点网络具体稳态参数如表 5-10～表 5-12 所示。

表 5-10　　　　　　　　　　　　　节　点　数　据

节点	类型	$\|V\|$（p.u.）	发电有功（MW）	发电无功（Mvar）	负　荷	
					有功（MW）	无功（Mvar）
1	SLACK	1.060	—	—	—	—
2	P-V	1.045	40	—	21.7	12.7
3	P-V	1.010	0	—	94.2	19.0
4	P-Q	—	—	—	47.8	−3.9
5	P-Q	—	—	—	7.6	1.6
6	P-V	1.070	0	—	11.2	7.5
7	P-Q	—	—	—	—	—
8	P-V	1.090	0	—	—	—
9	P-Q	—	—	190	29.5	16.6
10	P-Q	—	—	—	9.0	5.8
11	P-Q	—	—	—	3.5	1.8

续表

节点	类型	$|V|$（p.u.）	发电有功（MW）	发电无功（Mvar）	负　荷	
					有功（MW）	无功（Mvar）
12	P-Q	—	—	—	6.1	1.6
13	P-Q	—	—	—	13.5	5.8
14	P-Q	—	—	—	14.9	5.0

表 5-11　　　　　　　　　　节 点 约 束 数 据

节点	$|V|$（p.u.）	Q_{min}（Mvar）	Q_{max}（Mvar）
2	1.045	−40	50
3	1.010	0	40
6	1.070	−6	24
8	1.090	−6	24

表 5-12　　　　　　　　　　支 路 数 据

起始节点	终止节点	R（p.u.）	X（p.u.）	B（p.u.）
1	2	0.01938	0.05917	0.0264
1	5	0.05403	0.22304	0.0246
2	3	0.04699	0.19797	0.0219
2	4	0.05811	0.17632	0.0187
2	5	0.05695	0.17388	0.0170
3	4	0.06701	0.17103	0.0173
4	5	0.01335	0.04211	0.0064
6	11	0.09498	0.19890	—
6	12	0.12291	0.25581	—
6	13	0.06615	0.13027	—
9	10	0.03181	0.08450	—
9	14	0.12711	0.27038	—
10	11	0.08205	0.19207	—
12	13	0.22092	0.19988	—
13	14	0.17093	0.34802	—

（3）验证结果。

1）原始数据运行结果，如表 5-13 和表 5-14 所示。

表 5-13　　　　　　　　　　光 伏 节 点 运 行 结 果

节点	$|V|$（p.u.）	$\angle V$（deg）	P_G（MW）	Q_G（MW）
1	1.0350	0	210.755	−15.842
2	1.0400	−4.980	40.000	42.115

续表

节点	$\lvert V \rvert$（p.u.）	$\angle V$（deg）	P_G（MW）	Q_G（MW）
3	1.0100	−12.725	0.000	23.236
6	1.0700	−14.231	0.000	19.856
8	1.0900	−43.562	0.000	23.315

表 5-14　　　　　　　　　　负荷节点运行结果

节点	$\lvert V \rvert$（p.u.）	$\angle V$（deg）
4	1.0110	−10.2672
5	1.0123	−8.7735
9	1.0298	−14.8427
10	1.0330	−15.0506
11	1.0452	−14.8544
12	1.0512	−15.2719
13	1.0332	−15.3128
14	1.0200	−16.0718

2）将线路的拓扑数据和节点信息输入到云边协同训练决策模型中，得到光伏节点的对应决策结果如表 5-15 所示。

表 5-15　　　　　　　　　　光伏节点就地决策结果

节点	P_G（MW）	Q_G（MW）
1	232.735	−15.854
2	40.000	45.791
3	0.000	25.471
6	0.000	21.115
8	0.000	24.000

将决策结果作为 IEEE 14 节点网络中的光伏节点的出力，进行 RTDS 实时数字仿真，得到的潮流运行结果如表 5-16 和表 5-17 所示。

表 5-16　　　　　　　　　　光伏节点运行结果

节点	$\lvert V \rvert$（p.u.）	$\angle V$（deg）	P_G（MW）	Q_G（MW）
1	1.0600	0	232.735	−15.854
2	1.0450	−4.985	40.000	45.791
3	1.0100	−12.727	0.000	25.471
6	1.0700	−14.414	0.000	21.115
8	1.0900	−43.269	0.000	24.000

表 5-17 负荷节点运行结果

节点	$|V|$（p.u.）	$\angle V$（deg）
4	1.0151	−10.2686
5	1.0181	−8.7710
9	1.0343	−14.8531
10	1.0330	−15.0577
11	1.0477	−14.8544
12	1.0552	−15.1590
13	1.0465	−15.3535
14	1.0213	−16.0964

根据决策前、后的潮流运行结果可以看出，决策后部分光伏节点的无功功率输出提高，此外，各个负荷节点的节点电压都有一定幅度的提升，整体的运行效率得到改善。对比RTDS 实时数字仿真运行前、后的结果，证明了所建立决策模型的有效性、可行性和实用性。

5.4.4.3 村级实例仿真验证

根据现场实地调研结果，选择了曲阳桥供电所高平村作为实地测试地点，高平村处于10kV 的 494 线路上，由 110kV 叩村站供电，494 线路和 676 线路在高平村口拉手合环。

考虑设备实际情况以及测试的方便，选取其中部分含有分布式光伏发电的台区所在线路区间进行仿真建模分析，具体选择高平 1 号台区和高平 34 号台区以及高平 18 号台区所在的 10kV 494 高平分。

在所选区域中，高平 18 号、高平 1 号和高平 34 号台区中均有大量的分布式光伏发电装置，其光伏所发电量均全额上网，每户的光伏合同容量在 5～50kW 之间不等。

（1）区域线路拓扑结构。根据所选测试区域的线路情况，得到线路的拓扑结构如图5-5 所示。

（2）相关参数和历史数据。根据当地的测量装置实际测得的历史数据，为方便分析，选用 5:45 和 10:45 两个相隔 5h 的时间节点的历史负荷和电压电流数据进行仿真，其具体数值如表 5-18 所示。

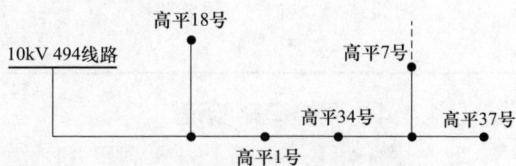

图 5-5 所选区域线路拓扑图

表 5-18 历 史 负 荷 数 据

时间点	台区	相线	有功功率（kW）	无功功率（kvar）
2021 年 6 月 11 日 时间：05:45	高平 18 号	A	10.89	9.29
		B	9.36	8.36
		C	7.90	4.02
	高平 1 号	A	3.80	3.59
		B	4.48	4.18
		C	4.04	3.73

续表

时间点	台区	相线	有功功率（kW）	无功功率（kvar）
2021 年 6 月 11 日 时间：05:45	高平 34 号	A	3.52	1.73
		B	8.03	1.38
		C	3.04	1.42
	高平 7 号	A	4.02	1.92
		B	3.68	1.56
		C	6.36	2.01
	高平 37 号	A	4.89	3.59
		B	5.51	3.30
		C	4.22	2.21
2021 年 6 月 11 日 时间：10:45	高平 18 号	A	−13.91	19.62
		B	−14.03	19.77
		C	−11.89	12.76
	高平 1 号	A	−2.44	15.55
		B	8.328	15.22
		C	−2.676	14.63
	高平 34 号	A	−18.76	9.82
		B	−15.56	8.66
		C	−22	8.40
	高平 7 号	A	5.36	1.89
		B	4.44	2.20
		C	6.65	1.63
	高平 37 号	A	7.71	4.11
		B	6.52	4.26
		C	3.36	1.12

5.4.4.4 调控策略验证

取高平 18 号、高平 1 号、高平 34 号、高平 7 号和高平 37 号台区节点分别为 1～6 号节点。首先对 2021 年 6 月 11 日 05:45 时刻的功率情况进行潮流计算，得到的节点电压和相角的计算结果如表 5-19 所示。

表 5-19 优化前节点电压潮流运行结果

节点电压	幅值	节点相位	弧度
V1	1.050000	∠V1	1.000000
V2	1.078137	∠V2	1.012680
V3	1.127028	∠V3	1.033676
V4	1.144321	∠V4	1.042462
V5	1.186624	∠V5	1.068698
V6	1.193291	∠V6	1.070762

根据线路拓扑结构和支路阻抗数据等情况，将相关数据输入到云边协同就地决策模型中，得到光伏台区 34 号的就地决策结果为 P_G=3.62kW，Q_G=4.52kW。

将就地决策结果再次进行潮流计算，得到的节点电压和相角的计算结果如表 5-20 所示。

表 5-20   优化后节点电压潮流运行结果

节点电压	幅值	节点相位	弧度
V1	1.050000	∠V1	1.000000
V2	1.081604	∠V2	1.010334
V3	1.133405	∠V3	1.028924
V4	1.152155	∠V4	1.036558
V5	1.199350	∠V5	1.063543
V6	1.205971	∠V6	1.065573

可以看出，节点的电压相对升高，电压的稳定性提高，运行效率得到提升，因此可以证明所提出的云边协同调度决策模型在实际线路中也具有很好的可行性和有效性，同时具有较好的实用性。

5.5 负荷直控技术

国家发改委《"十四五"现代能源体系规划》（发改能源〔2022〕210 号）也指出，应大力提升电力负荷弹性。从负荷侧提高新型电力系统的灵活性，主要包括各种需求侧响应技术和负荷直接控制技术。需求侧响应技术是最常见的负荷控制技术，然而，电力用户数量庞大，具有"点多面广"特征，分散控制难度大；同时，现有需求侧响应技术本质以经济激励为手段，负荷功率调节容量与时间主要由用户自主决定，存在响应量不可控和响应速度不确定等限制，难以高效参与配电网实时控制。在负荷直接控制方面，主要是制定有序用电方案并建设负荷控制系统，通过政策支持或者与用户签订补偿协议等方式，在电网供电能力不足或其他紧急情况时拉停部分可中断负荷、缓解电网供电矛盾的问题。为了进一步降低停电对用户的影响，近年来负荷控制系统的控制对象进一步精细化，比如直接控制到用户的非工业用空调等。可控负荷的占比增大，提升了系统应对波动的能力，保障了系统的稳定性。

5.5.1 馈线负荷直控技术

5.5.1.1 控制原理

馈线负荷功率控制技术是一种基于负荷电压—功率耦合特性的直接负荷功率控制技术，通过合理地调整负荷供电电压，实现负荷功率的主动控制。

馈线负荷由电力用户、变压器和输电线路等设备组成。不同设备虽然运行原理各异、工作方式不同，但均具有一定的电压—功率耦合特性。大量的电力用户一般首先进行负荷聚合，再选择合适的负荷模型进行描述。负荷模型包括静态负荷模型与动态负荷模型两大类。静态负荷模型将任意时刻的负荷功率建模为该时刻负荷电压的代数函数。典型的幂函数负荷模型如式（5-87）所示。

$$P = P_0(V / V_0)^a, \quad Q = Q_0(V / V_0)^b \tag{5-87}$$

式中　P、Q——负荷有功功率与无功功率；

$\quad\quad P_0$、Q_0——负荷初始时刻有功功率与无功功率；

$\quad\quad V$、V_0——负荷当前时刻与初始时刻电压；

$\quad\quad a$、b——模型参数。

本书主要研究馈线负荷有功功率控制，后续内容只围绕馈线负荷有功功率展开研究，但所提出的辨识方法与控制技术同样适用于馈线负荷的无功功率。

当模型参数等于 0、1 或者 2 时，幂函数负荷模型将分别呈现出恒功率、恒电流或者恒阻抗特性。参数近似等于 $V = V_0$ 时负荷模型斜率（即 $\Delta P/\Delta V$），对于一般负荷而言，参数通常在 0.5～1.8 范围内变化。

另外，广泛用来描述负荷电压—功率耦合特性的静态负荷模型是多项式模型，也称为 ZIP 模型，如式（5-88）所示。ZIP 模型将负荷功率分解为恒阻抗（Z）、恒电流（I）和恒功率（P）分量。

$$\begin{cases} Q_i^L = Q_{i,0}^L \left[s_Z(V_i^B / V_{i,0}^B)^2 + s_I(V_i^B / V_{i,0}^B) + s_P \right] \\ P_i^L = P_{i,0}^L \left[a_Z(V_i^B / V_{i,0}^B)^2 + a_I(V_i^B / V_{i,0}^B) + a_P \right] \\ \quad\quad s_Z + s_I + s_P = 1 \\ \quad\quad a_Z + a_I + a_P = 1 \end{cases} \tag{5-88}$$

式中　　Q_i^L、P_i^L 和 $Q_{i,0}^L$、$P_{i,0}^L$——节点 i 电压变化后和变化后的有功和无功功率；

s_Z、s_I、s_P 和 a_Z、a_I、a_P——节点 i 的无功—电压模型系数和电压—有功模型系数；

$\quad\quad V_i^B$ 和 $V_{i,0}^B$——节点 i 的变化前、后的电压值。

静态负荷模型多用于描述无明显暂态过程的负荷，强调负荷功率对电压变化的稳态响应。然而，实际生活中存在大量以电动机为代表的非线性负荷，其动态特性明显。当所分析问题需要模拟馈线负荷功率的动态调节过程时，应采用动态负荷模型进行分析。动态负荷模型强调负荷功率动态变化过程，即负荷功率不仅受当前时刻电压决定，同时也受先前时刻的负荷功率与电压影响，负荷功率被建模为电压的非线性函数。

变压器功率消耗主要包括铁损（即空载损耗）与铜损（即短路损耗）。由于材料磁滞和涡流产生的铁损与运行电压平方成正比，降低系统电压可以显著减少铁损。变压器铜损与工作电流平方成正比。当系统以恒阻抗负荷为主时，降低电压会减少线路电流与变压器工作电流，线路损耗与变压器铜损均会降低；而当系统以恒功率负荷为主时，降低系统电压反而会增加线路损耗与铜损。变压器、输电线路的电压—功率耦合特性不仅取决于自身负荷特性，也受电力用户的电压—功率特性影响。

对于馈线负荷的调节特性，目前一般基于降压节能技术来描述馈线负荷的稳态调节特性，并将馈线负荷功率变化量与电压变化量的比值定义为降压节能系数（Current to Voltage Ratio，CVR），用于表征馈线电压变化对负荷功率变化的敏感程度，如式（5-89）所示。

$$M_i^{CVR} = \Delta P(i) / \Delta V(i) \tag{5-89}$$

无论是电力用户，还是变压器与输电线路，负荷功率都受电压影响，这是大规模应用馈线负荷功率控制技术的重要基础。对于馈线负荷功率控制技术，馈线负荷越接近恒阻抗特性其功率调节能力越优异；而当馈线负荷为恒功率特性时，调节电压虽然会改变负荷电流，但负荷功率却保持不变。表 5-21 列举了常见设备的电压—功率耦合特性，可以看出不同设备的电压—功率耦合特性各不相同，但普遍具有较明显的调节特性。馈线负荷由大量不同设备构成，负荷构成受时间、气候以及用户习惯影响，导致馈线负荷调节特性的影响机理复杂。

表 5-21　　　　　　　　　常见负荷电压有功耦合系数

设 备	$\Delta P(\%)/\Delta V(\%)$	设 备	$\Delta P(\%)/\Delta V(\%)$
三相集中式空调	0.077	电冰箱	0.77
单相集中式空调	0.20	电视	2.0
热水器	2.0	白炽灯	1.6
洗碗机	1.8	荧光灯	0.96
洗衣机	0.080	农用泵机	1.4
烘干机	2.0	/	/

5.5.1.2　控制策略

（1）调压设备。馈线负荷功率控制通过系统无功电压优化实施。根据有无电压反馈信息，馈线负荷功率控制实施策略可分为基于开环与基于闭环；根据所用调压设备，可分为基于串联型调压、基于并联型调压与基于混合型调压；按照所用调压设备的调节特性则可分为基于离散调压与基于连续调压。不同实施策略的控制效果不同，且对系统量测与控制设备要求不一，应根据实际应用场景合理选择。

传统馈线负荷功率控制通常采用没有电压反馈的开环控制实现，属于"盲控"。在不掌握系统电压分布情况下，运行人员根据经验控制电压实现馈线负荷功率调节。开环控制虽然简单高效，但易导致末端电压越限等问题，是配电网低自动化水平时代催生出的迫不得已方法。随着监测控制和数据采集系统（supervisory control and data acquisition，SCADA）与配电网同步相量测量装置（distributed phasor measurement unit，D-PMU）等先进量测设备在配电网快速发展，配电网可观性不断增强，运行人员可以定期收集全系统电压信息进行集中决策优化，使得馈线负荷功率控制逐渐采用闭环控制方式。具体来说，馈线负荷功率控制作为控制目标之一参与系统无功电压优化，在满足各种约束条件下，协同控制不同无功设备进行电压控制，在保证电压合格前提下完成馈线负荷功率控制。

配电网无功调压设备包括并联型与串联型，均可用于实施馈线负荷功率控制。断路器（circuit breaker，CB）、新能源逆变器、静止无功补偿器（static var compensator，SVC）以及静止无功发生器（static var generator，SVG）是常见的并联型无功设备。CB 应用最为广泛，通过投切可以向电网注入无功功率；新能源逆变器参与无功功率控制可提高逆变器利用率，且无需额外投资，经济性好；SVC 与 SVG 属于柔性交流输电系统（flexible alternative current transmission system，FACTS）常用设备，电力电子化特征使其可以快速灵活地调整无功功率。并联型调压设备本质为改变接入节点的净无功功率，通过影响潮流分布实现电压调节。基于并联型的实施策略所需调压设备的容量小、造价低，可针对性地调整接入点附近电压，但仅能实现有限节点的负荷功率控制，效率较低。

串联型调压设备包括 OLTC、串联电抗器、智能变压器，以及 DVR 等。OLTC 与智能变压器是常见串联调压设备，前者基于机械操作，控制周期长且调节次数有限，后者基于电力电子设备，可实现实时连续电压调节；串联电抗器通过调整电抗器压降，整体改变电抗器后的系统电压分布；DVR 利用电力电子装置在接入点叠加补偿电压，通过调整较小的补偿电压实现系统电压灵活调整。串联型调压设备可以实现馈线电压整体调节，控制效率高，但末端节点电压越限会限制串联型策略的调压深度。

基于混合型的实施策略发挥串联设备整体调压与并联设备局部调压的优势，实现更深度电压调节，可以大幅提高馈线负荷功率控制效果。以降低电压为例，图 5-6 展示了不同实施策略的电压控制效果对比，可以看出并联型策略调压效果有限，只能实现设备接入点附近的电压控制；串联型策略虽然调压效率高，但降压深度受低电压节点限制；混合型实施策略先将低电压节点抬高再进行整体降压，调压深度更优。

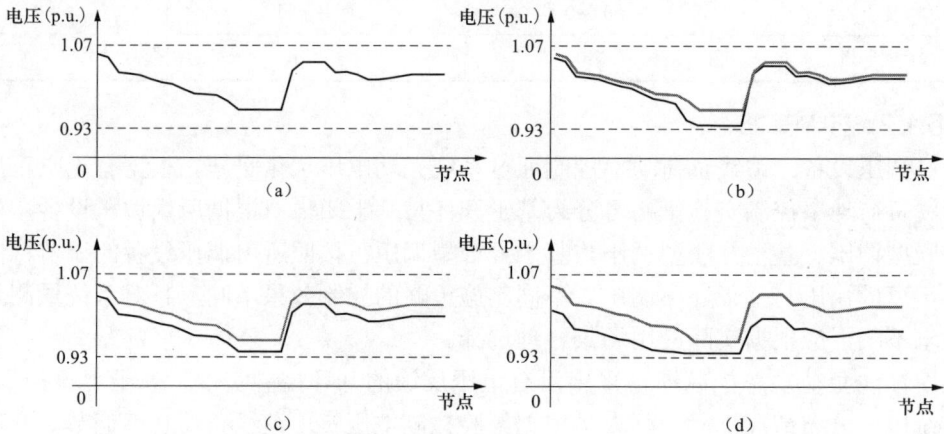

图 5-6　不同实施策略系统降压效果对比

（a）原始电压；（b）基于并联型设备；（c）基于串联型设备；（d）基于混合型设备

馈线负荷功率的控制速度取决于电压调节速度。传统调压设备属于离散化机械式操作，控制周期长，例如 OLTC 与 CB。基于离散调压的实施策略使得馈线负荷功率控制只能参与长时间尺度的应用。随着各种电力电子化调压设备不断涌现，例如逆变器、智能变压器和 DVR，借助于 PWM 等灵活控制方式，可以实现电压快速连续调节，使得可以在各个时间尺度上控制调节馈线负荷功率。表 5-22 分析了配电网常见无功调压设备，并总结了其对应的馈线负荷功率控制适用范围。

（2）现场验证。馈线负荷功率控制技术在欧美等国家有大量工程实践经验，展现出优异的功率调节能力，然而我国相关工程应用却鲜有报道。为了验证我国配电网同样适用于馈线负荷功率控制，将进行现场开环试验分析我国典型馈线负荷的功率调节效果，为后续相关应用研究奠定工程基础。

表 5-22   常见负荷电压有功耦合系数

项目	离散型设备	连续型设备	适用范围
并联型设备	CB 等	逆变器、SVC、SVG 等	适用于局部负荷控制
串联型设备	OLTC 等	智能变压器、DVR 等	适用于整体负荷控制
适用范围	只适用于长时间尺度应用	适用于各个时间尺度应用	—

选择湖北省荆州市某变电站作为试验对象，如图 5-7 所示。该变电站具有 10 条馈线，下游负荷包括 30%工业、30%商业以及 40%的居民与农业负荷，涵盖我国各类典型负荷。在该变电站进行馈线负荷功率控制，其结果对我国其他馈线具有普遍意义。变电站主变压器为 50MVA 有载体调压变压器，变比 110±8×1.25%/10.5kV，可进行 17 档电压调节。变电站配备 SCADA 系统，以 5s 时间间隔对电压与功率数据进行采集与储存。计划通过人为调整主变压器挡位实施馈线负荷功率控制，利用 SCADA 记录调压过程中下网点电压与功率数据，采用基于比较的方法分析馈线负荷功率控制效果。

图 5-7 不同实施策略系统降压效果对比
（a）荆州某变电站；（b）主变铭牌

该变电站配备有自动电压控制系统（automatic voltage control，AVC），当下网点电压低于或高于设定值时会自动调节变压器挡位。为保证运行安全，进行馈线负荷功率控制试验时，需退出 AVC，采用人工调挡。同时，我国规定变压器每天挡位调节次数有限，考虑到当天系统运行必要的挡位调节数量，试验共进行 6 次挡位调节。试验流程包括：

1）试验前准备：与上级调度联系，退出本地 AVC 控制。

2）电压控制：将 OLTC 从初始挡位逐级调增 2 挡，再逐级调减 4 挡。

3）调取数据：从 SCADA 数据库中调取调压过程中下网点电压与功率数据。

4）数据处理：对数据进行预处理，包括异常值剔除、滤波与标幺化等。

5）效果分析：采用基于比较的方法分析负荷调节效果。计算调档前、后半分钟内的电压平均值与功率平均值，计算相应的电压变化量 $\Delta \overline{V}$ 与功率变化量 $\Delta \overline{P}$，得到馈线负荷功率调节特性 $\Delta \overline{P} / \Delta \overline{V}$。

试验过程为：初始下网点的电压与有功功率分别为 10.39kV 与 8.5MW。当变压器档位从初始档位增加 2 档时，下网点电压从 10.39kV 增加到 10.63kV；当变压器档位再逐级减少 4 档时，下网电压从 10.63kV 降低到 10.1kV。选择 10.5kV 作为基准电压，选择 8.5MW

作为基准功率，调压过程中系统下网点电压与功率变化为图 5-7 所示。从图 5-8 可以看出，不同电压水平下的负荷功率水平明显不同。当馈线电压增加时，负荷功率水平明显增加；而当馈线电压降低时，负荷功率水平明显减少。但是，除受电压影响外，负荷存在随机功率波动。特别是由于馈线包含一些工业负荷，生产线频繁启停会引起剧烈功率波动。例如，第 240s 变压器降 1 挡后，负荷功率水平高于 20～140s 间同挡位负荷水平；第 520s 变压器降 1 挡位后，负荷随机波动使得负荷功率在某些时刻超过高电压水平时的负荷功率。

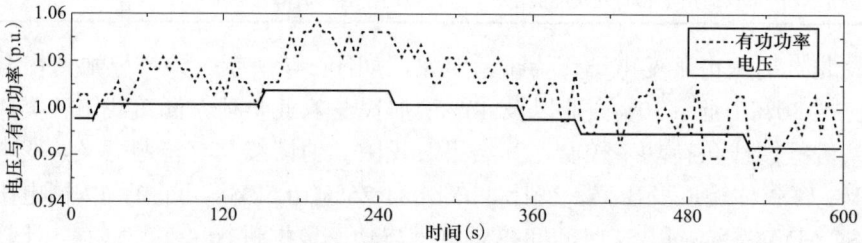

图 5-8　开环试验过程中系统下网点电压与有功功率

调取本地 SCADA 数据，表 5-23 记录了试验过程中挡位调整前后的变电站下网点平均电压变化 $\Delta \overline{V}$ 与平均功率变化 $\Delta \overline{P}$，以及计算得到的馈线负荷电压—功率耦合特性 $\Delta \overline{P} / \Delta \overline{V}$。可以看出，在负荷构成以及突变功率等因素影响下，相同电压调节产生的负荷功率变化存在偏差，表明了负荷调节特性具有时变特性，且功率噪声会对调节特性辨识带来影响。取试验过程调节特性的平均值作为最终结果，$\Delta \overline{P} / \Delta \overline{V}$ 约等于 1.59，即 1% 电压变化会产生 1.59% 负荷功率调节效果。现场试验结果表明该馈线负荷具有较强的电压—功率耦合特性，调节电压会明显改变负荷功率，验证了馈线负荷功率控制技术在我国配电网应用的有效性。但是，上述结果也表明馈线负荷调节特性具有时变特性且其效果易与负荷随机功率波动混淆，如何区分负荷功率控制分量与自然功率波动分量，实现馈线负荷在线、准确辨识十分重要。

表 5-23　　　　　　　　　　　开环试验过程中系统下网点电压与功率变化

变压器挡位	$\Delta \overline{V}$	$\Delta \overline{P}$	$\Delta \overline{P} / \Delta \overline{V}$
+1	1.24%	1.92%	1.55
+1	1.22%	2.05%	1.68
−1	−1.25%	−2.01%	1.61
−1	−1.28%	−1.99%	1.55
−1	−1.27%	−2.08%	1.64
−1	−1.12%	−1.69%	1.51

5.5.1.3　调节特性辨识

馈线负荷功率调节特性辨识面临时变负荷构成、随机功率噪声以及电动机负荷导致的动态特性等诸多挑战，是馈线负荷功率控制技术的研究难点与关键点。掌握馈线负荷调节特性能够帮助运行人员预判负荷功率变化，对于各种应用的高效实施至关重要。馈线负荷功率调节特性模型服务于馈线负荷功率控制应用，不同应用对其要求不尽相同。对于中长时间尺度应用，例如调峰优化，辨识的模型应能实时、准确描述馈线负荷的稳态调节效应；而对于实时时间尺度应用，例如功率波动平抑策略，模型应能实时、准确描述馈线负荷的暂态与稳态调节过程。

馈线负荷调节特性辨识研究大致分为 3 类：基于比较的方法、基于回归的方法、基于负荷建模的方法以及基于扰动的方法。基于比较的方法采用长时间运行数据，只能得到一段时间内馈线负荷的平均调节特性；基于回归的方法则由于负荷功率的影响因素繁多且复杂，影响方式线性与非线性交织，难以构建理想的负荷功率回归模型；基于负荷建模的方法由于缺少有效数据无法实现在线辨识；而基于扰动的方法由于抗噪能力弱难以保证辨识结果的准确性。此外，除静态负荷外，馈线负荷还包含大量的电动机等动态负荷。当馈线负荷功率控制技术用于功率波动平抑等实时应用时，必须考虑馈线负荷的动态调节特性以保证功率控制效果，而现有方法都忽略了负荷动态调节特性的建模与辨识。

（1）电压、功率数据有效性分析。馈线负荷功率调节特性描述了电压变化影响馈线负荷功率的能力，表现为负荷功率响应电压变化的过程（即 LTV），如式（5-90）所示。馈线负荷功率调节特性辨识是利用有效的输入输出数据，通过必要的数据处理与数学运算，估计出式（5-90）显性表达式的过程。

$$P = f(V) \tag{5-90}$$

式中　P——负荷有功功率；

　　　V——负荷电压。

需要说明，电压与负荷数据必须体现 LTV 过程，才能用于馈线负荷调节特性辨识。然而，实际运行中电压与功率有两种变化情形，对应不同过程。第一种是负荷功率导致电压变化的情形：负荷随机功率波动引起潮流变化，影响线路压降，进而导致节点电压变化，该情形对应电压响应负荷功率变化的过程（即 VTL）。第二种才是所关心的电压导致负荷功率变化的情形：由于故障或 OLTC 等动作，系统电压主动变化，继而引起负荷功率变化，对应 LTV 过程。两种情形虽然都表现出电压与功率变化等相同外在形式，但其内因却截然不同，只有第二种情形的数据才能用于负荷调节特性辨识。两种情形对比如图 5-9 所示。然而，系统正常运行中，由于故障事件寥寥可数，OLTC 每日最多动作次数有限，第二种情形发生概率较低，使得难以实时找到有效数据进行馈线负荷调节特性的在线辨识。

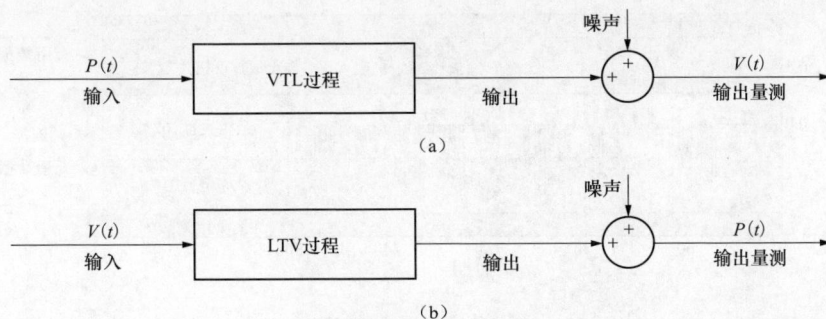

图 5-9　VTL 过程与 LTV 过程

（a）情形 1：VTL 过程；（b）情形 2：LTV 过程

为验证上述分析，随机选取广州南沙某变电站下网点实测电压与功率数据进行分析，数据区间为 2019 年 5 月 21 日 9:00～9:05，如图 5-10 所示。从图 5-10 可以看出，负荷功率存在大量的随机波动，同时，VTL 过程经常出现，例如负荷功率增加时电压下降，如箭头所示。

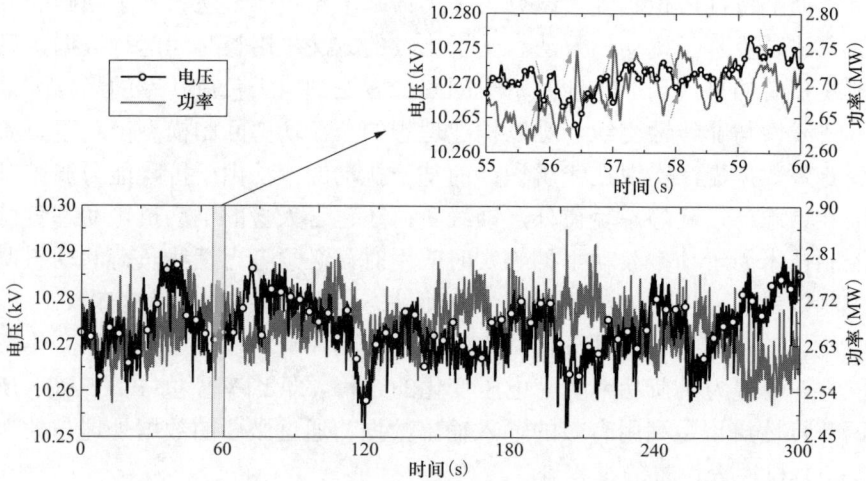

图 5-10　广州南沙某变电站正常运行期间下网点电压与功率数据

为进一步量化正常运行中两种情形发生概率，对电压与功率数据进行相关性分析。两种情形中电压与功率相关性截然不同：在 VTL 过程中，电压变化与功率变化呈现出负相关性，例如负荷重载时线路电压会降低；而在 LTV 过程中电压变化与功率变化呈现出正相关性，例如，电压降低时负荷功率会减少。

皮尔逊相关系数 R 反映了变量的相关性方向与强度，可以用来区分两种情形。图 5-9 中电压与功率数据对应的 R 系数如图 5-11 所示。从图 5-11 可以看出，62%时间内功率与电压没有相关性（即$-0.3 \leqslant R \leqslant 0.3$），这是主要由于负荷的随机启停与量测噪声。与 VTL 过程相关的数据（即 $R < -0.3$）发生比例为 34%。然而，与馈线负荷调节特性相关的 LTV 过程（即 $R > 0.3$）发生比例仅为 4%，且均为弱相关（即 $0.3 < |R| < 0.8$），这使得其难以有效用于模型辨识。

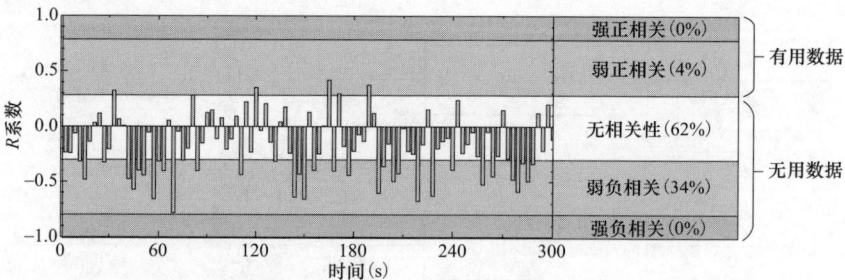

图 5-11　广州南沙某变电站正常运行期间下网点电压与功率数据相关性

上述理论分析与实际数据结果表明：系统正常运行时的电压与功率数据难以用于馈线

负荷调节特性辨识。为了获取有效电压、功率数据，实现馈线负荷调节特性在线辨识，必须主动施加电压扰动激发 LTV 过程。

（2）扰动信号设计。人工引发接地等故障是实现电压扰动最简单的方式，但会严重影响系统安全。利用 OLTC 与 CB 也可实现电压扰动，但频繁动作会降低设备寿命。有学者利用智能变压器等设备施加阶跃或斜坡型电压扰动，虽然在时域范围内产生了较大幅值扰动，但其扰动信号频谱较短。模型辨识精度基于 Fisher 信息矩阵受输入信号影响，选择合适的扰动信号是获得优异辨识结果关键之一，要求输入信号能够对模型动态持续激励，即扰动信号频谱应能覆盖模型频谱。

微扰动是一种先进的扰动施加技术，利用时域幅值较小但频域频谱较宽的扰动信号激励目标模型，例如白噪声。较小的时域幅值保证了系统运行安全，而较宽的频谱则实现持续性激励。微扰动技术在对系统运行影响较少的同时，可以有效激发目标模型所有模态。近年来，微扰动技术逐渐应用到发电机模型、系统惯性常数在线辨识，显示出优异的应用潜力。因此，采用微扰动技术在线激发 LTV 过程。

白噪声频谱覆盖整个频域且为常数，被认为是最优的扰动信号。然而，由于实际设备难以按照白噪声规律动作，退而选择具有优异统计特性且易于产生的伪随机二进制信号（pseudo random binary sequence，PRBS）作为电压扰动信号。PRBS 是一种正负两电平信号，如图 5-12 所示。当序列长度足够大或幅值足够小时，PRBS 平均值接近 0，自相关函数接近脉冲函数，如式（5-91）所示，与白噪声统计特性相似。PRBS 是一个三参数信号，包括幅值 α，间隔周期 δ_t 以及序列长度 N_P。PRBS 特性由参数决定，为提高辨识效果，需要对其参数进行优化。

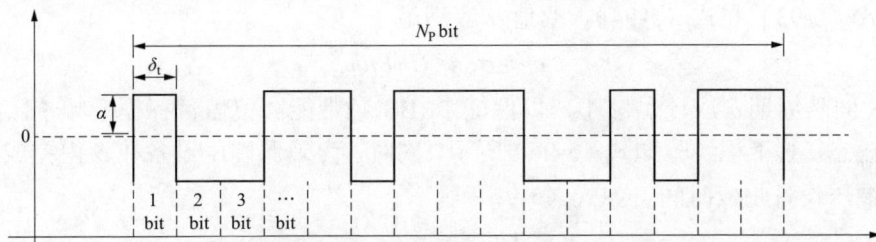

图 5-12　伪随机二进制信号

$$\begin{cases} \mu_M = -a/N_P \\ R_M(k) = \begin{cases} a^2 & k=0 \\ -a^2/N_P & k \neq 0 \end{cases} \end{cases} \tag{5-91}$$

式中　μ_M——PRBS 信号平均值；

　　　R_M——PRBS 信号自相关函数；

α 与 N_P——PRBS 信号的幅值与序列长度。

幅值 α 直接影响 PRBS 电压扰动信号时域内幅度。幅值 α 应合理选择，在充分激发 LTV 模态的同时不影响系统正常运行。首先，幅值 α 必须在国标、电网公司以及电压调节设备允许范围内，如式（5-92）所示。

$$\begin{cases} a \in \Omega_{V,ST} \\ a \in \Omega_{V,DSO} \\ a \in \Omega_{V,VT} \end{cases} \tag{5-92}$$

式中　$\Omega_{V,STA}$——国标所允许电压偏移范围，中压配电网为[−0.07p.u.，0.07p.u.]；

　　　$\Omega_{V,DSO}$——电网公司所允许电压偏移；

　　　$\Omega_{V,VT}$——调压器所支持的电压调节范围。

同时，幅值 α 影响信噪比（signal to noise ratio，SNR）。SNR 对于辨识准确度至关重要，需要随对 SNR 最低值进行限制以保证辨识效果。SNR 取决于输出数据（即电压变化引起的功率变化，称之为预期功率变化）与噪声数据的标准差，如式（5-93）所示。

$$SNR = \sigma_y / \sigma_N \geq \kappa \tag{5-93}$$

式中　σ_y——预期功率变化的标准差；

　　　σ_N——噪声的标准差；

　　　κ——最低 SNR。

预期功率变化的标准差与 PRBS 标准差关于负荷电压—功率耦合特性（即 CVR 系数）线性相关。PRBS 标准差近似等于其幅值 α，如式（5-94）所示。

$$\begin{cases} \sigma_y = CVRfac\,\sigma_x \\ \sigma_x \approx a \end{cases} \tag{5-94}$$

式中　$CVRfac$——馈线负荷 CVR 系数；

　　　σ_x——PRBS 信号标准差。

基于式（5-93）和式（5-94），幅值 α 应满足

$$a \geq \sigma_N \kappa / CVRfac \tag{5-95}$$

PRBS 间隔周期 δ_t 应该足够小，以保证 PRBS 频带能够覆盖目标模型频带，持续激发模型所有模态，其工程经验如式（5-96）所示。同时，为确保调压设备在 δ_t 内完成调压，δ_t 应远大于调压设备响应时间，如式（5-97）所示。

$$1/(3\delta_t) \geq f_{max} \tag{5-96}$$

$$\delta_t \geq T_{V,max} \tag{5-97}$$

式中　f_{max}——负荷调节特性模型最高工作频率；

　　　$T_{V,max}$——调压设备响应时间。

PRBS 序列长度 N_p 决定了信号周期，PRBS 单个周期必须大于目标模型的过渡过程时间，以保证脉冲响应在 $N_p\delta_t$ 时间后衰减接近 0。

$$N_p\delta_t \geq T_s \tag{5-98}$$

式中　T_s——负荷调节特性模型的过渡过程时间。

运行人员应提前掌握先验信息，利用式（5-93）～式（5-98）合理确定 PRBS 参数。通过施加 PRBS 电压扰动，在不影响系统运行情况下充分激发馈线负荷的各个模态，帮助运行人员在线获取馈线负荷调节特性辨识所需的数据。

（3）调节特性模型。CVR 系数基于系统均为静态负荷的假设，采用稳态数据进行计算，

只强调了馈线负荷功率调节的稳态特性。随着馈线负荷功率控制技术逐渐应用到实时时间尺度，例如调频与功率波动平抑等，配电网中电动机负荷的暂态特性更加明显（例如，电压降低时，电动机功率会先下降再上升），此时仍使用 CVR 系数作为调节模型将不适时宜，馈线负荷调节模型应能同时表征负荷功率的暂态与稳态响应特性。

当系统同时包含静态负荷与动态负荷时，一般使用综合负荷模型表示。综合负荷为不同比例静态负荷与电动机负荷组合，其中电动机负荷负责表征暂态特性，静态负荷负责稳态特性。

静态负荷常用 ZIP 模型表示，电动机负荷可用微分方程组表示，即

$$\begin{cases} v_{ds} = R_s i_{ds} - \omega_s \psi_{qs} + \mathrm{d}\psi_{ds}/\mathrm{d}t \\ v_{qs} = R_s i_{qs} + \omega_s \psi_{ds} + \mathrm{d}\psi_{qs}/\mathrm{d}t \\ v_{dr} = R_r i_{dr} - (\omega_s - \omega_r)\psi_{qr} + \mathrm{d}\psi_{dr}/\mathrm{d}t \\ v_{qr} = R_r i_{qr} + (\omega_s - \omega_r)\psi_{dr} + \mathrm{d}\psi_{qr}/\mathrm{d}t \end{cases} \tag{5-99}$$

$$\begin{cases} \psi_{ds} = L_s i_{ds} + L_m i_{dr} \\ \psi_{qs} = L_s i_{qs} + L_m i_{qr} \\ \psi_{dr} = L_r i_{dr} + L_m i_{ds} \\ \psi_{qr} = L_r i_{qr} + L_m i_{qs} \end{cases} \tag{5-100}$$

$$\begin{cases} T_e = 1.5 p(\psi_{ds} i_{qs} - \psi_{qs} i_{ds}) \\ \mathrm{d}\omega_r/\mathrm{d}t = J(T_e - T_m) \end{cases} \tag{5-101}$$

式中　　v_{ds} 与 v_{qs} ——定子 d 轴与 q 轴电压；

i_{ds} 与 i_{qs} ——定子 d 轴与 q 轴电流；

ψ_{ds} 与 ψ_{qs} ——定子 d 轴与 q 轴磁链；

R_s ——定子电阻；

ω_s ——定子磁场角速度，rad/s；

v_{dr} 与 v_{qr} ——转子 d 轴与 q 轴电压；

i_{dr} 与 i_{qr} ——转子 d 轴与 q 轴电流；

ψ_{dr} 与 ψ_{qr} ——转子 d 轴与 q 轴磁链；

R_r ——转子电阻；

ω_r ——转子磁场角速度，rad/s；

L_s ——定子电感；

L_m ——励磁电感；

L_r ——转子电感；

T_e ——磁场转矩；

p ——极对数；

J ——转动惯量；

T_m ——机械转矩。

式（5-99）为定子、转子电压方程；式（5-100）为定子、转子磁链方程；式（5-101）

为电机转矩方程和摇摆方程。

综合负荷由电动机负荷与 ZIP 负荷共同构成，使用 K_{pm} 表示电动机负荷比例，K_{pm} 越高表明动态负荷越多。

$$\begin{cases} P_{total} = P_{Idm} + P_{ZIP} \\ K_{pm} = P_{Idm} / P_{total} \end{cases} \tag{5-102}$$

式中　P_{total}——综合负荷总功率；

　　　P_{Idm}——电动机负荷功率；

　　　P_{ZIP}——ZIP 负荷功率。

综合负荷模型物理意义清晰，可以完整描述馈线负荷功率的暂稳态调节过程。但是，综合负荷模型结构复杂，泛化能力较弱。同时，模型参数过多，逐个辨识难度较大。为了既能保留综合负荷模型的准确度，又能实现模型简化，提出了基于传递函数的模型结构描述馈线负荷暂稳态调节特性。

考虑到电动机负荷一般采用三阶模型且实际工程中多利用离散模型，选择三阶离散传递函数作为馈线负荷调节特性模型，如式（5-102）所示。三阶模型可以完整表示馈线负荷的非线性过程；同时，模型参数有限，既降低了参数辨识复杂度，也增强了模型泛化能力。

$$\begin{aligned} G_{LTV}(z) &= P(z) / V(z) \\ &= (m_1 z^{-1} + m_2 z^{-2} + m_3 z^{-3}) / (1 + n_1 z^{-1} + n_2 z^{-2} + n_3 z^{-3}) \end{aligned} \tag{5-103}$$

式中　　　　　G_{LTV}——馈线负荷调节特性传递函数；

m_1，m_2，m_3，n_1，n_2 与 n_3——模型参数。

相同电压扰动下，两种馈线负荷调控模型的功率变化如图 5-13 所示。CVR 系数模型由于模型限制只能表征负荷功率稳态特性，而传递函数模型可以完整描述负荷功率变化过程。传递函数模型的稳态特性与 CVR 系数模型一致，在实际应用中可以只对传递函数模型进行辨识，从传递函数模型得到 CVR 系数模型。

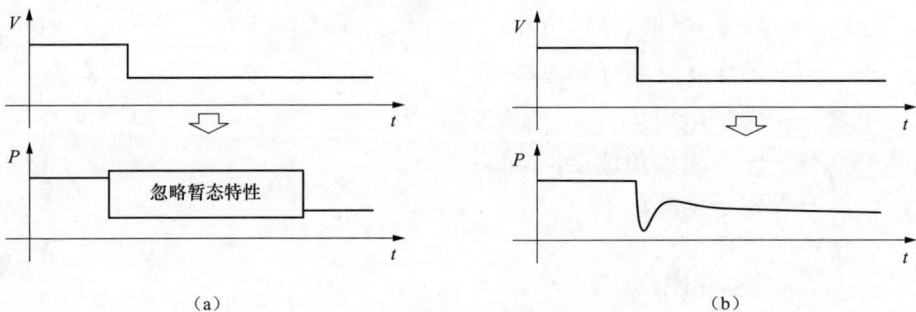

图 5-13　不同馈线负荷调节模型比较

（a）CVR 系数模型；（b）传递函数模型

需要指出，模型结构应根据其使用目的灵活选择。当馈线负荷功率控制技术应用于非实时时间尺度应用，例如节能与调峰等，由于不需要考虑负荷暂态调节特性，应优先使用简单直观的 CVR 系数模型；而当应用于实时时间尺度应用时，例如功率波动平抑等，馈线负荷的暂态特性会影响控制性能，必须采用传递函数模型。

（4）广义最小二乘辨识算法。辨识包括三大要素：①输入输出数据；②模型；③辨识算法。前两个要素已经分别讨论并解决。辨识算法一般通过极小化模型与实际过程之间的误差准则函数确定模型参数。最小二乘算法（least squares，LS）利用最小二乘原理，通过极小化误差的平方和函数确定模型参数，是最经典、最常用的辨识算法。然而，LS 算法基于白噪声属性的重要假设，当噪声为有色噪声时，LS 所得结果是有偏、非一致估计。

白噪声均值为零，自相关函数为冲击函数，不具备上述特征的噪声统称为有色噪声。对于馈线负荷功率调节特性辨识而言，由于用户用电行为具有时空连续性，且内部新能源功率波动也具有时间相关性，功率数据往往含有大量有色噪声。以广州南沙某变电站为例，随机选择正常运行期间下网点功率，其功率数据与其自相关函数分别如图 5-13 与图 5-14 所示。从图 5-14 可以看出，负荷功率呈现递增趋势，均值不为 0；从图 5-15 可以看出，功率的自相关函数并非冲击函数，表明各时刻功率存在相关性。负荷随机功率波动属于有色噪声，无法直接使用 LS 算法进行馈线负荷调节特性辨识。

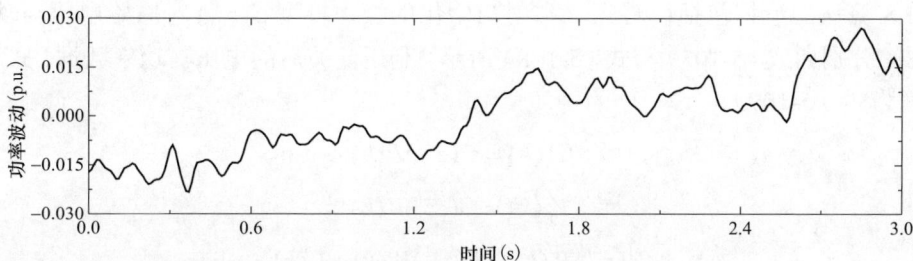

图 5-14　广州南沙某变电站正常运行期间负荷功率

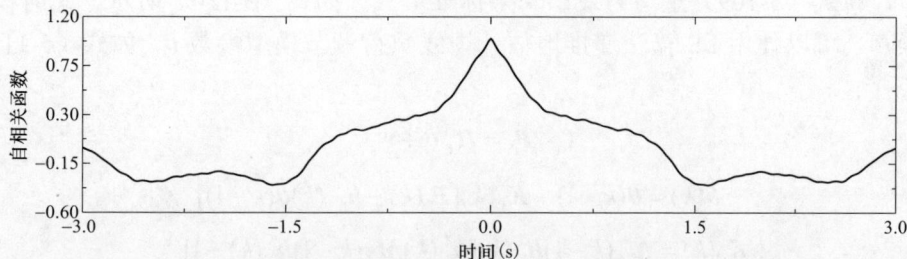

图 5-15　广州南沙某变电站正常运行期间负荷功率的自相关函数

作为 LS 算法的改进，广义递推最小二乘算法（generalized recursive least squares，GRLS）使用 LS 算法同时对目标模型与噪声模型进行辨识，可以对有色噪声进行白化，具备较强的抗有色噪声能力。同时，GRLS 采用递推计算方式，新参数估计值是在旧参数估计值基础上修正得到，不仅减少了计算量与内存量，也有利于在线辨识。选择 GRLS 算法对馈线负荷调节特性模型进行辨识。

考虑有色噪声，馈线负荷传递函数模型重写为

$$\begin{cases} A(z^{-1})P(k) = B(z^{-1})V(k) + e(k) \\ A(z^{-1}) = 1 + n_1 z^{-1} + n_2 z^{-2} + n_3 z^{-3} \\ B(z^{-1}) = m_1 z^{-1} + m_2 z^{-2} + m_3 z^{-3} \end{cases} \tag{5-104}$$

式中　　　　　　$V(k)$——电压扰动序列（输入数据）；

$P(k)$——相应的负荷功率序列（输出数据）；

$e(k)$——有色噪声序列；

m_1, m_2, m_3, n_1, n_2 与 n_3——馈线负荷调节特性模型参数。

有色噪声可以通过白噪声与合适的噪声模型表示，如式（5-105）所示。噪声模型的类型与阶数影响白化效果，根据仿真分析选择三阶自回归模型，如式（5-106）所示。

$$e(k) = V(k) / C(z^{-1}) \tag{5-105}$$

$$C(z^{-1}) = 1 + c_1 z^{-1} + c_2 z^{-2} + c_3 z^{-3} \tag{5-106}$$

式中　$V(k)$——均值为 0 的白噪声序列；

c_1, c_2 与 c_3——噪声模型参数。

GRLS 算法的流程包括：首先，利用初始化的噪声模型 $C(z^{-1})$ 对原始电压与功率数据进行滤波，分别如式（5-107）与式（5-108）所示。利用滤波后的电压与功率数据，式（5-104）可以整理为式（5-109）。

$$P_f(k) = C(z^{-1})P(k) \tag{5-107}$$

$$V_f(k) = C(z^{-1})V(k) \tag{5-108}$$

$$A(z^{-1})P_f(k) = B(z^{-1})V_f(k) + V(k) \tag{5-109}$$

式中　$V_f(k)$ 与 $P_f(k)$——滤波后的电压与功率数据。

然后，将式（5-109）重写为最小二乘标准形式，如式（5-110）所示。此时模型中噪声是白噪声，可以使用 LS 算法递推地估计馈线负荷调节模型参数 $\boldsymbol{\theta}$，如式（5-111）～式（5-113）所示。

$$\boldsymbol{P}_f = \boldsymbol{H}_f^{\mathrm{T}} \boldsymbol{\theta} + \boldsymbol{v} \tag{5-110}$$

$$\hat{\boldsymbol{\theta}}(k) = \hat{\boldsymbol{\theta}}(k-1) + \boldsymbol{K}_f(k)[\boldsymbol{P}_f(k) - \boldsymbol{h}_f^{\mathrm{T}}(k)\hat{\boldsymbol{\theta}}(k-1)] \tag{5-111}$$

$$\boldsymbol{K}_f(k) = \boldsymbol{M}_f(k-1)\boldsymbol{h}_f^{\mathrm{T}}(k)[\boldsymbol{h}_f^{\mathrm{T}}(k)\boldsymbol{M}_f(k-1)\boldsymbol{h}_f^{\mathrm{T}}(k) + 1]^{-1} \tag{5-112}$$

$$\boldsymbol{M}_f(k) = \boldsymbol{M}_f(k-1) - \boldsymbol{K}_f(k)\boldsymbol{h}_f^{\mathrm{T}}(k)\boldsymbol{M}_f(k-1)(k) \tag{5-113}$$

式中　　　L——序列长度；

$\hat{\boldsymbol{\theta}}(k)$——负荷调节特性模型的估计值，$\hat{\boldsymbol{\theta}}(0) = \boldsymbol{\varepsilon}$（$\boldsymbol{\varepsilon}$ 为非常小的实数向量）；

$\boldsymbol{K}_f(k)$——增益矩阵；

$\boldsymbol{M}_f(k)$——协方差矩阵，且 $\boldsymbol{M}_f(0) = a\boldsymbol{I}$；

a——非常大的实数；

$\boldsymbol{I}$——单位矩阵；

k——当前时刻。

其中，$\boldsymbol{P}_{\mathrm{f}}=[P_{\mathrm{f}}(1),P_{\mathrm{f}}(2),\cdots,P_{\mathrm{f}}(L)]^{\mathrm{T}}$；$\boldsymbol{H}_{\mathrm{f}}=[\boldsymbol{h}_{\mathrm{f}}^{\mathrm{T}}(1),\boldsymbol{h}_{\mathrm{f}}^{\mathrm{T}}(2),\cdots,\boldsymbol{h}_{\mathrm{f}}^{\mathrm{T}}(L)]^{\mathrm{T}}$；$\boldsymbol{h}_{\mathrm{f}}(k)=[-P_{\mathrm{f}}(k-1),$ $-P_{\mathrm{f}}(k-2),\ -P_{\mathrm{f}}(k-3),\ -V_{\mathrm{f}}(k-1),\ -V_{\mathrm{f}}(k-2),\ -V_{\mathrm{f}}(k-3)]^{\mathrm{T}}$；$\boldsymbol{\theta}=[n_{1},\ n_{2},\ n_{3},\ m_{1},\ m_{2},\ m_{3}]^{\mathrm{T}}$；$\boldsymbol{v}=[v(1),v(2),\cdots,v(L)]^{\mathrm{T}}$。

然后，根据实际数据与负荷调节特性模型对噪声模型进行估计。噪声模型重写为标准最小二乘形式，如式（5-114）所示。因为模型中噪声为白色噪声，继续使用 LS 算法进行递推辨识，如式（5-115）～式（5-117）所示。

$$e = \boldsymbol{H}_e^{\mathrm{T}}\boldsymbol{\theta}_e + \boldsymbol{v} \tag{5-114}$$

$$\hat{\boldsymbol{\theta}}_e(k) = \hat{\boldsymbol{\theta}}_e(k-1) + \boldsymbol{K}_e(k)[\hat{\boldsymbol{e}}(k) - \boldsymbol{h}_e^{\mathrm{T}}(k)\hat{\boldsymbol{\theta}}_e(k-1)] \tag{5-115}$$

$$\boldsymbol{K}_e(k) = \boldsymbol{M}_e(k-1)\boldsymbol{h}_e^{\mathrm{T}}(k)[\boldsymbol{h}_e^{\mathrm{T}}(k)\boldsymbol{M}_e(k-1)\boldsymbol{h}_e^{\mathrm{T}}(k)+1]^{-1} \tag{5-116}$$

$$\boldsymbol{M}_e(k) = \boldsymbol{M}_e(k-1) - \boldsymbol{K}_e(k)\boldsymbol{h}_e^{\mathrm{T}}(k)\boldsymbol{M}_e(k-1) \tag{5-117}$$

式中 　$\hat{\boldsymbol{\theta}}_e(k)$——噪声模型的估计值，$\hat{\boldsymbol{\theta}}_e(0)=0$；

　　　$\boldsymbol{K}_e(k)$——增益矩阵；

　　　$\boldsymbol{M}_e(k)$——协方差矩阵，$\boldsymbol{M}_e(0)=\boldsymbol{I}$。

其中，$\boldsymbol{e}=[e(1),e(2),\cdots,e(L)]^{\mathrm{T}}$；$\boldsymbol{H}_e=[\boldsymbol{h}_e^{\mathrm{T}}(1),\boldsymbol{h}_e^{\mathrm{T}}(2),\cdots,\boldsymbol{h}_e^{\mathrm{T}}(L)]^{\mathrm{T}}$；$\boldsymbol{h}_e(k)=[-e(k-1),-e(k-2),-e(k-3)]^{\mathrm{T}}$；$\boldsymbol{\theta}_e=[c_1,\ c_2,\ c_3]^{\mathrm{T}}$；$\boldsymbol{v}=[v(1),v(2),\cdots,v(L)]^{\mathrm{T}}$。

实际工程中由于噪声信号与输出功率相互混杂，无法直接测量 $\boldsymbol{h}_e$，但可以采用噪声估计值替代

$$\boldsymbol{K}_e(k) = \boldsymbol{M}_e(k-1)\boldsymbol{h}_e^{\mathrm{T}}(k)[\boldsymbol{h}_e^{\mathrm{T}}(k)\boldsymbol{M}_e(k-1)\boldsymbol{h}_e^{\mathrm{T}}(k)+1]^{-1} \tag{5-118}$$

$$\boldsymbol{M}_e(k) = \boldsymbol{M}_e(k-1) - \boldsymbol{K}_e(k)\boldsymbol{h}_e^{\mathrm{T}}(k)\boldsymbol{M}_e(k-1) \tag{5-119}$$

式中 　$\hat{\boldsymbol{e}}(k)$——噪声估计值；$\boldsymbol{h}(k)=[-P(k-1),-P(k-2),-P(k-3),-V(k-1),-V(k-2),-V(k-3)]^{\mathrm{T}}$。

因此，使用式（5-115）～式（5-118）递推辨识噪声模型，再进一步使用式（5-111）～式（5-119）实现馈线负荷调节特性模型参数辨识。馈线负荷调节特性模型与噪声模型不断交替地进行辨识，直到进程结束。馈线负荷调节模型等于最后 3 个时刻的参数辨识结果平均值。GRLS 首先利用噪声模型对原始数据进行滤波处理，然后再用 LS 算法对滤波后数据进行辨识，如果噪声模型辨识准确，可以实现数据白化处理，使得 LS 算法可以得到模型参数无偏、一致估计。噪声模型动态变化，GRLS 算法不断通过偏差信息进行噪声模型修正，动态适应有色噪声变化，可以有效处理含有色噪声的馈线负荷调节特性模型辨识问题。所采用的 GRLS 算法伪代码如表 5-24 所示。

表 5-24　　　　　　　　　　　　GRLS 算法伪代码

输入	扰动期间的电压与功率数据 $\{P(k),\ V(k)\}$
1:	初始化，$\hat{\boldsymbol{\theta}}_e(0)=\varepsilon$；$\boldsymbol{M}_{\mathrm{f}}(0)=a\boldsymbol{I}$；$\hat{\boldsymbol{\theta}}_e(0)=0$；$\boldsymbol{M}_e(0)=\boldsymbol{I}$；$c_1(0)=0$；$c_2(0)=0$；$c_3(0)=0$
2:	**For** $k \leftarrow 1$ **to** L **do**

输入	扰动期间的电压与功率数据 $\{P(k),\ V(k)\}$
3:	利用式（5-108）与式（5-109）计算 $P_f(k)$ 与 $V_f(k)$
4:	构造 $h_f(k)=[-P_f(k-1),\ -P_f(k-2),\ -P_f(k-3),\ -V_f(k-1),\ -V_f(k-2),\ -V_f(k-3)]^T$
5:	利用式（5-112）～式（5-114）计算 $\hat{\theta}(k)$
6:	利用式（5-115）计算 $\hat{e}(k)$
7:	构造 $h_e(k)=[-\hat{e}(k-1),\ -\hat{e}(k-2),\ -\hat{e}(k-3)]^T$
8:	用式（5-116）～式（5-118）计算 $\hat{\theta}_e(k)$
9:	**End**
输出	计算并输出辨识结果，$\hat{\theta}=\left[\sum\limits_{i=0}^{2}\hat{\theta}(L-i)\right]/3$

（5）调节特性建模。所提出的馈线负荷调节特性辨识策略框架如图 5-16 所示，主要包括 5 个步骤：①获取先验信息；②设计扰动信号；③选择模型类型；④数据预处理；⑤模型参数辨识。首先根据系统实际情况，对电压扰动信号参数进行优化；然后，根据应用类型选择合适的馈线负荷模型结构；然后，在不影响系统安全运行前提下，主动施加电压扰动激发负荷 LTV 特性，获取有效的电压、功率数据；对数据进行预处理后，通过 GRLS 算法递推估计模型参数。

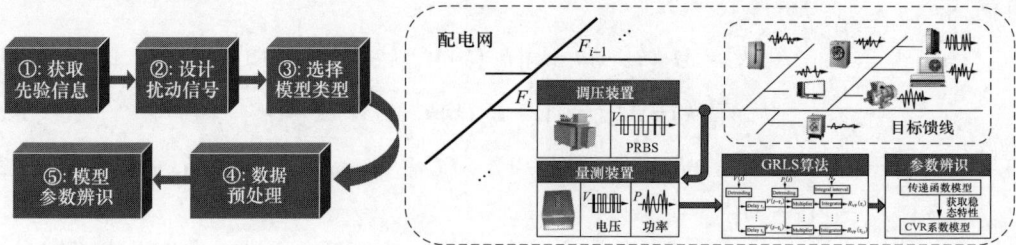

图 5-16　馈线负荷调节特性辨识策略框架

步骤 1：获取先验信息。馈线负荷功率控制过程的过渡过程时间 T_s 与最大工作频率 f_{max} 对于 PRBS 信号参数选择十分重要，应该在模型辨识前提前应掌握。以采用 D-PMU 作为量测设备为例，D-PMU 采样频率为 100Hz，根据奈奎斯特采样定理，f_{max} 应尽可能大但小于 50Hz。T_s 与负荷动态过程有关，根据现场实测数据，在含大量电动机负荷的系统中 T_s 可以取为 0.6s。此外，计算 SNR 时需要提前估计噪声标准差 σ_N 与 CVR 系数 $CVRfac$。实际运行中，可以根据历史运行数据估计 $CVRfac$，并利用正常运行时的负荷功率数据计算 σ_N。

步骤 2：设计扰动信号。基于先验信息，PRBS 幅值 α，间隔周期 δt 以及序列长度 N_P 可利用式（5-92）～式（5-98）合理确定；再利用线性反馈移位寄存器生成 PRBS 信号。

步骤 3：选择模型类型。分别提出了 CVR 系数模型与传递函数模型，应根据系统负荷构成与应用范围合理选择。当系统以静态负荷为主或者应用于长时间尺度应用时，应采用 CVR 系数模型；而当系统以电动机等动态负荷为主或者应用于实时时间尺度应用时，应选择传递函数模型。

步骤 4：数据预处理。利用调压设备对目标馈线施加 PRBS 电压扰动，由于初始条件非零，在施加 PRBS 扰动开始阶段，输出功率是非平稳的，因此应从第二个 PRBS 周期开始采集数据。生数据中包含大量坏数据与高频噪声，需要进行一系列数据预处理，包括坏数据剔除、高频滤波、去趋势与零均值化等。

步骤 5：模型参数辨识。调取电压扰动期间的功率与电压数据，采用 GRLS 算法进行模型参数辨识，从而获得当前时刻馈线负荷功率调节特性，完成特性辨识。

（6）负荷控制设备分析。实现馈线负荷调节特性在线与准确辨识，一方面需要调压装置实时施加电压扰动，另一方面也需要量测设备高精度采集电压、功率数据，实际应用中需要相应设备支撑。

1）调压设备。所施加的电压扰动需要调压装置支持。作为高效利用与消纳分布式新能源的关键设备，智能变压器在智能配电网背景下发展迅速，可以显著提升高比例新能源配电网的可控性。智能变压器也称作电力电子变压器（power electronic transformer，PET）或者固态变压器（solid state transformer，SST），不仅可以替代传统变压器实现不同电压等级交直流电网的互联互济，同时能够满足多种控制需求，包括潮流控制、电能质量改善以及故障隔离等。特别地，高开关频率的电力电子器件使得智能变压器可以实时调整输出电压，进而可以完成所需要的电压扰动。

智能变压器研究起步较早，其典型拓扑如图 5-17 所示。相比于传统变压器，智能变压器具有以下优点：①体积小、重量轻；②高供电稳定性，二次侧电压输出恒定且可控；③高供电质量，可以抑制谐波与上游电压波动；④方便交直流设备灵活接入。智能变压器可以解决许多传统变压器难以处理的问题，被广泛应用于电力能源、交通运输等领域。近年来，许多配电网安装了智能变压器以提高运行灵活性，例如美国 FREEDM 系统、欧洲 UNIFLEX-PM 系统，以及我国苏州同里示范工程，表 5-25 总结了近年来智能变压器工程应用。虽然较高的设备成本对智能变压器的发展与应用是一个巨大挑战，但通过提供更多辅助服务以及越来越便宜的电力电子元件，智能变压器变得越来越经济。

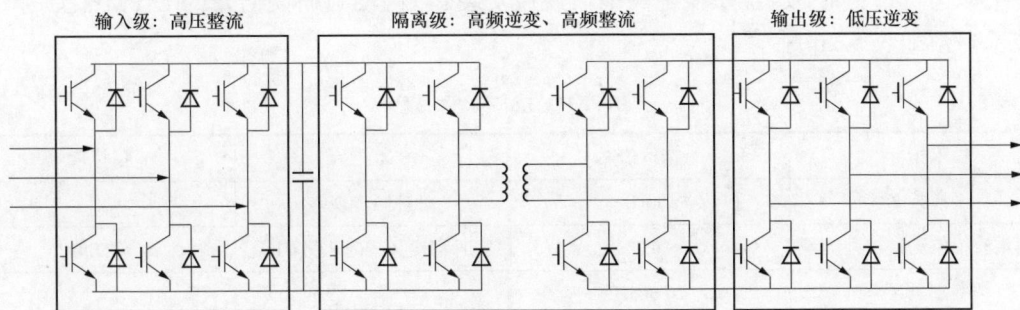

图 5-17 智能变压器典型三级拓扑

表 5-25 近年来智能变压器设备部分工程应用情况

时间	作者	机构	设备名称
2014 年	Zhao，等	ABB 公司	PET
2016 年	田杰，等	华中科技大学	EPT

续表

时间	作者	机构	设备名称
2018 年	肖凡，等	湖南大学	PET
2019 年	Zhu，等	北卡罗纳州立大学	SST
2021 年	高范强，等	中国科学院	PET

同时，配电网中其他实时调压装置，例如 DVR、储能电压源控制以及柴油发电机 AVR 控制等，也可以用于施加所需的电压扰动。特别地，补偿型调压装置 DVR 由于所需容量小、电压等级低，设备经济性更优。美国西屋公司在 1996 年首次提出 DVR 概念，同年世界上第一台工业 DVR 设备安装到了美国杜克电力公司中压配电网；1998 年，ABB 公司推出了基于 IGBT 的 DVR 设备，并应用到新加坡电网；Siemens 公司在 1999 年发布紧凑型柱上 DVR。我国科研机构也开展了大量 DVR 研究，例如清华大学、湖南大学以及四川大学等。同时，我国制造企业也先后推出了一系列工业 DVR 设备，例如西安爱科赛博公司中压 DVR 设备，可在 5ms 内实现 ±15% 范围电压调节，为 DVR 大规模推广奠定了坚实基础。虽然 DVR 发明之初主要用于解决电压暂降问题，但其所具备的灵活高效电压调节能力，以及出色的经济性，使其可以作为灵活调压设备参与配电网运行优化控制。例如，第 6 章示范工程中采用 DVR 进行调压。

2）量测设备。为了能够准确记录馈线负荷调节特性的暂态过程，量测装置需要以高时间分辨率记录扰动期间的电压与负荷数据。除了 SCADA 外，PMU 装置采样频率 100Hz，且 PMU 数据具有时标，对所提出的辨识策略十分有利。

Phadke 在 1993 年首次成功研发了 PMU 设备，随即便应用到世界各地电力网络。作为广域量测系统（wide area measurement system，WAMS）的重要组成部分，PMU 广泛地安装在输电网中，在保护电网稳定运行中起到关键作用。近年来，随着配电网重要性越加凸显以及配电网高精度量测需求不断增加，配电网 D-PMU 应运而生。D-PMU 与输电网 PMU 功能类似但价格更低，适合在配电网中大规模安装。以南网科研院研发的 D-PMU 为例[171]，其技术参数如表 5-26 所示。

表 5-26　　　　　　　　　　D-PMU 技 术 参 数

技术指标	指标值	技术指标	指标值
采样频率	100Hz	时钟同步误差	≤1μs
电压电流幅值测量相对误差	≤0.2%	守时精度（授时失效 1h）	≤50μs
频率测量误差	<0.005Hz	装置尺寸	<300mm×180mm×100mm
角度测量误差	<0.05°		
量测数据类型	时间、频率、频率变化率、各相电压幅值与相角、各序电压幅值、各相电流幅值与相角、各序电流幅值，有功功率、无功功率		

作为智能配电网的关键设备之一，D-PMU 可以实现配电网实时量测，所提供的关键数据为配电网传统问题解决提供了新突破点，在智能配电网中具有巨大发展潜力。许多研究机构相继研发了 D-PMU 设备。与此同时，D-PMU 价格也在不断降低，美国劳伦斯伯克利

国家实验室研发的 D-PMU 单台售价 3500 美元；伊利诺斯州立大学开发的 D-PMU 每台售价仅为 350 美元；我国南方电网科学研究院与北京四方公司共同研发的 D-PMU 售价为 8000元，并有望降低到 1000 元以下。《配电网广域测量控制计算研究与应用》国家重点研发计划项目是我国开展 D-PMU 大规模应用的第一个示范项目，项目计划在广州南沙与从化配电网中安装大量 D-PMU 设备，将极大推动我国 D-PMU 装置的发展与应用。

（7）算例验证。对提出的馈线负荷功率调节特性辨识策略进行验证分析。选择如图 5-18所示的配电网作为算例系统，辨识下网点负荷的聚合调节特性。为验证所提出策略在线、准确与全面辨识负荷调节特性的有效性，不同算例中负荷设置为不同类型，并将所提策略与现有辨识策略进行比较。

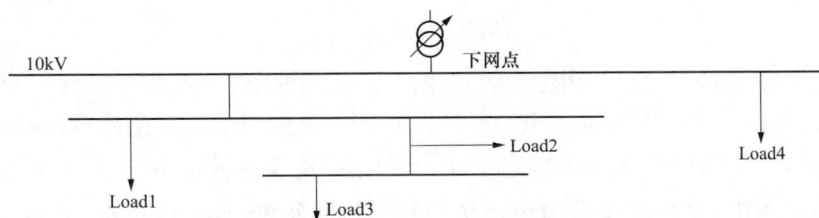

图 5-18 系统拓扑

1）辨识效果分析。设置 3 个算例，分别考虑时变负荷、噪声以及动态负荷对馈线负荷调节特性辨识的影响。将所提策略与现有基于扰动的策略进行比较，不同策略信息如表5-27 所示。为保证公平，电压扰动幅值均为 0.01p.u.，总扰动时长限制为 15s。

表 5-27 三种不同基于扰动的辨识策略

策略	电压扰动信号		模型	辨识算法
	类型	外观		
M1：所提出策略	PRBS		CVR 系数与传递函数	GRLS
M2	阶跃		CVR 系数	LS
M3	斜坡		CVR 系数	$\dfrac{P(k)-P(k-1)}{P(k-1)} \Big/ \dfrac{V(k)-V(k-1)}{V(k-1)}$

算例 1：时变静态负荷。静态负荷是电力系统常见负荷类型，广泛用于各种电力系统问题分析。馈线中 4 个负荷设均置为相同的时变 ZIP 负荷。表 5-28 为不同时间段内 ZIP 负荷恒阻抗分量 p_1，恒电流分量 p_2 以及恒功率分量 p_3 参数，每个时间段时长为 15min。在第一个时间段内（即 T_1），恒电流负荷是系统主要负荷类型，例如荧光灯；在第二个时间段内（即 T_2），大量恒阻抗负荷被开启，例如电加热负荷，馈线负荷功率调节特性增强；在最后一个时间段内（即 T_3），以笔记本电脑为代表的恒功率负荷成为系统主导负荷，负

荷功率调节特性降低。由于 ZIP 负荷属于静态负荷，三种策略均选用 CVR 系数作为馈线负荷调节模型。CVR 系数与 ZIP 负荷模型参数密切相关，可以根据式（5-120）近似计算理论 CVR 系数，用来验证不同辨识策略的有效性。

表 5-28　　　　　　　　　　　不同时间段 ZIP 负荷模型参数

时间段	恒阻抗分量 p_1	恒电流分量 p_2	恒功率分量 p_3
T_1	0.3	0.6	0.1
T_2	0.95	0.05	0
T_3	0	0.05	0.95

$$CVRfac = 2p_1 + p_2 \qquad (5\text{-}120)$$

M1 策略选择 2 周期 32 位 PRBS 信号作为电压，PRBS 间隔为 0.2s；在 M2 策略中，阶跃电压扰动分别发生在第 1 秒与第 14 秒；在 M3 策略中，斜坡信号持续时长为 5s，稳态持续时间也为 5s。以 T_1 时间段为例，在不同策略的电压扰动下，下网点负荷功率如图 5-19 所示。可以看出，负荷功率随着电压扰动有规律地变化，说明电压扰动能有效激发 LTV 过程，帮助获取有效的辨识数据。

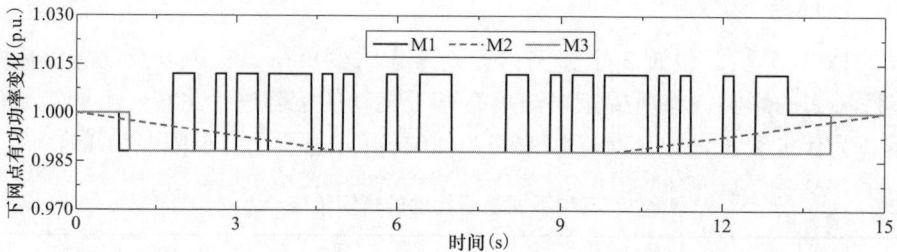

图 5-19　算例 1，T_1 时间段内电压扰动期间下网点功率

M1 使用 GRLS 算法先对传递函数模型进行辨识，再根据传递函数稳态响应计算 CVR 系数，也可以直接对一阶 CVR 系数模型进行辨识。T_1 时间段内 M1 策略辨识得到的 CVR 系数为 1.195。M2 采用批处理的 LS 算法进行辨识，得到的 CVR 系数为 1.188。M3 根据实时量测数据在线计算 CVR 系数，扰动期间 CVR 系数平均值为 1.198。不同时间段辨识结果如图 5-20 所示，3 种策略都可实现馈线负荷调节特性的在线辨识，且在无噪声的理想环境下辨识精度相近。

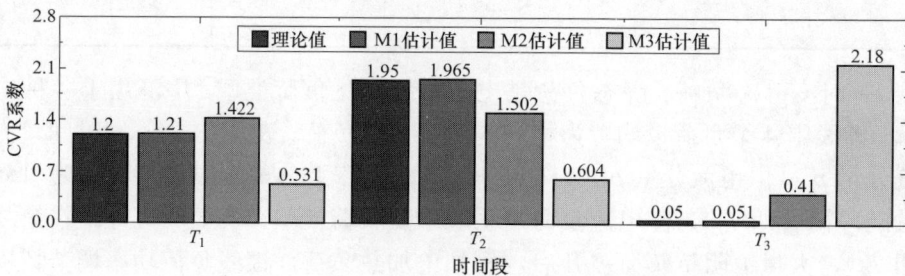

图 5-20　算例 1，各时间段内不同策略辨识结果

算例 2：时变静态负荷与有色噪声。在算例 1 基础上，加入噪声数据。特别地，选择包含负荷与新能源功率波动的实际下网点功率作为噪声，并将其放大到与电压扰动引起的负荷功率波动相近大小，尽可能模拟真实运行场景。

以 T_1 时间段为例，不同电压扰动下，包含噪声的下网点负荷功率如图 5-21 所示，与图 5-18 对比可知，负荷功率被噪声严重污染，甚至在部分时刻覆盖了电压扰动引起的功率变化，增加了馈线负荷调节特性准确辨识的难度。M1 采用的 GRLS 算法具有较强抗噪性，可以有效区分实际输出与噪声数据，M1 策略在 T_1 时间段的 CVR 系数辨识结果为 1.21。M2 策略采用 LS 算法进行辨识，LS 算法虽然对白噪声有较强鲁棒性，但抗有色噪声能力较弱，M2 策略在 T_1 时间段的辨识结果为 1.422；M3 策略认为扰动期间可以排除其他因素的影响，负荷功率只受电压扰动影响，采用功率瞬时值直接计算 CVR 系数，在 T_1 时间段内辨识结果为 0.531，准确度最低。

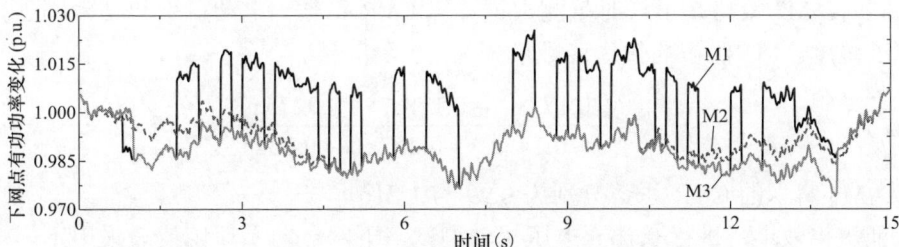

图 5-21　算例 2，T_1 时间段内电压扰动期间下网点功率

以 T_1 时间段为例，进行 0.1p.u.阶跃电压扰动测试，下网点功率理论值与利用不同辨识策略的估计值如图 5-22、图 5-23 所示，可以发现所提出的 M1 策略结果最接近理论值，效果最优。不同时间段内 3 种策略辨识结果如图 5-23 所示，可以看出 M1 策略在各个时间段都最接近理论值，具有较强的抗噪性与鲁棒性；M2 策略辨识准确度取决于噪声白化程度，辨识结果准确度不稳定，有时候高估有时候低估；M3 策略基于瞬时量测值进行辨识，对噪声极为敏感，辨识精度最低。上述结果表明，所提出的辨识策略在较强的有色噪声干扰下也可实现馈线负荷调节特性的准确辨识。

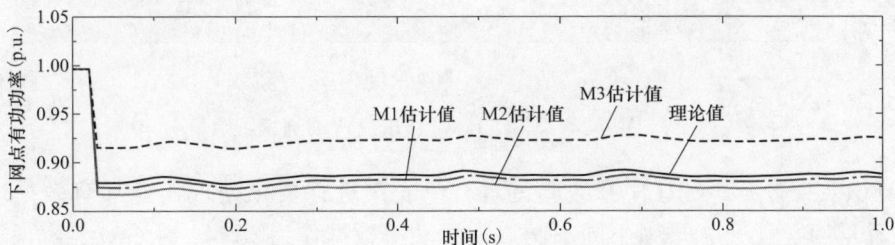

图 5-22　算例 2，T_1 时间段内阶跃电压扰动测试结果

算例 3：综合负荷。分析 3 种策略在综合负荷情况下的馈线负荷调节特性辨识能力。Load1 与 Load2 设置为恒阻抗负荷，Load3 与 Load4 设置为电动机负荷，综合负荷中电动机负荷占比 62.5%。

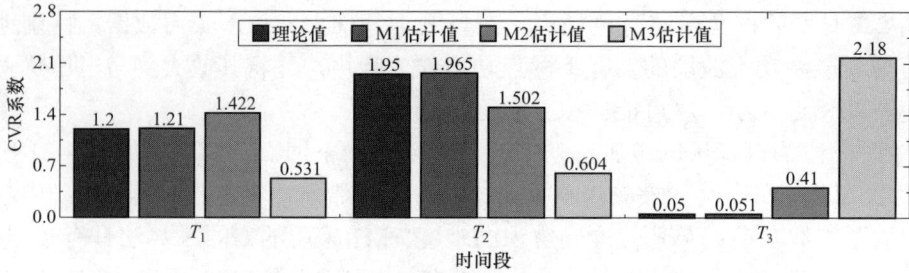

图 5-23　算例 2，各时间段内不同策略辨识结果

由于存在大量动态负荷，M1 采用传递函数模型表示馈线负荷调节特性，M2 与 M3 仍采用 CVR 系数模型。施加电压扰动时，电动机等负荷会使得负荷功率具有动态变化过程，暂态负荷功率数据会干扰 LS 算法辨识精度，导致 M2 所得到的 CVR 系数模型与实际过程有偏差。同时，M3 策略基于瞬时量测数据计算 CVR 系数，电动机引起功率剧烈波动严重干扰计算准确度。M1 辨识的传递函数模型为

$$G_{\text{LTV}} = \frac{0.177z^{-1} + 0.178z^{-2} - 0.0275z^{-3}}{1 - 0.145z^{-1} + 0.257z^{-2} + 0.222z^{-3}} \qquad (5\text{-}121)$$

M2 与 M3 辨识的 CVR 系数分别为 0.99 与 1.216。

为验证辨识效果，进行 0.1p.u.电压扰动测试，下网点功率理论值与采用不同辨识策略的估计值如图 5-24 所示。从图 5-24 可以看出，M1 策略估计值最接近理论值，且传递函数模型能够完整描述馈线负荷的功率调节过程，在暂态与稳态过程都有较高准确性。M2 与 M3 采用 CVR 系数模型忽略了电动机负荷的动态特性，只能描述馈线负荷的稳态特性，暂态误差较大；同时，由于受暂态数据影响，M3 策略的稳态误差也较大。上述结果表明，所提出的辨识策略通过创新地采用传递函数模型可以全面地表征馈线负荷调节特性。

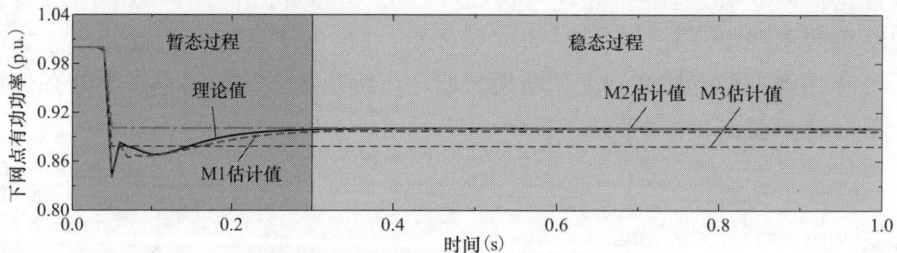

图 5-24　算例 3，阶跃电压扰动测试

2）辨识效果分析。GRLS 算法通过对有色噪声进行白化处理，能够有效处理负荷自然功率波动等有色噪声。采用不同下网点实测功率数据作为噪声，对 GRLS 辨识算法抗噪性进一步分析，并与现有馈线负荷调节特性辨识中经常使用的含遗忘因子的递归最小二乘算法（recursive least squares with variable forgetting factors，RLS-VFF）与经典的互相关辨识算法（cross-correlation identification，CC）[161]进行比较。Load1 与 Load2 设置为恒阻抗、恒电流与恒功率分量分别为 0.75、0.15 与 0.1 的 ZIP 负荷，Load3 与 Load4 设置为电动机负荷。采用五组不同的下网点实测功率作为噪声信号，噪声信号与其自相关函数分别如图

5-25 与图 5-26 所示。可以看出，5 组噪声信号功率变化不同，自相关性函数均为非冲击函数，具有有色噪声属性；5 组信号自相关性大小各异，噪声的有色程度不同。

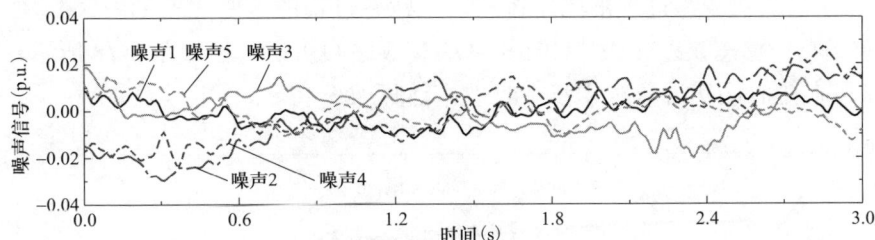

图 5-25　噪声信号

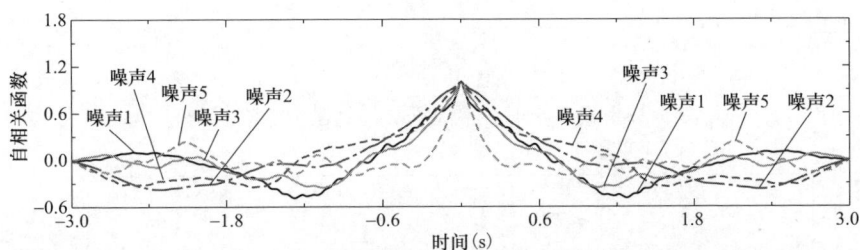

图 5-26　噪声信号

利用相同电压与功率数据，分别采用 GRLS、VLS-VFF 与 CC 算法辨识馈线负荷传递函数模型，将辨识传递函数模型的阶跃响应与理论值进行比较，并采用相对误差百分比（relative error percentage，REP）与平均绝对误差百分比（mean absolute percentage error，MAPE）等指标进行分析，如表 5-29 所示。从表 5-28 可以看出，不同噪声下 GRLS 算法的误差均最小，表明 GRLS 辨识模型的准确度最高。同时，GRLS 的 REP 与 MAPE 在不同噪声下波动较小，表明 GRLS 算法对系统有色噪声具有鲁棒性。相反，RLS-VFF 性能取决于噪声白化程度，例如有色程度较低的噪声 5 下，RLS-VFF 的辨识精度较高；CC 算法则对噪声幅值敏感，且由于 CC 算法采用积分函数计算负荷调节特性，误差具有累加效应。

表 5-29　　　　　　　　　　　不同噪声下不同算法的模型辨识效果

噪声	REP（%）			MAPE（%）		
	GRLS	RLS-VFF	CC	GRLS	RLS-VFF	CC
噪声 1	2.3	6.5	11	0.07	0.58	2.1
噪声 2	2.2	5.2	10	0.25	0.40	1.7
噪声 3	1.3	4.7	5.5	0.03	0.29	0.48
噪声 4	1.8	4.6	6.8	0.12	0.32	2.5
噪声 5	1.1	1.5	4	0.08	0.12	1.9
平均	1.7	4.5	7.5	0.11	0.34	1.74

图 5-27 展示了在噪声 5 下的 3 种辨识算法得到模型的阶跃响应,可以看出 GRLS 算法能够有消除有色噪声影响,所得模型能够准确表示暂态与稳态过程,精度最高。然而,RLS-VFF 算法虽然在稳态过程准确度较高,但暂态过程准确度低于 GRLS。CC 算法受误差累积效应影响,稳态误差较大。GRLS 算法参数递归辨识过程如图 5-28 所示,可以看出 GRLS 算法可在短时间实现待辨识参数收敛,计算效率高。

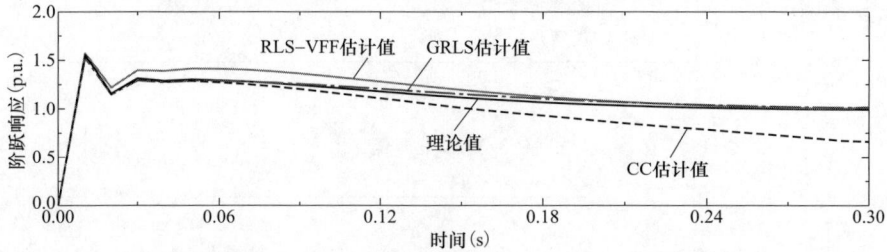

图 5-27 噪声 5 下,不同算法得到模型的阶跃响应

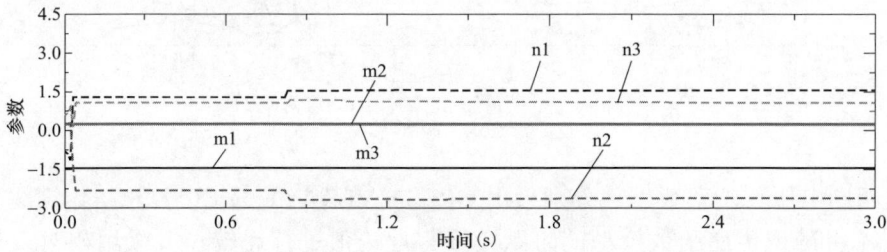

图 5-28 噪声 5 下,GRLS 算法参数辨识过程

GRLS 通过采用噪声模型对原始噪声数据进行白化滤波,提高算法抗有色噪声能力。原始噪声数据的自相关函数与采用噪声模型滤波后噪声的自相关函数如图 5-29 所示。可以看出,相比于原始噪声,滤波后噪声的自相关函数明显接近冲激函数,证实了 GRLS 算法的噪声白化能力。

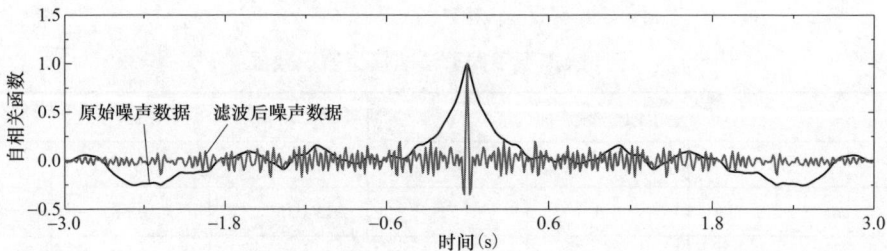

图 5-29 噪声 5 下,原始噪声与滤波后噪声的自相关函数

为方便分析,上述仿真以整条馈线的负荷功率调节特性作为辨识对象。调压设备施加电压扰动时,各节点电压均会发生变化,利用节点电压与功率数据,可以实现各节点负荷调节特性辨识。同时,利用各相数据可以实现各相馈线负荷调节特性辨识。

5.5.2 空调负荷直控技术

从用电负荷组成来看，暖通空调负荷占公共建筑总负荷的 40%～50%，且用电负荷与电网峰值高度重合，相较于钢铁、水泥等工业负荷，空调负荷可调节比例达 20%～50%，调节效果良好且柔性调节技术路线成熟，是电力负荷管理重点突破方向。

（1）控制原理。研究表明，当室内空调设定温度与室外环境温度差距越小，负荷降低就越明显。空调制冷时设定温度每升高 1℃，其负荷降低率为 4%～15%。空调制热时设定温度每降低 1℃，其负荷降低率基本为 3%～10%。同时，夏季 26℃，冬季 20℃ 是人体感知的最佳舒适度。

空调负荷直接控制原理是指通过在空调供电回路加装负荷管理装置或通过"云云对接"等模式，依托新型电力负荷管理系统，实现空调设备运行数据实时监测，在不影响用户体感舒适的前提下，柔性调节空调温度，削减高峰时段的用电负荷，实现负荷无感调节。

（2）示范工程。嘉兴供电公司以数字化技术为牵引，围绕负荷聚合、柔性调控的整体思路，按照"优质资源直控改造，'行政+市场'联合推进"原则，以市场化、数字化、柔性化方式调动空调负荷参与需求响应。嘉兴平湖县域"虚拟电厂"通过三个"一键生成"——"一键生成用户筛选""一键生成负荷监控""一键生成柔性负荷调控"，拓宽需求响应的广度和负荷调节的深度，简化响应过程，提升响应精度。

1）一键生成用户筛选。响应前，通过供电公司前期开展的点对点调研，对空调楼宇类型以及空调类型分类，包含商业综合体、行政机关、酒店以及商业写字楼等四类用户，覆盖水冷机组、风冷水循环机组、风冷热泵、VRV 多联机空调等类型，形成全市公共建筑空调柔性负荷专属用户画像，并通过优先级和灵敏度进行排序，构建"一键用户筛选"算法。

在响应时，提供机组出水温度调节、电流负载比调节等柔性调控方式，对应不同的负荷压降能力和用户舒适度。

2）一键生成负荷监控。在虚拟电厂空调整体运行负荷方面，可以实时查看接入空调的总运行负荷曲线以及柔调能力曲线，并且通过对比空调运行参数以及国务院的建议参数，测算出空调的节能能力。有别于此前的响应方式，虚拟电厂还可精准匹配从上级变电站间隔到用户配电房的供电路径，并同步主网潮流变化情况，实现电网局部供需失衡状态下的精准调节。

3）一键生成柔性负荷调控。当电网需要压降负荷时，通过"一键柔性负荷调控"，可以将所有空调按照既定的策略进行柔性调节，既达到压降负荷的目的，也保证用户的舒适度。另外，虚拟电厂还可以通过空调热惯量模型，模拟短时内的空调负荷压降以及室内温度上升的拟合曲线，指导用户选择策略进行压降。

5.5.3 工业负荷直控技术

传统的工业负荷的调节方式主要是基于控制高耗能负荷的启停或者调整自备电厂的出力计划，用户参与需求侧响应积极性不高，且目前大部分工业负荷调节特性不明，难以参与电网调峰调频互动控制。因此，亟需一种新型负荷控制手段，在保证工业企业用电安全前提下，实现负荷功率的精细化秒级连续调节，实现用户、新能源协同互动，全面满足电网调峰调频多时间尺度互动控制需求的能力。

为适应电网的快速功率调节需求，目前主要研究是通过研制工业负荷柔性控制终端，实现秒级柔性直控，支撑电网多场景互动。该装置向上可联通主站，实现与电网管理端的信息交互；向下可通讯负荷，实现工业负荷的柔性控制，适用于含功率可控设备的运行生产场景，特别是电解铝、钢铁、水泥、金属制品加工等含高耗能工业负荷的控制场景，保证工业企业用电安全前提下，实现负荷的精细化秒级连续调节。

武汉襄阳公司联合武汉大学搭建了襄阳地区典型工业负荷的功率精细化调节模型，研发了一种新型电力系统直控型工业负荷柔性控制终端，并在谷城立强机械公司进行了示范应用。谷城立强机械公司有两台专变，容量分别为 500kVA 和 1000kVA，2023 年用电量 373 万 kWh。示范工程在一台 300kW 电加热铸造炉的控制柜前端进行改造，加装负荷控制终端及通信模块（见图 5-30），项目组成员在 PC 端发送的增大和减小等调节指令，终端立刻动作，电加热铸造炉功率调增和调减，实现了 0～300kW 且为连续性的秒级柔性调节。

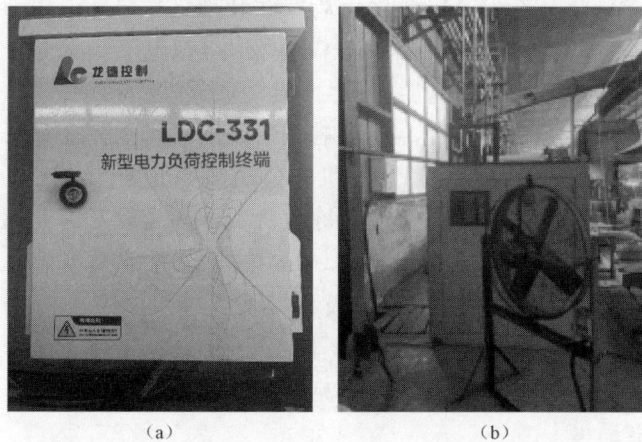

图 5-30　示范工程负荷控制终端及通信模块部署

(a) 负荷控制终端；(b) 通信模块

当电网受到扰动出现功率调节需求时，该套装置可以控制相连设备按照设定功率进行调节，在设定功率过程中充分考虑功率调节边界条件，以保障工业生产安全，实现机械厂加热炉负荷秒级连续直控。

新型有源配电网分布式光伏主动支撑

6.1　分布式光伏并网功率控制

光伏运行在最大功率跟踪模式下，输出功率过剩时会导致过电压的问题，严重时引起光伏大面积脱网。除此之外，运行在最大功率跟踪模式会忽略光伏的有功功率主动调控能力。分布式光伏的有功功率支撑则是充分发掘光伏非最大功率点的工作能力，在必要时根据上层能量管理需求或本地的电压频率状态，灵活调节输出功率。

6.1.1　有功功率控制

（1）功率跟踪技术。恒定功率跟踪方案可为上级调度的预留接口，即上层能量管理根据需求，将光伏作为灵活的可控源，控制其输出指令的功率。光伏的功率跟踪方案可以有两个方面的思路，其一是 MPPT 中的扰动—观测法为基础，只不过其中观测的并非最大功率的指令，而是所需功率的指令值；其二是带有控制器的闭环控制方法。恒定功率跟踪控制方案对比如表 6-1 所示。

表 6-1　　　　　　　　　　　恒定功率跟踪控制方案对比

控制方案		实 现 方 法	特 点
改进扰动—观测法		观测所需功率的指令值而非最大功率	响应速度受步长制约
闭环控制法	基于电流环	将功率指令转换为电流指令，追踪电流指令	控制简单，响应速度快，但仅工作于 P—V 曲线右半平面
	基于电压环	将功率指令转换为电压指令，追踪电压指令	控制简单，响应速度快，但仅工作于 P—V 曲线右半平面
	基于功率环	给定功率指令，功率、电压、电流三环控制	响应速度快，易于应对复杂情况

本节重点研究了基于功率环的恒定功率跟踪技术，对其进行了仿真验证，且在传统控制技术基础上创新性地提出功率环参数自适应的恒定功率跟踪技术，并针对这一创新点完成了相关专利。

1）基于功率环的恒定功率跟踪技术。基于闭环控制的恒定功率跟踪技术通常有 3 类具体的实施方式：基于功率外环控制；基于电压外环控制；基于电流外环控制。由于光伏给出的指令为功率指令，其中的电压外环控制和电流外环控制都需要功率指令进行一次转换，因而这里只针对功率外环和电流外环两种控制方法进行分析和介绍。

①基于电流外环控制的光伏特定功率跟踪技术。基于电流外环控制的光伏特定功率跟踪技术首先需要获取电流指令，而控制器得到的指令是功率指令，因而两者需要转换。由于光伏阵列的电压电流外特性并非线性的，且其特性随着外部环境条件变化，因而无法直接通过功率信息获取准确的电流指令。此时可以应用光伏阵列端口电压电流负相关以及其最大功率点特性，从负反馈特性的角度考虑电流自行追踪指令功率。反馈成立的前提即为光伏输出电流和功率呈正相关特性，因而该反馈仅在光伏的 $P—V$ 曲线的右半平面成立。②基于功率外环控制的光伏特定功率跟踪技术。基于功率外环控制的光伏特定功率跟踪技术则是在直流变换器采用了功率、电压和电流 3 个环路，使得直流变换器控制光伏阵列的输出功率跟踪指令功率。考虑 3 个环路都使用 PI 调节器即可，首先让直流变换器通过带 PI 调节器的闭环控制，跟踪主动功率平衡策略产生的功率指令，生成光伏端口的电压控制指令。其次通过带 PI 调节器的电压电流双闭环内环控制控制跟踪上述指令，控制 DC/DC 变换器的占空比，完成光伏对负荷功率的追踪。

光伏阵列的典型 $P—V$ 曲线中，当期望的功率工作点低于最大功率点时，有两个光伏端口电压的工作点都可以作为目标工作点，其分别位于最大功率点左侧和右侧。采用电压电流双闭环的控制方法，光伏阵列可以通过不同的反馈回路，在 $P–V$ 曲线的左侧或右侧跟踪参考功率。式（6-1）给出了 $P–V$ 曲线左右两侧的生成电压指令的表达式。通过该方法即可以满足光伏对所需的某一输出功率进行跟踪。

$$\begin{cases} u_{\mathrm{in\_ref\_left}} = \left(k_{\mathrm{p\_dc\_p}} + \dfrac{k_{\mathrm{i\_dc\_p}}}{s} \right)(p_{\mathrm{pv\_ref}} - p_{\mathrm{pv}}) \\ u_{\mathrm{in\_ref\_right}} = \left(k_{\mathrm{p\_dc\_p}} + \dfrac{k_{\mathrm{i\_dc\_p}}}{s} \right)(p_{\mathrm{pv}} - p_{\mathrm{pv\_ref}}) \end{cases} \tag{6-1}$$

式中　$p_{\mathrm{pv\_ref}}$ ——逆变器控制回路给定的光伏功率指令，W；

$k_{\mathrm{p\_dc\_p}}$ ——PI 调节器比例控制器的值；

$k_{\mathrm{i\_dc\_p}}$ ——PI 调节器积分控制器的值；

$u_{\mathrm{in\_ref\_left}}$ ——功率外环经过控制得到的位于 $P–V$ 曲线左侧的内环电压指令值，V；

$u_{\mathrm{in\_ref\_right}}$ ——功率外环经过控制得到的位于 $P–V$ 曲线右侧的内环电压指令值，V。

2）功率环参数自适应的恒定功率跟踪技术。常用的基于功率环的恒定功率跟踪控制多采用固定参数,在光伏曲线的没有考虑不同功率指令时的光伏功率—电压曲线特性变化,即最大功率点附近，光伏端口电压变化会引起功率变化较小；在轻载情况下，光伏端口电压变化引起的功率变化剧烈。当两个区域采用固定控制参数时，会出现跟踪调节速度慢、震荡幅度大等问题，存在一定的缺陷。为了提高恒定功率跟踪模式下跟踪各个功率指令的快速性和稳定性，提出了功率环参数自适应的恒定功率跟踪技术。

光伏电池通过 Boost 升压电路和逆变电路与电网侧并联，共同给三相负载供电。通过自适应改变光伏的功率环控制器参数，并通过电压电流双环控制来实现光伏输出功率实时跟踪上级指令功率，实现并网主动支撑。光伏跟踪外部给定的功率指令值，采用自适应调节参数的功率环以及电压电流双环控制，从而控制光伏实时跟踪上级指令功率。

根据 PI 参数自适应控制器根据光伏输出功率参考值 P_{pvref} 选择相应的功率环放大系数 K_{p_p} 和 K_{i_p} 值，具体选择

$$K_{p\_p} = 0.001 \tag{6-2}$$

$$K_{i\_p} = \begin{cases} 2, 0 \leqslant P_{pvref} \leqslant 0.5P_{pvmax} \\ 25, 0.5P_{pvmax} < P_{pvref} \leqslant 0.8P_{pvmax} \\ 40, 0.8P_{pvmax} < P_{pvref} \leqslant P_{pvmax} \end{cases} \tag{6-3}$$

为了对该方法进行测试，在 MATLAB/Simulink 中搭建了功率环参数自适应调节的并网主动支撑型光伏逆变器的仿真。

采用固定参数 K_{p_p}=0.001，K_{i_p}=2 和 K_{p_p}=0.001，K_{i_p}=40 的功率跟踪控制以及功率环参数自适应调节的控制方式对指令功率为 2000～8000W 的情况进行仿真，仿真结果如图 6-1 所示。从图 6-1 中可以看出，采用固定参数的功率跟踪控制中，当 K_{p_p}=0.001，K_{i_p}=40 时（如图 6-1 中蓝色实线所示），会导致上级指令功率为 2000W 时震荡幅度过大，甚至不稳定。

采用固定参数 K_{p_p}=0.001，K_{i_p}=2 和 K_{p_p}=0.001，K_{i_p}=25 的功率跟踪控制以及功率环参数自适应调节的控制方式对指令功率为 4000～6000W 的情况进行仿真，仿真结果如图 6-1 所示。采用固定参数的功率跟踪控制中，当 K_{p_p}=0.001，K_{i_p}=40 时（见图 6-1 中实线），上级指令功率为 6000W 时其跟踪速度过慢。

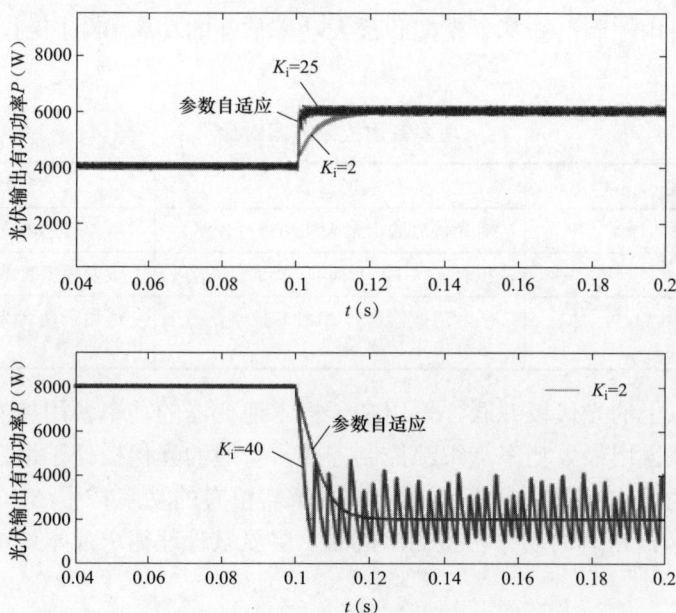

图 6-1　基于功率环参数自适应的恒定功率跟踪控制仿真结果

通过仿真结果可以得出，采用固定参数时，当光伏逆变器工作点出现变化，极易导致

跟踪速度过慢或者失稳问题，不利于光伏提供主动支撑功能。

因此提出功率环参数自适应调节的控制方式，从仿真结果（见图 6-1 中的虚线所示）可以看出，采用基于自适应参数变化调节有功功率的并网主动支撑控制技术，能够实现在各种指令功率条件下的快速跟踪，相较于固定参数的控制方法，跟踪速度和稳定性都有明显的提高。

综上所述，在该控制策略下，光伏输出功率能够更快速地跟踪上级指令功率。在该方法下，光伏逆变器并网状态下恒定功率跟踪控制运行时能较大程度提升光伏的响应速度，同时避免了光伏逆变器因并网点电压越限而脱网的风险，提高电网的稳定性，具有较强的工程应用价值，能产生较好的经济效益。

（2）采用用裕量的有功功率调控技术。在功率备用控制技术中，光伏逆变器始终运行在最大功率点以下的某一个工作点，从而为有功/频率调节预留了一部分备用裕量。在通常情况下，逆变器工作在 U_{in}，输出功率为 P_{pv}。该策略下，逆变器通常结合本地的管理方式，根据网内电压、频率等电参量的实时变化上下移动其工作点。以频率为例，通常当频率低于额定值时，光伏逆变器会调节输出功率向上移动，协助电网支撑电压和频率的稳定和质量；当频率高于额定值时则相反，光伏逆变器会调节输出功率向下移动，以提供支撑能力。该种方案相较于前面的方案，具有更为优异灵活的电压频率调控能力，然而其仍有难以忽视的缺点。该种方案本质上仍是在为电网提供辅助服务，无法大幅摆脱对电网的依赖，其对中央控制器和通信的依赖虽然有所降低，但其额定工作点的选取、调控范围设计仅依赖本地信息完成的难度仍旧较大。

目前功率备用控制技术主要分为三种方式：①基于样本逆变器的功率备用控制；②基于曲线拟合的功率备用控制；③基于模型和最大功率估计的功率备用控制。各种方案的对比如表 6-2 所示。

表 6-2   功率备用控制方案对比

控制方案	实现方法	特　　点
基于模型的最大功率估计	对光伏可输出最大功率进行预测	需要传感器支持
基于曲线拟合技术	拟合光伏 P—V 曲线，找到最大功率	数学模型复杂
基于样本变流器	一台逆变器进行 MPPT 控制，另一台进行恒定功率跟踪	适用于两台光伏并联的拓扑，需要相邻通信

对于两个及以上的光伏板并联，采用基于样本逆变器的功率备用控制。选取一个光伏板作为样本，一直采用最大功率点跟踪控制方式，普通的光伏板处于恒定功率跟踪模式，根据样本光伏板的发出的最大功率 P_{mpp}，减去所需留有的功率裕量 ΔP，确定自身发出的功率 P_{limit}。具体所需留有的功率裕量 ΔP 根据上层能量管理需求或本地的电压频率状态决定。其表达式为

$$P_{limit}=P_{mpp}-\Delta P \tag{6-4}$$

对基于样本逆变器的功率备用控制进行仿真验证，结果如显示 0～2s 内，样本光伏板始终工作在 MPPT 模式，普通光伏板工作在恒定功率跟踪模式。上级指令留有 2000W 的功率裕量，1s 时电网频率增大，光伏输出相应减小，1.5s 时电网频率减小，光伏输出相应

增大。从仿真结果可以看出，普通光伏板能够很好的跟踪上层指令，留有一定的功率裕量，用于有功/频率调节。

（3）基于 MPPT 退投模式的有功功率应急管理技术。当分布式光伏并网点电压出现波动时，可以通过削减光伏输出有功功率的电压控制策略。若并网点电压超过允许电压上限时，能够通过本地主动调控或者根据上级指令功率，削减部分光伏输出有功功率，实现并网主动支撑。

目前常用的有功削减控制策略有闭环控制法和扰动观测法两种。但目前闭环控制法的功率指令值通常要通过上级指令给定，无法实现光伏对电网电压的主动支撑。并且，由于目前常用的光伏 MPPT 控制的方法是扰动观测法，为方便光伏 MPPT 模式和有功功率应急管理模式之间切换，采用的是基于扰动观测法的有功功率应急管理控制。当系统检测到并网点电压越上限时，使光伏输出电压参考值 U_{pvref} 减去一个步长 U_{step}，即削减光伏输出有功功率，直至并网点电压恢复正常。

对有功功率应急管理技术进行仿真验证。1s 之前，光伏运行在 MPPT 模式，由于外部环境导致功率过剩，使得并网点电压越上限。因而，1s 时切换到有功功率应急管理模式，经过 0.2s，光伏输出的有功功率减小 5400W，使并网点电压恢复到正常范围。

从仿真结果可以看出，削减光伏输出的有功功率能够使并网点电压恢复正常，但仅能抑制并网点过电压，不能处理并网点欠电压的问题，且仅通过削减光伏输出功率来抑制并网点过电压，是以减少清洁能源发电为代价，会大幅降低光伏的发电效率及配电网对光伏发电的消纳能力。

（4）实验验证。为了验证方法的有效性，利用项目研发的样机对低压情况下光伏不同控制策略进行了实验验证。

1）MPPT 控制策略的实验验证。实验采用直流源串联电阻来模拟光伏源，具体参数如表 6-3 所示。

表 6-3   **MPPT 控制策略实验参数**

参 数	数 值
直流源输出电压（V）	40
模拟光伏源输出电压范围（V）	[0,40]
光伏输出最大功率（W）	500
逆变器直流侧电压（V）	50
电网频率（Hz）	50
电网相电压峰值（V）	45

利用样机对 MPPT 控制策略进行了实验验证。逆变器的三相输出功率为 500W，光伏输出电压为 20V，能够可靠跟踪到光伏最大功率值，且母线电压稳定在 50V 左右。

2）恒定功率跟踪控制策略的实验验证。实验采用直流源串联电阻来模拟光伏源，具体参数如表 6-4 所示。

表 6-4 恒定功率跟踪控制实验参数

参　　数	数　　值
直流源输出电压（V）	35
模拟光伏源输出电压范围（V）	[0,35]
光伏输出最大功率（W）	382.8
逆变器直流侧电压（V）	50
电网频率（Hz）	50
电网相电压峰值（V）	25

利用样机对恒定功率跟踪控制策略进行了实验验证。给定功率指令由 160W 切换至 225W 时，光伏输出电压由 31V 变为 27V，母线电压稳定在 50V 左右。可以看出，功率指令由 225W 变为 160W 后，光伏输出电压由 27V 增加至 31V 左右。光伏功率能够快速跟踪至指令值，切换速度较快且直流母线电压维持在 50V 左右。

3）有功功率应急管理策略的实验验证。实验采用直流源串联电阻来模拟光伏源，具体参数如表 6-5 所示。

表 6-5 有功功率应急管理控制实验参数

参　　数	数　　值
直流源输出电压（V）	25
模拟光伏源输出电压范围（V）	[0,25]
光伏输出最大功率（W）	173.6
逆变器直流侧电压（V）	50
电网频率（Hz）	50
电网相电压峰值（V）	15

利用样机对有功功率应急管理控制策略进行了实验验证。给定功率指令为 150W，光伏输出电压为 18.7V，母线电压稳定在 50V 左右，逆变器输出功率为 150W 左右，能够可靠跟踪功率指令值。功率指令由 150W 变为 80W 后，经过 0.1s 光伏输出电压由 18.7V 增加至 21.5V 左右，能够快速跟踪至指令值，且直流母线电压维持在 50V 左右。

MPPT 控制切换至有功功率应急管理控制时，两种控制状态之间的切换时间为 200ms 左右，切换速度较快，且直流母线电压维持在 50V 左右，波动很小。

6.1.2　无功功率控制

（1）无功功率控制技术方案概述。当分布式光伏并网点电压出现波动时，首先通过对光伏逆变器的无功功率进行控制，来达到调节并网点电压的目的。分布式光伏的无功功率控制充分利用光伏逆变器的剩余容量，在不削减光伏发出的有功功率的前提下，通过使逆变器发出一定的无功功率，来调节并网点电压。目前，针对无功电压控制问题，有 4 种主流的无功电压控制策略：恒无功功率 Q 控制、恒功率因数 $\cos\varphi$ 控制、基于光伏有功出力

的 $\cos\varphi$（P）控制以及基于并网点电压的 Q-U 控制。

1）恒无功功率 Q 控制。恒无功功率 Q 控制，其 PV 运行过程中光伏逆变器输出的无功功率为一个恒定的常数值，该控制方法较为简单、易于实现。其表达式为

$$Q = Q_{\text{constant}} \tag{6-5}$$

2）恒功率因数 $\cos\varphi$ 控制。恒功率因数 $\cos\varphi$ 控制，其 PV 运行过程中光伏逆变器的功率因数为一个恒定的常数值，其表达式为

$$\cos\varphi = \cos\left(\arctan\frac{Q}{P}\right) \tag{6-6}$$

$$\frac{Q}{P} = C \tag{6-7}$$

该控制方法操作简单，只需在 PV 逆变器的控制模块中将其功率因数设定为常数值即可。但是当 PV 发出的有功功率 P_{pv} 小于当地负荷 P_{L}（$P_{\text{pv}} < P_{\text{L}}$）时，配电网电压仍然从馈线首端向末端依次降低，如果 PV 并网点电压在配电网规定的电压范围内，则为保持功率因数为常值，PV 逆变器仍会发出无功功率，增加电网网损。

3）基于光伏有功出力的 $\cos\varphi$（P）控制。$\cos\varphi$（P）控制策略根据 PV 发出的有功功率大小将逆变器功率因数值由 C_1 变为 C_2，弥补 $\cos\varphi$ 控制方法的缺点，其表达式为

$$\cos\varphi = \begin{cases} C_1 & P < P_1 \\ \dfrac{C_1 - C_2}{P_1 - P_2} & P_1 < P < P_2 \\ C_2 & P \geqslant P_2 \end{cases} \tag{6-8}$$

该控制策略下，当光伏有功出力低于额定值 P_{m} 一半时，系统仍以单位功率因数并网，故 $P_1 = P_{\text{m}}/2$，$C_1 = 1$；当光伏有功出力达到额定值，最小功率因数设置为 0.9（滞后），故 $P_2 = P_{\text{m}}$，$C_2 = 0.9$。

该方法中，当 PV 发出相同的有功功率时，PV 逆变器也发出相同的无功功率，因为 PV 逆变器的功率因数一直处于正值，即 PV 逆变器只能发出无功功率，则该方案策略只能适用于 PV 出力较小，而 PV 并网点负荷较重的情况，即 $P_{\text{PV}} \leqslant P_{\text{L}}$，而并网点电压也未越限，但是此时大量的无功输出增加了配电网的网损。当 $P_{\text{PV}} > P_{\text{L}}$ 时，PV 并网点电压有越上限的可能，而此时 PV 逆变器仍发出一定的无功，增加 PV 并网点的电压，使越限风险上升。

4）基于并网点电压大小的 Q—U 下垂控制。基于并网点电压幅值的 Q—U 下垂控制策略直接采集并网点处电压信息，通过采集到的电压信息来合理确定无功参考值，Q—U 下垂控制策略的表达式为

$$Q_i = \begin{cases} Q_{i\max}, U_i < U_{i1} \\ \dfrac{Q_{i\max}}{U_{i1} - U_{i2}}(U_i - U_{i1}) + Q_{i\max}, U_{i1} \leqslant U_i \leqslant U_{i2} \\ 0, U_{i2} \leqslant U_i \leqslant U_{i3} \\ \dfrac{Q_{i\max}}{U_{i3} - U_{i4}}(U_i - U_{i3}), U_{i3} \leqslant U_i \leqslant U_{i4} \\ Q_{i\max}, U_i > U_{i4} \end{cases} \tag{6-9}$$

式中 U_{i1}、U_{i2}、U_{i3}、U_{i4}——0.95、0.98、1.02、1.05p.u.；

$Q_{i\max}$——PV$_i$输出有功为额定功率时PV逆变器无功输出的最大值。

当$U>1.02$p.u.时，PV逆变器开始吸收感性无功功率；当$U>1.05$p.u.时，PV逆变器吸收最大感性无功功率以抑制PV并网点电压上升；当$U<0.98$p.u.时，PV逆变器开始发出感性无功功率；当$U<0.95$p.u.时，PV逆变器发出最大感性无功功率以抑制PV并网点电压下降。

基于并网点电压的Q—U下垂控制能够根据并网点电压对逆变器发出的无功功率进行调节，相较前3种方法，其控制策略吸收的无功总量最低，能够减小电网损耗，但调压能力较弱。4种方案的对比如表6-6所示。

表6-6 无功功率控制方案对比

控制方案	实现方法	特　　点
恒无功功率控制	逆变器输出恒定无功	控制简单，但不适用于低压侧电压调节
恒功率因数控制	逆变器功率因数恒定	有功出力很小时，仍需发出无功功率，增大电网损耗
基于光伏有功出力的$\cos\varphi(P)$控制	光伏发出的有功增大时减小逆变器功率因数	光伏出力多且负载较大时，并网点电压未越限，大量的无功输出会增加电网损耗
基于并网点电压的Q—U下垂控制	光伏输出无功根据Q—U下垂曲线调整	控制策略吸收的无功总量最低，减小电网损失，但调压能力较弱

（2）分布式光伏主动支撑型无功功率控制技术。基于对比分析，选择基于并网点电压大小的Q—U控制。直接采集并网点处电压信息，通过采集到的电压信息，根据Q—U下垂控制来合理确定无功参考值，调节并网点电压。

逆变器的可调无功容量与逆变器容量的关系式为

$$Q_{\max} = \sqrt{S^2 - P_{\mathrm{pv}}^2} \tag{6-10}$$

式中 $Q_{\max}$——逆变器可调无功容量；

P_{pv}——光伏输出的有功功率；

S——逆变器的容量，约为额定光伏输出有功功率的1.1倍（由此可知，当光伏以额定有功功率输出时，逆变器的可调无功容量约为有功输出的46%）。

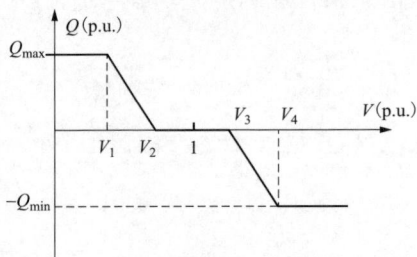

Q—U下垂控制曲线如图6-2所示。图6-2中，U_1、U_4为下垂控制的电压上限和下限，U_2、U_3为控制死区的上下限。根据电压幅值确定无功出力的分段函数。

仿真中设置死区电压为±2%，电压偏差范围为±4%。1.5s以前，光伏运行在最

图6-2 $Q(U)$控制策略的无功—电压下垂控制曲线

大功率跟踪模式，并网点电压发生越限，1.5s 时加入 $Q—U$ 下垂控制，经过 0.02s，逆变器发出 8kvar 的无功功率，并网点电压恢复正常。

（3）实验验证。实验采用直流源串联电阻来模拟光伏源，具体参数如表 6-7 所示。

表 6-7　　　　　　　　　定功率因数的无功功率控制策略实验参数

参　　数	数　　值
直流源输出电压（V）	25
模拟光伏源输出电压范围（V）	[0,25]
光伏输出最大功率（W）	173.6
逆变器直流侧电压（V）	50
电网频率（Hz）	50
电网相电压峰值（V）	15

利用样机对定功率因数的无功功率控制策略进行了实验验证。给定功率因数指令为 0.95，逆变器的三相输出电压与电流之间的相位为 19.44°，此时的功率因数为 0.943，能够可靠跟踪到功率因数指令值。

6.2　分布式光伏并网主动支撑

6.2.1　典型主动支撑控制策略

（1）光伏并网主动支撑控制原理。光伏工作在并网模式时，系统结构中光伏逆变器采用两级式结构，光伏电池通过 Boost 升压电路和逆变电路与电网侧并联，共同给三相负载供电。

分布式光伏主动支撑控制技术分为有功功率和无功功率支撑两部分，有功功率控制部分通过 Boost 电路进行控制。Boost 电路采用光伏输出电压和电流双闭环控制，通过改变光伏输出电压参考值来调节光伏输出的有功功率。将光伏输出电压指令值 V_{pvref} 与实际值 V_{pv} 进行比较，差值经过电压 PI 控制器得到内环电流指令 I_{pvref}，经过内环电流 PI 控制得到 Boost 变换器开关管的调制波。

逆变器侧采用电压电流双闭环控制。频率 ω_g 由锁相环锁定电网侧电压 U_{abc} 得到，利用 dq 变换将并网点电流 I_{abc} 变换到以角频率 ω_g 旋转的 dq 坐标系上，分别得到 I_d 和 I_q；给定光伏逆变器直流侧电压参考值 U_{dcref}，将实际测得的光伏逆变器直流侧电压 U_{dc} 与 U_{dcref} 进行比较，差值经过 PI 控制器得到内环电流指令值 I_{dref}；I_{qref} 为无功功率参考值与额定电压比值，将 I_{dref}、I_{qref} 与实际测得的 d、q 轴电流 I_d、I_q 进行比较，差值经过 PI 控制器并通过反 park 得到占空比，调制得到 PWM 脉冲，控制光伏逆变器的 IGBT 的开通和关断。

本书结合有功功率应急管理控制和无功电压控制，提出一种并网点电压主动支撑方案下的光伏工作模式切换。初始状态下的光伏逆变器运行在 MPPT 模式，输出最大有功功率，不输出无功功率；当光照强度增大导致并网点电压发生越限时，光伏逆变器仍输出最大有功功率，同时开始吸收无功功率来调节电压；若光照强度继续增大，且此时光伏逆变器输出的无功功率达容量限制，逆变器开始削减有功功率并释放一部分无功容量，直至并网点电压恢复正常。光照强度恢复后，光伏逆变器逐步退出无功功率调压和有功功率应急管理模式，恢复 MPPT 模式运行。整个调节过程无需上级指令和通信，通过检测并网点电压，自适应控制光伏逆变器输出的有功和无功即可，能够实现光伏逆变器对电网的主动支撑。

无功功率控制采用变斜率无功电压下垂控制。其中，下垂系数 m 由式（6-11）决定，即无功容量改变时，下垂系数 m 相应进行调整。一般来说，逆变器的额定容量为额定光伏输出有功功率的 1.1 倍（仿真中逆变器容量取 22275VA），由此可知，当光伏以额定有功功率输出时，逆变器的可调无功容量约为有功输出的 46%。因此充分利用逆变器可用容量进行无功调压，最大化利用光伏逆变器的容量。

$$m = \frac{Q_{max}}{V_1 - V_2} \qquad (6\text{-}11)$$

有功功率控制采用基于改进扰动—观测法的有功功率应急管理技术，系统检测到并网点电压越上限且输出无功功率达到最大值时，削减光伏输出有功功率，直至并网点电压恢复正常。

光伏逆变器自适应电压调节流程如下：首先采样当前光伏并网点电压，若 $V_2 < U_{pcc} < V_3$，则光伏继续以 MPPT 模式运行；若 $V_1 < U_{pcc} < V_2$，逆变器根据式（6-9）计算无功功率指令，发出无功功率，光伏继续以 MPPT 模式发出最大有功功率；若 $V_3 < U_{pcc} < V_4$，逆变器吸收无功功率，光伏继续以 MPPT 模式发出最大有功功率；若 $U_{pcc} < V_1$ 或 $U_{pcc} > V_4$，逆变器输出无功达容量限制，则开始削减有功功率，同时重新计算无功容量 Q_{max} 和下垂系数 m 进行无功调压和有功削减，直至并网点电压恢复正常。

整个调节过程无需上级指令和通信，通过检测并网点电压，自适应控制光伏逆变器输出的有功和无功即可，能够实现光伏逆变器对电网的主动支撑。

（2）仿真验证。为了验证提出的方法的有效性，在 MATLAB/Simulink 中建立光伏电源并网模型，具体参数如表 6-8 所示。

表 6-8　　　　　　　　　　分布式光伏并网主动支撑验证仿真参数

参　　数	数　　值
配电网基准电压（V）	311
线路阻抗（Ω）	0.45+j0.00045
逆变器容量（VA）	22275
电压偏差（%）	±4
光伏额定有功功率（W）	20250
电压死区（p.u.）	（0.98,1.02）
电网频率（Hz）	50
逆变器直流侧电压（V）	700

根据 GB/T 12325—2008《电能质量供电电压偏差》相关规定，低压配电网三相供电系

统允许的电压偏差应在±7%之间。为了提高安全裕度，设定电压偏差为±4%，基准电压为 311V，即电压正常范围为 298.56V≤U_{PCC}≤323.44V。

仿真结果显示，给定初始光照强度为 300W/m²，0.8s 时增大到 800W/m²，1.2s 时增大到 1000W/m²，最后 2s 时恢复到 300W/m²。

逆变器不采用并网主动支撑控制时，0.8~2s 内，光照强度增大到 800W/m² 和 1000W/m² 时电压会越上限，若不采用相应的控制手段，电压则会始终处于越限状态，不利于电网的稳定运行。采用考虑功率因数限制的光伏调压策略时，在 1.2~2s 内，为抑制并网点过电压，光伏会主动削减更多的有功功率来维持功率因数在 0.95~1p.u.范围内，会大幅降低光伏发电效率及配电网对光伏发电的消纳能力。光伏采用主动支撑控制策略时，0~0.8s 光伏逆变器始终以 MPPT 模式运行，输出最大有功功率，不输出无功功率；在 0.8~1.2s，光伏逆变器仍输出最大有功功率，同时开始吸收无功功率来调节电压；在 1.2~2s，光伏逆变器输出的无功功率达容量限制，开始削减有功功率并释放一部分无功容量，电压经过 0.15s 恢复至允许范围内；在 2s 以后，光照强度恢复，光伏逆变器退出无功功率调压和有功功率应急管理模式。

6.2.2 改进主动支撑控制策略

模糊控制是把用自然语言表述的知识和控制经验通过模糊理论转换成数学函数，再与物理系统结合并加以利用的控制方式。与传统控制方式相比，模糊控制把控制对象作为"黑箱"，它不依赖于系统的数学模型，而是依赖于由操作经验、表述知识转换成的模糊规则，是智能控制的一种。加入模糊控制的系统往往鲁棒性高，动态性能好。其模糊逻辑推理的基本流程图如图 6-3 所示。

图 6-3 模糊逻辑推理流程图

项目采用的模糊控制系统均为 Mamdani，解模糊化采用重心法。模糊控制器 1 用于 MPPT 控制下的步长自整定；模糊控制器 2 用于 Boost 电路电压环的 PI 参数自整定；模糊控制器 3 用于有功功率应急管理控制中的电压扰动步长 U_{step} 的自整定。

（1）有功功率应急管理控制步长自整定。有功功率应急管理控制的步长自整定由单输入、单输出的模糊控制器实现。输入参数 ΔU_{pcc} 为并网点电压幅值与电压上限 V_4 的差值，输出参数为有功功率应急管理控制的步长 U_{step}。设置模糊控制器输入量和输出量的模糊子集均为 7 个，分别是{NB NM NS Z PS PM PB}，输入 ΔU_{pcc} 的论域变化范围为[-4 4]，输出 U_{step} 的论域变化范围为[-10 10]。

ΔU_{pcc} 越大，说明逆变器发出的有功功率越大，需要采用大步长对有功功率进行快速削减，反之，ΔU_{pcc} 越小，则应采用小步长，以免功率削减过多，降低光伏发电效率。根据上述的需求，设置了如表 6-9 所示的模糊规则。

表 6-9　　　　　　　　　　　　　输出 U_{step} 的模糊规则

U_{pcc}	NB	NM	NS	Z	PS	PM	PB
U_{step}	PB	PM	PS	Z	NS	NM	NB

（2）Boost 电路电压环 PI 参数自整定。Boost 电路采用电压电流双环控制。其中，电压环采用模糊 PI 控制和传统 PI 控制结合的控制方式。模糊 PI 控制和传统 PI 控制在相应的条件下执行自己的功能，条件作为一种开关（单刀双掷），当采用模糊控制好的时候则使用模糊控制，当使用 PI 控制器较好时则使用 PI 算法，即利用模糊逻辑并根据一定的模糊规则对 PI 的参数 K_p 和 K_i 进行实时的优化，以弥补传统恒定 PI 控制无法实时调整 PI 参数的缺点。

模糊 PI 控制采用双输入双输出的模糊控制器，输入参数为电压指令值与反馈值的误差 e 及误差变化率 de/dt。设置模糊控制器输入量和输出量的模糊子集均为 7 个，分别是{NB NM NS Z PS PM PB}，输入的论域变化范围为[–6 6]，输出 ΔK_p 的论域变化范围为[–1 1]，ΔK_i 的论域变化范围为[–50 50]。设置的模糊规则如表 6-10、表 6-11 所示。

表 6-10　　　　　　　　　　　　　输出 ΔK_p 的模糊规则

ΔK_p		de/dt						
		NB	NM	NS	Z	PS	PM	PB
e	NB	PB	PB	PM	PM	PS	Z	Z
	NM	PB	PB	PM	PS	PS	Z	NS
	NS	PM	PM	PM	PS	Z	NS	NS
	Z	PM	PM	PS	Z	NS	NM	NM
	PS	PS	PS	Z	NS	NS	NM	NM
	PM	PS	Z	NS	NM	NM	NM	NB
	PB	Z	Z	NM	NM	NM	NB	NB

表 6-11　　　　　　　　　　　　　输出 ΔK_i 的模糊规则

ΔK_i		de/dt						
		NB	NM	NS	Z	PS	PM	PB
e	NB	NB	NB	NM	NM	NS	Z	Z
	NM	NB	NB	NM	NS	NS	Z	Z
	NS	NB	NM	NS	NS	Z	PS	PS
	Z	NM	NM	NS	Z	PS	PM	PM
	PS	NM	NS	Z	PS	PS	PM	PB
	PM	Z	Z	PS	PS	PM	PB	PB
	PB	PB	Z	Z	PS	PM	PM	PB

（3）仿真验证。为了验证提出的方法的有效性，在 MATLAB/Simulink 中建立光伏电源并网模型，具体参数如表 6-8 所示。

根据 GB/T 12325—2008《电能质量供电电压偏差》相关规定，低压配电网三相供电系统允许的电压偏差应在±7%之间。为了提高安全裕度，设定电压偏差为±4%，基准电压为 311V，即电压正常范围为 298.56V≤U_{PCC}≤323.44V。

光伏在非最大功率点工作时采用传统 PI 控制器和本书提出的模糊 PI 控制方法时的仿真结果显示：0～0.8s 内光伏输出功率为 20225W，0.8～1.2s 内光伏输出功率为 20000W，1.2～2s 内光伏输出功率为 15900W。从仿真结果可以看出，采用定 PI 参数情况下光伏在某些工作点运行存在功率波动大、跟踪速度慢的问题。而采用提出的模糊 PI 控制器时，能够提高光伏功率跟踪速度并减小功率波动，提高光伏输出功率的稳定性。

光伏有功削减控制时采用步长为 5 和步长自整定方法时的结果显示 0.5s 以前光伏运行在 MPPT 模式，0.5s 时切换到有功功率应急管理控制，光伏输出功率从 20225W 减小到18350W。定步长的方法下有功功率会在 18350W 附近大幅的波动，无法稳定，而采用所提出的步长自整定方法时，电压步长能够根据并网点电压的越限程度自适应调整，经过 0.2s稳定在 18350W，且稳态波动很小。

最后对所提出的基于模糊控制的主动支撑控制策略进行仿真验证。给定初始光照强度为 300W/m²，0.8s 时增大到 800W/m²，1.2s 时增大到 1000W/m²，最后 2s 时恢复到300W/m²。

0～0.8s 光伏逆变器以 MPPT 模式运行，输出最大有功功率，不输出无功功率；在 0.8～1.2s，光伏输出最大有功功率，同时开始吸收无功功率来调节电压；在 1.2～2s，光伏逆变器输出的无功功率达到限值，开始削减有功功率，但是定步长、定 PI 参数情况下光伏有功功率的波动大，且无法快速稳定。而采用提出的方法能够有效减小光伏输出有功功率的波动，并且能够快速进行有功功率应急管理，提高主动支撑效果。2s 以后，光照强度降低，光伏逆变器退出无功功率控制和有功功率应急管理模式。

从仿真结果可以看出，所提出的控制策略能够有效减小光伏输出功率的波动，并有效利用逆变器的剩余容量，在保证光伏发电效率的同时，快速调节并网点电压至允许范围内。此外，所提出的控制策略下稳态情况的并网点电流总谐波失真（total harmonic distortion，THD），也从 6% 降低至 0.5%，降低明显，提高了电网的电能质量。

6.2.3　算例验证

为了验证提出的方法的有效性，搭建了光伏电源并网实验平台。实验台采用直流源串联电阻来模拟光伏源，并通过前级 boost 电路和后级逆变电路并联至电网。实验台参数如表 6-12 所示。

表 6-12　　　　　　　　　　　　　　光伏并网实验台参数

参　　数	数值	参　　数	数值
直流源输出电压（V）	80	网侧电感（μH）	45
模拟光伏源输出电压范围（V）	[0,80]	滤波电容（μF）	20
光伏输出最大功率（W）	320	电网频率（Hz）	50
逆变器直流侧电压（V）	200	电网电压（V）	75
逆变器侧电感（mH）	1.2	U_{step} 论域	[−2,2]

利用实验台对步长自整定的有功功率应急管理策略进行了实验验证。光伏功率从 320W 削减至 75W。

当步长为 0.5 时，电压稳态波动小，但跟踪速度较慢。当步长为 2 时，电压跟踪速度快，但稳态波动较大。而采用步长自整定的方法，能够同时保证电压的快速跟踪，并减小电压的稳态波动。

从实验结果可以看出，所提出的步长自整定的有功削减控制策略的控制速度快、稳态波动小，能够提高光伏有功功率支撑的能力，进而提高光伏并网的主动支撑能力。

6.3　分布式光伏离网主动支撑

分布式光伏离网带载运行时，由于大电网不再提供强有力的电压频率支撑，光伏需要承担更多的有功无功以及电压频率主动支撑的责任。课题考虑孤岛包含储能和不包含储能的两种情况，其主要区别在于，储能的存在与否决定了光伏是否具备提供维持母线电压频率的能力，光伏实施的控制策略也相应具有一定差异。进一步考虑了多台光伏逆变器并联运行的情况，并设计了相应的控制方案，实现了仿真验证。

6.3.1　光—储并联系统离网主动支撑控制

光伏工作在离网模式时，失去主电网对系统电压和频率的支持后，就需要采用 V-f 控制来维持微电网电压和频率。本书采用主从控制策略，储能作为主电源，工作在 V-f 控制策略下，维持孤岛系统的电压和频率恒定，同时平抑孤岛系统内的功率波动；光伏作为从电源，工作在恒定功率输出模式。

（1）基于恒压恒频的储能变流器控制方案。V-f 控制即恒压恒频控制，控制目的是不管微电源输出功率怎样变化，都能使系统的电压和频率在稳定的范围内，控制结构如图 6-4 所示。

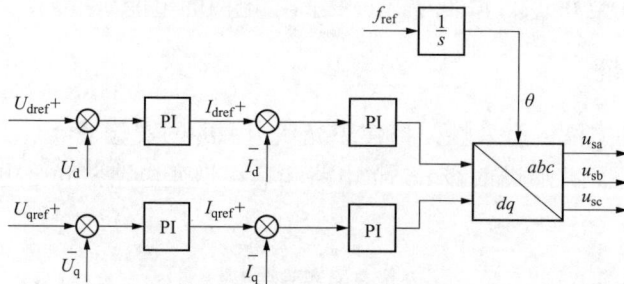

图 6-4　V-f 控制策略控制框图

储能逆变器的给定频率为 f_{ref}，给定电压参考值为 U_{ref}，孤岛运行的相位为 θ，系统母线电压 U_{abc} 经由 Park 变换后，得到 dq 坐标系下分量 u_d、u_q，与给定的电压参考值 U_{dref} 和 U_{qref} 比较做差，产生的差值进行 PI 调节，产生电流内环参考信号 i_{dref} 与 i_{qref}。电流参考信号 i_{dref} 与 i_{qref} 经过比较做差后，输入到电流内环，经过调节产生电压调制信号 u_{sd}、u_{sq}。

（2）基于恒定功率策略的光伏逆变器控制技术。光伏逆变器采用两级式拓扑，由逆变器部分控制光伏逆变器整体的输出功率，由 Boost 变换器控制直流电容电压。

（3）仿真结果分析。为了验证技术方案的正确性进行仿真验证，结果显示 3s 时，光伏逆变器的功率指令由 5kW 变为 8kW，光伏阵列的端口电压及时响应调控需求，光伏逆变器输出功率精准、及时地跟踪功率指令，储能提供负荷所需的剩余功率。直流电容电压始终控制在 650V，PCC 点三相电压波形几乎无波动，证明了单机光伏并联储能离网运行的支撑能力。

6.3.2　无储能系统离网主动支撑控制

光储孤岛运行依赖储能提供电压同步信号，进行电压和频率支撑。然而，当储能无法提供稳定的电压和频率的情况下，采用上一节中控制方案的光伏逆变器会进行反孤岛保护并停止运行，导致负载无法工作，降低用户的用电品质。针对此情形，本节提出了一种无储能光伏逆变器独立带载技术，独立支撑交流母线，实现源—荷功率平衡，拓展了光伏的工作范围，充分挖掘了光伏被控为电压源时的应急供电能力，发挥光伏离网运行时的主动支撑作用。

（1）Boost 控制策略。对两级式逆变器而言，其直流侧电容的能量传输过程如式（6-12）所示。

$$\frac{1}{2}C_1u_{C1}^2 + \frac{1}{2}C_2u_{C2}^2 = W_{pv} - W_{inv} \tag{6-12}$$

式中　C_1、C_2 ——三电平 Boost 输出分压电容；

　　　u_{C1}、u_{C2} ——上下分压电容的电压；

　　　W_{pv} ——光伏阵列经由直流变换器对逆变器侧的输入能量；

　　　W_{inv} ——逆变器从直流侧吸收的能量。

将式（6-12）的两边同时进行微分处理，并考虑直流测电压一般波动不大，所以令直流电压近似等于额定值，同时暂不考虑和无功之间的耦合，结果如式（6-13）所示。

$$C_oV_{dc}\frac{dV_{dc}}{dt} = p_{pv} - p_{inv} \tag{6-13}$$

式中　C_o ——直流侧总电容；

　　　V_{dc} ——逆变器直流侧总电压额定值；

　　　p_{pv} ——光伏阵列经由直流变换器对逆变器侧的输入有功功率；

　　　p_{inv} ——逆变器从直流侧吸收的有功功率。

可知，源侧与负载侧的功率差异表现为直流电容上的电压波动。当直流侧输出功率大于负载所需功率时，电容电压上升；当直流侧输出功率小于负载所需功率时，电容电压下降。因此，可以通过稳定直流母线电压实现源荷功率平衡。为提高动态响应速度，引入电流内环控制。

Boost 变换器控制采用电压电流双闭环控制直流电压恒定，将直流母线电压指令值 V_{dc_ref} 与实际值 V_{dc} 进行比较，差值经过电压 PI 控制器得到内环电流指令 I_{pv_ref}，经过内环电流 PI 控制得到 Boost 变换器开关管的调制波。为减小 Boost 电感电流纹波，开关管调制波采用载波移相调制。

（2）逆变器控制策略。恒压恒频控制以逆变器端口的电压和频率为直接控制目标，能够保障光伏独立带载运行时的电压支撑要求。因此，逆变器侧采用恒压恒频控制。

逆变器输出电压 U_C 经过 Park 变换后，得到 dq 旋转坐标系下的 d 轴电压 U_d 与 q 轴电压 U_q。将电压指令值 U_{d_ref}、U_{q_ref} 与逆变器输出电压 U_d、U_q 进行比较，差值经过 PI 控制器得到内环电流指令值 I_{d_ref}、I_{q_ref}。

由于中点钳位型三电平逆变器存在中点电位平衡问题，采用二次谐波电流注入法进行中点电位平衡。中点电位 v_n 滤除三次谐波成分后，经过 PI 控制器得到二次谐波电流幅值 i_{2r}，坐标变换得到 dq 旋转坐标系下二次谐波电流注入量 i_{2r_dq}，最后分别叠加到电压外环控制得到的电流指令 I_{dq_ref} 上。

逆变器输出电流 I_m 经过 Park 变换得到 dq 旋转坐标系下的输出电流 I_d 与 I_q，与电流指令值比较，所得差值经过 PI 控制器得到 dq 旋转坐标系下逆变器开关管调制波 m_{dq}。m_{dq} 经过反 Park 变换后，得到逆变器的控制信号。

（3）仿真结果分析。为验证所提出的无储能光伏逆变器独立带载控制策略，在 PLECS 中搭建基于电压型控制技术的分布式光伏逆变器仿真模型。光伏电池输出依次经过三电平 Boost、NPC 三电平逆变器与 LCL 滤波器逆变成交流电，仿真参数如表 6-13 所示。

表 6-13 无储能光伏逆变器独立带载仿真参数

参 数	数 值
直流母线电压 V_{dc}（V）	650
Boost 电感 L_1（mH）	1
Boost 电感 L_2（mH）	1
直流侧分压电容 C_1（μF）	1640
直流侧分压电容 C_2（μF）	1640
网侧滤波电感 L_g（mH）	0.4
滤波电容 C_f（μF）	60
逆变器侧滤波电感 L_m（mH）	0.8
独立带载电压 U_{d_ref}（V）	280
电压频率 f（Hz）	50
负载 1（Ω）	15
负载 2（Ω）	30

1）负载功率变化。负载功率变化时，如果无法及时调整光伏工作点，将导致光伏输出的功率与负载的需求功率不平衡，该不平衡将表现为直流母线电压的波动。在光伏输出功率不足时，直流母线电容放电以满足负载需求，导致直流母线电压下降；当光伏输出功率持续大于负载所需功率时，多余能量会存储在直流母线电容上，导致直流母线电压上升。

在极端情况下，源—荷功率不平衡会造成直流母线电压崩溃，导致光伏无法独立带载运行。因此，对光伏独立带载时负载功率变化的情形进行仿真，验证所提出控制策略的有效性。

图 6-5 为光伏独立带载负载功率变化仿真波形。1.5s 时负载由 15Ω 变为 30Ω，2.0s 时负载由 30Ω 变为 15Ω。由仿真结果可知，在负载功率变化后，光伏电池调整稳态工作点，负载电压很快恢复至指令值，负载电流正弦质量好。仿真结果证明所提出的独立带载控制策略能够负载需求变化时，快速调整光伏的输出功率，实现源—荷功率的平衡，维持系统稳定。

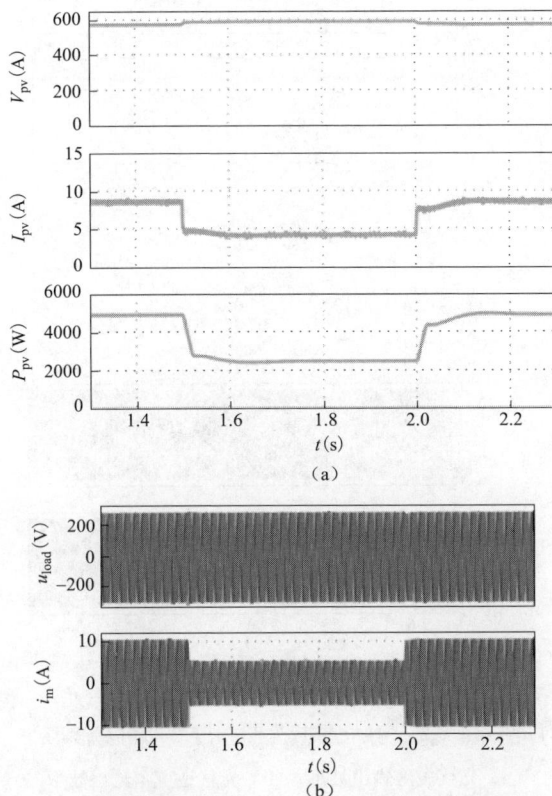

图 6-5　光伏独立带载负载功率变化仿真波形
（a）光伏电池输出波形；（b）光伏逆变器输出波形

光照强度发生波动时，光伏电池的外特性也会发生改变，进而会造成光伏输出功率的波动，这可能会导致光伏输出功率与负载需求不匹配。而光伏独立带载稳定运行时需要实现源—荷之间的功率平衡，这就要求光伏逆变器在外界环境发生变化时及时调整工作点，平衡源—荷之间的功率差异。为证明光伏能够快速抑制自身输出的功率波动，分别模拟了光照强度波动与光照强度突变时的光伏独立带载运行情况。

图 6-6 为光伏独立带载光照强度波动仿真波形，光照强度 S 在 800～1200W/m^2 之间以 10Hz 的频率波动。根据仿真结果，光伏电池在环境发生变化后，调整工作点，在光伏输出电压 V_{pv} 与输出电流 I_{pv} 上也产生了频率为 10Hz 的波动，负载电压 u_{load} 始终保持为 311V，而逆变器输出电流 i_m 也保持为 10A，光伏逆变器输出功率保持不变。仿真结果说明所采取

的独立带载控制策略能够平抑自身的功率波动，实现源—荷功率平衡，提供稳定的交流母线电压，使得负载用电可以不受光伏功率波动的影响。

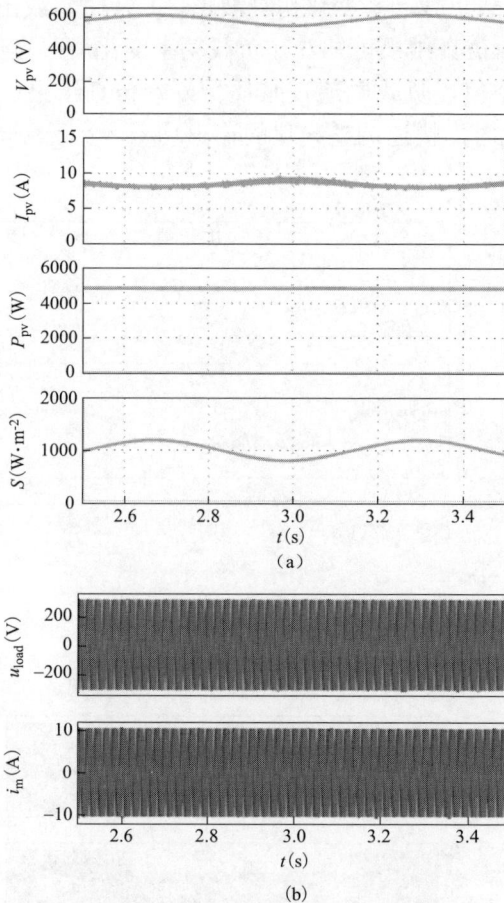

图 6-6　光伏独立带载光照强度波动仿真波形

(a) 光伏电池输出波形；(b) 光伏逆变器输出波形

图 6-7 为光伏独立带载光照强度突变的仿真波形，2.0s 时，光照强度 S 由 1000W/m² 突变为 1500W/m²，2.2s 时，光照强度由 1500W/m² 突变为 1000W/m²。由仿真结果可知，光照强度突时，光伏逆变器输出功率 P_{inv} 有轻微波动，光伏电池迅速调整稳态工作点，光伏输出功率很快恢复至负载功率。在光伏电池输出功率波动时，负载电压与负载电流保持稳定，仿真结果证明所采取的独立带载控制策略能够应对光伏电池功率波动，始终满足负载需求。

2）环境因素变化。光照强度发生波动时，光伏电池的外特性也会发生改变，进而会造成光伏输出功率的波动，这可能会导致光伏输出功率与负载需求不匹配。而光伏独立带载稳定运行时需要实现源—荷之间的功率平衡，这就要求光伏逆变器在外界环境发生变化时及时调整工作点，平衡源—荷之间的功率差异。为证明光伏能够快速抑制自身输出的功率波动，分别模拟了光照强度波动与光照强度突变时的光伏独立带载运行情况。

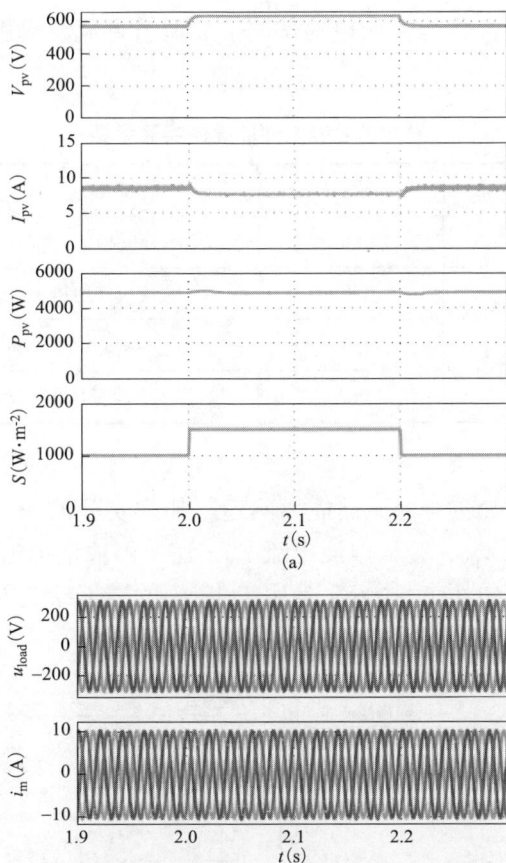

图 6-7　光伏独立带载光照强度突变仿真波形

（a）光伏电池输出波形；（b）光伏逆变器输出波形

光伏独立带载光照强度波动仿真波形显示光照强度 S 在 800~1200W/m² 之间以 10Hz 的频率波动。根据仿真结果，光伏电池在环境发生变化后，调整工作点，在光伏输出电压 V_{pv} 与输出电流 I_{pv} 上也产生了频率为 10Hz 的波动，负载电压 u_{load} 始终保持为 311V，而逆变器输出电流 i_m 也保持为 10A，光伏逆变器输出功率保持不变。仿真结果说明，所采取的独立带载控制策略能够平抑自身的功率波动，实现源—荷功率平衡，提供稳定的交流母线电压，使得负载用电可以不受光伏功率波动的影响。

光伏独立带载光照强度突变的仿真波形显示 2.0s 时，光照强度 S 由 1000W/m² 突变为 1500W/m²，2.2s 时，光照强度由 1500W/m² 突变为 1000W/m²。由仿真结果可知，光照强度突时，光伏逆变器输出功率 P_{inv} 有轻微波动，光伏电池迅速调整稳态工作点，光伏输出功率很快恢复至负载功率。在光伏电池输出功率波动时，负载电压与负载电流保持稳定，仿真结果证明所采取的独立带载控制策略能够应对光伏电池功率波动，始终满足负载需求。

（4）实验验证。为验证所提出的光伏逆变器无储能离网控制策略，搭建了光伏逆变器实验台，主要参数如表 6-14 所示，采用 TMS320F2377 系列的 DSP 芯片作为控制器。光伏逆变器由前级 Boost 变换器与中点钳位型三电平逆变器组成。在该实验台上，分别进行了光伏逆变器无储能离网运行的加减载实验与光伏电池输出电压波动实验。其中，通过直流源串联电阻模拟光伏外特性作为光伏电池使用，并调节直流源输出电压，模拟环境变化时的光伏电池外特性变化。

表 6-14　　　　　　　　　　　　　光伏逆变器无储能离网实验参数

参　　数	数值	参　　数	数值
离网电压指令 V_d（V）	80	开关频率 f_s（kHz）	10
电压频率 f（Hz）	50	直流母线电压 V_{dc}（V）	200
负载 1（Ω）	20	串联电阻（Ω）	2.5
负载 2（Ω）	40	直流源电压（V）	70～80

1）加减载实验。

图 6-8 与图 6-9 为光伏逆变器无储能离网运行加载实验波形。图 6-8 为示波器录制的波形，包括光伏电池电压 v_{pv}、光伏电池电流 i_{pv}、逆变器输出电流 i_m 与负载电压 u_{load}（也即光伏逆变器输出的交流电压）。图 6-9 是用 DSP 中的数据绘制而成的波形，包括逆变器输出功率 P_{inv} 与直流母线电压 V_{dc}。

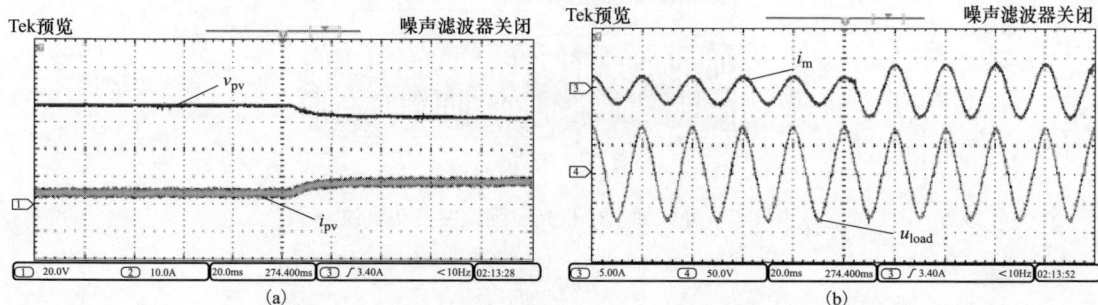

图 6-8　无储能离网运行加载实验波形
（a）光伏电池输出波形；（b）光伏逆变器输出波形

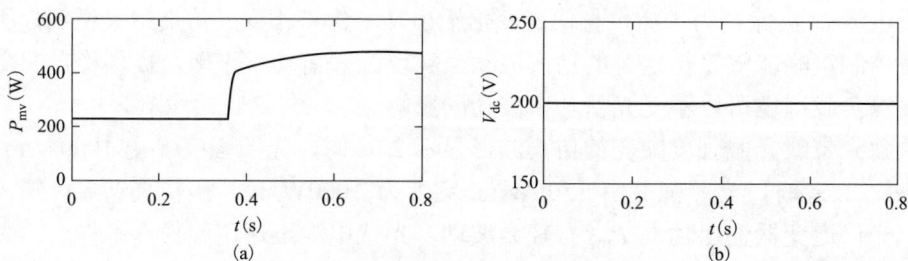

图 6-9　无储能离网运行加载实验波形
（a）逆变器输出功率波形；（b）直流母线电压波形

图 6-10 和图 6-11 为光伏逆变器无储能离网运行减载实验波形，0.4s 时，负载由 20Ω 突变为 40Ω，光伏电池输出电压 v_{pv} 相应升高，输出电流 i_{pv} 下降。减载时，负载电压 u_{load} 没

有明显变化，逆变器输出电流 i_m 减小。逆变器输出功率 P_{inv} 也相应的变为原来的一半，直流母线电压 V_{dc} 发生短暂升高后恢复为 200V。

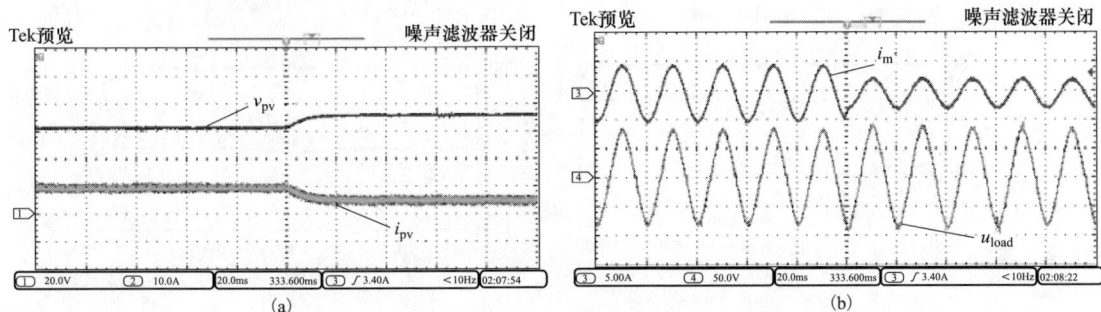

图 6-10　无储能离网运行减载实验波形

（a）光伏电池输出波形；（b）光伏逆变器输出波形

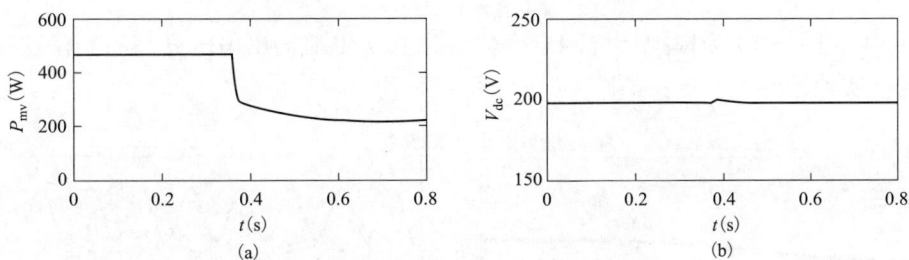

图 6-11　无储能离网运行减载实验波形

（a）光伏逆变器输出功率波形；（b）直流母线电压波形

　　光伏逆变器无储能离网运行加减载时，光伏逆变器提供的负载电压的实验波形基本无畸变，光伏电池输出电压与输出电流迅速调整至新的稳态值，光伏逆变器输出功率快速调整至负载功率。这说明所采取的控制策略在负载发生波动甚至突变时，能够快速调整光伏工作点，响应负载需求变化，使系统在电压源模式下实现新的稳态平衡。

　　2）光伏电池输出电压波动实验。图 6-12 和图 6-13 为模拟环境因素变化导致光伏电池输出电压下降的光伏逆变器无储能离网运行实验波形。

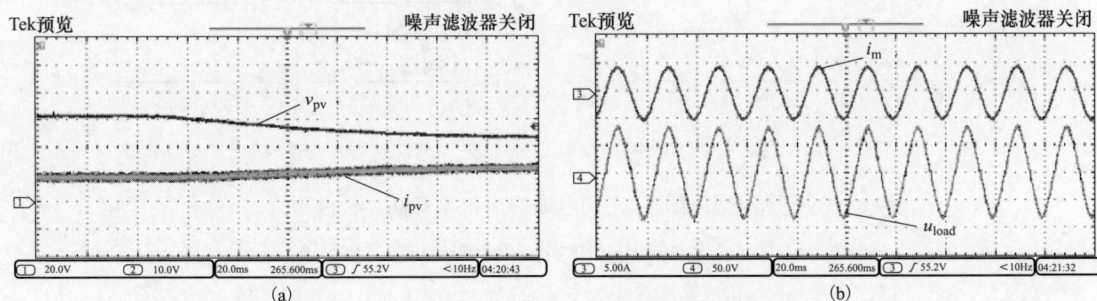

图 6-12　无储能离网运行光伏电池输出电压下降实验波形

（a）光伏电池输出波形；（b）光伏逆变器输出波形

　　调整直流源输出电压由 80V 变为 70V，模拟光伏由于环境变化导致的功率波动。由实验波形可知，光伏电池输出电压发生变化时，负载电压 u_{load} 与逆变器输出电流 i_m 保持稳定，直流母线电压 V_{dc} 保持稳定。最终，光伏输出电流 i_{pv} 下降，输出电压 v_{pv} 升高，但光伏的输出功率 P_{inv} 始终稳定在 480W。

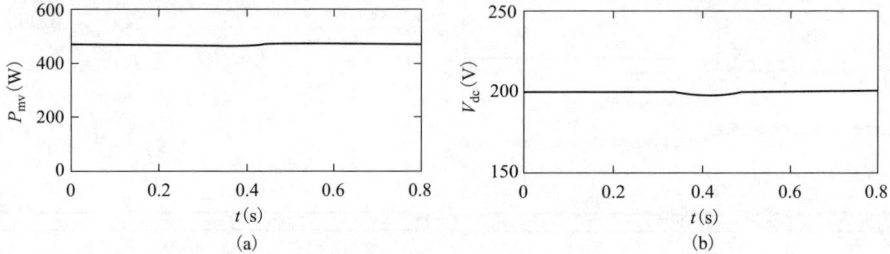

图 6-13　无储能离网运行光伏电池输出电压下降实验波形

（a）光伏逆变器输出功率波形；（b）直流母线电压波形

图 6-14 和图 6-15 为模拟环境因素变化导致光伏电池输出电压升高的光伏逆变器无储能离网运行实验波形。

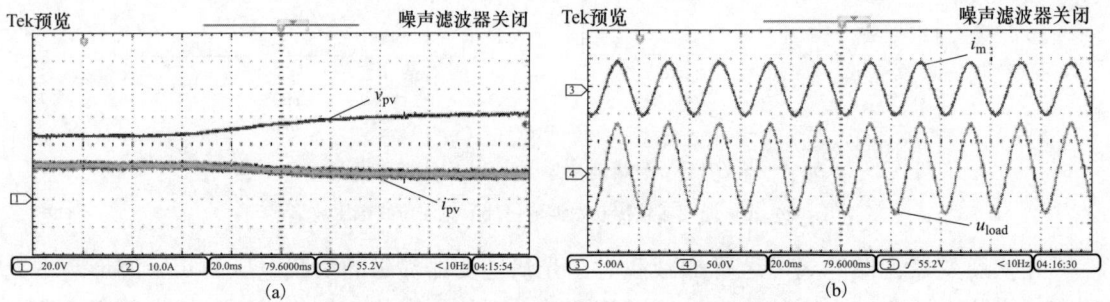

图 6-14　无储能离网运行光伏电池输出电压升高实验波形（一）

（a）光伏电池输出波形；（b）光伏逆变器输出波形

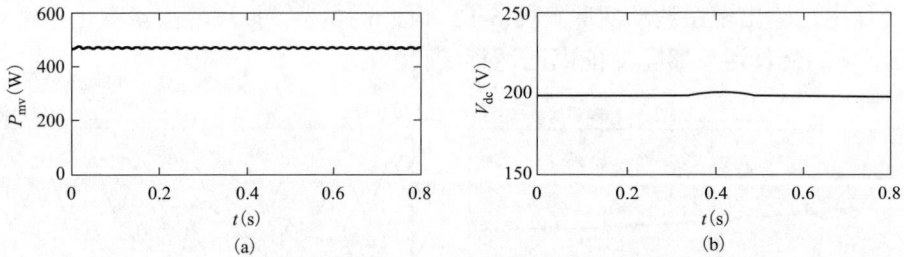

图 6-15　无储能离网运行光伏电池输出电压升高实验波形（二）

（a）光伏逆变器输出功率波形；（b）直流母线电压波形

实验中，通过调整直流源输出电压由 70V 变为 80V，模拟环境因素的改变导致的光伏外特性变化。由实验波形可知，光伏电池输出电压发生变化时，负载电压 u_{load} 与逆变器输出电流 i_m 保持稳定，光伏电池的输出功率 P_{inv} 保持在 480W，直流母线电压 V_{dc} 保持稳定，光伏电池输出电流 i_{pv} 升高，输出电压 v_{pv} 下降，调整至新的稳态工作点。

上述实验结果证明，所采用的光伏逆变器无储能离网控制策略能够应对环境变化造成光伏电池输出电压波动，及时调整光伏工作点，维持负载电压和频率的稳定，保证极端条件下光伏独立对负载供电。

6.3.3 两级式多光伏无储能离网带载

6.3.3.1 关键技术分析

（1）电压频率管理与负荷驱动型的控制方法。在传统的并网逆变器控制策略中，下垂控制和虚拟同步发电机控制方案都是典型的负荷驱动型的控制方法。上述方案能通过电压和频率的监测与调节，改变电源自身出力，实现发电量与负荷需求保持了一致，并能实现多个电源的功率自合理分配。然而上述方案应用在主动支撑型并网逆变器中，则在直流侧需要储能的支持。当没有大容量的储能支撑时，电压型控制并网逆变器在光伏发电的应用则面临着源侧的功率不稳定、难以和负荷功率匹配的问题。

另外，在同步发电机中，负荷驱动型的控制技术以转子转速的变化为重要的中间变量，从而驱动原动机改变其对发电机的功率输入。在逆变器中，则天然缺乏这一物理机制。传统虚拟同步发电机的控制策略通过在控制环中引入了同步发电机的二次机械方程，使得在控制环中实现了对这一过程的等效模拟，如同前述章节介绍的，这一过程以直流侧是理想电压源为潜在前提，忽略了逆变器的直流电容和源侧的内阻、电压跌落、控制延迟等特性，其应用往往以储能的存在为前提。

同步发电机的功率传导机制解释说明如下：发电机的输入功率和输出功率的差异会导致其转速发生变化，机械转矩可看作是输入功率的作用，电磁转矩可看作是输出功率的作用，而转子的惯性会抑制转速的变化的趋势。与此同时，转速变化会给原动机的前端一个反馈信号使其采取调整措施，比如火电厂中会采取调整锅炉阀门等措施，从而调整原动机对发电机的输入功率。经过调整的发电机的输入功率和输出功率最终能够维持平衡，实现源侧和负载侧的功率匹配。

（2）光伏特定功率追踪策略。在降低储能依赖的前提下，光伏需要发掘其在最大功率点以下的工作能力，从而保证适配负荷的需求。其相对应带来的问题是光伏如何追踪最大功率点之下的某个特定的功率值。传统的最大功率跟踪方式采用的扰动—观测法亦可以用在这里，然而扰动观测法往往需要较长的时间到达所需的工作点，其响应速度较慢，无法满足电压控制型并网逆变器的需求。

考虑多台光伏逆变器之间的功率合理分配，本节考虑光伏逆变器组成的微电网拓扑结构两台光伏逆变器给负载供电，形成了孤岛情况下的光伏微电网，其中的源侧仅包含两台两级式光伏逆变器，没有其他的储能或发电设备。

所提控制方案的有效性依赖于

$$sk_{\mathrm{d}} + s^2 J\omega_{\mathrm{ref}} = -sG_{\mathrm{u}}(s)G_{\omega}(s) + C_{\mathrm{o}}U_{\mathrm{o}}G_{\omega}(s)s^2 \tag{6-14}$$

$$\begin{cases} k_{\mathrm{d}} = -G_{\mathrm{u}}(s)G_{\omega}(s) \\ J\omega_{\mathrm{ref}} = C_{\mathrm{o}}U_{\mathrm{o}}G_{\omega}(s) \end{cases} \tag{6-15}$$

通过式（6-15）到控制器中的关键函数 $G_{\mathrm{u}}(s)$ 和 $G_{\omega}(s)$ 的表达式为

$$\begin{cases} G_\omega = \dfrac{J\omega_{\text{ref}}}{C_{\text{o}}U_{\text{o}}} \\[3mm] G_{\text{u}} = -\dfrac{k_{\text{d}}}{G_\omega} = -\dfrac{C_{\text{o}}U_{\text{o}}k_{\text{d}}}{J\omega_{\text{ref}}} \end{cases} \qquad (6\text{-}16)$$

在这种情况下，传递函数 $G_{\text{u}}(s)$ 和 $G_\omega(s)$ 各自都可以用一个简单的系数表示。在这种情况下，控制策略的参数易于计算，控制环路的参数由虚拟惯量、逆变器直流侧电压、逆变器直流侧电容值和下垂系数所决定的常数共同构成，而上述值是逆变器参数设计中的常见值，即这一控制方案并没有额外引进需要调节的参数。另外，该控制方案的控制器为常数，控制方案实施简单且易于稳定。由于该方案稳态下时的直流电压和频率与负载的大小有关，随着负载增加，其直流电压和频率稳态时都会下降，故而认为是直流电压和输出频率双下垂的电压型控制并网逆变器控制技术。这一控制方法在孤岛微电网内没有其他供能设备的情况下，通过模拟同步发电机的机械方程和原动机调频的过程，能够实现采用电压型控制型并网逆变器的光伏发电设备和负荷之间的主动功率平衡，并能实现各个光伏逆变器之间的功率分配。

电压型控制并网逆变器控制技术在光伏发电中应用的控制框图如图 6-16 所示，逆变器的控制部分即为这一控制方案下的主动功率平衡。其控制方案不需要有功功率作为控制变量，而将直流电压、输出频率和输入功率作为控制变量，根据直流电压的状态，计算出了所需的输出频率和输入功率。光伏的功率指令则由下一节的光伏特定功率跟踪技术研究作具体实现。其中的输出频率经过积分形成交流电压指令的相位，在感性输出阻抗的前提下，其有功功率自然可以合理分配。同时，电压幅值大小由无功功率控制决定，此处仍然采用了一般的无功—电压下垂控制。根据这些计算出的电压相位和电压幅值，确定内环控制的电压指令值，在需要输出阻抗条件的时候可以经过一个输出阻抗环，形成最终的电压指令，通过电压电流内环控制逆变器交流侧的电容电压与该指令保持一致。其中的内环是在同步旋转坐标系下采用电压电流双闭环的 PI 控制器。另外，控制环中还设置了一些限饱和、限幅模块，这里不再赘述。利用本节所介绍的技术可以实现电压型控制并网逆变器在光伏发电中的应用，其随之而来的问题就是如何控制源侧的功率实现控制目标，具体细节将在下一节介绍。

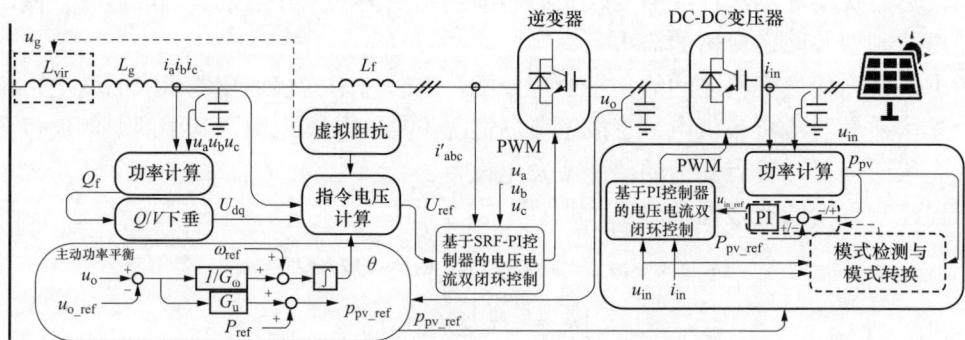

图 6-16　电压型控制并网逆变器控制框图

6.3.3.2　光伏功率不足时基于 P-V 曲线双侧工作的控制及切换策略研究

上一节介绍了 DC/DC 变换器对光伏阵列特定输出功率的跟踪方法，由于光伏输出的最大功率受制于环境条件的影响，可能出现光伏的最大输出功率不满足由下垂系数分配的负荷功率的情况。因而本节针对该情况讨论其可行的应对方案。

光伏功率不满足下垂系数分配的负荷功率的情况具体可以分为如下两类：

（1）所有光伏阵列的最大功率之和不能满足负载需求，即发掘运行的所有光伏逆变器的潜力仍有功率缺口；对于第 1 种类型的功率不足问题，由于源侧存在功率缺口，其解决方案应当是从增加储能等分布式电源或者切除非关键负荷入手，逆变器控制策略的改进仅能起到短暂的过渡、稳定或保护作用，无法从根本上解决问题。

（2）同一个网络中的部分光伏阵列无法输出下垂控制指定的功率，但所有发电设备的功率总和能够满足负荷需求。对于第 2 种类型的功率不足问题，通过加入该状态下 DC/DC 变换器的控制策略，是可以实现对母线支撑以及功率的平衡，这种类型问题是本节主要研究的内容。在该情况下，可以考虑的解决思路可以有三种：

1）重新分配下垂系数以重新分配功率。该方案的优势在于光伏逆变器能够始终运行在正常的工作状态，并各自均保有一定的功率裕量，且其输出功率变化和频率变化仍能维持线性关系。但其缺点在于该种情况下很难不依赖上层统一的通信以及管理，仅通过本地的检测和控制实现的可行性不高。

2）功率短缺的光伏逆变器工作在最大功率点附近，剩余的不足功率由其他的光伏逆变器自行补足。该方案的优势在于策略的思路简单、逻辑清晰，本地实现的可行性较高，其缺点是光伏逆变器将存在多种工作模式，必然涉及复杂的模态之间来回切换问题，同时将主要压力汇集在了功率充足的光伏逆变器中。该方案由于对上层控制和管理的依赖程度低，因而本书主要讨论该方案的实现方式。

一是光伏工作区域检测方法。若要完成光伏的在功率不足情况下的调控，首先需要明确光伏的工作区域，即最大功率点左侧、最大功率点和最大功率点右侧。传统的光伏最大功率跟踪策略，比如扰动观测法、电导增量法等，都可以检测出光伏目前的工作点在光伏曲线上的区域。不过这种检测并非最大功率跟踪本身的目标，而且由于逆变器自身的工作模式，其无需承担支撑作用，因而不需要采用较高的追踪速度，即其思路并不适用于本书需要的光伏工作区域检测。按照上面的工作方式分析，与最大功率跟踪控制不同，最大功率点的电压对电压型控制光伏逆变器常规工作并不是很重要，仅仅在功率不足的情况下改变工作模式。

虽然本书不采用最大功率跟踪的方法，但最大功率跟踪的思想对光伏工作区域的检测仍是有价值的。在最大功率跟踪控制中常见的扰动观测法或者电导增量法中，需要一个相对较大时间间隔来实现对光伏电压的扰动以及下一个光伏工作点的判断。该方案如下，DC/DC 变换器以 Δt 的时间间隔重复跟踪最大功率跟踪策略给出的电压指令值。而对于本书提出的电压型控制光伏逆变器，光伏阵列的功率控制仅仅需要识别工作状态。DC/DC 变换器则是调整 P/V 曲线上的工作点实时跟踪负载需求，DC/DC 变换器需要检测光伏阵列的工作模式并确定反馈回路，光伏阵列将在三种不同的工作区域运行：在最大功率点左侧；在最大功率点右侧；在最大功率点处。

具体检测方法如下，在该方法中，最大功率跟踪中采用的 Δt 的跟踪时间间隔被一系列预设的电压间隔所代替，每个电压间隔设定一个监测点，监测点附近设定一个较小的阈值，在该阈值范围内即认为电压到达了该点附近。每当光伏的输出电压被控制到该点附近时，控制器则记录并更新在该预设的电压监测点的功率。根据电压和功率值，计算电压监测点附近的 P/V 曲线斜率，并利用该斜率的正负来明确光伏阵列的工作区域。

这种方法可能有两个局限性，不过并不会对电压型控制光伏逆变器的应用产生明显的影响。一个问题是，电压间隔是预先设定的一系列固定值的，而光伏开路电压会受环境因素发生变化。对于这个问题而言，事实上尽管受到环境影响，光伏开路电压仍在一定的合理范围内，并不会影响电压间隔设置的合理性。另一个问题是，该方案由于在最大功率点附近工作，其输出最大功率的精度大大降低。然而在所提的方案下，通常情况下光伏阵列的工作点是位于非最大功率的区域，控制精度只会影响功率不足这种特殊的情况下，且影响的程度很轻微，增加算法的复杂度程度可能有助于解决该问题，相较于特殊情况下可能损伤的少量功率而言，这是一个可接受的折中。

二是不同工作模式之间的切换方法。前面讨论了部分光伏功率不足，但所有光伏的功率总和仍然能够满足负荷需求情况下，光伏的工作方式，即功率不足的光伏阵列输出最大功率，其他光伏逆变器补偿输出剩余所需的功率。在这种控制策略中，需要面临两个主要问题是：如何在输出最大功率的同时保持电压控制模式，避免控制环来回复杂的切换；当分配的功率减小时，光伏逆变器如何恢复正常工作状态。

针对这两个问题，本书采用了一种光伏 P/V 曲线双侧工作的控制及无缝切换方法。该方法根据光伏工作区域检测的结果，自动为每个区域选择合适的控制反馈回路，即光伏可以在最大功率点的左侧或右侧工作。当控制区域发生变化时，两侧的控制器则会将当前的工作值赋予另一个控制器初值，保证切换过程的平滑。采用该控制方案的光伏逆变器，光伏阵列可能工作于最大功率点的左侧或者右侧。

由前面的分析可知，采用所提出的控制方法后，功率不足的表现为光伏阵列的发电功率无法满足下垂控制分配的功率需求。此时，由于 DC/DC 变换器将实时跟踪高于其能输出的最大功率的某一个功率值，当采用上面提到的方案，则会出现两种情况：当光伏在 P/V 曲线峰值左侧工作时，其会向曲线峰值右侧移动；当光伏在 P/V 曲线右侧工作时，其会向曲线峰值左侧移动。因而，光伏端口电压控制指令值将会在最大功率点附近来回变化，相应其实际的输出值也将会在最大功率点附近交替变化。

该方案的详细说明如下，在状态 1 和状态 3 所示的情况下，两台光伏阵列的功率都可以满足按下垂系数分配的负载功率需求；而在状态 2 所示的情况下，光伏阵列 2 的最大功率点功率小于按照下垂系数分配的负载功率需求，但两个光伏阵列的最大功率点功率之和仍是大于负载需求的。在这种情况下，光伏逆变器 1 可以补偿光伏逆变器 2 的功率缺口，增加自身的功率输出，为负载供电。光伏逆变器 2 的工作点则会在最大功率点附近移动。一旦分配的负荷功率降低，光伏逆变器 2 将自然退出功率不足的状态 2，并进入了状态 3，按照所提的策略，光伏阵列在状态 3 的工作点可能位于最大功率点左侧或右侧，这取决于光伏逆变器 2 退出功率不足模式的时间。

此外，在某些情况下，光伏阵列的端电压可能不会在零到开路电压这样较大的范围内变化，其可能被设计成仅能在最大功率点的左侧或右侧的范围内工作。在这种情况下则可以采用另外一种改进的控制方法，即一旦光伏的端口电压到达最大功率点的另一边，就可以使用电压反向积分某一个较小的定值来控制另一边的电压始终在最大功率点附近移动，且不会移动到另半边区域。两种控制方法的实现都比较简单，该方法不需要复杂的多个控制环路通过开关相互切换。同时，虽然两种方法都是在功率不足的状态下调整光伏阵列的端电压，会造成一定的功率波动，但相应的输出功率变化仍是被限定在一个很小的范围内。这是因为光伏的工作点仍然在最大功率点附近，此时 p/v 曲线的斜率很低，尽管其在该范围内变化，实际的功率波动仍然是可以接受的。

3）上述两种方案的结合，即仅通过本地信息能够快速应对该异常状态产生的问题，并进一步将数据交由上层作进一步的优化。该方案由于要结合上层的能量管理，暂不在本书的讨论范围。

6.3.3.3 仿真结果分析

针对本节提出的直流电压及频率双下垂的电压型控制光伏发电技术，对其主动功率平衡策略、特定功率跟踪技术以及功率不足时的模态切换技术都进行了仿真和实验验证，其结果于这一小节中给出。

将上述方法在仿真中进行验证。仿真采用的是 MATLAB/Simulink 和 PLECS 的联合仿真，其中在 MATLAB/Simulink 软件中模拟了控制电路，并在 PLECS 软件中模拟了主电路。

仿真采用的控制回路则与前面章节的介绍一致，表 6-15 给出了仿真中采用的功率关系及其变化情况。表 6-15 中，PV1 和 PV2 分别代表两台光伏逆变器的参数，PV1 和 PV2 两台光伏逆变器的容量设定成 1:2 的关系，此时 PV2 由于光照不足，最大功率仅有 8.6kW，而 PV1 的最大功率可以达到 21.6kW。同时仿真设置了负载增加前后的两个状态，负载较小时，两台逆变器分摊的功率分别是 3.2kW 和 6.4kW，小于两台逆变器的最大功率，分别是 21.6kW 和 8.6kW；负载较大时，PV2 分摊了 15kW 的功率，其最大功率仅为 8.6kW，不能满足需求，但是两台的功率需求为 22.5kW，仍小于其能输出的总的最大功率 30.2kW。

表 6-15 多光伏无储能离网带载仿真中的功率关系及其变化

参数	U_{oc}（V）	I_{sc}（A）	U_{mpp}（V）	I_{mpp}（A）	最大功率（kW）	分配的功率（p_1/p_2=1/2）（kW）	
						轻载	重载
PV1	600	50	480	45	21.6	3.2	7.5
PV2	600	20	480	18	8.6	6.4	15.0

仿真结果显示在没有其他能源形式以及大电网支持的情况下，两台光伏逆变器组成了孤岛微电网。在 2.0s 前，两台光伏逆变器组成的孤岛微电网在没有其他更稳定支持的情况，持续为负荷稳定供电。因为 PV1 和 PV2 的下垂系数设置为 1:2，所以两台逆变器的分配功率分别为 3.2kW 和 6.4kW，均低于其最大功率点功率。PV2 中的光伏阵列的工作点在 p/v 曲线的左侧，因而此时其工作的标志位其值是 1。然后，在 1.5s 触发负荷大幅度增加，此时两台逆变器分配功率分别增加到了 7.5kW 和 15.0kW。在这种情况下，PV2 的最大功率点功率为 8.6kW，该值低于其在该负荷下被分配的功率 15.0kW，但这种功率短缺可以通过

PV1 增加其功率输出来不足。在这一情况下，采用所提出的工作区域检测和模态切换方法的光伏逆变器 2 工作在最大功率点附近变化，即在最大功率点左侧和右侧附近来回振荡，PV2 工作的标志位在 1 和–1 之间相互切换。需要注意的是，该振荡不会引起光伏逆变器输出功率的大幅度改变，由于这一状态下的功率变化始终围绕在最大功率点附近，功率的变化实际并不明显。最后，在 5s 时，负荷降低至一开始的状态，此时 PV2 退出功率短缺的状态并恢复到正常的运行状态。不同于一开始的状态，PV2 的光伏阵列此时在最大功率点的另一侧运行，输出和之前相同的功率，其标志位从一开始的 1 变成了–1，证明了采用所提的控制方法光伏阵列可以在 p/v 曲线的任意一侧灵活工作，并工作在所需的工作点，同时能在正常状态和功率短缺状态下平滑过渡。

仿真结果表明，只要所有光伏逆变器可以输出的最大功率大于负荷需求，所提控制策略可以在多种复杂的动态情况下主动平衡负荷功率，支撑微电网，甚至在网内没有其他任何设备的支撑的情况下，独立支撑孤岛的微电网。

6.4　分布式光伏电能质量治理

无功、三相不平衡等电能质量问题严重损害网内用户的利益，而光伏逆变器作为电力电子变换装置可以用来补偿无功与三相不平衡。在无需额外引入设备、经济型更佳的前提下，对光伏控制策略进行优化，治理由三相不平衡负载与无功负载带来的电能质量问题。本书提出了利用光伏逆变器治理电能质量的技术方案，通过补偿负序电流与无功电流，提升配网电能质量，充分发挥光伏的主动支撑作用，保证系统安全运行。

（1）并网模式下的三相不平衡补偿控制策略。控制并网光伏逆变器发出负载三相不平衡所产生的负序电流，即可补偿负载三相不平衡，保证配电网的电能质量。前述有功功率与无功功率的控制均在正序环下进行，即采用逆变器输出电压锁相得到的相位作为 dq 变换的参考相位，控制的为正序量。而负序量在 dq 坐标系下的旋转方向与正序量是相反的，即 $-\omega tc$，其控制在负序环下进行。其控制框图如图 6-17 所示。

图 6-17 中下标 dq 代表 dq 轴分量，n 代表负序分量。由图 6-17 可知，实现无功功率与三相不平衡补偿的关键在于电流指令值的选取，其生成方法如图 6-18 所示。

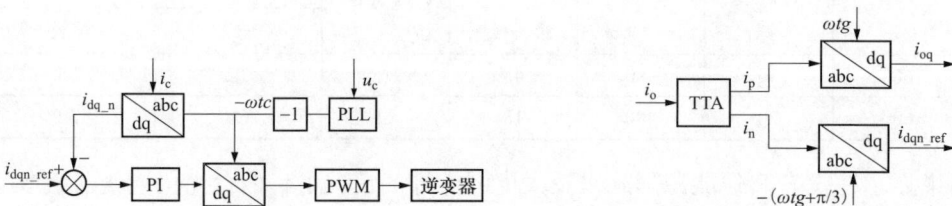

图 6-17　光伏逆变器负序环 dq 轴控制框图　　图 6-18　无功补偿与三相不平衡补偿电流指令值生成

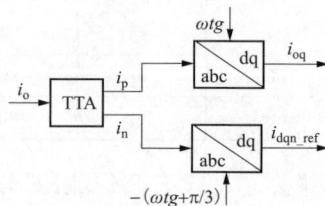

图 6-18 中 ωtg 锁相环锁相而得的电网电压相位，由于隔离变压器采用△-Yn 接法，导致电网电压相位滞后逆变器输出电压相位 30°。此时通过 TTA 与 dq 变换后直接生成的指令值即为负载所需补偿的无功电流与负序电流，但是由于逆变器控制环锁相的自身输出电压相位，其产生的电流滞后实际所需电流存在 30°。在变压器的作用下，正序的无功电流

经过变压器后相位又超前 30°，相位差相互抵消；而负序电流经过变压器后相位进一步滞后 30°，从而共造成了 60° 的相位滞后，因此在图 6-18 的指令值生成中，应对负序环坐标变换的参考相位做一个 60° 的补偿。

（2）独立带载模式下的三相不平衡补偿控制策略。光伏逆变器在独立带载时，通常采用电压型控制策略，而当所带三相负载不一致时，会产生不平衡电流，进而导致输出电压不平衡，从而反作用于负荷电压，对负荷的安全使用造成不良影响。此时，由于没有储能的支撑，而光伏本身的波动性较强，在维持独立带载的情况下，能够同时实现负序电流输出和负序电压抑制，应对不平衡负载的需求，因而采用多环路的分离解耦与协调控制方法，从而满足负荷的需求。

控制正序电压分量，满足负载功率需求的同时维持电网电压与频率，对负序电压分量进行补偿，消除负序不平衡电压，实现三相平衡电压供电，提高交流供电系统的电能质量，保证系统安全运行。交流调制负序信号生成模块如图 6-19 所示，交流调制正序信号生成模块如图 6-20 所示。

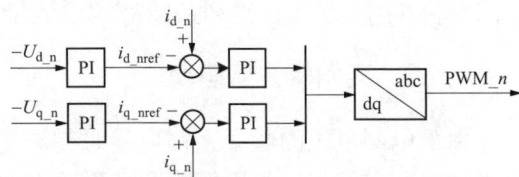

图 6-19　主动支撑型光伏逆变器交流调制负序信号生成模块示意图

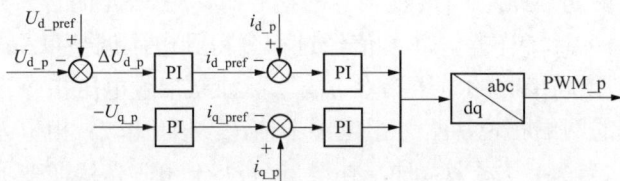

图 6-20　主动支撑型光伏逆变器交流调制正序信号生成模块示意图

经过以上控制策略，光伏逆变器输出电压负序分量大大减少，电压三相不平衡度很低，保障了负载电压的电能质量，提高了光伏逆变器主动支撑供电的可靠性和稳定性。

6.5　分布式光伏多模态平滑切换

分布式光伏具有并网与独立带载两种模式，在这两种模式切换的暂态过程中，若电网电压与微网电压不一致，或者微网电压建立的时间过长，会导致微网模式转换的暂态时间长、电压畸变率大等电压质量问题，严重影响微网中的电力设备的正常运行。因此，研究了光伏逆变器多模态平滑切换策略，保证负载的供电可靠性。

6.5.1　并网转离网切换

在检测到电网发生故障后，光伏逆变器的控制方式由并网模式切换到独立带载模式。切换时，Boost 变换器始终以稳定直流电压为控制目标，而逆变器的控制策略则由并网模式时的恒定功率控制切换至独立带载时的恒压恒频控制。为实现光伏逆变器由并网模式平滑切换独立带载模式，采取如下控制策略：

并网运行时，开关 S1 闭合，开关 S2 断开，坐标变换时的参考相位 θ_{ref} 为锁相环生成的网侧相位 θ_{PLL}，根据式计算功率指令 P_{ref}，Q_{ref} 对应的电流指令 $i_{\text{dq\_ref}}$。检测到电网故障切换至独立带载运行时，开关 S2 闭合，开关 S1 断开，电流指令 $i_{\text{dq\_ref}}$ 由电压外环提供，相位 θ_{ref} 由频率指令 ω_{ref} 积分生成。对于逆变器电流内环控制而言，上述的两种模态下逆变器的控制结构是基本一致的，其差异主要在于内环指令 $i_{\text{dq\_ref}}$ 的来源，这一差异可能导致切换过程中产生过流冲击。为避免模态切换时电流指令值 $i_{\text{dq\_ref}}$ 跳变导致过流冲击，采取积分器初始化，令积分器无缝继承切换前的数值。当由并网切换至独立带载时，电压外环控制输出的指令继承并网时候的电流指令，独立带载控制模块的相位生成器继承锁相环生成的电网相位 θ_{PLL}，从而使得切换前后的电流指令与相位保持不变，进而实现平滑切换。

6.5.2 离网转并网切换

由于电网电压的频率、幅值是时刻波动的，独立带载时的负载电压可能与电网电压幅值、频率存在偏差。为确保顺利并网，在由独立带载模式切换至并网模式时，需要进行预同步控制，使负载电压与电网电压保持一致，避免并网时刻由于相位突变造成过流冲击。

独立带载模式下，开关 S3、S4 断开，电压幅值由独立带载时的指令值 u_{mdq}*生成，相位 θ_{ref} 由频率指令 ω_{ref} 积分生成。当接收到并网指令时，S3、S4 闭合，开始预同步，网侧电压 $u_{\text{dq\_PLL}}$ 与电压指令 $u_{\text{mdq\_ref}}$ 作差，其差值经过积分得到电压调整量 Δu_{dq}，加上独立带载时的指令值 u_{mdq}*，得到预同步时的电压指令 $u_{\text{mdq\_ref}}$，独立带载电压指令逐渐调整至与电网电压一致。锁相环生成的网侧相位 θ_{PLL} 与相位参考值 θ_{ref} 进行比较，相位差 $\Delta\theta$ 经过 PI 控制器得到频率调整量 $\Delta\omega$，当 θ_{PLL} 大于 θ_{ref} 时，补偿量 $\Delta\omega$ 大于 0，光伏逆变器的角频率增大，使 θ_{ref} 逐渐和 θ_{PLL} 保持一致，当两者完全一致后，PI 调节器输出维持恒定，预同步完成。反之，当 θ_{PLL} 小于 θ_{ref}，补偿量 $\Delta\omega$ 小于 0，光伏逆变器的角频率减小，同样使 θ_{ref} 和 θ_{PLL} 逐渐趋于一致。

当电网电压与负载电压、相位一致时，预同步完成。断开 S2，闭合 S1，坐标变换时的参考相位为锁相环输出的电网相位，光伏逆变器切换至并网模式运行。

6.5.3 算例验证

为验证所提出的并离网切换策略，搭建了光伏逆变器实验台进行实验验证，实验采用的主要参数如表 6-16 所示。通过直流源串联电阻模拟光伏外特性作为光伏电池使用。光伏逆变器由前级 Boost 变换器和后级 NPC 三电平逆变器组成，并经过 LCL 滤波电路滤波后给本地负载供电，最后通过固态开关和空气开关连接至大电网。逆变器采用 DSP28377 作为控制器。在该实验平台上，对所提无储能光伏逆变器并离网多模态平滑切换策略进行了实验验证。

表 6-16　　　　　　　　并离网切换策略验证实验台主要参数

参　数　名　称	参　数　值
电网电压（V）	70

参 数 名 称	参 数 值
无储能孤岛运行电压指令（V）	70
并网功率指令（W）	210
无储能孤岛运行电压频率（Hz）	50
负载（Ω）	20
直流源电压（V）	70~80
开关频率（kHz）	10
串联电阻（Ω）	2.5

为保证负载的供电可靠性，在电网发生故障时，光伏逆变器应快速地从并网运行模式转换至无储能孤岛运行模式，并能在电网故障解除后恢复并网运行。实验中，检测到电网故障后，光伏逆变器连接至电网的固态开关断开，光伏逆变器由并网模式切换至无储能孤岛模式；电网恢复正常供电后，光伏首先进行预同步控制，逆变器输出电压与电网电压达到一致后，固态开关闭合，光伏逆变器由无储能孤岛运行切换至并网运行。

光伏逆变器首先工作在并网模式下，输出功率为 210W，此时断开用来模拟电网故障的空气开关，逆变器检测到电网故障后断开固态开关，同时切换至无储能孤岛模式，光伏电池端口电压 u_{pv} 由并网运行时的 74V 变为 70V，直流母线电压 v_{dc} 发生轻微跌落后恢复至 200V，逆变器输出电压 u_m（亦即负载电压）与逆变器输出电流 i_m 平滑切换无冲击，光伏逆变器输出功率跟踪负载需求，增加至 360W。证明了所提控制策略实现电网发生故障后，光伏逆变器能够由并网模式平滑切换至无储能孤岛模式。

光伏逆变器先工作在无储能孤岛模式，电网电压恢复正常后，逆变器需要切换至并网运行模式。光伏无储能孤岛运行时，母线电压与频率稳定，逆变器输出功率为 360W。接收到并网指令后开始预同步，6 个工频周期后，逆变器输出电压 u_m 与电网电压 u_g 达到一致，固态开关闭合，光伏逆变器切换至并网模式。切换时直流母线电压维持稳定，光伏电池工作点平滑过渡，并网模式下，光伏电池输出功率为 210W，与并网功率指令相等。计算 A 相电压的 THD=2.88%，谐波含量较低。实验结果证明了控制策略能够实现光伏逆变器由无储能孤岛模式到并网模式的平滑切换。

7

新型有源配电网分布式储能主动支撑控制

7.1 分布式储能参与一次调频容量配置

7.1.1 分布式储能参与一次调频的方法

分布式储能参与一次调频的方法如图 7-1 所示。其中，Δf_{db} 为调频死区，Δf_{db_u} 和 Δf_{db_d} 分别为其上、下限值；Δf_u 和 Δf_d 为针对分布式储能设置的调频出力上、下限值，频率偏差超过该限值时分布式储能以额定功率出力。

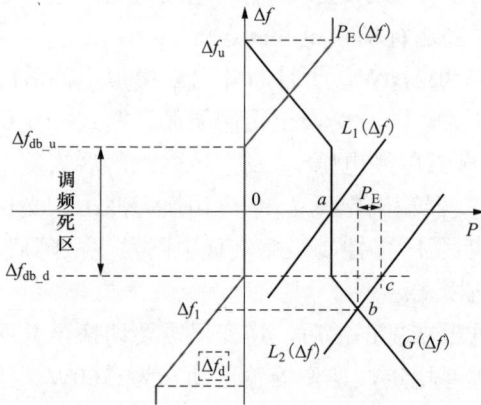

图 7-1 分布式储能参与一次调频的方法

由图 7-1 可知，当负荷突然增加时，负荷频率特性曲线将由 $L_1(\Delta f)$ 移至 $L_2(\Delta f)$，由传统电源的功频曲线 $G(\Delta f)$ 可知其会自动增加出力，以阻止频率进一步下降，电网运行点将由稳定运行 a 点移至 b 点，对应的频率偏差从 0 下降至 Δf_1（其为负值）。此时，利用分布式储能模拟传统电源的下垂特性以实现参与一次调频，通过设置分布式储能的虚拟单位调节功率 K_E，对应分布式储能的出力为如图 7-1 所示的 P_E 值。

电网中的传统电源功率或负荷发生变化时，必然会引起电网频率的变化。当电网供电大于负荷需求时，电网频率会上升，此时应控制分布式储能从电网吸收功率；当电网供电小于负荷需求时，电网频率会下降，此时应控制分布式储能释放功率至电网。

7.1.2 基于调频效果最优的分布式储能容量配置

满足分布式储能调频运行要求的前提下，为最小化分布式储能的配置容量，可在电网频率偏差处于调频死区范围内时，控制分布式储能进行额外的充放电动作。引入变量 $Q_{SOC,loow}$ 和 $Q_{SOC,high}$ 分别表示分布式储能荷电状态 Q_{SOC} 的较低值和较高值，实时采集电网在第 i 时刻的频率偏差信号 Δf_i，设计出分布式储能参与一次调频的充放电策略如下：

（1）若 Δf_i 越过调频死区 Δf_{db} 的允许范围 $[\Delta f_{db\_d'}\Delta f_{db\_u}]$。

当 $\Delta f_i > \Delta f_{db\_u}$ 且 $SOC_{min} \leqslant Q_{SOC} < SOC_{max}$ 时，控制分布式储能充电。当 $\Delta f_i > \Delta f_{db\_d}$ 且 $SOC_{min} < Q_{SOC} \leqslant SOC_{max}$ 时控制分布式储能放电，其中，控制分布式储能充放电的功率指

令 P_E 由 Δf_i 转换而来。

当 $\Delta f_i > \Delta f_{db\_u}$ 且 $Q_{SOC} = Q_{SOC,max}$ 时，需利用耗能电阻吸收能量，分布式储能需接受相关经济惩罚；

$\Delta f_i > \Delta f_{db\_d}$ 且 $Q_{SOC} = Q_{SOC,min}$ 时，控制分布式储能不参与一次调频，需接受相关经济惩罚。该惩罚即为设定的缺电惩罚系数与分布式储能所缺电量之积。

（2）若 Δf_i 在 Δf_{db} 的允许范围 $[\Delta f_{db\_d}, \Delta f_{db\_u}]$。

当 $Q_{SOC,hig} \leq Q_{SOC} \leq Q_{SOC,max}$ 时，控制分布式储能放电，即向电网售电，售电功率 $P_{sell} \leq \sigma_s \cdot P_{rated}$（$\sigma_s$ 为售电功率系数，$0 < \sigma_s < 1$，需优化选择）；

当 $SOC_{min} \leq Q_{SOC} \leq SOC_{max}$ 时，控制分布式储能充电，即从电网购电，购电功率 $P_{buy} \leq \sigma_b \cdot P_{rated}$。

（σ_b 为购电功率系数，$0 < \sigma_b < 1$，需优化选择）；

当 $Q_{SOC,low} \leq Q_{SOC} \leq Q_{SOC,high}$ 时，分布式储能无需动作。

此外，定义技术评价指标如下：

反映分布式储能荷电状态 QSOC 保持效果的评价指标为

$$Q_{SOC,rms} = \sqrt{\frac{1}{2}\sum_{i=1}^{n}(Q_{SOC,i} - Q_{SOC,ref})^2} \tag{7-1}$$

式中　$Q_{SOC,i}$——第 i 个 Q_{SOC} 采样值；

$Q_{SOC,ref}$——荷电状态运行参考值取为 0.5；

n——采样点数。

7.1.3　基于经济性最优的分布式储能容量配置

基于经济性最优的分布式储能容量配置目标是在调频辅助服务市场中获取最大的净效益现值 P_{NET}，其最大化需要尽可能降低分布式储能的成本现值 C_{LCC}。由于分布式储能成本主要由所配置的容量决定，因此，以经济最优为目标的分布式储能充放电策略设计问题可等效为：控制分布式储能在调频死区内进行额外充放电，寻找满足分布式储能运行要求的最小容量配置方案问题。而分布式储能参与一次调频时，除了前述经济评估模型中所含的效益之外，还应包括在调频死区内对其进行额外充放电所带来的效益，表达式为

$$R_S = R_3(E_{sell} - E_{buy}) \tag{7-2}$$

式中　R_3——对应的实时售电和购电电价；

E_{sell} 和 E_{buy}——分布式储能的额外售电和购电电量，MWh。

因此，基于充放电策略，以分布式储能参与一次调频的经济性最优为目标，设计出相应的分布式储能容量配置流程如下：首先，初始化 $Q_{SOC,high}$、$Q_{SOC,low}$、P_{buy}、P_{sell} 及 P_{rated} 变量；其次，载入分布式储能的物理特性模型和区域电网调频动态模型及相关参数；然后，基于所提的分布式储能充放电策略和所构建的分布式储能参与一次调频的经济评估模型，以净效益现值 P_{NET} 最大为优化目标，以一次调频效果评价指标 J_1、分布式储能的荷电状态

Q_{SOC} 为约束条件,通过遗传算法寻得相应的控制变量($Q_{SOC,high}$、$Q_{SOC,low}$、P_{buy}、P_{sell} 及 P_{rated})的最优组合解,并计算在最优组合解下 E_{rated}、P_{NET}、J_1 和 $Q_{SOC,rms}$ 的值,作为输出结果。此时所得的 P_{rated} 和 E_{rated} 即为最优的分布式储能容量配置方案,该方案对应的经济性最优。

7.2 分布式储能参与一次调频的控制策略

在复频域中利用灵敏度原理,分析虚拟惯性和虚拟下垂两种控制模式对区域电网频率特性的影响,并基于此提出一种分布式储能的综合控制模式。

7.2.1 虚拟惯性控制策略

分布式储能采用虚拟惯性控制模式时,可得含分布式储能参与一次调频的区域电网调频动态模型。

列写传递函数方程,可得

$$\begin{cases} \Delta R_G(s) = -\Delta F(s) \cdot K_G \cdot G(s) \\ \Delta R_E(s) = -\Delta F(s) \cdot M_E \cdot s \cdot N(s) \end{cases} \tag{7-3}$$

式中　$\Delta R_G(s)$ ——传统电源的动作深度;

　K_G 和 $G(s)$ ——传统电源的单位调节功率和传递函数模型;

　$\Delta R_E(s)$ ——分布式储能的动作深度;

　M_E 和 $N(s)$ ——分布式储能的虚拟惯性系数和传递函数模型;

　M 和 D ——电网的惯性时间常数和负荷阻尼系数。

$$\Delta R_G(s) + \Delta P_E(s) - \Delta P_L(s) = (M \cdot s + D) \cdot \Delta F(s) \tag{7-4}$$

$$G(s) = \frac{1 + F_{HP} \cdot T_{RH}s}{(1 + T_G \cdot s)(1 + T_{CH} \cdot s)(1 + T_{RH} \cdot s)} \tag{7-5}$$

式(7-4)和式(7-5)为复频域中的方程,描述了含分布式储能的区域电网的基本特性。

式中　T_G,T_{CH},T_{RH},F_{HP} ——传统电源的调速器时间常数、汽轮机时间常数、再热器时间常数和再热器增益,对应值分别为 0.08、0.3、10s 和 0.5s。

为便于研究,假设分布式储能的传递函数模型 $N(s)$ 为

$$N(s) = 1/(1 + T_{pcs}s) \tag{7-6}$$

式中　T_{pcs} ——PCS 环节的时间常数。

进而,可得

$$\Delta F(s) = \frac{-\Delta P_L(s)}{M \cdot s + K_G \cdot G(s) + M_E \cdot s \cdot N(s)} \tag{7-7}$$

由式(7-7)可得

$$\begin{cases} \Delta o_0 = \lim_{s \to \infty}[s \cdot \Delta F(s)] = \frac{-\Delta p_L}{M + M_E} \\ \Delta f_{qs} = \lim_{s \to \infty} \Delta F(s) = \frac{-\Delta p_L}{D + K_G} \end{cases} \tag{7-8}$$

由式（7-7）和式（7-8）可知，当负荷扰动 $-\Delta P_{\text{L}}(s)$ 为正值时，频率偏差的绝对值 $|\Delta F(s)|$ 的变化速率取决于电网的惯性时间常数 M 和分布式储能的虚拟惯性系数 M_{E}，且初始频差变化率 Δo_0 值为 $\dfrac{-\Delta p_{\text{L}}}{M + M_{\text{E}}}$。当 $|\Delta F(s)|$ 上升时，传统电源和分布式储能的动作深度会增加，这反过来引起了 $|\Delta F(s)|$ 上升速率的减少，并在传统电源和分布式储能的动作深度之和超过 $\Delta P_{\text{L}}(s)$ 时 $|\Delta F(s)|$ 开始恢复。这个 $|\Delta F(s)|$ 最终稳定于准稳态频率偏差 Δf_{qs}，显然该值与 M_{E} 无关，此时传统电源的动作深度等于 $\Delta P_{\text{L}}(s)$，分布式储能的动作深度为 0。显然此控制模式能够快速抑制频差变化率 $\Delta O(s)$，但对 Δf_{qs} 无改善作用。$\Delta P_{\text{L}}(s)$ 为负值时的 $\Delta F(s)$ 变化过程类似。

在此设 $\Delta F(s)$ 与 $\Delta P_{\text{L}}(s)$ 之比为 $T_{\text{ESS}}(s)$，$\Delta O(s)$ 与 $\Delta P_{\text{L}}(s)$ 之比为 $T'_{\text{ESS}}(s)$。基于式（7-8），可得

$$
\begin{cases}
T_{\text{ESS}}(s) = \dfrac{1}{M \cdot s + D + K_{\text{G}} \cdot G(s) + M_{\text{E}} \cdot s \cdot N(s)} \\[4mm]
T'_{\text{ESS}}(s) = \dfrac{-s}{M \cdot s + D + K_{\text{G}} \cdot G(s) + M_{\text{E}} \cdot s \cdot N(s)}
\end{cases}
\tag{7-9}
$$

分析可得频率偏差 $\Delta F(s)$ 和频差变化率 $\Delta O(s)$ 对分布式储能的虚拟惯性系数 M_{E} 的灵敏度系数和灵敏度分别为

$$
\begin{cases}
\dfrac{\partial \Delta F(s)}{\partial M_{\text{E}}} = s \cdot N(s) \cdot [T_{\text{ESS}}(s)]^2 \cdot \Delta P_L(s) \\[4mm]
S_{M_{\text{E}}}^{\Delta F(s)} = \dfrac{\partial \Delta F(s)}{\partial M_{\text{E}}} \cdot \dfrac{M_{\text{E}}}{\Delta F(s)} = M_{\text{E}} \cdot s \cdot N(s) \cdot T_{\text{ESS}}(s)
\end{cases}
\tag{7-10}
$$

$$
\begin{cases}
\dfrac{\partial \Delta O(s)}{\partial M_{\text{E}}} = s^2 \cdot N(s) \cdot [T_{\text{ESS}}(s)]^2 \cdot \Delta P_L(s) \\[4mm]
S_{M_{\text{E}}}^{\Delta O(s)} = \dfrac{\partial \Delta O(s)}{\partial M_{\text{E}}} \cdot \dfrac{M_{\text{E}}}{\Delta O(s)} = M_{\text{E}} \cdot s \cdot N(s) \cdot T_{\text{ESS}}(s)
\end{cases}
\tag{7-11}
$$

同理得 $T_{\text{ESS}}(s)$ 和 $T'_{\text{ESS}}(s)$ 对 M_{E} 的灵敏度为

$$
S_{M_{\text{E}}}^{T_{\text{ESS}}(s)} = S_{M_{\text{E}}}^{T'_{\text{ESS}}(s)} = M_{\text{E}} \cdot s \cdot N(s) \cdot T_{\text{ESS}}(s)
\tag{7-12}
$$

可知，频率偏差 $\Delta F(s)$、频差变化率 $\Delta O(s)$、$T_{\text{ESS}}(s)$ 和 $T'_{\text{ESS}}(s)$ 对分布式储能的虚拟惯性系数 M_{E} 的灵敏度相同，进而可知此控制模式下的灵敏度与负荷扰动 $\Delta P_{\text{L}}(s)$ 无关。进一步推导得到灵敏度的初始值（original value，OV）和稳态值（steady state value，SS）为

$$
\begin{cases}
\left[S_{M_{\text{E}}}^{\Delta F(s)} \right]_{\text{OV}} = \lim_{s \to \infty} S_{M_{\text{E}}}^{\Delta F(s)} = \dfrac{-M_{\text{E}}}{M + M_{\text{E}}} \\[4mm]
\left[S_{M_{\text{E}}}^{\Delta F(s)} \right]_{\text{SS}} = \lim_{s \to \infty} S_{M_{\text{E}}}^{\Delta F(s)} = 0
\end{cases}
\tag{7-13}
$$

由式（7-13）可知，灵敏度的初始值为与惯性时间常数 M 和分布式储能的虚拟惯性系数 M_{E} 相关的负数，而稳态值为 0。

假设传统电源的单位调节功率 K_{G}、电网的惯性时间常数 M 和负荷阻尼系数 D 分别为

23.34p.u.MW/p.u.Hz、7s 和 1p.u.MW/p.u.Hz，当分布式储能的虚拟惯性系数 M_E 分别取为 3p.u.MW·s/p.u.Hz 和 4p.u.MW·s/p.u.Hz 时，可得对应的灵敏度曲线，灵敏度由负值变为正值后趋于稳态值 0，其为负值表示增加 M_E 会促进 $\Delta F(s)$ 的恢复，为正值表示增加 M_E 会阻碍 $\Delta F(s)$ 的恢复，为 0 表示 M_E 对 $\Delta F(s)$ 不起作用；M_E 从 3 增加至 4 时，灵敏度的绝对值会增大，进而表明其在过零之前（即为负值），M_E 的增加会增强对 $\Delta F(s)$ 的改善作用，而过零之后 M_E 的增加反而会加剧阻碍 $\Delta F(s)$ 的恢复；灵敏度的初始值的绝对值最大且稳态值为 0，表明分布式储能在扰动初期所起的作用较大，而在稳态时不起作用。

7.2.2 虚拟下垂控制策略

分布式储能采用虚拟下垂控制模式时，可得含分布式储能参与一次调频的区域电网调频动态模型。

K_E 为分布式储能的虚拟单位调节功率。此时可得分布式储能的动作深度 $\Delta P_E(s)$ 为

$$\Delta P_E(s) = -\Delta F(s) \cdot K_E \cdot N(s) \tag{7-14}$$

类似可得

$$\Delta F(s) = \frac{-\Delta P_L(s)}{M \cdot s + D + K_G \cdot G(s) + K_E \cdot N(s)} \tag{7-15}$$

同理，由式（7-15）可得

$$\Delta O_0 = \frac{-\Delta p_L}{M}, \quad \Delta f_{qs} = \frac{-\Delta p_L}{D + K_G + K_E} \tag{7-16}$$

由式（7-14）和式（7-15）可知，当负荷扰动 $\Delta P_L(s)$ 为正值时，$|\Delta F(s)|$ 会按一定的速率增大，初始频差变化率 ΔO_0 值为 $(-\Delta p_L)/M$，即其仅取决于电网的惯性时间常数 M。当分布式储能和传统电源的动作深度之和超过 $\Delta P_L(s)$ 时，$|\Delta F(s)|$ 开始减小并稳 定于准稳态频率偏差 $\Delta P_{L(s)}$，此时两者的动作深度之和与 $\Delta P_{L(s)}$ 相等。显然此控制模式能够有效改善 Δf_{qs}，但对 ΔO_0 不起作用。$\Delta P_L(s)$ 为负值时的 $\Delta F(s)$ 变化过程类似。

基于式（7-16），可得

$$\begin{cases} T_{ESS}(s) = \dfrac{1}{M \cdot s + D + K_G \cdot G(s) + K_E \cdot s \cdot N(s)} \\ T'_{ESS}(s) = \dfrac{-s}{M \cdot s + D + K_G \cdot G(s) + K_E \cdot s \cdot N(s)} \end{cases} \tag{7-17}$$

结合式（7-15）和式（7-17），分析可得 $\Delta F(s)$ 和 $\Delta O(s)$ 对 M_E 的灵敏度系数和灵敏度分别为

$$\begin{cases} \dfrac{\partial \Delta F(s)}{\partial K_E} = N(s) \cdot [T_{ESS}(s)]^2 \cdot \Delta P_L(s) \\ S_{K_E}^{\Delta F(s)} = \dfrac{\partial \Delta F(s)}{\partial K_E} \cdot \dfrac{K_E}{\Delta F(s)} = K_E \cdot N(s) \cdot T_{ESS}(s) \end{cases} \tag{7-18}$$

$$\begin{cases} \dfrac{\partial \Delta O(s)}{\partial K_E} = s \cdot N(s) \cdot [T_{ESS}(s)]^2 \cdot \Delta P_L(s) \\ S_{K_E}^{\Delta O(s)} = \dfrac{\partial \Delta O(s)}{\partial K_E} \cdot \dfrac{K_E}{\Delta O(s)} = K_E \cdot N(s) \cdot T_{ESS}(s) \end{cases} \quad (7\text{-}19)$$

同理得 $T_{ESS}(s)$ 和 $T'_{ESS}(s)$ 对分布式储能的虚拟单位调节功率 K_E 的灵敏度为

$$S_{K_{(E)}}^{T_{ESS}(s)} = S_{K_{(E)}}^{T'_{ESS}(s)} = K_{(E)} \cdot N(s) \cdot T_{ESS}(s) \quad (7\text{-}20)$$

结合式（7-12）～式（7-20）可知，$\Delta F(s)$、$\Delta O(s)$、$T_{ESS}(s)$ 和 $T'_{ESS}(s)$ 对 K_E 的灵敏度相同，进而可知此控制模式下的灵敏度也与 $\Delta P_L(s)$ 无关。进一步推导可得灵敏度的初始值和稳态值分别为

$$\begin{cases} \left[S_{K_E}^{\Delta F(s)} \right]_{OV} = \lim_{s \to \infty} S_{M_E}^{\Delta F(s)} = 0 \\ \left[S_{M_E}^{\Delta F(s)} \right]_{SS} = \lim_{s \to \infty} S_{M_E}^{\Delta F(s)} = \dfrac{-K_E}{D + K_G + K_E} \end{cases} \quad (7\text{-}21)$$

由式（7-21）可知，灵敏度的初始值为 0，而其稳态值为与负荷阻尼系数 D、传统电源的单位调节功率 K_G 和分布式储能的虚拟单位调节功率 K_E 相关的负数，因此能得到相同的分析结果。同理，当分布式储能的 K_E 分别取为 3p.u.MW/p.u.Hz 和 4p.u.MW/p.u.Hz 时，可得对应的灵敏度曲线。灵敏度恒为负值（t_0 时刻除外），其绝对值在快速达至最大后缓慢减小并趋向稳态值，即分布式储能在调频过程中保持对 $\Delta F(s)$ 的改善作用；K_E 从 3 增加至 4 时，灵敏度的绝对值会明显增大，进而表明 K_E 的增加会增强分布式储能对 $\Delta F(s)$ 的改善作用；灵敏度的初始值为 0 且稳定于某确定值，这表明分布式储能在扰动后期所起的作用较大。

7.2.3 综合控制策略

根据前两节对虚拟惯性控制和虚拟下垂控制的分析结果，可得含分布式储能的区域电网频率特性如下：

（1）虚拟惯性和虚拟下垂控制模式下的分布式储能均能对频率偏差 $\Delta F(s)$ 起到一定的改善作用。前者中分布式储能充分利用了自身的快速响应特性，进而对初始频差变化率 ΔO_0 的改善效果显著，而对准稳态频率偏差 Δf_{qs} 不起作用；后者中分布式储能对 ΔO_0 不起作用，但对 Δf_{qs} 的改善效果显著。

（2）各灵敏度均与负荷扰动 $\Delta P_L(s)$ 无关。虚拟下垂控制模式下，由于灵敏度恒为负值，故分布式储能对 $\Delta F(s)$ 的改善作用较为持续，而虚拟惯性控制模式下的灵敏度存在过零点，过零前分布式储能对 $\Delta F(s)$ 的改善作用更为显著，但过零后分布式储能对 $\Delta F(s)$ 的阻碍作用也更为明显。

可见，对分布式储能提出的含虚拟惯性控制和虚拟下垂控制的综合控制模式，能充分利用分布式储能的技术优势改善电网调频效果。

7.3 分布式储能功率控制系统设计

7.3.1 系统控制策略分析

（1）离线计算型。离线计算型的控制策略是在控制系统参数以及负载已知的情况下，针对各种特定的负载进行离线运算，然后将计算出的电压给定值存入控制器的只读存储器中。逆变器运行前输入三相负载值，通过在程序进行查表得到三组电压指令，然后再通过三维空间矢量调制算法输出四组互补的脉冲信号来控制逆变器四个桥臂的开断。离线计算型的控制方法简单易于实现，对控制芯片的性能要求较低，但负载变化时需要重新输入负载参数，然后重新查表，不适用与负载突变的情况。

（2）在线计算型。在线计算型的控制策略是将三相电压指令的计算直接在控制芯片内完成，根据四桥臂逆变器的数学模型在线计算得到电压的指令值，需要实时采集逆变器的各项参数。在线计算型控制策略能够适应各种负载变化，但在线计算电压指令时，需要多个参数的参与，计算量较大，对芯片性能要求较高，而且随着外界环境的变化，各项参数会产生一些的误差。在线计算型和离线计算型的控制策略没有对输出进行反馈调节，都属于开环控制。虽然控制方法简单，但控制精度较低，对于稳态误差无自动纠偏能力。

（3）第四桥臂独立控制。第四桥臂独立控制策略是对其中的三个桥臂采用传统的基于二维空间矢量调制的双闭环控制策略，对第四桥臂采用单独的解耦控制，根据前三桥臂的开关状态，调节第四桥臂的开通与关断，实现对中性点电压的调节。这种控制方法相对更易于实现，便于对传统的三桥臂逆变器的升级改造，但是这种控制方法将逆变器分成两个独立的部分，对直流母线电压的利用率较低。

（4）基于对称分量法的分序控制策略。根据对称分量法可将三相不对称的交流分解为三组对称分量，对其中的正序分量和负序分量进行 Park 变换，转换为直流量。由于零序分量不存在相位差，不能直接对其进行 Park 变换，需要先将其中的两相零序分量分别旋转 120°和 240°，构成相位互差 120°的对称分量，然后再进行 Park 变换。将零序分量和负序分量给定为 0，经过闭环调节后，可消除正序分量以外的两个分量。

7.3.2 系统拓扑结构设计

常见的三桥臂变流器不具有带双向不平衡负载的能力，基于三相四桥臂的拓扑结构，设计了一种双向变流器，既可以用于逆变模式时的三相不平衡负载的中性点调节，也可用于整流模式时双路直流中点电压的调节。其结构在四桥臂拓扑结构中加入了两个接触器 S1、S2 和两个电感 L_4 和 L_5。

当变流器工作在整流模式时，直流侧中点处的接触器 S1 闭合，交流侧中性点处的接触器 S2 断开，第四桥臂通过电感 L_4 与直流中点连接。其中的三个桥臂作为 PWM 整流桥，将三相交流转换为稳定的直流 U_{dc}。当直流侧带两个额定电压为 $U_{dc}/2$ 的不平衡负载时，第四桥臂为直流中点提供电流通路，调节中点电压为 $U_{dc}/2$。当变流器工作在逆变模式时，直流侧中点处的接触器 S1 断开，交流侧中性点处的接触器 S2 闭合，第四桥臂通过 L_5 与三相交流负载的中性点连接，构成三相四桥臂逆变器的拓扑结构，当交流侧带不平衡负载时，第四桥臂可为中性点提供电流通路，使三相负载端电压保持对称。

7.3.3 双路均压控制策略

（1）电压型 PWM 整流控制。三相电压型 PWM 整流器的拓扑结构如图 7-2 所示。电压型的 PWM 整流器能够将宽范围的交流转换为稳定的直流，输出的直流电压纹波较小。

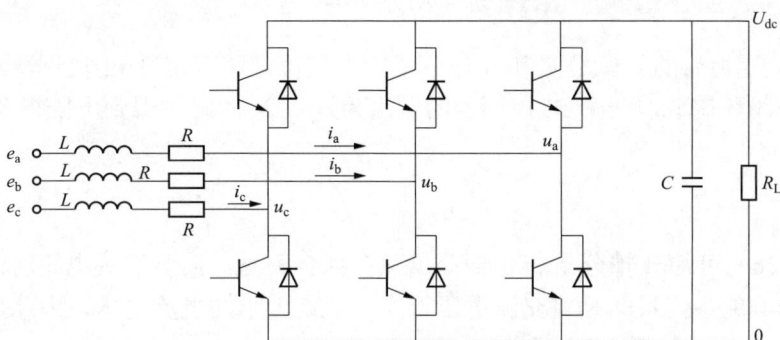

图 7-2 三桥臂整流器原理图

图 7-2 中 L 为交流滤波电感，可降低交流侧的电流谐波，R 为电感及功率管的等效电阻，在实际电路中并不存在，C 为直流侧的滤波电容，减少直流侧的电压脉动，u_a、u_b、u_c 为整流器的交流侧桥臂电压，e_a、e_b、e_c 为整流器的输入电压，i_a、i_b、i_c 为交流侧的三相线电流，U_{dc} 为直流侧电压，i_{dc} 为直流侧的负载电流。

由于整流器的上下桥臂不能同时开通，设桥臂的开关状态为

$$S_n = \begin{cases} 1 & （上桥开通，下桥关断） \\ 0 & （上桥关断，下桥开通） \end{cases} \quad (n = a, b, c) \tag{7-22}$$

根据基尔霍夫电压定律可得整流器的数学模型为

$$\begin{cases} L\dfrac{di_a}{dt} = e_a - Ri_a - U_{dc}\left(\dfrac{2}{3}S_a - \dfrac{1}{3}S_b - \dfrac{1}{3}S_c\right) \\[2mm] L\dfrac{di_b}{dt} = e_b - Ri_b - U_{dc}\left(\dfrac{2}{3}S_b - \dfrac{1}{3}S_a - \dfrac{1}{3}S_c\right) \\[2mm] L\dfrac{di_c}{dt} = e_c - Ri_c - U_{dc}\left(\dfrac{2}{3}S_c - \dfrac{1}{3}S_b - \dfrac{1}{3}S_a\right) \\[2mm] C\dfrac{dU_{dc}}{dt} = i_a S_a + i_b S_b + i_c S_c - \dfrac{U_{dc}}{R_L} \end{cases} \tag{7-23}$$

为便于闭环控制，对式（7-23）进行 Park 变换后为

$$\begin{bmatrix} L & 0 & 0 \\ 0 & L & 0 \\ 0 & 0 & C \end{bmatrix} \begin{bmatrix} \dfrac{di_d}{dt} \\[2mm] \dfrac{di_q}{dt} \\[2mm] \dfrac{du_{dc}}{dt} \end{bmatrix} = \begin{bmatrix} -R & \omega & -S_d \\ -\omega & -R & -S_q \\ S_d & S_q & 0 \end{bmatrix} \begin{bmatrix} i_d \\ i_q \\ u_{dc} \end{bmatrix} + \begin{bmatrix} 1 & 0 & 0 \\ 0 & 1 & 0 \\ 0 & 0 & -1 \end{bmatrix} \begin{bmatrix} e_d \\ e_q \\ \dfrac{u_{dc}}{R_L} \end{bmatrix} \tag{7-24}$$

由式（7-24）可知，d 轴电压和 q 轴电压存在耦合关系，不能直接对 d 轴和 q 轴进行独立控制，因此引入 i_d、i_q 前馈补偿解耦控制实现对两轴的独立闭环控制。

根据同步旋转坐标系下的数学模型，得到

$$\begin{cases} e_d = u_d + Ri_d + L\dfrac{di_d}{dt} + \omega Li_q \\[2mm] e_q = u_q + Ri_q + L\dfrac{di_q}{dt} + \omega Li_d \end{cases} \tag{7-25}$$

经过 Park 变换后的 d 轴分量和 q 轴分量均为直流量，可通过 PI 控制器对模型中的直流量进行电压闭环调节，两个 PI 控制器的输出为 δ_d、δ_q，此时得到电压指令为

$$\begin{cases} u_d = e_d - \omega Li_q - \delta_d \\[2mm] u_q = e_q - \omega Li_d - \delta_q \end{cases} \tag{7-26}$$

由式（7-26）可知 d 轴分量和 q 轴分量存在耦合关系，需要进行电流前馈解耦控制。电压型整流控制的最终目的是将交流电压转换为给定大小的直流电压，因此需要在电流环外设计直流电压环，实现对直流电压的闭环调节。

（2）直流中点电压调节。经过电压型 PWM 整流后，能够将宽范围的交流电压转换为电压等级为 U_{dc} 的直流。在此基础上利用增加的第四桥臂为直流中点提供一条电流的流通路径，实现对直流中点电压 U_0 的调节，从而为两路电压等级为 $U_{dc}/2$ 的不平衡负荷供电。

图 7-3 为直流侧带两路低压负荷时的拓扑结构图。

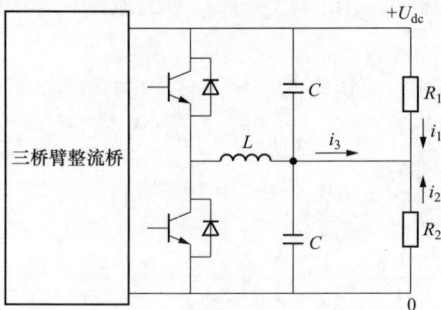

图 7-3　直流侧带两路低压负荷时的拓扑结构图

第四桥臂的增加为直流中点提供了一条电流的流通路径 i_3。中点支路电流 i_3 的调节方式可分为单极性调节和双极性调节。单极性调节只需要控制其中一个开关管。当所需的支路电流 i_3 为正值时，调节上桥臂的通断，通过直流母线的正极为中点支路电流提供所需的正向电流；当所需支路电流 i_3 为负值时，调节下桥臂的通断，通过直流母线的负极为支路提供所需的负向电流。单极性的中点电压调节只需调节其中一个开关管，但需要判断支路所需电流 i_3 的符号，而 i_3 的计算需要采集多个模拟量。

采用双极性的中点电压调节，同时控制第四桥臂内两个开关管的通断，上下桥臂同时参与中点电压的调节，且控制第四桥臂的两组脉冲互补。在双极性的中点电压调节过程中，当控制上桥臂的脉冲占空比大于 50%时，第四桥臂中点的等效电压大于 $U_{dc}/2$，具有提供正向电流 i_3 的能力；当控制上桥臂的脉冲占空比小于 50%时，第四桥臂桥中点的等效电压小于 $U_{dc}/2$，具有提供负向电流 i_3 的能力。在闭环控制时只需要用一个闭环反馈控制桥臂的开关，可使第四桥臂提供两种方向的电流 i_3。与单极性调节相比，双极性调节的控制方法更加简单。

（3）改进的单周控制策略。因为单周期控制的本质为开环控制，并未反馈电容电压，所以基于单周期控制的双路直流电压会不可避免的稳态误差，在此引入 PI 闭环控制，将输

出的电容中点电压作为 PI 调节时的反馈值，$U_{dc}/2$ 作为 PI 调节时的给定值，PI 控制器的输出值作用于单周控制的给定，这种方法有效减小了稳态误差。

引入 PI 控制器的方程为

$$U_c = \left(\frac{1}{2}u_{dc} - u_0\right)(k_p + k_i/s) \tag{7-27}$$

加入 PI 控制器后可有效减小输出的稳态误差，但均压单路的目的是输出两路 $U_{dc}/2$ 的低压直流电，当在直流母线电压发生大幅波动时，可将电压波动均分到两路低压，共同承担母线电压的波动，避免造成其中一路的严重过压或欠压。PI 调节器需要经过多个调节周期才能达能重新达到稳态，即比较器的给定值需要多个控制周期才能达到稳定，此时控制系统的动态性能较差。鉴于以上问题，对单周期控制进行了进一步的改进。

改进后的闭环控制的方程为

$$U_c = \frac{1}{2}u_{dc} + \left(\frac{1}{2}u_{dc} - u_0\right)(k_p + k_i/s) \tag{7-28}$$

改进的单周期闭环控制将 PI 调节器的输出只作为误差补偿调节，同时为优化控制器的动态特性，PI 控制器的输出与 $U_{dc}/2$ 相加作为单周期控制的给定值，这样在直流母线电压 U_{dc} 发生突变时，检测到的 $U_{dc}/2$ 能够立即改变，单周期控制的给定值 U_c 也随之变化，使输出的电压快速响应，调整后输出的电压 U_0 仍然存在稳态误差，PI 闭环控制通过多个周期调节可消除稳态误差。改进的单周期控制算法具有较好的动态性能，能够在直流母线电压突变或负载突变时快速调节，减小输出电压的波动，同时闭环误差调节的加入，消除了输出的稳态误差。

7.3.4 改进分序控制策略

（1）分序方法的实现。分序控制的首要问题是实现正序、负序和零序分量的分离。正序分量、负序分量和零序分量可根据对称分量法的分序公式直接计算出来，正序分量的求取过程为

$$\begin{bmatrix} u_a^+ \\ u_b^+ \\ u_c^+ \end{bmatrix} = \frac{1}{3}\begin{bmatrix} 1 & \alpha & \alpha^2 \\ \alpha^2 & 1 & \alpha \\ \alpha & \alpha^2 & 1 \end{bmatrix}\begin{bmatrix} u_a \\ u_b \\ u_c \end{bmatrix} = \begin{bmatrix} \frac{1}{2}u_a - \frac{1}{2}u_a^0 - \frac{1}{j2\sqrt{3}}(u_b - u_c) \\ -(u_a^+ + u_c^+) \\ \frac{1}{2}u_c - \frac{1}{2}u_a^0 - \frac{1}{j2\sqrt{3}}(u_a - u_b) \end{bmatrix} \tag{7-29}$$

根据正序分量的求取公式构建的 MATLAB 分序仿真模型。

根据仿真模型得到的分序结果显示经过分序计算模块可从三相不对称交流中分解出对称的正序分量。计算过程简单，但计算矩阵中存在负数 j 的运算，需要进行 $\frac{1}{2}\pi$ 延迟。采用全通滤波器实现 $\frac{1}{2}\pi$ 的相位延迟，其传递函数为

$$F(s) = \frac{-s + \omega_1}{s + \omega_1} \tag{7-30}$$

式（7-30）中 ω_1 为基波频率，$s = \mathrm{j}\omega$。传递函数的绝对值为

$$|F(s)| = \frac{|-s + \omega_1|}{|s + \omega_1|} = \frac{\sqrt{\omega^2 + \omega_1^2}}{\sqrt{\omega^2 + \omega_1^2}} = 1 \tag{7-31}$$

由式（7-31）可知，在任意的频率下，传递函数的绝对值总为 1，此传递函数是全通的，其移相表达式为

$$\theta(\omega) = -2\arctan\frac{\omega}{\omega_1} \tag{7-32}$$

式（7-32）中 $\theta(\omega)$ 为移相角度，当 $\omega = \omega_1$ 时，经过全通滤波器后实现 $\frac{1}{2}\pi$ 的相位延迟。

（2）正序和负序的闭环控制策略。三相不平衡交流量经过正负零序分离后，可得到的关系式为

$$\begin{cases} u_{xn} = u_{xn}^+ + u_{xn}^- + u_{xn}^0 \\ i_{xn} = i_{xn}^+ + i_{xn}^- + i_{xn}^0 \end{cases} \tag{7-33}$$

u_{xn}^+、u_{xn}^-、u_{xn}^0、i_{xn}^+、i_{xn}^-、i_{xn}^0 分别表示电压和电流的正序分量、负序分量和零序分量，在三相电压对称时，只有正序分量，不存在零序分量和负序分量，所以以四桥臂逆变器分序控制的目的是消除三相负载交流电压中的零序分量和负序分量。三相不对称交流经过分离后的三组分量均为对称分量，正序分量和负序分量为三个幅值相等、相位互差 120° 的相量，零序分量为三个幅值相等、相位相同的相量。在逆时针的同步旋转坐标系下，正序分量可通过 Park 变换后转换为直流量，负序分量经过 PARK 变换后转换为原来 2 倍频的交流量。在顺时针同步旋转坐标系下，正序分量经过 PARK 变换后转换为原来 2 倍频的交流量，负序分量经过 PARK 变换后转换为直流量，因此正序分量和负序分量分别在逆时针和顺时针两种旋转坐标系下进行 Park 变换，转换后的正序分量和负序分量均为直流量。两种同步旋转坐标系对零序分量均不起作用，因此需要对零序分量单独进行控制。

正序分量和负序分量分别在两种旋转坐标系下进行 Park 变换后均转换为直流量，然后采用电压外环，电流内环的前馈解耦控制策略。

（3）改进的零序控制策略。零序分量为三个相位相同、大小相等的量，不能直接进行 Park 变换，传统方法是将其中两相分别旋转 120° 和 240°，构成三个互差 120° 的对称分量，然后再进行 Park 变换，将零序的三个相同的交流量转换为直流量控制。但是在构建互差 120° 分量时，需要进行两次移相运算，而且需要经过 Park 变换到同步旋转坐标系下才能实现闭环控制，对零序分量采用了一种准 PR 控制的方法，直接在自然坐标系下对零序分量进行闭环控制。

在直流控制系统中，最常用的控制器为比例微分积分控制器（PID），但是 PID 控制器在高频交流量的跟踪性能较差。三个零序分量为大小相等、相位相同的交流量，若直接采用 PID 对零序分量进行控制，无法消除静差，不能满足设计的要求。而比例谐振（PR）控制器对特定频率的交流信号具有很好的跟踪效果，在零序的闭环控制中，零序分量为频率固定的交流量，可直接用 PR 控制器对分离出的零序量进行闭环控制。下面将对 PR 控制器和传统的 PI 控制器进行对比分析。

比例积分控制器的传递函数为

$$G_{PI}(s) = K_p + \frac{K_i}{s} \tag{7-34}$$

当参数 $K_p = 1$、$K_i = 10$ 和 $K_p = 1$、$K_i = 10$ 时 PI 控制器的伯德图如图 7-4 所示。

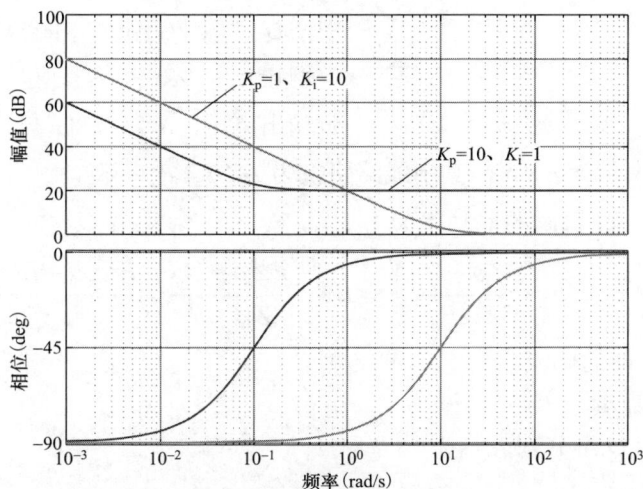

图 7-4　PI 控制器的伯德图

由图 7-4 可知，PI 控制器对高频信号的增益较低，对低频信号会有较大的放大作用，对 50Hz 的交流跟踪特性会较差，而且还会把低频噪声放大。

比例谐振控制器的传递函数为

$$G_{PR}(s) = K_p + \frac{K_r s}{s^2 + \omega_0^2} \tag{7-35}$$

式（7-35）为理想状态下的 PR 控制器，理想状态下当 $K_p = 1$、$K_r = 10$、$\omega_0 = 50$ 的伯德图如图 7-4 所示。由图 7-4 可知，理想的 PR 控制器在额定的频率时具有很高的增益，在其他频率下的增益很小。从图 7-4 还可以看出，交流频率的跟踪范围很窄，在实际使用中交流量测频率存在一定的偏差，所以在实际使用时理想 PR 控制器的控制效果并不够理想，故采用改进的准 PR 控制器对零序分量进行控制。

准 PR 控制器的传递函数为

$$G_{ZPR}(s) = K_p + \frac{2K_r \omega_c s}{s^2 + 2\omega_c s + \omega_0^2} \tag{7-36}$$

准 PR 控制器在 $K_p = 1$、$K_r = 10$ 时的伯德图显示，准 PR 控制器降低了控制器对频率的敏感度，且对 50Hz 附近的频率具有较高的增益。使用准 PR 控制器对零序分量进行闭环控制能获得更好的控制效果。

综上所述，采用对称分量法，将正序、负序、零序分量分离后，可对三组分量进行单独控制。令负序分量和零序分量的闭环给定均为 0，只保留正序分量，通过闭环调节可消除的三相负荷端电压中的零序分量和负序分量，使输出的三相负荷端电压始终保持对称。

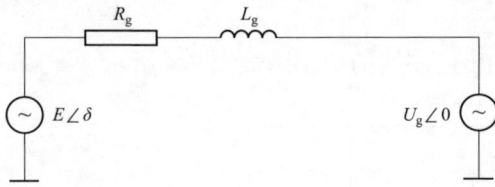

图 7-5 VSG 并网等效电路

7.3.5 外环解耦控制策略

（1）耦合机理分析。当并网逆变器并网运行时，VSG 并网等效电路图如图 7-5 所示。其中，U_g 为电网电压，并假设此时相角为 0，以电网电压 $U_g \angle 0$ 为参考值，E 为并网逆变器等效输出电压，δ 为 VSG 与连接母线 $U_g \angle 0$ 之间的夹角，输出电压表示为 $E \angle \delta$，其中线路阻抗为 $Z \angle \theta = R_g + jX_g$。

根据图可得，VSG 输出的复功率为

$$S = P + jQ = E \angle \delta \left(\frac{E \angle \delta - U_g}{Z \angle \theta} \right)^* = E \angle \delta \frac{E \angle \delta - U_g}{Z \angle -\theta} = \frac{E^2 \angle \theta - EU_g \angle (\delta + \theta)}{Z} \quad (7\text{-}37)$$

式中　I——注入电网的电流；

　　　I^*——I 的共轭量。

则 VSG 的 P 和 Q 可分别表示为

$$\begin{cases} P = \dfrac{E^2}{Z}\cos\theta - \dfrac{EU_g}{Z}\cos(\delta + \theta) \\ P = \dfrac{E^2}{Z}\sin\theta - \dfrac{EU_g}{Z}\sin(\delta + \theta) \end{cases} \quad (7\text{-}38)$$

代入线路阻抗参数 $Z \angle \theta = R_g + jX_g$，则 VSG 的 P 和 Q 可表示为

$$\begin{cases} P = \dfrac{3E}{R_g^2 + X_g^2}[(E - U_g\cos\delta)R_g + U_g X_g \sin\delta] \\ Q = \dfrac{3E}{R_g^2 + X_g^2}[(E - U_g\cos\delta)X_g + U_g R_g \sin\delta] \end{cases} \quad (7\text{-}39)$$

通过式（7-39）可以看出，VSG 的输出功率与逆变器和电网的相位差 δ、线路阻抗 $Z \angle \theta$ 和端电压 U 都有关系。

针对不同的应用场合，VSG 的线路阻抗 $Z \angle \theta$ 差别较大，由于线路等效阻抗的不同，实现电压和频率的解耦控制方法也不同。一般来说，在中压和高压架空线路中，阻感比通常较小，但在低压电网中，阻感比较大，典型等级线路的具体电气参数如表 7-1 所示。对三个特殊的阻感比 $\lambda(R/X = \infty$、$R/X = 0$、$R/X = \lambda)$ 进行分析，分纯阻性、纯感性和阻感性三种线路阻抗情况。

表 7-1　　　　　　　　　典型等级线路的电气参数

参　　数	电阻 R(Ω/km)	电感 X(mH/km)	阻感比 $\lambda = R/X$
低压线路（<1000V）	0.642	0.083	7.70
中压线路（6~35kV）	0.161	0.190	0.85
高压线路（>35kV）	0.060	0.191	0.31

1）线路阻抗呈纯阻性。当线路阻抗表现为纯阻性，此时 $\lambda = R/X = \infty$，即 $Z\angle\theta = R_g$。当 δ 值很小时，有 $\cos\delta \approx 1$，$\sin\delta = \delta$，则

$$\begin{cases} P = \dfrac{3E}{R_g}(E - U_g) \\[3mm] Q = -\dfrac{3E}{R_g}U_g\delta \end{cases} \tag{7-40}$$

$$\begin{cases} \dfrac{\partial P}{\partial\delta} = 0, \quad \dfrac{\partial P}{\partial E} = \dfrac{3(2E - U_g)}{R_g} \\[3mm] \dfrac{\partial Q}{\partial\delta} = -\dfrac{3EU_g}{R_g}, \quad \dfrac{\partial Q}{\partial E} = \dfrac{3U_g}{R_g}\delta \end{cases} \tag{7-41}$$

此时，逆变器功率间几乎无耦合关系，P 只与输出电压有关，而与功角无关；Q 与输出电压和功角都有关，由于 δ 值很小，可以忽略输出电压对 Q 的影响，Q 近似为只与功角有关。

当 δ 值不满足 $\cos\delta \approx 1$，$\sin\delta = \delta$，则

$$\begin{cases} P = \dfrac{3E}{R_g}(E - U_g\cos\delta) \\[3mm] Q = -\dfrac{3E}{R_g}U_g\sin\delta \end{cases} \tag{7-42}$$

$$\begin{cases} \dfrac{\partial P}{\partial\delta} = \dfrac{3EU_g}{R_g}\sin\delta, \quad \dfrac{\partial P}{\partial E} = \dfrac{3(2E - U_g\cos\delta)}{R_g} \\[3mm] \dfrac{\partial Q}{\partial\delta} = -\dfrac{3EU_g}{R_g}\cos\delta, \quad \dfrac{\partial Q}{\partial E} = -\dfrac{3U_g}{R_g}\sin\delta \end{cases} \tag{7-43}$$

此时，P 和 Q 均与输出电压和功角有关，P 和 Q 之间不能实现完全解耦。

2）线路阻抗呈纯感性。当线路阻抗为纯感性，此时 $\lambda = R/X = 0$，即 $Z\angle\theta = jX_g$，δ 值很小时，有 $\cos\delta \approx 1$，$\sin\delta = \delta$ 则

$$\begin{cases} P = \dfrac{3E}{X_g}U_g\delta \\[3mm] Q = \dfrac{3E}{X_g}(E - U_g) \end{cases} \tag{7-44}$$

$$\begin{cases} \dfrac{\partial P}{\partial\delta} = \dfrac{3EU_g}{X_g}, \quad \dfrac{\partial P}{\partial E} = \dfrac{3U_g}{X_g}\delta \\[3mm] \dfrac{\partial Q}{\partial\delta} = 0, \quad \dfrac{\partial Q}{\partial E} = \dfrac{3(2E - U_g)}{X_g} \end{cases} \tag{7-45}$$

此时，P 与输出电压和功角有关，由于 δ 值很小，可以不考虑输出电压对 P 的影响，P 近似为只与功角有关，Q 只与输出端电压有关。

当 δ 不满足 $\cos\delta \approx 1$，$\sin\delta = \delta$，则

$$\begin{cases} P = \dfrac{3E}{X_g} U_g \sin\delta \\[3mm] Q = \dfrac{3E}{X_g}(E - U_g\cos\delta) \end{cases} \tag{7-46}$$

$$\begin{cases} \dfrac{\partial P}{\partial \delta} = -\dfrac{3EU_g}{X_g}\cos\delta, \quad \dfrac{\partial P}{\partial E} = \dfrac{3U_g}{X_g}\sin\delta \\[3mm] \dfrac{\partial Q}{\partial \delta} = -\dfrac{3EU_g}{X_g}\sin\delta, \quad \dfrac{\partial Q}{\partial E} = \dfrac{3(2E - U_g\cos\delta)}{X_g} \end{cases} \tag{7-47}$$

同样，当 δ 不满足 $\cos\delta \approx 1$，$\sin\delta = \delta$ 时，P 和 Q 均与输出电压和功角有关。P 和 Q 之间不能实现完全解耦。

3）线路阻抗呈阻感性。当线路阻抗为阻感性，此时 $\lambda = R/X$，$Z\angle\theta = R_g + jX_g$，$\delta$ 值很小时，$\cos\delta \approx 1$，$\sin\delta = \delta$，则

$$\begin{cases} P = \dfrac{3E}{R_g^2 + X_g^2}[(E - U_g)R_g + U_g X_g \delta] \\[3mm] Q = \dfrac{3E}{R_g^2 + X_g^2}[(E - U_g)X_g - U_g R_g \delta] \end{cases} \tag{7-48}$$

$$\begin{cases} \dfrac{\partial P}{\partial \delta} = \dfrac{3EU_g X_g}{R_g^2 + X_g^2}, \quad \dfrac{\partial P}{\partial E} = \dfrac{3R_g}{R_g^2 + X_g^2}(2E - U_g) + \dfrac{3U_g X_g \delta}{R_g^2 + X_g^2} \\[3mm] \dfrac{\partial Q}{\partial \delta} = \dfrac{3EU_g R_g}{R_g^2 + X_g^2}, \quad \dfrac{\partial Q}{\partial E} = \dfrac{3X_g(2E - U_g)}{R_g^2 + X_g^2} - \dfrac{3U_g R_g \delta}{R_g^2 + X_g^2} \end{cases} \tag{7-49}$$

当 δ 不满足 $\cos\delta \approx 1$，$\sin\delta = \delta$，则

$$\begin{cases} P = \dfrac{3E}{R_g^2 + X_g^2}[(E - U_g\cos\delta)R_g + U_g X_g \sin\delta] \\[3mm] Q = \dfrac{3E}{R_g^2 + X_g^2}[(E - U_g\cos\delta)X_g - U_g R_g \sin\delta] \end{cases} \tag{7-50}$$

$$\begin{cases} \dfrac{\partial P}{\partial \delta} = \dfrac{3E(U_g X_g\cos\delta + U_g R_g\sin\delta)}{R_g^2 + X_g^2}, \quad \dfrac{\partial P}{\partial E} = \dfrac{6R_g E - 3R_g U_g\cos\delta + 3U_g X_g\sin\delta}{R_g^2 + X_g^2} \\[3mm] \dfrac{\partial Q}{\partial \delta} = \dfrac{3EU_g(U_g X_g\cos\delta - R_g\cos\delta)}{R_g^2 + X_g^2}, \quad \dfrac{\partial Q}{\partial E} = \dfrac{3X_g(2E - U_g\cos\delta) - 3U_g R_g\sin\delta}{R_g^2 + X_g^2} \end{cases} \tag{7-51}$$

可以看出，在线路阻抗呈现阻感性时，逆变器的 P 和 Q 均与逆变器的输出电压和功角高度耦合，P 与 Q 不能实现解耦。

由上述分析可以看出，当功角很小，且线路阻抗呈现纯阻性和纯感性时，可以实现近

似解耦，当系统功角较大，在三种线路阻抗下，VSG 的 P 和 Q 均无法实现解耦控制，不同阻抗时逆变器输出功率如表 7-2 所示。

表 7-2 不同阻抗时逆变器输出功率

系统阻抗	有功功率 P	无功功率 Q
$\lambda = R/X = \infty$	$P = \dfrac{3E}{R_g}(E - U_g\cos\delta)$	$Q = -\dfrac{3E}{R_g}U_g\sin\delta$
$\lambda = R/X = 0$	$P = \dfrac{3E}{X_g}U_g\sin\delta$	$Q = \dfrac{3E}{X_g}(E - U_g\cos\delta)$
$\lambda = R/X$	$P = \dfrac{3E}{R_g^2 + X_g^2}[(E - U_g\cos\delta)R_g + U_g X_g\sin\delta]$	$Q = \dfrac{3E}{R_g^2 + X_g^2}[(E - U_g\cos\delta)X_g - U_g X_g\sin\delta]$

（2）功角变化对无功环的影响分析。进一步推导公式，可以得到逆变器的输出功率为

$$
\begin{cases}
S = 3U_g I^* = P + jQ \\[2mm]
P = \dfrac{3U_g}{Z_g}[E\cos(\theta - \delta) - U_g\cos\delta] \\[2mm]
Q = \dfrac{3U_g}{Z_g}[E\sin(\theta - \delta) - U_g\sin\delta]
\end{cases}
\tag{7-52}
$$

对 P 和 Q 求关于 E 和 δ 的偏导数可得

$$
\begin{cases}
\dfrac{\partial P}{\partial \delta} = \dfrac{3EU_g}{Z_g}\sin(\theta - \delta) \\[2mm]
\dfrac{\partial P}{\partial E} = \dfrac{3U_g}{Z_g}\cos(\theta - \delta) \\[2mm]
\dfrac{\partial Q}{\partial \delta} = \dfrac{3EU_g}{Z_g}\cos(\theta - \delta) \\[2mm]
\dfrac{\partial Q}{\partial E} = \dfrac{3U_g}{Z_g}\sin(\theta - \delta)
\end{cases}
\tag{7-53}
$$

Q 关于 δ 的偏导数与 P 关于 E 的偏导数之间的比值为

$$
\frac{\dfrac{\partial Q}{\partial \delta}}{\dfrac{\partial P}{\partial E}} = \frac{\dfrac{3EU_g}{Z_g}\cos(\theta - \delta)}{\dfrac{3U_g}{Z_g}\cos(\theta - \delta)} = -E
\tag{7-54}
$$

由式（7-53）和式（7-54）可以看出，P 和 Q 之间存在耦合关系，相角对 Q 的影响要远大于输出电压对 P 的影响。

为进一步具体阐述功角对于功率耦合的影响，结合式（7-53）和式（7-54）对 P 和 Q 的状态变量进行改写，此时，假设 $\theta = 90°$，线路阻抗呈纯感性。得到其小信号模型为

$$\begin{cases} \Delta P = \dfrac{3EU_g\cos\delta}{X_g}\Delta\delta + \dfrac{3U_g\sin\delta}{X_g}\Delta E \\[3mm] \Delta Q = \dfrac{3EU_g\sin\delta}{X_g}\Delta\delta + \dfrac{3U_g\cos\delta}{X_g}\Delta E \end{cases} \tag{7-55}$$

式中　　　　E 和 δ ——VSG 输出电压及功角的稳态分量；

ΔP、ΔQ、$\Delta\delta$、ΔE——有功功率、无功功率、功角及 VSG 输出电压的小扰动分量。

根据式（7-55）分别作关于ΔQ 和ΔE、ΔQ 和$\Delta\delta$ 的关系图，如图 7-6 所示。为便于分析，设定 $E \approx U_g = 220\text{V}$，线路等效阻抗为 0.3152Ω。当功角稳态工作点为 $2°$，ΔQ 和ΔE、ΔQ 和$\Delta\delta$ 的关系图对应于 A_1 和 B_1 平面。假设功角稳态工作点为 $10°$，ΔQ 和ΔE、ΔQ 和$\Delta\delta$ 的关系图对应于 A_2 和 B_2 平面。对比 A_1 和 A_2 平面，可以看出两平面基本重合，说明功角的增大对ΔQ 与ΔE 之间增益关系的影响较小。对比 B_1 和 B_2 平面，可以看出功角的增大可以明显加重ΔQ 与$\Delta\delta$ 之间的耦合程度。

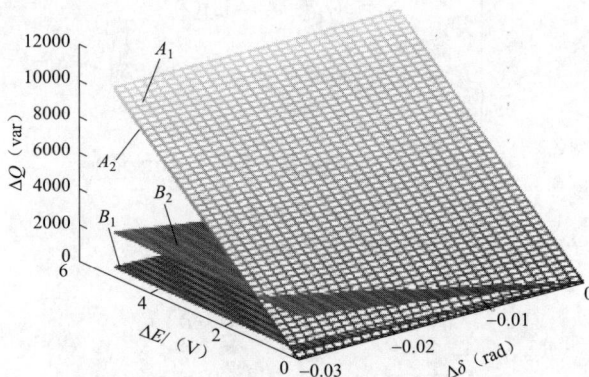

图 7-6　功角变化对功率耦合的影响

基于上述分析可知，P 和 Q 之间存在耦合关系，相角对 Q 的影响要远大于输出电压对 P 的影响，而且功角变大会明显加重功率的耦合程度。因此，VSG 功率解耦控制的本质就是解除功角对 Q 的影响。所以，解决在功角变化对无功环的影响，也就是解决 P 和 Q 耦合问题的关键。

（3）基于改进无功环的解耦控制策略。VSG 控制策略中存在着明显的 P 和 Q 耦合作用，P 的超调会导致 Q 的振荡，Q 的振荡将带来 P 的第二次超调，P 与 Q 相互作用，加剧功率振荡。此外，有功频率环节中有惯量 J 的引入，大惯性导致 P 和 δ 的调整速度变慢，因此 P 的调整通常比 Q 慢，因此，由于这种相互作用，无法实现快速的无功控制。为补偿功率耦合对无功功率动态响应速度的影响，提高 P 的动态响应速度，抑制 P 和 Q 的振荡，实现 P 和 Q 的解耦控制，需要对 VSG 控制策略进行改进。

Q 的变化方程可以表示为

$$Q = Q_0 + \Delta Q = Q_0 + \frac{\partial Q}{\partial\delta}\Delta\delta + \frac{\partial Q}{\partial E}\Delta E \tag{7-56}$$

式中　　Q_0——稳定工作点的无功功率值。

功率耦合就是当 P 变化时对 Q 有影响，Q 发生变化，通过无功—电压控制环节，从而会导致 VSG 输出电压与额定电压产生差值。要使得 Q 在 P 变化时依然能够跟踪指令值，继续保持不变，就要补偿 VSG 输出电压与额定电压产生的差值。将 P 的变化等效为功角的变化，希望将无功功率变化量 ΔQ 控制为零。因此，当 P 发生变化时，只要抵消 ΔQ 的响应，即可消除 P 对 Q 的影响。为补偿功角变化对 Q 带来的影响，应使

$$\Delta Q = \frac{\partial Q}{\partial \delta}\Delta\delta + \frac{\partial Q}{\partial E}\Delta E = 0 \tag{7-57}$$

将 δ 引入无功—电压控制环路进行修正，将式（7-56）代入式（7-57），得出修正方程的表达式为

$$\Delta E = -\frac{\frac{\partial Q}{\partial \delta}}{\frac{\partial Q}{\partial E}}\Delta\delta = -\frac{\frac{3EU_{\mathrm{g}}}{Z_{\mathrm{g}}}\cos(\theta-\delta)}{\frac{3U_{\mathrm{g}}}{Z_{\mathrm{g}}}\cos(\theta-\delta)}\Delta\delta = -\frac{1}{\tan(\theta-\delta)}E\Delta\delta \tag{7-58}$$

改进无功电压环节的 VSG 控制原理图显示，当改变 P_{M} 或 P_{e} 时，功率角 δ 发生改变，所以 ΔE 应根据式（7-58）的规律随 δ 变化，以保证在此过程中 $\Delta E = 0$。修正环节的引入，可以补偿无功功率变化量 ΔQ，实现功角较大情况下的功率解耦，增大无功功率动态响应速度，并削弱 P 和 Q 的振荡。

8

新型有源配电网光伏集群协调支撑

　　光伏发电具有不确定性和间歇性，大规模光伏电站并网会对系统运行特性产生影响。光伏电站出力的随机波动性首先对系统有功平衡造成冲击，从而直接影响到系统的频率稳定。为了避免有功波动范围过大，电力系统在配置备用容量时需要额外考虑光伏电站出力变化的影响，常规调频机组的功率分配和协调控制也会进行适应性调整。此外，由于光伏发电抗扰能力和低电压穿越能力比较差，在电力系统发生严重故障的情况下，光伏电站快速切机会进一步恶化系统频率响应，造成继电保护误动作等情况的出现。光伏电站并网对于电压的影响同样不可忽视，光伏出力波动所造成潮流变化是导致电网电压波动的直接原因。变化的有功潮流会在输电线路上产生变化的无功损耗，从而影响系统的无功和电压分布。最后，光伏电源作为一种静止电源，由于减小了系统等效惯性和改变电网原有潮流分布等原因，可能会对电网的稳定性产生影响。这一影响与电网拓扑结构、光伏电站的并网容量以及光伏电站的安装位置等均有关。针对现有新能源发电群并网存在诸多问题，下面主要从新能源发电群参与电力系统频率控制、无功电压控制两个方面阐述所研究的方案。

8.1　光　伏　集　群　控　制

8.1.1　控制策略

　　（1）光伏电站调频调压控制。由于光伏发电不存在旋转储能部件且输入功率难以控制，主要有两种方法使分布式光伏发电具备参与电网频率调节的能力。第一种方法是安装储能系统，而保持光伏发电单元工作在最大功率跟踪（maximum power point tracking，MPPT）状态，但是由于储能设备容量和成本的限制，仅由储能系统承担调频任务将会导致系统成本提高。另一种方法是在光伏最大出力的范围内，将光伏运行于功率调度模式。采用这种控制策略将会导致正常情况下的功率损失，而且光伏电站可以调度的功率受到光照强度影响明显，很可能出现调频容量不足的情况。与分布式光伏发电不同，光伏电站内部光伏单元的数量众多，其自身具有比较可观的调度功率。此外为了保证光伏电站的正常运行，目前储能系统已经广泛应用于大型光伏电站。因此为了保证光伏电站能够有效地参与电网调频，应该充分调用每一个发电单元调频的容量，光伏电站调频必然涉及多个发电单元之间的协调控制问题。

　　为了解决光伏并网发电造成的电网电压波动甚至越限的问题，光伏发电应当具备无功

166

电压控制的能力。光伏系统的无功控制最早通过安装无功补偿装置实现，但是无功补偿装置将会增加系统的成本和复杂程度，因此应当优先考虑光伏逆变器自身的无功控制能力。目前，随着逆变器控制技术的成熟，采用矢量控制策略可以实现有功无功的解耦控制，利用逆变器设计时留有的裕度，可以在其输出有功功率时保留输出无功功率的能力。当光伏发电在电网中的渗透率大于 30% 时，其调压能力可以完全取代光伏电站中调压电容器等无功补偿装置的作用。德国电气工程协会利用光伏逆变器输出无功的能力，在分布式光伏发电的背景下提出了四种无功控制方案，分别是恒定无功功率 Q 控制、恒定功率因数 $\cos\varphi$ 控制、基于光伏有功的功率因数 $\cos\varphi(P)$ 控制以及基于并网点电压的无功功率 $Q(U)$ 控制。四种控制方案具有各自的特点，应当根据应用场合进行灵活选取。

光伏电站内部包含有多组光伏发电单元，所有有功单元所产生的出力波动将会使得光伏电站无功电压特性相比于分布式光伏发电更加复杂。此外，光伏电站内部一般均配置有无功补偿装置，因此相应的无功控制策略在借鉴分布式光伏无功控制策略的同时，还需要考虑到多个无功电源之间的协调分配。

（2）光伏电站有功无功协调控制。当前光伏电站 AGC 功率控制系统主要由光伏电站 AGC 系统、环网交换机、通信管理机和各方阵中的光伏逆变器组成。对于典型的峰值功率为 500kW 的集中式逆变器，每个方阵（通常峰值功率为 1MW）中通常配置两台；而组串式逆变器峰值功率通常在 20～40kW，同等容量的方阵通常含有几十台组串式逆变器。进行 AGC 控制时，厂站 AGC 系统直接对各方阵中的逆变器进行遥调/遥控操作。在这些遥调/遥控指令通信报文经过通信管理机时，管理机将其作为通信过路指令或批处理指令协议转换转发处理。因此，从逻辑上来讲，这种站内 AGC 系统是一种直接的两层控制结构。

相同容量的光伏电站，由于组串式光伏逆变器台容量较小，而每台组串式逆变器的数据信息点容量又与大型集中式逆变器相当。这导致采用组串式逆变器的光伏电站 AGC 系统信息点容量需求暴增。据统计，同等容量的光伏电站方阵，组串式方阵中逆变器信息点容量大到接近集中式的 30 倍。这对厂站 AGC 系统数据库存储形成较大压力的同时，更为突出的是，厂站 AGC 系统每轮次控制中短短几秒钟内就会生成上万条 AGC 遥调/遥控指令（对应每台逆变器至少一条），这些瞬间海量的通信控制报文在网络中传输，以及在厂站级中心交换机网络、光伏区光纤环网和光伏区方阵的串口通信网络中传输下发都将导致出现通信阻塞问题，以致它们最终到达逆变器时延迟非常严重甚至出现报文丢失。实际工程中，AGC 控制指令收发延时从集中式的 5～6s 增大为组串式的几十秒甚至几分钟，极大地降低了 AGC 系统的时效性和准确率。因此，当前这种传统光伏电站 AGC 系统结构显然不能满足大型组串式光伏电站的 AGC 应用需求。

当前光伏电站 AGC 系统在组串式光伏阵列时出现的计算、控制容量和通信阻塞迟缓瓶颈等问题，可以通过在中间层增加一个方阵 AGC 而形成分层分布式 AGC 控制架构来有效解决。这样，厂站 AGC 系统仅需对中间层代表各方阵内所有逆变器的各方阵 AGC 进行功率控制计算与指令下发即可，而对各方阵内部大量的组串式逆变器的局部 AGC 控制计算则由各方阵 AGC 各自独立执行。通常一个组串式方阵峰值功率为 1～2MW，假设定义 N 为全站组串式方阵数目，定义 M 为每个方阵中组串式逆变器的数目（通常每个方阵含 20～60 台组串式逆变器）。采用分层分布式 AGC 架构后的效果相当于 AGC 功率控制计算由原来一台厂站计算机增加到 $N+1$ 台机器进行并行控制计算与通信下发，同时厂站 AGC 以中间方阵 AGC 为基础，控制计算容量和通信遥控/遥调控制指令数目容量大大减少至原来的 $1/M$（M 为 20～60），效果将十分明显。

基于该分层分布式架构，在传统方案下方阵中已包含箱变保护测控装置、通信管理机、环网交换机三个控制设备的基础上，还将需要在方阵中额外增加方阵 AGC。直接物理设备的增加会带来安装和二次电缆接线设计等多方面的问题，不利于相关技术方案的具体工程实施与推广。为此，本书又提出将新设计的方阵 AGC 功能与保护测控、通信管理机、环网交换机四大功能进行一体化融合而仅形成一台发电单元智能一体化装置的设计思想。该装置可直接安装于光伏方阵的升压箱式变压器中。

该分层分布式 AGC 及其一体化技术的优点是：有效降低厂站 AGC 系统功率控制计算容量；有效降低厂站 AGC 控制时下发的遥控/遥调指令数目，大大降低了通信阻塞概率；多方阵 AGC 并行同步计算控制与通信下发，时效性好；而且一体化方案下设备数量少，直接箱变安装还能有效节约额外的屏柜安装费用。

多个分布式光伏电厂通常通过一个升压变电站并入电网，因此提高无功控制效率，分布式光伏电厂并网点的电压无功控制宜采用调度中心—变电站—分布式光伏电厂的三级控制模式。

调度 AVC 根据配电网调度周期定时触发，在满足安全约束的前提下以配电网经济运行为目标，计算出中枢母线电压幅值的目标值，提供给受端负荷变电站使用。

受端负荷变电站接收调度指令，以控制站内有载调压变压器、容抗器组、分布式光伏电厂无功出力为手段，以达到控制低压侧负荷母线电压的目的。

分布式电站接收受端负荷变电站发送的改变无功指令，由分布式光伏电厂无功控制系统对站内光伏逆变器进行无功分配，控制并网点无功功率，进而达到控制并网点电压的目的。

AVC 自动电压控制系统算法基本流程显示，由于母线电压指标为监视量，当目标电压和实际测量电压有偏差时，需要根据当前系统阻抗计算出系统需要增减的无功，而系统阻抗和当前系统运行方式有关，系统阻抗的自动辨识可采用以下方式实现，计算式为

$$X = \frac{V_+ - V_-}{\dfrac{Q_+}{V_+} - \dfrac{Q_-}{V_-}} \tag{8-1}$$

式中　V_-——前周期计算系统阻抗时的母线电压；

　　　Q_-——前周期计算系统阻抗时的母线送出的总无功；

　　　V_+——本周期计算系统阻抗时的母线电压；

　　　Q_+——本周期计算系统阻抗时的母线送出的总无功。

此外，可采用逐步逼近法来计算系统阻抗。因为系统阻抗仅在相应母线电压变化时可计算出。如果高压母线电压长时间波动范围很小或保持在一个相对稳定的电压值附近，那么系统阻抗就无法计算出。此时，很有必要取上限做相应处理。开始计算时可设置一个系统阻抗的上限值作初始值，通过若干次调整就可以求得相对准确的系统阻抗，初值的不精确不影响多次逐步逼近的调整结果。在具体的系统阻抗计算中，要适当选取的采样间隔，

否则计算结果偏差较大。

8.1.2 控制架构

新能源发电群的结构如图 8-1 所示。新能源发电群的占地面积较大，因此每一个光伏发电群需要通过集电系统进行连接。图 8-1 中给出的新能源发电群包含有 m 条集电线路，每个光伏发电群的容量一般为 1MW，由于逆变器的容量限制，每个光伏发电单元由两个 500kW 的逆变器通过分裂变压器并联而成。光伏单元的分裂变压器将逆变器输出的交流电压抬升之后，经过集电线路和交流配电柜汇集电能，最终通过光伏电站变电所进行二次升压从而与公共电网相连。为了提高电能质量并增加光伏电站的可控性，目前在大型光伏电站的并网点处大多配置有储能系统。

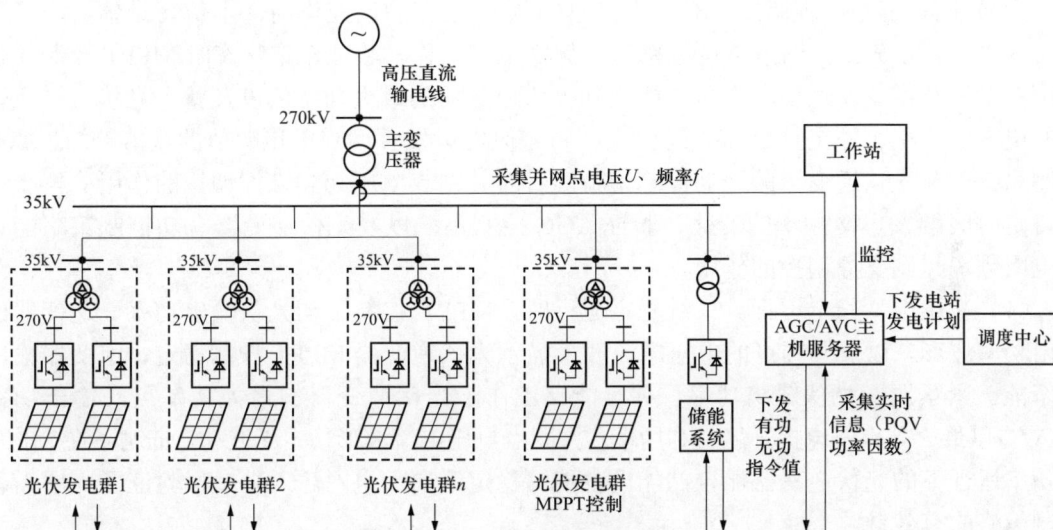

图 8-1 新能源发电群架构

当前新能源发电群的功率控制系统主要为三级式结构，最上层为电能调度中心，每日下发电站的发电计划，同时根据当前电网的负荷情况以及附近电站的协调配合实时更改电站的发电计划；第二层为 AGC/AVC 控制系统，主要由 AGC/AVC 主机服务器、工作站以及通信管理机所组成，AGC/AVC 主机主要用于控制策略的生成，通信管理主机主要用于数据的采集和控制命令的分发，工作站用于值班人员的监视和控制。通信管理机接受上级电力调度部门下发的功率、电压调节命令，简单处理后，利用消息总线把命令下发给 AGC/AVC 主机用于调节，同时通信管理机还需采集站内各逆变器、储能装置的有功、无功、电压、功率因数等实时信息，发送给 AGC/AVC 用于策略分析。最后一级则为新能源发电单元层，通过上级 AGC/AVC 控制系统的调控执行发电计划。

8.1.3 算例验证

为验证所提出控制策略的正确性，在 PLECS 中搭建如新能源发电群仿真模型，仿真参数如表 8-1 所示。

表 8-1 光伏发电群仿真参数

参　　数	数　　值
配电网基准电压（V）	31100
线路阻抗（Ω）	0.1+j0.0005
光伏逆变器最大功率（W）	23000
电网频率（Hz）	50
逆变器直流侧电压（V）	800

为验证有功/无功协调控制对于光伏电站频率/电压的调控作用，本仿真具体给出了三种仿真工况。首先，并网点电压频率均于额定范围工作，验证稳定状态时 MPPT 控制光伏输出功率以及逆变器输出功率是否能达到光伏逆变器的最大功率值以及整个光伏电站所输出的电压电流是否稳定符合标准；其次，在特定时间触发并网点电压幅值的跌落，验证 AVC 控制系统以及光伏逆变器的无功控制策略能否对并网点电压起到支撑调控的作用；再次，在特定时间触发电网频率的变化，验证 AGC 控制系统以及光伏逆变器有功控制策略能否对电网频率起到支撑调控的作用。

（1）光伏电站稳定运行。系统稳定运行时，MPPT 控制下的光伏输出功率、逆变器的输出功率波形，以及并网点的电压电流波形显示光伏逆变器 MPPT 控制稳定，逆变器输出功率能够紧紧跟随光伏输出功率，并且能够工作于光伏逆变器的最大功率点，输出功率 23kW，以最大功率发电提升能量利用率。并网点电压电流波形稳定无波动，证明了在 MPPT 限功率运行下的光伏逆变器配合储能设备能够稳定地向大电网注入功率，验证了底层设备控制策略的有效性。

（2）光伏电站无功电压调控。并网点电压发生变化时，光伏电站的无功调压仿真波形。实际工况中，多种网内事件会造成并网点电压的跌落或抬升，不利于电网的正常运行。本仿真在 0.5s 时刻给出了触发信号造成并网点电压跌落，由 5560V 降低至 5430V，此时并网点的电压信息传至 AVC 系统，经过系统的数据处理，0.2s 后重新给出限功率控制下的光伏逆变器的无功指令值，通过调节并网逆变器所输出的无功功率来恢复一定的并网点电压幅值，可看出每台光伏逆变器的无功输出从 8.5kW 降低至 2kW，稳定后由跌落的 5430V 升高至 5500V，恢复一定的并网点电压，起到主动支撑网侧电压的效果。

（3）光伏电站有功频率调控。并网点频率发生变化时，光伏电站光伏逆变器、储能设备的有功输出仿真波形。实际工况中，多种网内事件会造成并网点频率的波动，不利于电网的正常运行。本仿真在 0.5s 时刻给出了触发信号造成电网频率降低，从 50Hz 降至 49.8Hz，此时电网的频率信息传至 AGC 系统，经过系统的数据处理，0.2s 后重新给出限功率控制下的光伏逆变器以及储能逆变器的有功指令值。可以看出，光伏逆变器的有功输出从 10kW 升高至 20kW，储能逆变器的输出功率从 50kW 升高至 200kW，通过调节并网逆变器所输出的有功功率来恢复一定的电网频率，起到主动支撑电网频率的效果。

8.2　主动支撑型光伏样机研制

为了验证技术方案的正确性与可行性，并使该技术产生一定的经济效益与实用价值，研制了 2 台具有并离网主动支撑和多模态自适应切换的光伏单元样机，额定功率为 60kW。

8.2.1　硬件设计

光伏逆变器模块主要包含有直流输入配电部分，六路 Boost 变换器输入，NPC 型逆变器，加热、散热系统，滤波器单元。

整机结构整体采用模块化设计，防护等级 IP20，采用强制风冷进行散热；主要结构件包括钣金、绝缘材料、铜排、散热器，采用一次主回路和二次主回路分开布局。

整机结构整体采用模块化设计，防护等级 IP20，采用强制风冷进行散热；主要结构件包括钣金、绝缘材料、铜排、散热器，采用一次主回路和二次主回路分开布局。

（1）直流输入电路。直流输入电路主要由气体放电管、压敏电阻、共模电感、X 电容、Y 电容组成。首先，光伏电池的输出进入直流输入电路后，有压敏电路和气体放电管对 PE 之间的保护，防止电压过高和防雷保护。然后就是由共模电感和 XY 电容组成的 EMI 滤波电路，最终是 BUS+ 和 BUS− 作为下一个电路（Boost 电路的直流输入）。

（2）Boost 电路。BUS+ 和 BUS− 为 Boost 电路的输入，在 BUS+ 支路串入一个霍尔采样，采样直流输入的电流，然后就到 boost 电感，最后是两个 470uf 的直流支撑电容和 300kΩ 的均压电阻，最终输出出去，作为逆变器部分的直流母线。

直流电感采用两个 0.4mH 70A 的立绕电感，安装方式采用倒装引线式，这样可以将上下层完全隔离，功率部分和控制部分分开。

（3）逆变电路。主逆变电路由驱动电路 IGBT，内管吸收电路组成。IGBT 选用英飞凌的 F3L100RW2E3 系类，是一种三电平拓扑结构，采用并连方式运行。该 IGBT 模组，直流输出电压最大 800V，电流最大 100A，一个模组由两个型号为 F3L100R 的 IGBT 并联运行，对于 60kW 的逆变电路有足够的裕量，并且都是模组化操作，控制或者变动比较灵活。

（4）滤波电路。逆变滤波电路由 LCL 组成，逆变电感选用单只 0.8mH 90A 的立绕电感，电网侧电感选用 0.02mH 90A 的线绕电感。

（5）逆变输出电路。逆变器输出电路包括共模电感、X 电容、Y 电容、压敏电阻、碳膜电阻、输出保险。在共模电感前、后，保险前、后都有安规电容。

（6）整体样机尺寸。样机尺寸为 950mm×600mm×300mm。底层安装倒装引线电感和散热器（功率部分和控制部分完全隔离）；中层安装直流输入板，DC-DC 板，直流母线板，继电输出板；上层安装信号转接板和辅助电源。

8.2.2　性能测试

（1）测试方法。测试平台如图 8-2 所示，逆变器的输入侧六路端口分别接光伏模拟源，输出负载侧接三相四线制负载，输出并网侧经过断路器与电网相连。

注：考虑测试采用的电源类型，从而光伏模拟的方法有差异，参数可能相应调整：①环境模拟；②曲线特性模拟；③电压源串电阻模拟。

总共验证了 4 方面内容：①离网带载的功能、电压、频率；②离网切换的时间；③并网切换的时间；④并网主动支撑。

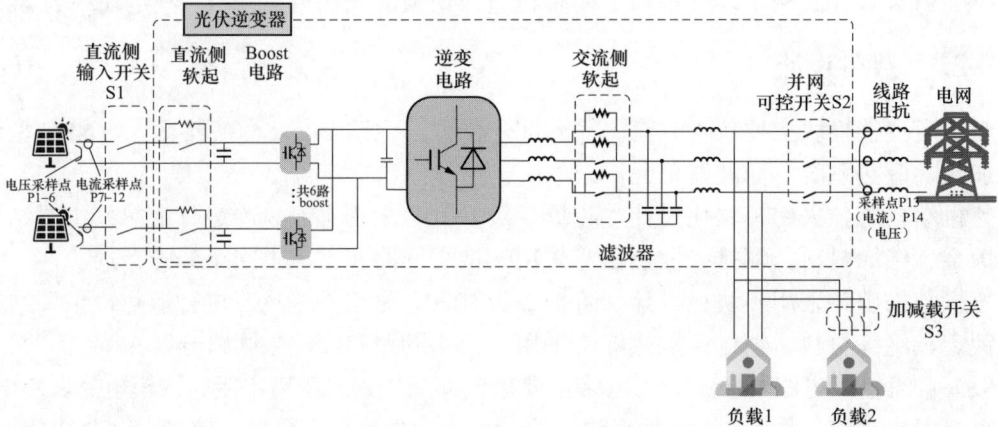

图 8-2　测试平台示意图

1）开关。

S1：用于控制直流侧输入，正常运行情况下闭合。

S2：用于控制光伏逆变器并离网切换，并网情况下闭合，离网情况下断开。

S3：用于控制负载的投切，加载时闭合，减载时断开。

2）采样点。

P1～6：每路光伏的输出电压采样。

P7～12：每路光伏的输出电流采样。

P13：逆变器输出电流采样。

P14：逆变器输出电压采样。

（2）测试结果。

1）并网主动支撑功能验证（MPPT 模式）。闭合光伏逆变器并网侧开关 S2，光伏逆变器带载并网运行，外接 6 路光伏模拟电源，每路光伏模拟电源最大功率点设定为 10kW，控制屏设定为"并网运行模式"，启动光伏逆变器。分别为逆变器并网电压（青），逆变器输出电流（粉），光伏模拟源输出电压（蓝），光伏模拟源输出电流（绿）。光伏逆变器运行最大功率 60.07kW；MPPT 模式运行稳定，光伏输出电压电流无明显波动。

2）并网主动支撑运行功能验证（无功电压控制）。光伏逆变器运行于 MPPT 控制模式，控制器调控无功功率由 0 切换为 20kvar。在无功电压控制下电压、电流相位差约为 18°，对应无功功率输出 20.98kvar。

3）并网主动支撑运行功能验证（有功削减控制）。光伏逆变器运行于 MPPT 模式，控制器调控退出 MPPT 模式，削减光伏输出功率指令至 40kW，工作于有功削减模式。切换过程中，光伏工作点右移，光伏输出电压（降低，输出电流增加，总输出功率由 60kW 降低为 40kW，并网电压维持稳定，光伏逆变器输出电流减少。

4）离网带载主动支撑功能验证。断开并网侧开关 S2，光伏逆变器离网带载运行，外接 6 路光伏模拟电源，控制屏设定为"离网运行模式"，启动光伏逆变器，通过控制开关 S3 在最大功率点以下进行负载投切测试电压电流情况。光伏逆变器输出稳态电压 213～219V，波动范围小于 9.5%，频率稳态波动范围小于 0.95Hz。

5）并网切离网功能验证。控制器下达离网指令，断开开关 S2，光伏逆变器由并网模式切换至离网带载模式，设备离网输出达到额定电压的 90%即认为设备稳定运行在离网模式。在控制器下达离网指令后，断开并网开关切换至离网带载模式，切换时间小于 290ms。

6）离网带载模式切换至并网模式功能验证。闭合光伏逆变器并网侧开关 S2，控制器下达并网指令，光伏逆变器由离网带载模式切换至并网模式。在控制器下达并网指令，光伏逆变器由离网带载模式经预同步控制模式，切换至并网模式，切换时间小于 290ms。

新型有源配电网快速保护

在新能源渗透率较高的有源配电网，对保护速动性、可靠性及配电网故障恢复提出了更为严苛的要求。由于大量分布式可再生能源的接入，配电网由单源变为一端、多源、潮流与短路电流双向流动、弱馈问题突出的有源配电网，传统配网保护配置方案对可再生能源的特性及用户差异性化、可靠性需求考虑不足，传统转供方案不合理导致保护跳闸、用户停电、设备损坏，严重影响到配电网的安全、稳定运行。

9.1 配网拓扑自识别

为实现配电网故障的快速隔离与自愈，目前配电网普遍采用主站集中式馈线自动化和就地式馈线自动化，无论是"集中型"还是"就地型"控制方式都存在停电时间长、保护与控制方式不够灵活等问题。随着新型无线通信技术（以 5G 技术为代表）、光纤有线通信技术的不断发展，不依赖于主站的智能分布式馈线自动化将成为未来智能配电网故障处理的主要模式，其故障隔离速度快、恢复供电时间短的特点将大大提高配网供电可靠性。

9.1.1 自识别应用

目前，智能分布式在北京、上海、深圳等供电可靠性要求较高地区得到较好应用，明确终端间的相邻拓扑关系是实现智能分布式的基础，由于终端的数据存储能力较弱，一般无法主动配置或异动全局网络拓扑信息，一旦配电网的网架结构发生改变、运行方式发生变化、新终端设备安装接入或退出时，要对相关终端中的预置信息进行远程或就地相应修改，维护工作量大、维护难度高，严重影响智能分布式的实用推广。随着新能源的接入和配网运行环境的不断变化，终端掌握所在位置的基本拓扑结构，获取故障研判所需的上下游相邻终端信息，将更有利于算法的不断优化和故障处理准确率的提高，所以掌握配网拓扑结构自适应识别方法的需求十分迫切。

配电终端所在位置的上下游拓扑结构关系是智能分布式馈线自动化实现的基础，为提高智能分布式算法在网架结构发生改变、运行方式发生变化、新终端设备安装接入或退出情况下的自适应性，减少终端维护工作量，提出一种适用于智能分布式的配网拓扑自适应识别方法，通过建立相邻终端库，自动识别源终端、邻终端、荷终端，实时建立局部拓扑网络，保证智能分布式馈线自动化可靠动作，同时也可将终端基础拓扑应用于其他保护逻辑，对提高保护动作的可靠性是十分有利的。

9.1.2 自识别方案

建立相邻终端库，自适应识别源终端、邻终端、荷终端，源终端即为终端电源方向节点，荷终端即为终端负荷方向节点，邻终端为平行方向节点，由此便可推得终端所在位置的上下游拓扑结构关系，如图9-1所示。

定义相邻终端库，终端的相邻终端库由与终端直接相邻的所有终端组成，终端信息包括各相邻终端的节点号和通信地址。

终端A安装前，根据终端A安装位置，完成终端A的相邻终端库录入，新终端A首次接入后，会自动向相邻终端库内所有终端发送拓扑入库指令，相邻终端接收到拓扑入库指令后，自动将新终端A划入各自相邻终端库。

终端A拆除前，通过控制终端A，向相邻终端库内所有终端发送拓扑退库指令，相邻终端接收到拓扑退库指令后，自动将终端A退出各自相邻终端库。

图 9-1 终端所在位置拓扑结构简图

定义源终端，当某一终端A接收到相邻终端库内终端B发送的拓扑识别指令时，则将该相邻终端B视为终端A的源终端。终端接收到拓扑识别指令后，经T_F延时（T_F一般设置为5s），向相邻终端库内所有非源终端发送拓扑识别指令，若终端自身开关断开，则停止转发消息。

定义邻终端，当终端A发出拓扑识别指令后，在时间T_L内接收到库内非源终端B发送的邻终端确认指令，认定库内终端B为终端A的邻终端。

当某一终端C在时间T_G内收到两个及以上拓扑识别指令时，若该终端C开关状态为闭合，终端C会向非第一发送者发送邻终端确认指令，若该终端C开关状态为断开，则开关为联络开关。

定义荷终端，相邻终端库内除源终端、邻终端外，其余的终端为荷终端。

拓扑识别指令首先由各电源侧站内出口开关（终端）启动发送，当出口开关为闭合状态，启动发送条件为定时发送或电流突变发送，定时发送时间T_2可设，一般设置为5min，电流突变发送的电流突变阈值I可设，一般设置为10A；当出口开关为断开状态，不发送拓扑识别指令。

9.1.3 自识别策略

某一配电网结构如图9-2所示，其中S1、S2、S3为三个电源点，CB1、CB2、CB3为电源站内出口开关，L2、L3为联络开关，K1、K2、K3、K4、K5、K6、K7、K10、K11位线路上开关（终端）。

正常状态下，L2、L3断开，其他开关闭合，配网单电源供电。各终端相邻终端库如表9-1所示。

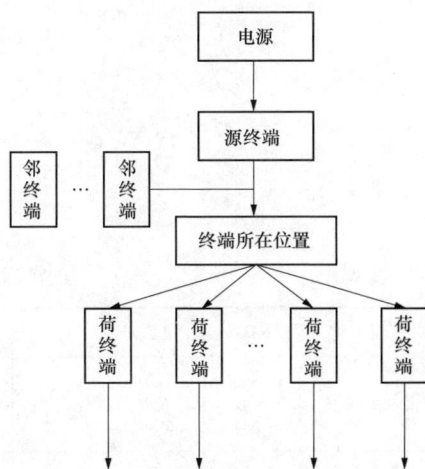

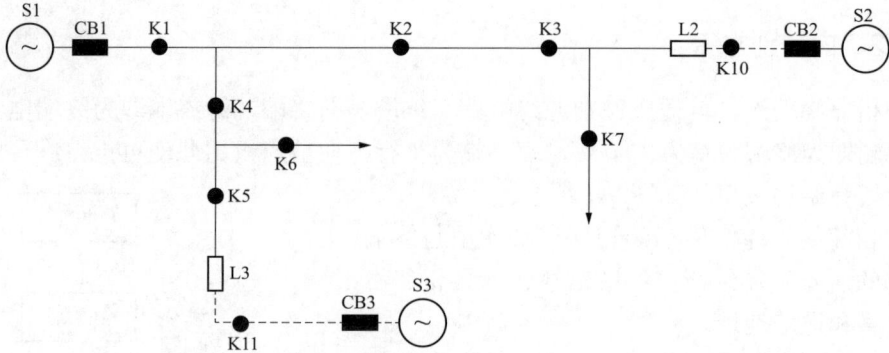

图 9-2　网结构图

表 9-1　　　　　　　　　　正常运行状态下相邻终端库明细表

终端名称	CB1	L2	L3	K1	K2	K3	K4	K5	K6	K7
相邻终端库	K1	K3 K7 K10	K5 K11	CB1 K2 K4	K1 K3 K4	L2 K2 K7	K1 K5 K6	L3 K4 K6	K4 K5	L2 K3
源终端	—	—	—	CB1	K1	K2	K1	K4	K4	K3
邻终端	—	—	—	—	K4	—	—	K6	K5	L2
荷终端	K1	—	—	K2、K4	K3	L2、K7	K5、K6	L3	—	—

　　每间隔时间 T_2 或电流突变时，终端 CB1 会发出拓扑识别指令给 K1，K1 接收到 CB1 的拓扑识别指令后，将库中 CB1 判定为源终端，经 T_F 延时，向库中 K2、K4 发送拓扑识别指令，在 T_L 时间内，未接收到邻终端确认指令，库中 K2、K4 为荷终端。

　　K2 接收到 K1 的拓扑识别指令后，将库中 K1 判定为源终端，经 T_F 延时，向库中 K3、K4 发送拓扑识别指令，由于 K4 在 T_G 时间内先后接收到 K1、K2 的拓扑识别指令，K4 会发送邻终端确认指令至 K2，所以当 K2 向 K3、K4 发送拓扑识别指令后，在 T_L 时间内，会接收到 K4 发送的邻终端确认指令，所以库中 K4 为邻终端，K3 为荷终端。

　　K4 接收到 K1 的拓扑识别指令后，将库中 K1 判定为源终端，经 T_F 延时，向库中 K5、K6 发送拓扑识别指令，在 T_L 时间内，未接收到邻终端确认指令，库中 K5、K6 为荷终端。

　　K3 接收到 K2 的拓扑识别指令后，将库中 K2 判定为源终端，经 T_F 延时，向库中 K7、L2 发送拓扑识别指令，在 T_L 时间内，未接收到邻终端确认指令，库中 K7、L2 为荷终端。

　　K5 接收到 K4 的拓扑识别指令后，将库中 K4 判定为源终端，经 T_F 延时，向库中 K6、L3 发送拓扑识别指令，由于 K6 在 T_G 时间内先后接收到 K4、K5 的拓扑识别指令，K6 会发送邻终端确认指令至 K5，所以当 K5 向 K6、L3 发送拓扑识别指令后，在 T_L 时间内，会接收到 K6 发送的邻终端确认指令，所以库中 K6 为邻终端，L3 为荷终端。

　　K6 接收到 K4 的拓扑识别指令后，将库中 K4 判定为源终端，经 T_F 延时，向库中 K5 发送拓扑识别指令，由于 K5 在 T_G 时间内先后接收到 K4、K6 的拓扑识别指令，K5 会发送邻终端确认指令至 K6，所以当 K6 向 K5 发送拓扑识别指令后，在 T_L 时间内，会接收到 K5 发送的邻终端确认指令，所以库中 K5 为邻终端。

K7 接收到 K3 的拓扑识别指令后，将库中 K3 判定为源终端，经 T_F 延时，向库中 L2 发送拓扑识别指令，由于 L2 在 T_G 时间内先后接收到 K3、K7 的拓扑识别指令，L2 会发送邻终端确认指令至 K7，所以当 K7 向 L2 发送拓扑识别指令后，在 T_L 时间内，会接收到 L2 发送的邻终端确认指令，所以库中 L2 为邻终端。

各终端的源、邻、荷终端如表 9-1 所示。依据表 9-1 中信息，很容易确定终端上下游拓扑关系。

当 F1 处发生故障时，K1、K2、K4 跳开，隔离故障，L2、L3 闭合，非故障区域恢复供电，配网运行方式发生变化，如图 9-3 所示。

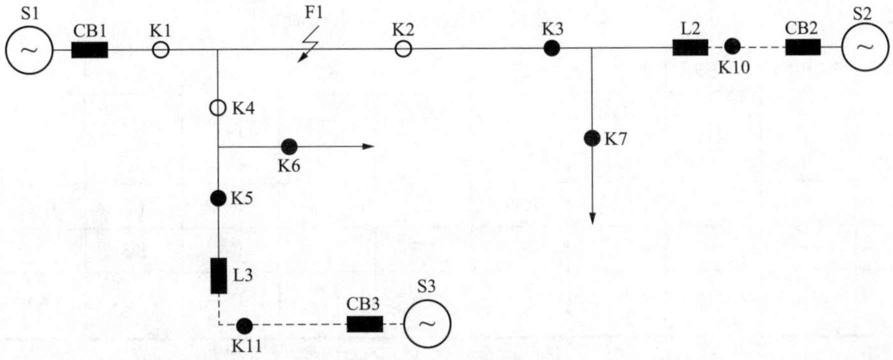

图 9-3 F1 处故障时配网运行状态图

由于负荷转供，流经 CB2 的电流发生变化，终端 CB2 会发出拓扑识别指令给 K10，K10 接收到 CB2 的拓扑识别指令后，将库中 CB2 判定为源终端，经 T_F 延时，向库中 L2 发送拓扑识别指令，在 T_L 时间内，未接收到邻终端确认指令，库中 L2 为荷终端。

L2 接收到 K10 的拓扑识别指令后，将库中 K10 判定为源终端，经 T_F 延时，向库中 K3、K7 发送拓扑识别指令，在 T_L 时间内，未接收到邻终端确认指令，库中 K3、K7 为荷终端。

K3 接收到 L2 的拓扑识别指令后，将库中 L2 判定为源终端，经 T_F 延时，向库中 K2、K7 发送拓扑识别指令，由于 K7 在 T_G 时间内先后接收到 L2、K3 的拓扑识别指令，K7 会发送邻终端确认指令至 K3，所以当 K3 向 K2、K7 发送拓扑识别指令后，在 T_L 时间内，会接收到 K7 发送的邻终端确认指令，所以库中 K7 为邻终端，K2 为荷终端。

K7 接收到 L2 的拓扑识别指令后，将库中 L2 判定为源终端，经 T_F 延时，向库中 K3 发送拓扑识别指令，由于 K3 在 T_G 时间内先后接收到 L2、K7 的拓扑识别指令，K3 会发送邻终端确认指令至 K7，所以当 K7 向 K3 发送拓扑识别指令后，在 T_L 时间内，会接收到 K3 发送的邻终端确认指令，所以库中 K3 为邻终端。

由于负荷转供，流经 CB3 的电流发生变化，终端 CB3 会发出拓扑识别指令给 K11，K11 接收到 CB3 的拓扑识别指令后，将库中 CB3 判定为源终端，经 T_F 延时，向库中 L3 发送拓扑识别指令，在 T_L 时间内，未接收到邻终端确认指令，库中 L3 为荷终端。

L3 接收到 K11 的拓扑识别指令后，将库中 K11 判定为源终端，经 T_F 延时，向库中 K5 发送拓扑识别指令，在 T_L 时间内，未接收到邻终端确认指令，库中 K5 为荷终端。

K5 接收到 L3 的拓扑识别指令后，将库中 L3 判定为源终端，经 T_F 延时，向库中 K4、K6 发送拓扑识别指令，在 T_L 时间内，未接收到邻终端确认指令，库中 K4、K6 为荷终端。

K6 接收到 K5 的拓扑识别指令后，将库中 K5 判定为源终端，经 T_F 延时，向库中 K4 发送拓扑识别指令，由于 K4 在 TG 时间内先后接收到 K5、K6 的拓扑识别指令，K4 会发送邻终端确认指令至 K6，所以当 K6 向 K4 发送拓扑识别指令后，在 T_L 时间内，会接收到 K4 发送的邻终端确认指令，所以库中 K4 为邻终端。

各终端的源、邻、荷终端如表 9-2 所示。依据表 9-2 中信息，很容易确定终端上下游拓扑关系。

表 9-2　　　　　　　　　　　　　　F1 处故障时相邻终端库明细表

终端名称	CB2	CB3	L2	L3	K3	K5	K6	K7	K10	K11
相邻终端库	K10	K11	K10 K3 K7	K11 K5	K2 K7 L2	K6 L3 K4	K4 K5	K3 L2	L2 CB2	L3 CB3
源终端	—	—	K10	K11	L2	L3	K5	L2	CB2	CB3
邻终端	—	—	—	—	K7	—	K4	K3	—	—
荷终端	K10	K11	K3 K7	K5	K2	K6 K4	—	—	L2	L3

当 F2 点发生故障如图 9-4 所示，各终端的源、邻、荷终端如表 9-3 所示。依据表 9-3 中信息，很容易确定终端上下游拓扑关系。

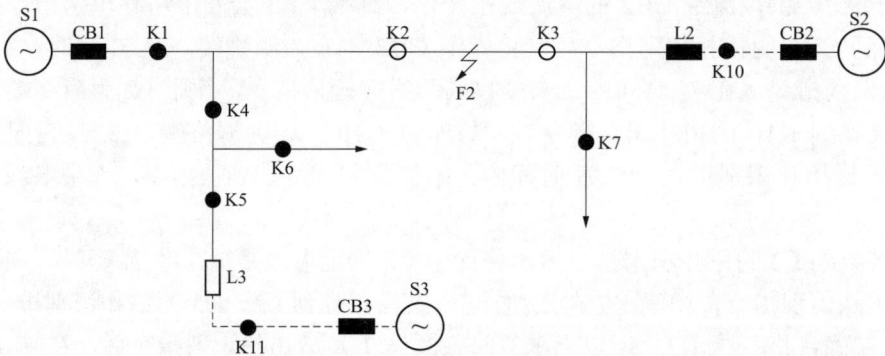

图 9-4　F2 处故障时配网运行状态图

表 9-3　　　　　　　　　　　　　　F2 处故障时相邻终端库明细表

终端名称	CB1	CB2	L2	K1	K4	K5	K6	K7	K10
相邻终端库	K1	K10	K10 K3 K7	K2 K4 CB1	K1 K2 K5 K6	K6 L3 K4	K4 K5	K3 L2	L2 CB2
源终端	—	—	K10	CB1	K1	K4	K4	L2	CB2

续表

终端名称	CB1	CB2	L2	K1	K4	K5	K6	K7	K10
邻终端	—	—	—	—	K2	K6	K5	K3	—
荷终端	K1	K10	K3 K7	K2 K4	K5 K6	L3	—	—	L2

当线路整改，增加新的终端节点 K8 时，如图 9-5 所示。K8 安装前，根据 K8 计划安装位置，建立 K8 相邻终端库，包括 K2、K3。K8 接入后，向 K2、K3 分别发送拓扑入库指令，K2、K3 将 K8 纳入各自的相邻终端库。各终端的源、邻、荷终端如表 9-4 所示。依据表 9-4 中信息，很容易确定终端上下游拓扑关系。

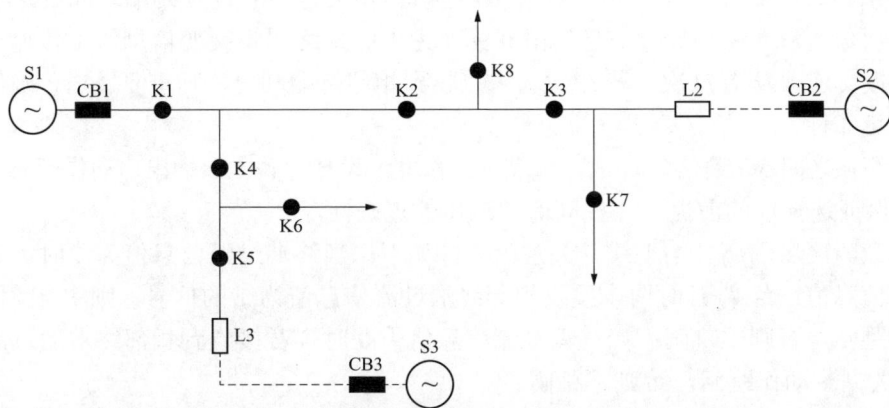

图 9-5　新安装终端 K8 时配网运行状态图

表 9-4　　　　　　　　　　　新安装终端 K8 时相邻终端库明细表

终端名称	CB1	L2	L3	K1	K2	K3	K4	K5	K6	K7	K8
相邻终端库	K1	K3 K7 K10	K5 K11	CB1 K2 K4	K1 K3 K4 K8	L2 K2 K7 K8	K1 K5 K6	L3 K4 K6	K4 K5	L2 K3	K2 K3
源终端	—	—	—	CB1	K1	K1	K1	K4	K4	K3	K2
邻终端	—	—	—	K4	K8		K6	K5	L2	K3	
荷终端	K1	—	—	K2 K4	K3 K8	L2 K7	K5 K6	L3			

9.2　基于 5G 的智能分布式馈线自动化技术

配电网发生故障后，一般依赖配电自动化系统实现故障隔离与自愈，通常采用的模式有集中式与就地式，就地式主要包括电压时间型、过流级差型、电流时间型、自适应型、光纤智能分布式。针对现有的各种配网故障处理模式故障处理时间长、建设成本高、选择性差等缺点，利用 5G 通信的低延时、高带宽、传输稳定等特点，将 5G 通信作为故障信号传输通道，综合考虑 5G 通信传输延时、丢包率等技术指标，需提出一种可靠性高、选择性强、容错性强的配网故障处理方法，显著提高配网供电可靠性。

9.2.1 自动化处置方案

对于闭环设计开环运行的配电网络，采用 5G 无线公网作为配电自动化终端之间相互通信通道，实现配网故障快速处理，方法综合考虑 5G 通信延时 T_1、传输丢包率 δ、通信设备故障事件、通信网络故障事件等因素。

定义过流信息值，即当终端采集电流大于整定阈值 I_1 时，过流信息值为 1，否则过流信息值为 0。

当两个相邻终端通信正常时，根据 5G 通信传输丢包率 δ 设置终端之间发送过流信息值的报文次数 N，当终端故障信息值由 0 突变为 1 时，终端将突变信息值 1 传输至相邻终端，该帧报文连续发送 N 次，若 N 次均未接收到相邻终端回复，则重复发送，确保终端接收信息的可靠性。

根据终端之间 5G 通信延时 T_1，考虑一定裕度，设置开关主保护出口动作延时 T_2，$T_2 > T_1$，可在保证选择性的前提下，提高保护动作的正确性。

（1）故障区域隔离。主干线开关跳闸条件如下：当终端过流信息值为 1 时，等待接收相邻终端信息值，若 T_2 延时内未接收相邻终端过流信息值为 1 的信号，则 T_2 延时到达后，开关动作跳闸，否则不跳闸；当终端过流信息值为 0 时，若接收到相邻终端的过流信息值为 1，开关立刻动作跳闸，否则不跳闸。

分支开关跳闸条件如下：当终端过流信息值为 1 时，开关立刻动作跳闸；当终端过流信息值为 0 时，等待接收相邻终端信息值，当仅接收到一台相邻终端的过流信息值为 1 时，开关立刻动作跳闸。

若 T_2 延时内过流信息值发生变化，即由 1 变为 0 时，算法复归，方向信息值为 0。如图 9-6 所示，当 F1 发生故障后，K1、K2、K3、K5 节点终端的过流信息值均为 1，但由于分支开关 K5 过流信息值变为 1 后，会立刻切除故障，T_2 延时内开关 K1、K2、K3 过流信息值均由 1 变为 0，算法复归，开关 K1、K2、K3 过流信息值均为 0。

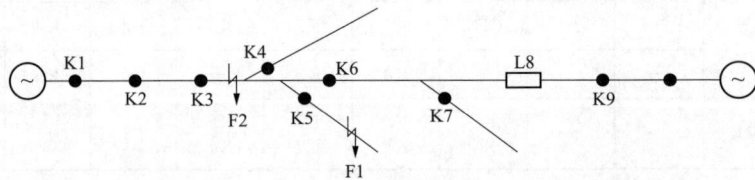

图 9-6　配网拓扑图

当主干线终端通信故障时，相邻终端通信出现异常，终端首先尝试"跨越"连接，与次邻（相邻的相邻）终端重新建立通信，如图 9-5 所示，当终端 K3 的通讯出现问题，K2 与 K3 无法建立通信连接，此时 K2 自动跳跃 K3 与 K3 下游开关 K4、K5、K6 建立连接，同理，K4、K5、K6 自动跳跃 K3 与 K2 握手连接，K3、K4、K5、K6 为次邻终端。终端重新建立新的相邻关系后，次邻终端替换原相邻问题终端，出口跳闸条件不变。"跨越"连接尽管保护的选择性较之通信中断前有所降低，但依旧在可控范围内，不至于使得变电站出口开关跳闸，造成大范围的停电。

当分支线上终端通信故障时，如图 9-6 中 K4 发生通信故障时，故障分支自动退出关联网络，不纳入算法之中，直至通信恢复。

当通信网络故障时，"跨越"连接也无法建立，终端立即闭锁基于过流信息值的 T_2 延时主保护，启动常规电流保护，终端保护定值按照运行要求设置即可。

（2）非故障区域自愈。基于 5G 通信的配网故障处理方法，非故障区域自愈依靠联络开关逻辑进行非故障区域供电恢复。当联络开关检测到一端有压、另一端无压时，若联络开关与无压侧相邻开关通信正常时，且在失压前 T_2 时间内，未接收到相邻开关过流信息值为 1 的信息，则经延时 T_3 后，联络开关合闸供电。时间 T_3 可根据需求自行设置。若联络开关与无压侧相邻开关通信异常时，联络开关闭锁合闸。

9.2.2 故障隔离与恢复策略

基于 5G 通信的配网故站处理方法主要包括故障隔离与故障恢复两个方面。其中，故障隔离主要依靠干线终端和支线终端的跳闸动作实现，故障恢复依赖联络开关的动作合闸实现。其流程图如图 9-7～图 9-9 所示。

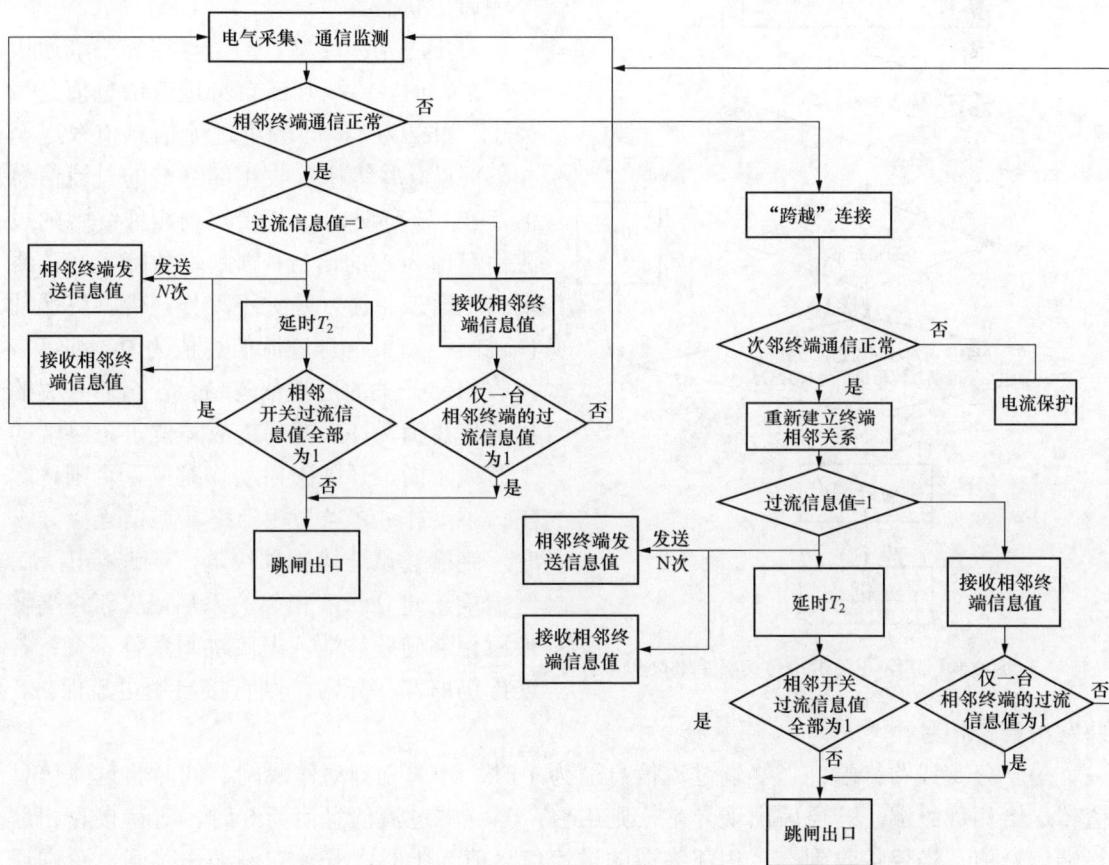

图 9-7 主干线终端故障隔离流程图

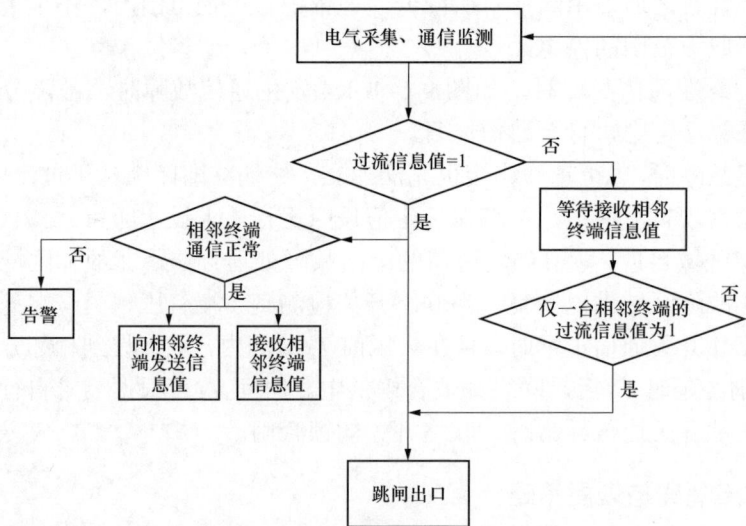

图 9-8　分支线终端故障隔离流程图

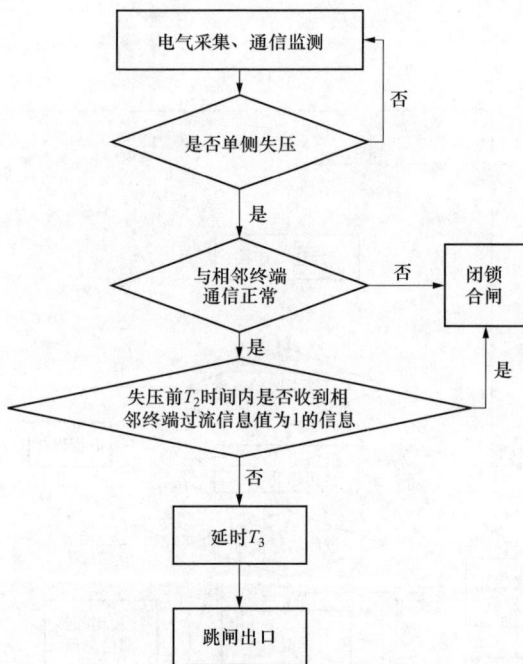

图 9-9　联络开关供电恢复流程图

终端运行状态下，实时采集电流信息，监测通信状态。

对于主干线终端，①当与相邻终端通信连接正常时，终端判断自身过流信息值是否为 1，如果为 1，即刻将过流信息值发送至相邻终端，并等待接收相邻终端的过流信息值，在 T_2 延时内，若接收到相邻终端的过流信息值为 1 的信号，则判定故障不在该终端的上游或下游，开关不动作，否则终端动作跳闸；如果自身过流信息值为 0，则等待接收相邻开关的过流信息值，若相邻终端的过流信息值为 1，则判定故障位于该终端的上游或下游，开关出口动作跳闸，否则终端出口不动作。②当与相邻终端通信连接异常时，终端尝试连接次邻终端，若连接正常，终端重新建立新的相邻关系后，次邻终端替换原相邻问题终端，出口跳闸条件不变；若连接仍旧存在异常，则直接启用电流保护，并发出告警信号。

对于分支线路终端，当终端过流信息值为 1 时，开关立刻动作跳闸，同时将过流信息值传送给相邻终端，若通信出现异常，则告警；当终端过流信息值为 0 时，等待接收相邻终端信息值，当仅接收到一台相邻终端的过流信息值为 1 时，开关立刻动作跳闸，否则返回至初始状态。

对于联络线路终端，当联络开关检测到一端有压、另一端无压时，若联络开关与无压侧相邻开关通信正常时，且在失压前 T_2 时间内，未接收到相邻开关过流信息值为 1 的信息，则经延时 T_3 后，联络开关合闸供电，否则，闭锁合闸，时间 T_3 可根据需求自行设置。若联络开关与无压侧相邻开关通信异常时，联络开关闭锁合闸。

9.3　基于 5G 的多端差动保护

差动保护是指流入一个节点（或封闭空间）的电流与流出该节点（或封闭空间）的电流相等，其故障判据成立的唯一条件是有额外的分支电流流出。为保证差动保护判断准确、启动及时，一组差动电流应为同一时刻采样值，因此需要严格保证差动电流的时间同步。传统的差动保护采用乒乓算法，通过两端数据交互计算通道传输时延，调整采样时刻，使两端数据同步采样，但是该方法不适用于多电源点接入的线路。5G 通信具有标准时间同步协议，即精确时间协议（precision time protocol，PTP），专有硬件支持物理层打时间戳，可实现全线路终端时钟同步，借助 5G 的同步授时可实现多端差动时钟同步。

9.3.1　多端差动保护原理

配电网多端差动保护收集线路同一节点各馈线终端采集的同一时刻电流量进行多端数据的电流差动计算。借助 5G 通信业务的高精度授时技术，客户终端设备（customer premise equipment，CPE）接收基站空口同步对时，并输出 B 码格式的对时数据传送至馈线终端，为进行差流计算的电流数据提供了同一时刻保证。

多端差动保护运行过程中，各分段点的馈线终端收集相邻节点的数据信息，终端之间通过 5G 来传输带时标的模拟量信息和开关信息，依靠容错式多端插值同步技术，得到同一时刻线路周边所有分段点模拟量数据，实时对线路进行差流计算。当该线路发生故障时，线路周边所有分段点的馈线终端均检测到差流越限，从而各自完成差动保护控制决策及动作。

终端之间传输的通信报文格式如图 9-10 所示，其中报文长度固定 20 字节，绝对时间格式采用微秒（μs）传输，占用 8 字节。通信报文携带了绝对时间和三相电流数据等量，馈线终端及其相邻终端以绝对时间同步为原则获得某一时刻采样数据。

馈线终端收到相邻终端的差动报文帧后，分别记录各相邻终端的绝对采样时刻 T 和采样数据 V，根据收到的采样时刻选取馈线终端自身的临近时刻 T_1，以 T_1 采样时刻为基准，对相邻馈线终端记录的采样数据进行容错式插值。假设馈线终端采样时刻 T_1 对应于相邻终端侧采样时刻 T_1'，T_1' 处于相邻终端采样时刻 T_{21} 和 T_{22} 之间，相邻终端的采样时刻和采样数据分别为（T_{21}，V_{21}）（T_{22}，V_{22}），则 T_1' 时刻的采样数据 V_1' 为

$$V_1' = \frac{T_1' - T_{21}}{T_{22} - T_{21}}(V_{22} - V_{21}) + V_{21} \tag{9-1}$$

式中　　T_{21}、T_{22}——相邻终端的采样时刻；

　　　　V_{21}、V_{22}——相邻终端的采样数据。

报文头(0XRC)(1字节)	A相电流采样值(AC1) (2字节)
采样序号(serial)(1字节)	B相电流采样值(AC2) (2字节)
交流量采样值(AC) (6字节)	C相电流采样值(AC3) (2字节)
绝对时间(μs) (8字节)	低DWORD、低WORD等 (2字节)
	低DWORD、高WORD等 (2字节)
	高DWORD、低WORD等 (2字节)
遥信通道 (2字节)	高DWORD、高WORD等 (2字节)
CRC校验码 (2字节)	

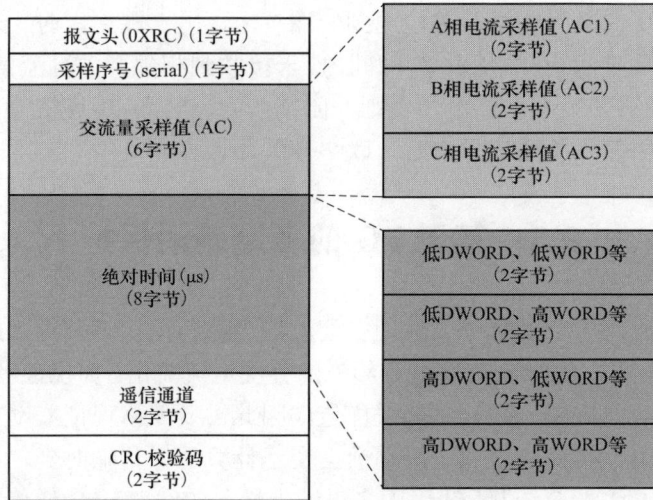

图 9-10　终端间通信报文格式

（1）依据多端差动保护工作原理，线路故障处理流程如下：

1）线路故障发生后，该线路周围的馈线终端快速定位故障。

2）故障上游的馈线终端立即跳闸隔离故障，避免变电站出口保护动作。

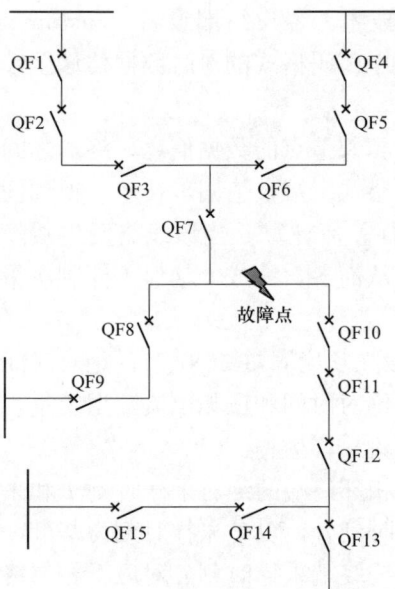

图 9-11　架空线路拓扑示意

3）经重合闸时限后，上游馈线终端进行重合闸。

4）若为瞬时故障，则重合闸成功，故障处理结束。

5）若为永久故障，则重合闸失败，故障上游终端加速跳闸。

6）故障上游终端发送跳闸命令至下游终端，下游终端跳闸从而完成故障隔离。

（2）架空线路拓扑示意如图 9-11 所示。当断路器 QF8 和 QF10 之间的线路发生瞬时故障时，故障处理流程如下：

1）线路故障发生后，断路器 QF7、QF8、QF10 检测到差流越限信息。

2）QF8 在故障上游跳闸。

3）QF8 一次重合闸。

4）因故障为瞬时故障，则重合闸成功，故障处理结束。

（3）当断路器 QF8 和 QF10 之间的线路发生永久故障时，故障处理流程如下：

1）线路故障发生后，断路器 QF7、QF8、QF10 检测到过流信息。

2）QF8 在故障上游跳闸。

3）QF8 一次重合闸。

4）因为故障为永久故障，QF8 加速跳闸，定位故障点。

5）QF8 向 QF10 发送跳闸命令。

6）QF10 跳闸。

7）QF10 隔离成功后发起非故障区域供电恢复。

8）QF12 合闸，恢复故障点下游供电，故障处理结束。

9.3.2 面向配网保护的 5G 通信优化处理

根据 MAC 地址直接传输以太网协议报文，而 5G 通信必须传输 IP 协议报文，根据差动报文的特点，选择传输层的用户数据报协议（user datagram protocol，UDP）进行数据传输。由于 UDP 报文属于无连接、不可靠传输，因此 5G 通信传输中存在报文乱序、报文丢帧的可能。报文乱序主要发生在空口，即 CPE 与基站之间。当空口传输发生异常时，重发的报文依次排列到报数队列的后端，产生乱序数据包，从而造成差动保护闭锁。基于上述条件，在此提出了报文乱序处理、报文丢帧处理等优化措施。

（1）报文乱序处理。馈线终端发送数据时具有发送序号的采样计数器，用于检查数据情况：当发送序号值大于 0 时，视为正常；当发送序号值小于 0 时，由于保护度指针与缓冲区有一定间隔，不会立即视为数据异常，当下一个发送序号值仍小于 0 时，视为数据异常，瞬时闭锁差动保护。

报文乱序容易产生瞬时闭锁保护，而无线传输情况下报文乱序概率较高，为了保证差动保护功能正常运行，当出现报文乱序时应进行修正处理。报文乱序处理示意如图 9-12 所示，其处理流程为：

1）接收到无线数据时，采用接收顺序直接存储到临时数据缓冲区。

2）取接收数据点，根据绝对时标进行数据定位。

3）进行相应数据点的插值计算，存储到线路保护计算缓冲区。

4）差动保护计算程序一边写入数据缓冲区，另一边从缓冲区内读取数据进行差动电流的实时计算，读取指针与写入指针相比，会滞后一个相对固定的时间。

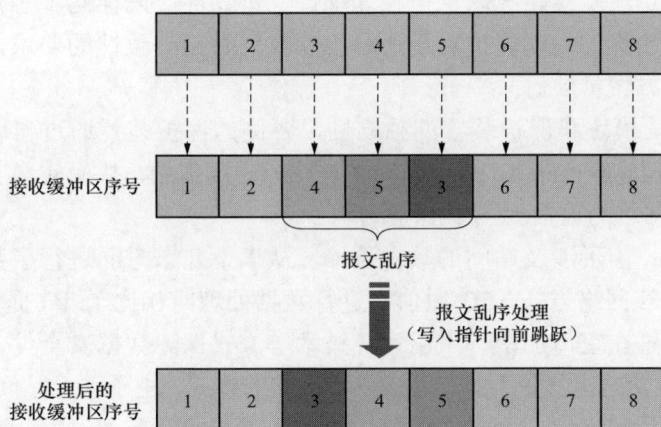

图 9-12　报文乱序处理示意

5）当报文出现乱序时，写入指针将往前跳跃，跳跃的步长与发送序号的差值相同。

6）等接收到中间缺失的帧序号时，写入指针再将其补入，使整个缓冲区的数据再次连续，而此时读取指针尚未运行，保护程序不会闭锁。

7）若中间缺失的帧迟迟未送到，保护程序闭锁。

（2）报文丢帧处理。以图 9-13 所示的数据包缓冲区序号为描述实例，序号 1 为最新位置，序号 2 为上一个采样点位置，依次类推。设定本侧采样值均有效，序号 1 为本侧当前采样值索引位置，同时也是最后一个对侧最新采样值对应位置，序号 2 为傅里叶计算数据窗最后一个点。在 5G 差动业务中，为保证足够时间接收对侧数据，以序号 2 的采样值是否有效来判别是否通信报文丢帧，如果采样值标志为 0，则表示数据有效，如果采样值标志为–1，则表示数据无效，进入闭锁保护。

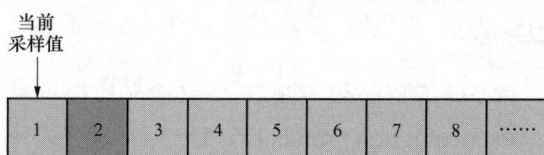

图 9-13　数据包缓冲区序号

以序号 3、2、1 为例进行丢帧判别，以序号 2 是否有效，进行丢帧计算。由于差动保护装置两侧采样不同步，可能会出现伪丢帧情况，即序号 3 和序号 1 有效，序号 2 为–1，但是序号 3 和序号 1 是连续的，该情况下不报丢帧，进行无效数据修正。若连续一定次数均有丢帧，表明当前通信质量较差，置通信告警标志，并闭锁保护。

9.3.3　基于同步相量的多端差动保护

对于采用同步相量的多端差动保护，仅需保证通道连接的可靠性即可，对通道收发路由的一致性没有要求。由于传输报文基于以太网协议，为了提高通道连接的可靠性，在常规的点对点传输的基础上，可以采用高可用无缝环网（high-availability seamless ring，HSR）协议进行可靠性保障。当某一通道异常时，差动保护仍然能够正常运行[178]。

（1）基于 5G 的无线通信网络架构。5G 通信技术的发展契合了输电线路纵联保护对提升通信方式多样性、冗余性和灵活性的要求；其高速率、低时延、高可靠性、高授时精度等特点能较好地满足输电线路纵联保护在速动性、可靠性、采样同步等方面的高要求。由于提出的基于同步相量的差动保护对于通道没有收发时延一致性的要求，因此可以通过 5G 无线网络进行通信方案扩展。

考虑到 5G 通信模块和保护装置的独立性，各侧的保护装置通过自研的工业级高防护客户前置设备（customer premise equipment，CPE）连接基站，从而实现各侧设备之间的数据收发。基于 5G 网络的通信如图 9-14 所示。

（2）数据安全。由于涉及站间的数据传输，从以下几个方面进行了数据安全加固。

1）对于 5G 无线网络方式，5G 通信在进行数据处理时相比于 4G 提供了增强、差异化网络安全方案，通过在空口加密、采用切片技术等方式保障数据安全性。

2）站间报文传输时电气量数据采用 R-SV 报文的方式，由于涉及站间传输，IEC 61850-90-5 标准本身即加强了网络安全方面的规定，在数据传输环节通过密钥实现数据加密。考虑到保护装置的应用场景及多端系统的复杂性，采用对称密钥的加密方式，在数据握手阶段，认证双方的身份和密码协商；在应用阶段采用对称加密传输，保障数据的有效性和防篡改性。

3）在数据应用层具备数据有效性校验，数据应用层增加了传输数据的循环冗余校验（Cyclic redundancy check，CRC）和正反校验，能够有效提升数据的有效性。

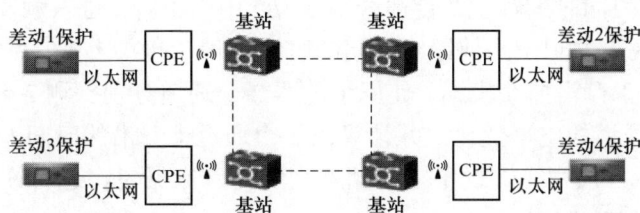

图 9-14　基于 5G 网络的通信

综上所述，在物理层、传输层和应用层均有数据有效性和防篡改的校验措施，能够满足实际应用的需求。

（3）时钟同步方案。基于 IEC 61850-90-5 传输的同步相量，只要保证在输电线路各侧的保护装置采用统一时钟源，即可完成各测量点的信息同步，在进行差动保护计算时，选取同一时刻的同步相量数据进行差动保护计算即可实现数据同步。对于采用光纤通道进行通信的应用场景，推荐的对时方案是各侧差动保护装置均接入本地的站内时钟，当站内不具备对时源时，在保证通道收发路由一致的情况下，可以采用 1588 协议进行站间对时。当采用无线通信方式时，对应的保护装置可以直接采用 5G 网络的对时信号，完成时钟同步。

9.3.4　基于 5G 通信的差动保护适应性指标分析

5G 通信具有超大带宽、超高可靠、超高速率、超低时延等优点，理论上能够满足配电网差动保护功能的需求，但受线路工作环境的干扰，通信传输时延增大且时延不固定，影响配电网差动保护动作的有效性。本节研究 5G 通道时延侦测和高精度同步授时指标，为 5G 通信应用于线路差动保护提供可行措施。

（1）通道时延侦测。根据 DL/T 584—2017《3kV～110kV 电网继电保护装置运行整定规程》规定，配电网保护的时间级差不应小于 0.2s，目前变电站 10kV 线路的时延速断保护一般整定为 0.2～0.3s，因此要求 5G 差动保护的动作时间小于 120ms。5G 差动保护的动作时间包括 5G 通信时延 T_d、差动保护算法时间 T_p、终端继电器动作时间 T_{dz}、一次开关动作时间 T_{kg}。根据现场应用需求，基于 5G 端到端通信的差动保护动作时间应小于 120ms，即

$$T_d+T_p+T_{dz}+T_{kg}<120\text{ms} \tag{9-2}$$

根据 $T_p<25$ms、$T_{dz}<15$ms、$T_{kg}<40$ms，因此得出 $T_d<40$ms。

基于现场应用情况分析，5G 通信延迟主要发生在 CPE 与基站之间。根据发送差动报文时间戳与接收差动保护时间戳之差计算通道延迟，进行报文时延统计，定点记录时延分布数据，完成 5G 通信时延侦测。当馈线终端通信时延高于一定值时，将发出告警并闭锁差动保护，有效保证差动保护的准确性和实时性。

（2）同步授时精度检测通道时延侦测。假设采用双端差动保护，运行场景为在同一区域内运行 2 套馈线终端设备，设备采用同一基站授时，差动保护装置分别接收电力 CPE 的 IRG-B 码对时，5G 差动报文实时发送电流模拟量，检测步骤如下：

1）分别引出 2 台馈线终端的 2 个 I/O 引脚，一个配置为普通 I/O 输出高低电平，另一个配置为上升沿捕获模式触发中断。

2）采用外部模块同时刻触发 2 台馈线终端 I/O 中断引脚，进入触发中断后，立即把普通 I/O 引脚输出拉高，并记录当前馈线终端的时钟纳秒（ns）计数值。

3）设置示波器上升沿捕获模式，使用示波器 2 个通道分别探测 2 台普通 I/O 引脚，查看示波器面板 2 个通道的电平变化，并计算出 2 个通道上升沿的时间差 Δt_1。

4）触发中断后，馈线终端设备之间相互交互特殊数据包，包含馈线终端的纳秒计数值，然后计算出时间差 Δt_2。

5）2 台馈线终端同步授时的时间差 t 为

$$t = \Delta t_1 - \Delta t_2 \tag{9-3}$$

在通信设备制造商提供的环境场景中进行测试，对 5G 通信空口授时精度进行相关测试，示波器测试示意如图 9-15 所示。图 9-15 中的通道 1 为馈线终端 1=I/O 中断，通道 2 为馈线终端 2 I/O 中断，由右下角显示可知 $\Delta t_1 = 232$ ns。

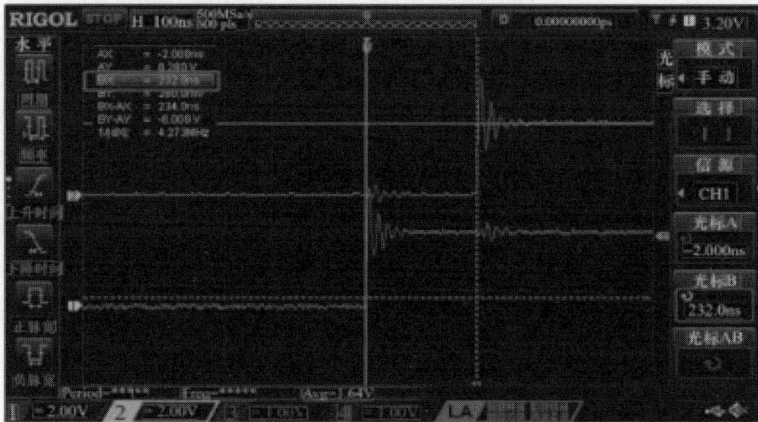

图 9-15　示波器测试示意

示波器显示屏中的维护软件遥测授时精度显示如图 9-16 所示，可知馈线终端 1 时间差为 $\Delta t_2 = 227$ns（图 9-16 中方框显示）。

31	50 ms<T_d[0]	0.000	1 000	有效
32	发送数据量[0]	144.000	1 000	有效
33	接收数据量[0]	227.000	1 000	有效

图 9-16　维护软件遥测授时精度显示

当 $\Delta t_2 > 0$ 时，设备 1 中断响应会超前设备 2；当 $\Delta t_2 < 0$ 时，设备 1 中断响应会滞后设备 2。可以得出 2 台馈线终端授时的时间差为

$$t = \Delta t_1 - \Delta t_2 = 232 - 227 = 5 \text{(ns)} \tag{9-4}$$

经检测，基于同一 5G 基站的同步授时精度不大于 5ns，根据通信行业第三代合作伙伴计划（3rd Generation Partnership Project，3GPP），5G 通信基站间的授时精度在 $\pm 1.5\mu s$ 内，

因此馈线终端依靠 5G 的授时精度完全满足差动保护算法所需的时钟同步。

9.4　后备保护技术

智能分布式馈线自动化及差动保护一般作为线路主保护，为防止主保护失效时故障范围扩大，一般以过流/零序过流作为后备保护。但配电线路级数较多，难免存在整定配合的问题。因此在原有过流保护基础上，结合就地型馈线自动化原理，提出"过流+馈线自动化"的后备保护。同时，针对绝缘线断线故障，提出了针对断线故障的后备保护新方法[181]。

9.4.1　"过流+馈线自动化"后备保护

（1）配置原则。

1）分段断路器。配置站外"零号"断路器，"零号"断路器配置两段式过流保护，配置一次重合闸，电流速断保护（Ⅰ段）动作于跳闸，电流定值与站内出线断路器限时速断保护（Ⅱ段）相同，时间整定为 0.2s；限时速断保护（Ⅱ段）动作于告警，电流定值与站内出线断路器定时过流保护（Ⅲ段）相同，时间整定为 0s；一次重合闸时间设置为 0.5s。其他分段断路器可按照电压时间型馈线自动化配置，X 时间设置为 7s，Y 时间设置为 5s，故障总信号的电流定值与站内出线保护定时限过流保护（Ⅲ段）定值相同，时间设置为 0s。

2）分支断路器。分支断路器配置三段式过流保护，电流速断保护（Ⅰ段）、限时速断保护（Ⅱ段）动作于短路跳闸，定时过流保护（Ⅲ段）动作于短路告警。配置小电流接地保护，动作于接地告警或跳闸。Ⅰ段保护动作时间 0.15s，宜保证与上级站内出线断路器限时速断保护的配合要求，配合系数取 1.2，宜躲过所带配电变压器低压侧最大短路电流时，有不低于 1.3 倍灵敏度，应躲过所带配电变压器的励磁涌流，可按 4 倍所带全部配电变压器额定电流整定，如装置不能平滑调整定值，应按小于且最接近计算值的挡位选取。

Ⅱ段保护动作时间 0.45s，应躲过线路最大负荷电流，按 2 倍所带全部配电变压器额定电流整定，宜保证上级站内出线断路器定时过流保护的配合要求，配合系数取 1.2，如装置不能平滑调整定值，应按小于且最接近计算值的档位选取。

3）分界断路器/次分支断路器。Ⅰ段保护动作时间 0s，宜保证与上级断路器Ⅰ段保护的配合要求，配合系数取 1.2，宜躲过所带配电变压器低压侧故障，按 1.3 倍灵敏度整定，应躲过所带配电变压器的励磁涌流，可按 6 倍所带全部配电变压器额定电流整定，如装置不能平滑调整定值，应按小于且最接近计算值的档位选取。

Ⅱ段保护动作时间 0.3s，应躲过线路最大负荷电流，按 2 倍所带全部配电变压器额定电流整定，宜保证与上级断路器Ⅱ段保护的配合要求，配合系数取 1.2，接地故障投入小电流接地保护，动作时间 10s，零序电压启动阈值宜设置为（15%～20%）U_N。

（2）电压时间型馈线自动化。"电压—时间型"馈线自动化是通过开关"无压分闸、来电延时合闸"的工作特性配合变电站出线开关二次合闸来实现，一次合闸隔离故障区间，二次合闸恢复非故障段供电。以下实例说明电压-时间型馈线自动化处理故障的逻辑。

1）线路正常供电，如图 9-17 所示。

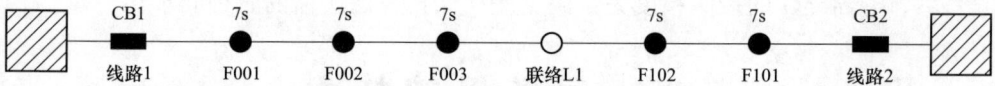

图 9-17　线路正常供电

2）F1 点发生故障，变电站出线断路器 CB1 检测到线路故障，保护动作跳闸，线路 1 所有电压型开关均因失压而分闸，同时联络开关 L1 因单侧失压而启动 X 时间倒计时，如图 9-18 所示。

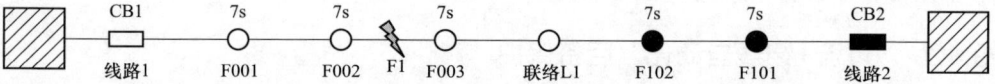

图 9-18　线路发生故障

3）1s 后，变电站出线开关 CB1 第一次重合闸，如图 9-19 所示。

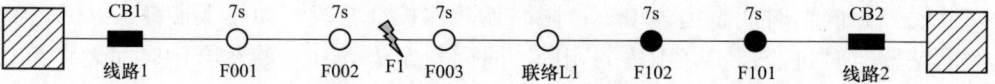

图 9-19　线路出线开关重合闸

4）7s 后，线路 1 分段开关 F001 合闸，如图 9-20 所示。

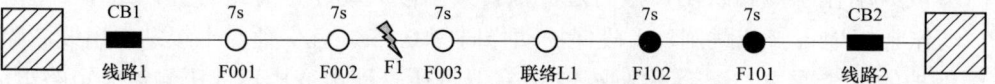

图 9-20　线路分段开关合闸

5）7s 后，线路 1 分段开关 F002 合闸。因合闸于故障点，CB1 再次保护动作跳闸，同时，开关 F002、F003 闭锁，完成故障点定位隔离，如图 9-21 所示。

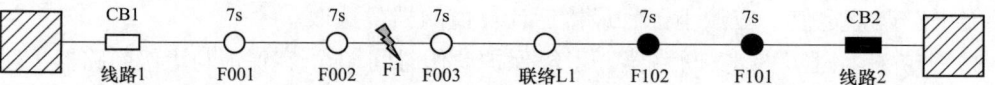

图 9-21　故障定位隔离

6）变电站出线开关 CB1 第二次重合闸，恢复 CB1 至 F001 之间非故障区段供电，如图 9-22 所示。

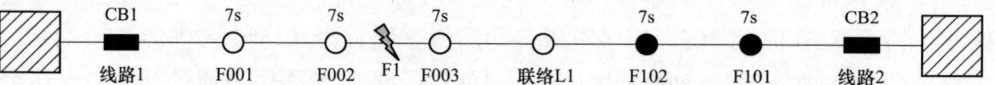

图 9-22　变电站出线开关第二次重合闸

7）7s 后，线路 1 分段开关 F001 合闸，恢复 F001 至 F002 之间非故障区段供电，如图 9-23 所示。

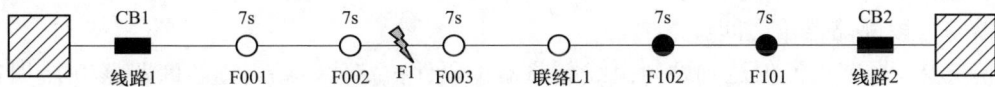

图 9-23 线路 1 分段开关合闸

8）通过远方遥控（需满足安全防护条件）或现场操作联络开关合闸，完成 L1 至 F003 之间非故障区段供电，如图 9-24 所示。

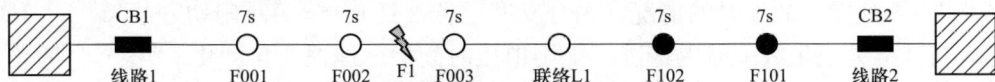

图 9-24 现场操作联络开关合闸

（3）后备保护故障隔离方案，如图 9-25 所示。

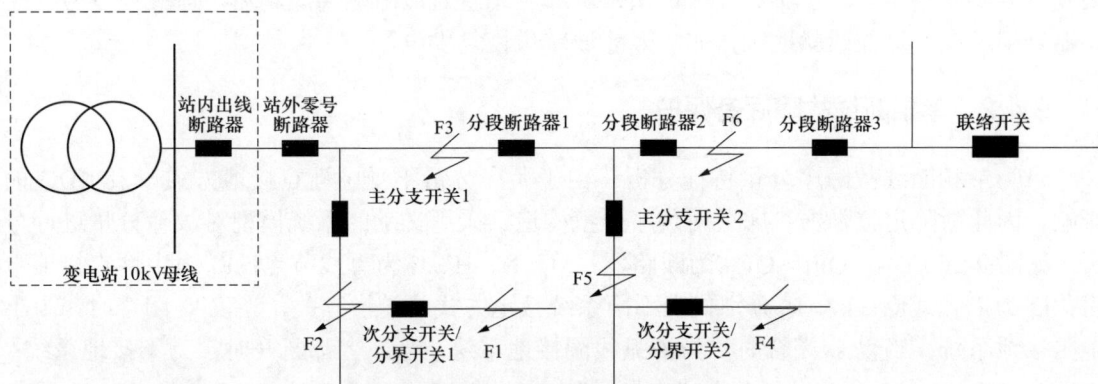

图 9-25 故障隔离方案示意图

1）当 F1 处发生故障时的情况。次分支断路器/分界断路器 1 经 0s 后跳闸切除故障，其他断路器不动作。次分支断路器/分界断路器 1 将短路告警信息上报主站，主站可根据故障信息判断故障发生在次分支断路器/分界断路器 1 下游。

2）当 F2 处发生故障时的情况。其具体包括情况 1 和情况 2。

情况 1：短路电流值未达到站内出线断路器 I 段保护定值，但满足站内出口断路器 II 段保护定值、"零号"断路器 I 段保护定值及主分支断路器 1 的 I 段定值，主分支断路器 1 经 0.15s 后跳闸切除故障，其他断路器不动作。

情况 2：短路电流值达到站内出线断路器 I 段保护定值，站内出线断路器 0s 跳闸，其它断路器不动作，主分支断路器 1 的 III 段保护告警。可通过主站系统判断故障发生在主分支断路器 1 的下游区域，采用遥控或就地操作方式跳开主分支断路器 1，隔离故障，遥控站内出线断路器合闸恢复供电。

3）当 F3 处发生故障时的情况。其具体包括情况 1 和情况 2。

情况 1：短路电流值未达到站内出线断路器 I 段保护定值，但满足站内出口断路器 II 段保护定值及"零号"断路器 I 段保护定值，"零号"断路器经 0.2s 后跳闸切除故障，其他断路器不动作。针对永久故障，"零号"断路器重合失败。主站可判定故障发生在"零号"

断路器与分段断路器 1 之间。

情况 2：短路电流值达到站内出线断路器 I 段保护定值，站内出线断路器 0.1s 跳闸，其他断路器不动作，"零号"断路器的 II 段保护告警。可通过主站系统判断故障发生在"零号"断路器与分段断路器 1 之间。

4）当 F4 处发生故障时的情况。次分支断路器/分界断路器 2 经 0s 后跳闸切除故障，其他断路器不动作。

5）当 F5 处发生故障时的情况。主分支断路器 2 经 0.15s 后跳闸切除故障，

6）当 F6 处发生故障时的情况。采用电压时间型就地馈线自动化，"零号"断路器经 0.2s 后跳闸，分段断路器 1、分段断路器 2、分段断路器 3 失压跳闸，0.5s 后"零号"断路器重合，分段断路器 1 单侧来电后经 7s 合闸，分段断路器 2 单侧来电后经 7s 合闸，分段断路器 2 合闸于故障点，经 0.2s，"零号"断路器跳闸，分段断路器 1、分段断路器 2 失压跳闸，分段断路器 2、分段断路器 3 闭锁。经主站查看故障隔离成功后，遥控"零号"断路器合闸送电，遥控或就地操作非故障区域转供恢复供电。

9.4.2 单相断线故障后备保护

（1）单相断线故障序分量特征分析。由于负序分量不受中性点接地方式以及 IIDG 的影响，因此故障定位判据考虑采用负序分量构造。采用文献的系统模型对故障分量进行分析，如图 9-26 所示，$QF_1 \sim QF_{10}$ 为断路器；M、N、H、E 为母线节点；R_0 为中性点接地电阻；L_g 为消弧线圈；k_1、k_2 分别代表不同系统接地方式的转换开关，当仅 k_1 闭合时，为小电阻接地系统；当仅 k_2 闭合时，为消弧线圈接地系统，当二者都断开时，为不接地系统；IIDG1、IIDG2 为 2 个逆变型分布式电源；PCC1、PCC2 分别为 2 个 IIDG 接入点；L_1、L_2、L_3 分别为 3 条支路所带负荷；L_{b1}、L_{b2}、L_{b3}、L_{b4} 分别为 4 条不可测负荷分支所带负荷；f_1、f_2 为 2 个故障点。

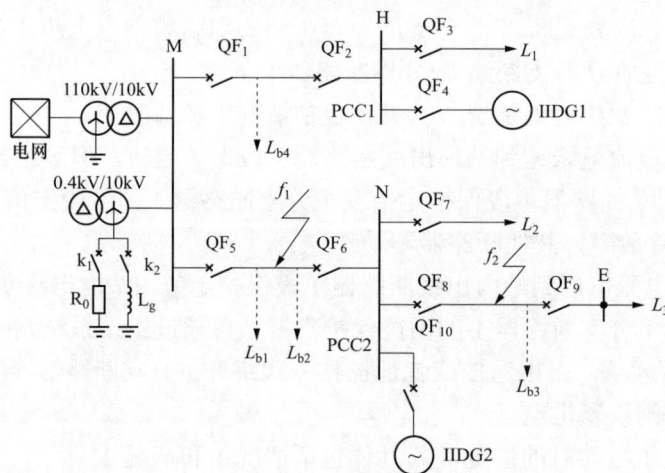

图 9-26 有源配电网

1）负序阻抗分布特征。已知断线不接地故障和断线且接地复故障分析结果相同[183]。

因此，下面以断线不接地故障为例进行分析，当f_1处发生单相断线不接地故障时，得到负序网络如图 9-27 所示。

其中，$Z_1 = Z_{L2}(Z_{NE} + Z_{L3})$；$Z_S$、$Z_{MH}$、$Z_{MN}$、$Z_{NE}$ 分别为电源等值阻抗、线路 MH 等值阻抗、线路 MN 等值阻抗以及线路 NE 等值阻抗；Z_{L1}、Z_{L2}、Z_{L3} 为三条支路负荷等值阻抗；x 为故障点到母线 M 的距离与线路 MN 长度的比值。根据负序网络可计算出非故障区段 MH 以及故障区段 MN 两侧负序阻抗，即

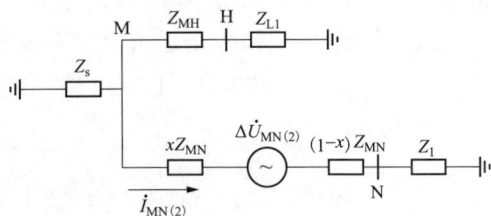

图 9-27　有源配电网负序网络

$$\begin{cases} Z_{QF1} = Z_{MH} + Z_{L1} \\ Z_{QF2} = Z_{L1} \\ Z_{QF5} = -[Z_S(Z_{MH} + Z_{L1})] \\ Z_{QF6} = Z_{L2}(Z_{NE} + Z_{L3}) \end{cases} \tag{9-5}$$

式中　Z_{QF1}、Z_{QF2}、Z_{QF5}、Z_{QF6} ——线路 MN 发生单相断线不接地故障时，断路器 QF1、QF2、QF5、QF6 处计算得到的负序阻抗。

当 f_2 处发生单相断线不接地故障时，可计算出非故障区段 MH 以及故障区段 NE 两侧负序阻抗，即

$$\begin{cases} Z'_{QF1} = Z_{MH} + Z_{L1} \\ Z'_{QF2} = Z_{L1} \\ Z'_{QF8} = -\{Z_{L2}[Z_{MH} + Z_S(Z_{MH} + Z_{L1})]\} \\ Z'_{QF9} = Z_{L3} \end{cases} \tag{9-6}$$

式中　Z'_{QF1}、Z'_{QF2}、Z'_{QF8}、Z'_{QF9} ——线路 NE 发生单相断线不接地故障时，断路器 QF1、QF2、QF8、QF9 处计算得到的负序阻抗。

2）IIDG 上游发生单相断线故障零序电压分布特征。由于配电网为小电流接地系统，当发生断线且接地复故障时，接地电流很小，而断口处的边界方程依旧满足式（9-6）。因此，断线接地情况下的断口两侧零序电压差和断线不接地下的结果基本相同。当配电网 f_1 处发生单相断线不接地故障时，可建立由对称分量表示的边界方程，即

$$\begin{cases} \dot{I}_{MN(1)} + \dot{I}_{MN(2)} + \dot{I}_{MN(0)} = 0 \\ \Delta\dot{U}_{MN(1)} = \Delta\dot{U}_{MN(2)} = \Delta\dot{U}_{MN(0)} \end{cases} \tag{9-7}$$

式中　$\Delta\dot{U}_{MN(1)}$、$\Delta\dot{U}_{MN(2)}$、$\Delta\dot{U}_{MN(0)}$ ——线路 MN 故障断口电压变化量的正序分量、负序分量和零序分量；

$\dot{I}_{MN(1)}$、$\dot{I}_{MN(2)}$、$\dot{I}_{MN(0)}$ ——流过故障点的正序电流、负序电流和零序电流。

已知小电流接地系统中，$\dot{I}_{MN(0)} \approx 0$，根据边界条件及序网络可得故障断口两侧零序电压差为

$$\Delta\dot{U}_{MN(0)} = z_1\dot{E}_S + z_2\dot{I}_{DG1,f} + z_3\dot{I}_{DG2,f} \tag{9-8}$$

式中 $\dot{E}_{\mathrm{S}}$ ——系统电源电势；

z_1、z_2、z_3 ——和线路阻抗及负荷阻抗有关的系数；

$\dot{I}_{\mathrm{DG1,f}}$、$\dot{I}_{\mathrm{DG2,f}}$ ——IIDG1、IIDG2 输出的正序电流。

可知

$$\begin{cases} z_1 = \dfrac{Z_{\mathrm{MH}} + Z_{\mathrm{L1}}}{2(Z_{\mathrm{S}} + Z_{\mathrm{MH}} + Z_{\mathrm{L1}})} \\[3mm] z_2 = \dfrac{Z_{\mathrm{S}} + Z_{\mathrm{L1}}}{2(Z_{\mathrm{S}} + Z_{\mathrm{MH}} + Z_{\mathrm{L1}})} \\[3mm] z_3 = \dfrac{Z_{\mathrm{L2}}(Z_{\mathrm{NE}} + Z_{\mathrm{L3}})}{2} \end{cases} \tag{9-9}$$

已知负荷阻抗远远大于线路阻抗及电源阻抗，因此断口两侧零序电压差可简化为

$$\Delta \dot{U}_{\mathrm{MN(0)}} = \frac{1}{2}\dot{E}_{\mathrm{S}} + \frac{Z_{\mathrm{S}}}{2}\dot{I}_{\mathrm{DG1,f}} - \frac{Z_{\mathrm{L2}}Z_{\mathrm{L3}}}{2}\dot{I}_{\mathrm{DG2,f}} \tag{9-10}$$

当配电网中不含分布式电源时，即 $\dot{I}_{\mathrm{DG1,f}} = \dot{I}_{\mathrm{DG2,f}} = 0$，根据式（9-8）可得

$$\dot{U}_{\mathrm{MN(0)}} = \frac{1}{2}\dot{E}_{\mathrm{S}} \tag{9-11}$$

当配电网中不含分布式电源时，故障断口两侧零序电压差为二分之一电源电压。

当配电网中仅故障点下游含分布式电源时，即 $\dot{I}_{\mathrm{DG1,f}} = 0$，根据式（9-11）可得

$$\Delta \dot{U}_{\mathrm{MN(0)}} = \frac{1}{2}\dot{E}_{\mathrm{S}} - \frac{Z_{\mathrm{L2}}Z_{\mathrm{L3}}}{2}\dot{I}_{\mathrm{DG2,f}} \tag{9-12}$$

当故障点下游含 IIDG 时，由于其接入点正序电压可能会发生较大的降落，因此，IIDG 将输出无功电流支撑系统电压。下面对 IIDG 接入点正序电压进行分析，正序网络如图 9-28 所示。

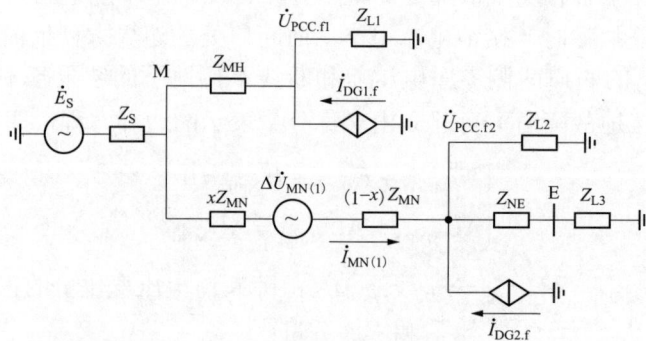

图 9-28 有源配电网正序网络

其中，$\dot{U}_{\mathrm{PCCf1}}$、$\dot{U}_{\mathrm{PCCf2}}$ 分别为故障后 IIDG1、IIDG2 接入点正序电压；忽略系统阻抗和线路阻抗，由图 9-28 可得 IIDG 接入点正序电压为

$$\begin{cases} \dot{U}_{\text{PCCf1}} = \dot{E}_{\text{S}} \\ \dot{U}_{\text{PCCf2}} = \dot{E}_{\text{S}} - \Delta\dot{U}_{\text{MN(1)}} = \frac{1}{2}\dot{E}_{\text{S}} + \frac{Z_{\text{L2}}Z_{\text{L3}}}{2}\dot{I}_{\text{DG2,f}} \end{cases} \tag{9-13}$$

IIDG1 接入点正序电压受系统电源电压的钳制，等于系统电源电压 $\dot{E}_{\text{S}}$；分析 IIDG2 接入点正序电压时，为方便起见，假设系统中分布式电源仅有 IIDG2，分布式电源 IIDG2 接入点正序电压与负荷以及它本身的额定容量有关，根据低电压穿越要求，当 $\dot{U}_{\text{PCCf2}}$ 的幅值大于 $0.9E_{\text{S}}$ 时，IIDG2 只输出有功功率，其输出电流 $\dot{I}_{\text{DG2,f}}$ 的相位和 $\dot{E}_{\text{S}}$ 近似同相位，已知配电网功率因数一般接近 1，因此负荷 $Z_{\text{L2}}Z_{\text{L3}}$ 的阻抗角接近 $0°$。此时，$(Z_{\text{L2}}Z_{\text{L3}})/2\dot{I}_{\text{DG2,f}}$ 相位与 $\dot{E}_{\text{S}}$ 近似同相位并且其幅值大于等于 $0.4E_{\text{S}}$。根据式（9-13）可知，IIDG2 的存在将使得故障断口两侧零序电压差减小，当 $(Z_{\text{L2}}Z_{\text{L3}})/2\dot{I}_{\text{DG2,f}}$ 幅值等于 $0.5E_{\text{S}}$ 时，其压差近似为 0。

当配电网中仅非故障支路含分布式电源时，即 $\dot{I}_{\text{DG2,f}}=0$，根据式（9-13）可得

$$\Delta\dot{U}_{\text{MN(0)}} = \frac{1}{2}\dot{E}_{\text{S}} + \frac{Z_{\text{S}}}{2}\dot{I}_{\text{DG1,f}} \tag{9-14}$$

位于相邻线路的 IIDG1 接入点正序电压近似等于系统电源电压，因此，其只输出有功电流，$\dot{I}_{\text{DG1,f}}$ 相位与 $\dot{E}_{\text{S}}$ 近似相同，根据式（9-14）可知，位于相邻线路的 IIDG1 会增大故障断口零序电压差。

综上，当 IIDG 位于故障点下游时，可能会减小故障断口零序电压差，一定情况下会使以零序电压差幅值为动作判据的保护拒动；当 IIDG 位于故障线路相邻线路时，会增大故障断口零序电压差。

3）IIDG 下游发生单相断线故障零序电压分布特征。当配电网 f_2 处发生单相断线不接地故障时，可建立由对称分量表示的边界方程，即

$$\begin{cases} \dot{I}_{\text{NE(1)}} + \dot{I}_{\text{NE(2)}} + \dot{I}_{\text{NE(0)}} = 0 \\ \Delta\dot{U}_{\text{NE(1)}} = \Delta\dot{U}_{\text{NE(2)}} = \Delta\dot{U}_{\text{NE(0)}} \end{cases} \tag{9-15}$$

式中　$\Delta\dot{U}_{\text{NE(1)}}$、$\Delta\dot{U}_{\text{NE(2)}}$、$\Delta\dot{U}_{\text{NE(0)}}$ ——线路 NE 故障断口电压变化量的正序分量、负序分量和零序分量；

　　　$\dot{I}_{\text{NE(1)}}$、$\dot{I}_{\text{NE(2)}}$、$\dot{I}_{\text{NE(0)}}$ ——流过故障点的正序电流、负序电流和零序电流。

已知小电流接地系统中，$\dot{I}_{\text{NE(0)}} \approx 0$，可得故障断口两侧零序电压差为

$$\Delta\dot{U}_{\text{MN(0)}} = z_4\dot{E}_{\text{S}} + z_5\dot{I}_{\text{DG1,f}} + z_6\dot{I}_{\text{DG2,f}} \tag{9-16}$$

式中　z_4、z_5、z_6 ——和线路阻抗及负荷阻抗有关的系数。

可知

$$\begin{cases} z_4 = \frac{1}{2} \cdot \frac{Z_1}{(Z_1 + Z_3)Z_{\text{S}} + Z_1 Z_3} \cdot \frac{Z_{\text{L1}}}{Z_{\text{L2}} + Z_2} \cdot Z_5 \\ z_5 = \frac{1}{2} \cdot \frac{Z_{\text{L1}}Z_{\text{S}}}{(Z_{\text{S}} + Z_3)Z_1 + Z_{\text{S}} Z_3} \cdot \frac{Z_{\text{L2}}}{Z_{\text{L2}} + Z_2} \cdot Z_5 \\ z_6 = \frac{1}{2} \cdot \frac{Z_{\text{L2}}Z_4}{Z_2 Z_4 + Z_{\text{L2}}(Z_2 + Z_4)} \cdot Z_5 \end{cases} \tag{9-17}$$

$$\begin{cases} Z_1 = Z_{MH} + Z_{L1} \\ Z_2 = Z_{NE} + Z_{L3} \\ Z_3 = Z_{MN} + Z_{L2} \parallel Z_2 \\ Z_4 = Z_{MN} + Z_S \parallel Z_1 \\ Z_5 = \dfrac{Z_{L2}Z_4 + Z_2(Z_{L2} + Z_4)}{Z_{L2} + Z_4} \end{cases} \tag{9-18}$$

已知负荷阻抗远远大于线路阻抗及电源阻抗，因此断口两侧零序电压差可简化为

$$\Delta \dot{U}_{MN(0)} = \frac{1}{2}\dot{E}_S + \frac{Z_S}{2}\dot{I}_{DG1,f} + \frac{Z_{MN} + Z_S}{2}\dot{I}_{DG2,f} \tag{9-19}$$

由于位于故障点上游的 IIDG1、IIDG2 接入点正序电压近似等于系统电源电压，因此，其输出电流相位与接入点电压相同。由式（9-19）可知，系统中的 IIDG 对零序电压差均有助增作用，因此会增大以零序电压差为保护判据动作的灵敏度。

（2）断线故障诊断判据。

1）启动判据。配电网发生断线故障后，系统各节点会出现负序电压。考虑到正常运行时，配网因负荷不平衡也会产生负序电压，因此，启动值应躲过负荷不平衡产生的负序电压，为此设置启动判据为[185]

$$\left| \dot{U}_f \right| > U_{set1} + \Delta U_{set1} \tag{9-20}$$

式中　　$\dot{U}_f$ ——故障后各节点测得的负序电压；

　　　　U_{set1} ——正常运行时负荷不平衡产生的负序电压的幅值；

　　　　ΔU_{set1} ——一定阈值，可取系统额定电压的 5%。

2）基于负序差动阻抗的故障定位方案。提出一种基于负序差动阻抗的故障定位方案，定义负序差动阻抗为

$$Z_f = Z_i - Z_j \tag{9-21}$$

式中　　Z_f ——定义的负序差动阻抗；

　　　　Z_i ——上游终端测得的负序阻抗；

　　　　Z_j ——下游终端测得的负序阻抗。

根据式（9-21）可得非故障区段 MH 以及故障区段 MN 的负序差动阻抗为

$$\begin{cases} Z_{QF1} - Z_{QF2} = Z_{MH} \\ Z_{QF5} - Z_{QF6} = -(Z_S \parallel (Z_{MH} + Z_{L1})) - Z_{L2} \parallel (Z_{NE} + Z_{L3}) \approx -(Z_{L2} \parallel Z_{L3}) \end{cases} \tag{9-22}$$

由式（9-22）可知，非故障区段负序差动阻抗等于两个终端间的线路阻抗，而故障区段负序差动阻抗等于其支路所带负荷，而配网中负荷阻抗远远大于线路阻抗，因此，提出故障定位判据为

$$|Z_f| > Z_{set} \tag{9-23}$$

式中　　Z_{set} ——保护整定值。

配网中，架空线路的阻抗角一般在 72° 左右，而负荷阻抗角与功率因数有关，假设功率因数为 0.98，那么负荷阻抗角为 11.5°。因此，由式（9-21）可知，故障区段负序差动阻

抗的相位位于二、三象限，而非故障区段负序差动阻抗的相位位于一、四象限，利用其相位构造具有自适应性的制动阈值，即

$$Z_{\text{set}} = \left| \frac{\cos\theta + \cos\phi}{\cos\theta - \cos\phi} \right|^2 \tag{9-24}$$

式中　θ——配电网架空线路阻抗角；

　　　ϕ——两个终端之间负序差动阻抗的相角。

得到保护整定值 Z_{set} 随相位 ϕ 的变化趋势如图 9-29 所示。

由图 9-29 可以看出，当 ϕ 位于 $\pi/2 \sim \pi \cup -\pi \sim -\pi/2$ 时，Z_{set} 较小且始终小于 1；当 ϕ 位于 $-\pi/2 \sim -\pi/2$ 时，Z_{set} 较大且始终大于 1。假设系统功率因数为 0.98，计算可得故障区段 $Z_{\text{set}} = 0.169$，因此，只要故障支路负荷阻抗幅值大于 0.4，这里提出的故障定位判据即适用；而对于非故障支路，由于始终满足 $\phi = \theta$，理论上，Z_{set} 为无穷大，即使存在一点偏差，Z_{set} 数值也较大，两侧的保护始终不会误动。针对故障支路在负荷阻抗幅值较小时拒动的问题，提出了基于零序电压幅值差的辅助故障定位判据。

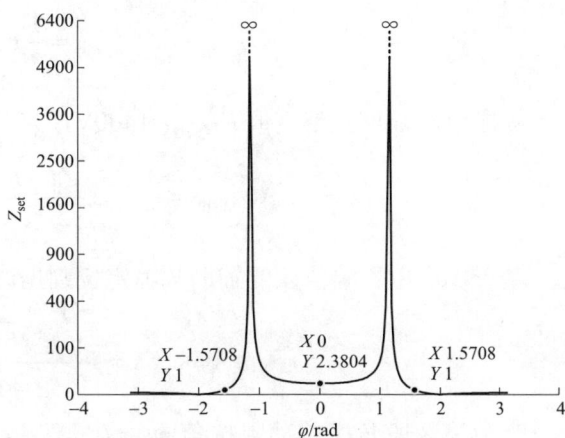

图 9-29　Z_{set} 随相位的变化趋势图

3）基于零序电压幅值差的辅助故障定位判据。上一节提出的故障定位判据在线路重载，即故障支路负荷阻抗较小时，故障区段保护可能会出现拒动。因此，考虑利用零序电压幅值差构造辅助故障定位判据，装置动作的零序电压幅值差应躲过 TV 测量时产生的最大不平衡电压，判据为

$$|\Delta\dot{U}| > kU_{\text{set2}} \tag{9-25}$$

式中　$|\Delta\dot{U}|$——相邻两终端之间零序电压幅值差；

　　　k——系数取为 0.08～0.1；

　　　U_{set2}——工程上可取 $3U_{\text{N}}$；

　　　U_{N}——系统额定电压。

4）辅助故障定位判据的适用性分析。当 IIDG 下游发生单相断线故障时，系统中的 IIDG 对零序电压差有助增作用，因此会增大以零序电压差为保护判据动作的灵敏度；当 IIDG 上游发生单相断线故障时，位于故障点下游的 IIDG 可能会减小故障断口零序电压差，因此，有必要分析辅助故障定位判据的适用性。其计算式整理为

$$\Delta\dot{U}_{\text{MN}(0)} = \frac{1}{2}\dot{E}_{\text{S}}\angle 0° + \frac{Z_{\text{S}}}{2} \cdot \frac{P_{\text{N1}}}{3U_{\text{PCC.f1}}}\angle 0° - \frac{Z_{\text{L2}} \| Z_{\text{L3}}}{2}\frac{P_{\text{N2}}}{3U_{\text{PCC.f2}}}\angle\delta \tag{9-26}$$

式中　P_{N1}、P_{N2}——IIDG1、IIDG2 额定容量；

　　　δ——IIDG2 输出故障电流与接入点正序电压的夹角。

假设负荷阻抗 $Z_{L2} \parallel Z_{L3} = yZ_S$，那么可得

$$\Delta \dot{U}_{MN(0)} \geqslant \Delta \dot{U}_{MN(0)} = \frac{1}{2} E_S \angle 0° + \frac{Z_S}{2} \left(\frac{P_{N1}}{3U_{PCC.f1}} \angle 0° - \frac{yP_{N2}}{3U_{PCC.f2}} \angle 0° \right) \tag{9-27}$$

$$x = \frac{-b \pm \sqrt{b^2 - 4ac}}{2a}$$

已知 IIDG1 输出故障电流近似为额定电流，而 IIDG2 输出故障电流最大可取正常运行时额定电流的两倍，因此式（9-27）变形为

$$\Delta \dot{U}'_{MN(0)} \geqslant \Delta \dot{U}'_{MN(0)} = \frac{1}{2} E_S + \frac{Z_S}{2} \cdot \frac{P_{N1} - 2yP_{N2}}{3U_N} \tag{9-28}$$

零序电压幅值差整定值 KU_{set2} =1400V，只要满足

$$\Delta \dot{U}'_{MN(0)} = \frac{1}{2} E_S + \frac{Z_S}{2} \cdot \frac{P_{N1} - 2yP_{N2}}{3U_N} \geqslant KU_{set2} \tag{9-29}$$

基于零序电压幅值差的辅助故障定位判据即可正确定位，计算后可得

$$x = \frac{-b \pm \sqrt{b^2 - 4ac}}{2a} \tag{9-30}$$

当故障区段负序差动阻抗角 $\phi = \pi/2$ 时，Z_{set} 此时取最大值 1，即 $Z_{L2} \parallel Z_{L3} = 1$，假设 $Z_S = 1$，那么 y=1，即

$$2P_{N2} - P_{N1} \leqslant 131 \text{(MW)} \tag{9-31}$$

已知分布式电源额定容量一般不大，始终可以满足式（9-31）的不等式关系，因此，当故障支路负荷阻抗较小时，基于零序电压幅值差的辅助故障定位判据可以正确定位。此外，当 y 的数值取到几十时，式（9-31）依旧可以满足，因此，基于零序电压幅值差的辅助故障定位判据可以起到一定的后备保护的作用。

（3）不可测负荷分支对保护判据的影响。

1）不可测负荷分支对负序差动阻抗判据的影响。不可测负荷分支分别位于线路 *MN*、*NE* 以及 *MH* 内部。当 f_1 处发生断线故障时，可得非故障区段 *MH* 以及故障区段 *MN* 两侧负序阻抗为

$$\begin{cases} Z_{QF1} = x_{b4}Z_{MH} + Z_{Lb4} \parallel [(1-x_{b4})Z_{MH} + Z_{L1}] \\ Z_{QF2} = Z_{L1} \\ Z_{QF5} = -(Z_S \parallel Z_{QF1}) \\ Z_{QF6} = Z_{L2} \parallel [x_{b3}Z_{NE} + Z_{Lb3} \parallel ((1-x_{b3})Z_{NE} + Z_{L3})] \end{cases} \tag{9-32}$$

式中　x_{b3}、x_{b4} ——不可测分支 L_{b3}、L_{b4} 接入点距离线路首端的长度和所接线路长度的比值；

Z_{Lb3}、Z_{Lb4} ——不可测分支负荷阻抗。

根据上式可得化简后的非故障区段 *MH* 以及故障区段 *MN* 的负序差动阻抗为

$$\begin{cases} Z_{QF1} - Z_{QF2} = x_{b4}Z_{MH} + Z_{Lb4} \parallel Z_{L1} - Z_{L1} \\ Z_{QF5} - Z_{QF6} = -Z_{L2} \parallel (Z_{Lb3} \parallel Z_{L3}) \end{cases} \tag{9-33}$$

由式（9-33）可以看出，故障区段的负序差动阻抗等于负荷阻抗，而非故障区段的负序差动阻抗受负荷阻抗影响，因此基于负序差动阻抗的故障定位方案在故障区段依旧可以正确定位，而在非故障区段会出现误动。当 f_2 处发生断线故障时，也可得出相同结论。

2）不可测负荷分支对辅助故障定位判据的影响。考虑不可测负荷分支的影响，当 f_1 处发生断线故障时，系数 z_1、z_2、z_3 大小发生变化，断口两侧零序电压差简化为

$$\Delta \dot{U}_{MN(0)} = \frac{1}{2}\dot{E}_S + \frac{Z_S}{2}\dot{I}_{DG1,f} + \frac{Z_{L2} - Z_{L3} - Z_{Lb3}}{2}\dot{I}_{DG2,f} \tag{9-34}$$

当 f_2 处发生断线故障时，断口两侧零序电压差依旧满足式（9-35）。因此可看出，不可测负荷分支对辅助故障定位判据无影响。

3）适用于含不可测负荷分支配网的保护方案。由负序网络可以看出，发生断线故障后，断口两侧负序电流大小相同，故障支路负序电流最大，因此可以根据负序电流大小判断故障支路。针对配电网中存在不可测负荷分支时非故障区段出现误动的问题，本书提出了一个完整的保护方案。首先，发生断线故障后，保护启动。然后，检测配电网中含不可测负荷分支区段，对于不含不可测负荷分支区段采用基于负序差动阻抗的故障定位判据判断，若满足判据，控制区段两侧断路器断开，若不满足判据，则继续采用基于零序电压幅值差的辅助故障定位判据判断，满足判据则断路器跳闸，不满足则将不含不可测负荷分支区段保护闭锁。对于含不可测负荷分支区段采用比较负序电流幅值的方法，将各保护处负序电流幅值上传至主站，由主站判断出负序电流幅值最大的两侧所在区段即为故障区段。综上，故障定位流程如图9-30所示。

对于不可测负荷分支的检测，可通过比较正常运行时两侧电流幅值的大小确定，当区段两侧电流幅值不同时，即断定为含不可测负荷分支区段，反之则为不含不可测负荷分支区段。

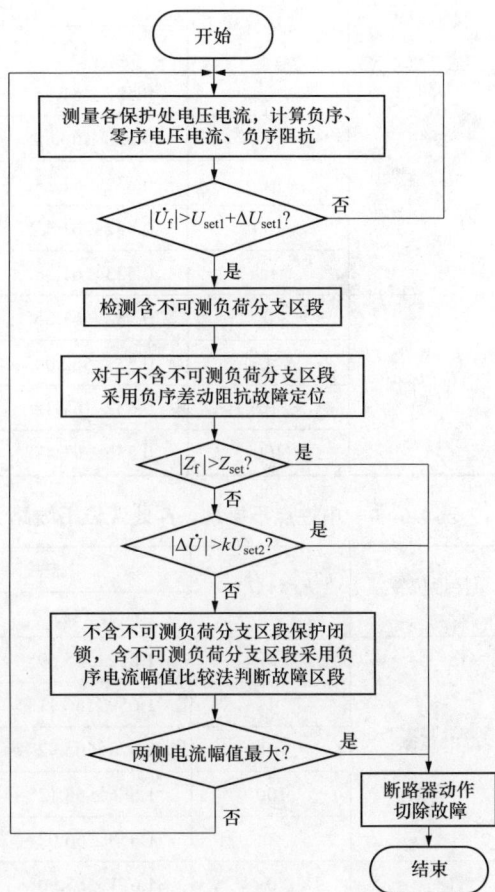

图 9-30　保护方案流程图

（4）仿真验证。为了验证本书提出方法的正确性，基于 MATLAB/Simulink 建立了如下图所示的 10kV 有源配电网，配电网中性点接地方式可通过 k_1、k_2 改变，10kV 有源配电

网通过变压器与 110kV 大电网相连，主变压器容量为 40MVA，架空线路参数为：正序阻抗 Z_1=（0.17+j0.38）Ω/km，正序容纳 B_1=3.045uS/km，零序阻抗 Z_0=（0.23+j1.72）Ω/km，零序容纳 B_0=1.884uS/km，线路 MN、MH、NE 长度分别为 4.0、3.0、1.5km，IIDG1、IIDG2 分别接于母线 N、H 处，其容量分别为 1、2MW。分别仿真不同断线形态、中性点接地方式、过渡电阻 R_g、功率因数以及存在不可测负荷分支区段时保护的动作情况，以下仿真提及的单相断线均为 A 相断线。

1）额定运行配电网故障仿真。设置配电网负荷阻抗 Z_{L1}=200Ω、Z_{L2}=150Ω、Z_{L3}=150Ω，分别仿真配电网中性点不接地、经消弧线圈接地和经小电阻接地（10Ω）等几种接地方式下，f_1、f_2 处分别发生单相断线不接地、单相断线且电源侧接地和单相断线且负荷侧接地等几种故障形态，设置故障接地电阻 R_g 分别为 0Ω、1kΩ、10kΩ、100kΩ 与无穷大。设置零序电压整定值 kU_{set2}=1400V。仿真结果如表 9-5～表 9-7 所示。

表 9-5　　中性点不接地、f_1 处（位于线路 MN 二分之一处）单相断线故障仿真结果

接地位置	R_g（kΩ）	非故障区段 NE		故障区段 MN	
		$Z_{NE.f}$（Ω）	$Z_{NE.set}$	$Z_{MN.f}$（Ω）	$Z_{MN.set}$
电源侧	0	0.532∠61.35°	156.0	80.30∠169.6°	0.171
	1	0.528∠60.80°	127.0	79.91∠169.3°	0.171
	10	0.532∠61.34°	155.3	77.31∠171.0°	0.172
	100	0.532∠61.33°	154.8	78.51∠169.7°	0.171
	∞	0.533∠61.36°	156.5	79.85∠170.7°	0.172
负荷侧	0	0.532∠61.35°	156.0	79.35∠169.5°	0.171
	1	0.537∠62.00°	206.5	79.45∠169.6°	0.171
	10	0.532∠61.32°	154.0	78.83∠169.7°	0.171
	100	0.536∠61.47°	163.6	79.53∠169.9°	0.171

表 9-6　　中性点不接地、f_2 处（位于线路 NE 二分之一处）单相断线故障仿真结果

接地位置	R_g（kΩ）	非故障区段 MN		故障区段 NE	
		$Z_{MN.f}$（Ω）	$Z_{MN.set}$	$Z_{NE.f}$（Ω）	$Z_{NE.set}$
电源侧	0	1.662∠65.69°	1.72×105	150.7∠−179.4°	0.176
	1	1.659∠66.11°	8.90×103	150.7∠−179.4°	0.176
	10	1.673∠65.92°	2.12×104	150.7∠−179.4°	0.176
	100	1.666∠66.12°	8.58×103	150.7∠−179.4°	0.176
	∞	1.658∠66.02°	1.28×104	150.7∠−179.4°	0.176
负荷侧	0	1.671∠65.90°	2.38×104	150.7∠−179.4°	0.176
	1	1.670∠65.77°	6.39×104	150.7∠−179.4°	0.176
	10	1.671∠65.84°	3.54×104	150.7∠−179.4°	0.176
	100	1.660∠66.08°	9.98×103	150.7∠−179.4°	0.176

表 9-7   中性点不同接地方式下单相断线故障仿真结果

中性点接地方式	故障位置	故障形态	R_g（kΩ）	区段 NE		区段 MN	
				$Z_{NE.f}$（Ω）	$Z_{NE.set}$	$Z_{MN.f}$（Ω）	$Z_{MN.set}$
经消弧线圈接地	f_1	电源侧接地	0	0.532∠61.39°	158.5	80.53∠168.8°	0.170
			10	0.532∠61.29°	152.3	80.48∠170.0°	0.171
			∞	0.538∠61.74°	183.3	79.68∠170.4°	0.171
		负荷侧接地	0	0.532∠61.34°	156.0	82.86∠169.5°	0.171
			10	0.536∠61.53°	199.5	81.97∠168.4°	0.170
	f_2	电源侧接地	0	150.7∠−179.4°	0.176	1.667∠65.36°	6.51×104
			10	150.7∠−179.4°	0.176	1.679∠66.02°	1.28×104
			∞	150.7∠−179.4°	0.176	1.666∠66.12°	8.58×103
		负荷侧接地	0	150.7∠−179.4°	0.176	1.665∠66.02°	1.28×104
			10	150.7∠−179.4°	0.176	1.649∠65.15°	1.60×104
经小电阻接地	f_1	电源侧接地	0	0.531∠61.30°	152.3	81.79∠168.0°	0.170
			10	0.533∠61.34°	156.0	80.52∠171.4°	0.171
			∞	0.532∠61.34°	156.0	79.95∠171.4°	0.172
		负荷侧接地	0	0.533∠61.33°	154.8	81.65∠170.8°	0.172
			10	0.532∠61.35°	156.0	80.06∠171.5°	0.172
	f_2	电源侧接地	0	150.7∠−179.4°	0.176	1.656∠65.96°	1.71×104
			10	150.7∠−179.4°	0.176	1.679∠66.02°	1.28×104
			∞	150.7∠−179.4°	0.176	1.666∠66.05°	1.13×104
		负荷侧接地	0	150.7∠−179.4°	0.176	1.671∠65.90°	2.38×104
			10	150.7∠−179.4°	0.176	1.658∠66.02°	1.28×104

表 9-5～表 9-7 为额定运行配电网的故障仿真结果。可以看出，非故障区段负序差动阻抗幅值远远小于其整定值 Z_{set}，而故障区段负序差动阻抗幅值远远大于其整定值。因此，基于负序差动阻抗的故障定位方案在不同故障位置、过渡电阻、故障形态以及系统运行方式下均能正确判断故障区段。

2）非正常运行配电网单相断线故障仿真。以中性点不接地系统为例，设置当 f_1 处故障时，负荷阻抗 Z_{L1} 为 200Ω，Z_{L2} 分别为 0.1、0.25、0.5Ω，Z_{L3} 为 150Ω；当 f_2 处故障时，负荷阻抗 Z_{L1} 为 200Ω，Z_{L3} 分别为 0.1、0.25、0.5Ω，Z_{L2} 为 150Ω。设置单相断线且电源侧接地故障，接地电阻为 1kΩ，仿真结果如表 9-8 所示。

表 9-8　　　　　　　　　　　　不同负荷阻抗下单相断线故障仿真结果

故障位置	Z_{L2}（Ω）	区段 MN				区段 NE			
		$Z_{MN.f}$（Ω）	$Z_{MN.set}$	$\|\Delta\dot{U}_{MN}\|$（V）	是否动作	$Z_{NE.f}$（Ω）	$Z_{NE.set}$	$\|\Delta\dot{U}_{MN}\|$（V）	是否动作
f_1	0.1	0.100∠180.0°	0.176	4083	是	1.064∠61.35°	156.0	0.182	否
	0.25	0.250∠179.9°	0.176	4083	是	1.065∠61.29°	152.3	0.180	否
	0.5	0.500∠179.8°	0.176	4083	是	1.065∠61.29°	152.3	0.179	否
f_2	0.1	1.665∠65.90°	2.38×104	0.551	否	1.711∠−117.7°	0.004	4193	是
	0.25	1.665∠65.90°	2.38×104	0.546	否	1.784∠−121.9°	0.016	4191	是
	0.5	1.665∠65.89°	2.53×104	0.547	否	1.928∠−128.3°	0.042	4189	是

表 9-8 为不同负荷阻抗下单相断线故障仿真结果。结果表明，当 IIDG 上游（f_1）发生故障且负荷阻抗等于 0.1Ω 时，$Z_{MN.set}$(0.176)＞$Z_{MN.f}$(0.1)，故障区段保护出现拒动，基于负序差动阻抗的故障定位判据无法进行故障定位，但故障两侧零序电压差为 4083V，大于整定值 1400V，因此保护仍正确动作。

根据仿真配网故障支路低功率因数运行的情况，设置负荷阻抗 Z_{L1}=200Ω、Z_{L2}= Z_{L3}=150∠90°Ω、150∠60°Ω、150∠30°Ω，单相断线且电源侧接地，故障接地电阻为 1kΩ，仿真结果如表 9-9 所示。

表 9-9　　　　　　　　　低功率因数运行配电网断线故障仿真结果

故障	Z_{L2}、Z_{L3}（Ω）	区段 MN		区段 NE	
		$Z_{MN.f}$（Ω）	$Z_{MN.set}$	$Z_{NE.f}$（Ω）	$Z_{NE.set}$
f_1	150∠90°	32.70∠−149.3°	0.127	0.716∠69.81°	142.0
	150∠60°	43.27∠−134.3°	0.069	0.710∠61.06°	139.5
f_2	150∠30°	67.06∠−159.3°	0.154	0.622∠56.40°	43.98
	150∠90°	1.673∠65.91°	2×104	151.6∠−90.24°	0.960
	150∠60°	1.645∠65.74°	9×104	151.8∠−119.9°	0.010
	150∠30°	1.668∠65.79°	5×104	151.4∠−149.7°	0.128

从表 9-9 所示的仿真结果来看，尽管在低功率因数运行情况下，即使功率因数 $\cos\alpha=1$，基于负序差动阻抗的故障定位判据仍可以正确定位。

3）含不可测负荷分支配电网单相断线故障仿真。如图 9-21 所示，4 条不可测负荷分支分别位于线路 MN、MH 以及 NE 上，大小均为 100Ω。当不可测负荷分支位于线路 MH 上，线路 MN 二分之一处发生单相断线故障时，得到仿真结果，如表 9-10 所示。

表 9-10　　　不可测负荷分支位于线路 *MH* 上时（Lb4）保护动作情况

故障类型	单相断线不接地	单相断线且电源侧接地（*Rg*=0）	单相断线且负荷侧接地（*Rg*=0）
ZMN.f（Ω）	75.13∠−179.8°	75.13∠−179.8°	75.13∠−179.8°
ZMN.set	0.176	0.176	0.176
ZMH.f（Ω）	133.1∠179.7°	133.1∠179.7°	133.1∠179.7°
ZMH.set	0.176	0.176	0.176
ZNE.f（Ω）	1.065∠61.3°	1.065∠61.3°	1.065∠61.3°
ZNE.set	152.3	152.3	152.3

从表 9-10 所示的数据可以看出，含不可测负荷分支区段 *MH* 动作值大于整定值，因此会出现保护误动。然而根据提出的保护方案，首先检测含不可测分支区段，含不可测负荷分支区段 *MH* 保护并不会马上动作，而不含不可测负荷分支区段 *MN* 检测到故障后立即跳闸，保护过程结束。

当不可测负荷分支分别位于故障区段 *MN* 和非故障区段 *NE* 上时，根据提出的保护流程，由于故障区段 *MN* 和非故障区段 *NE* 含有不可测负荷分支，因此保护不动作；而非故障区段 *MH* 负序差动阻抗动作值小于整定值，因此也不动作，此时不含不可测负荷分支区段 *MH* 保护闭锁，含不可测负荷分支区段 *MN*、*NE* 将各保护处负序电流幅值上传至主站，由主站判断出负序电流幅值最大的两侧所在区段即为故障区段。

表 9-11 为不可测负荷分支分别位于故障区段 *MN* 以及非故障区段 *NE*，故障点处发生单相断线不接地故障时，各保护安装处测量数据。

表 9-11　　　不可测负荷分支位于线路 *MN*、*NE* 上保护动作情况

不可测分支	故障区段 *MN*		非故障区段 *NE*	
	$I_{QF5(2)}$（A）	$I_{QF6(2)}$（A）	$I_{QF8(2)}$（A）	$I_{QF9(2)}$（A）
Lb1、Lb3	12.43	12.45	9.409	3.762
Lb2、Lb3	47.64	32.77	24.73	9.886

其中，$I_{QF5(2)}$、$I_{QF6(2)}$、$I_{QF8(2)}$ 和 $I_{QF9(2)}$ 分别为断路器 QF5、QF6、QF8 和 QF9 处测量到的负序电流幅值，从表 9-11 中数据可知，故障区段两侧负序电流幅值最大，由此可判断出故障区段。

9.5　主站系统集中式故障定位

9.5.1　故障区段定位模型

（1）分布式发电不确定性对开关函数的影响。当配电网馈线发生故障时，装设在各条馈线支路的馈线终端单元将检测到的馈线过流信息即开关状态汇总到故障区段定位系统，

系统通过对故障支路进行优化求解使得该故障下的开关状态最接近于检测到的开关状态，从而实现对故障区段的定位。开关函数作为开关状态与故障支路位置关系的函数，是整个故障区段定位模型的基础。开关函数的物理意义为：当假设配电网中发生某个馈线区段故障时，所有的馈线终端单元应该检测到的过流信息向量。馈线过流信息是由开关检测的，因此这样的函数一般也称为开关函数，也就是过流信息向量对馈线故障状态的函数。馈线终端实际检测到的过流信息传输到故障区段定位中心之后，故障区段定位中心的目标就是搜寻某一种故障方式，使得对应的开关函数最接近实际检测到的过流信息。在建模框架内，目标函数寻找的则是在给定置信度下，能够使得该过流信息差距的乐观值达到最小的故障状态。

当主动配电网中并网接入分布式发电时，分布式发电出力的随机性和间歇性将导致开关函数的变化，因此使得开关函数实际上成为一个不确定的随机函数，而该随机函数也将导致故障区段定位模型中的目标函数成为一个随机变量。然而传统故障区段定位方法并没有计及分布式电源出力情况对开关函数的影响，只是单纯把分布式发电视作电源点，导致误判。

以如图 9-31 所示的简单主动配电网为例，其中 S 为上级配电网或者输电网，DG1 和 DG2 为并网运行状态的分布式发电，S 为开关，L 为馈线区段。当区段 L2 发生故障时，依据传统的方法，开关函数值为[1, 1, -1, -1, -1, -1, -1, -1, -1]；但是如果考虑到分布式发电出力可能低于提供故障电流的灵敏度，那么开关函数实际上可能是三种情形，一种是[1, 1, -1, -1, -1, -1, -1, -1, -1]，一种是[1, 1, -1, -1, -1, -1, 0, 0, 0]，还有一种是[1, 1, -1, 0, 0, 0, -1, -1, -1]。开关函数的不确定性将传递到目标函数的不确定性，因此只有计及该不确定性并采取合适的理论建模才能较好地解决该问题。

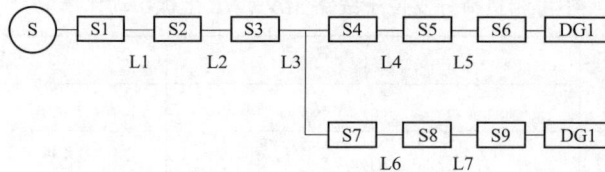

图 9-31　含分布式发电并网的简单主动配电网

（2）分布式发电不确定性模型。主动配电网运行中的不确定性主要来源于分布式光伏发电和分布式风力发电，分布式风电的出力水平 P_{wind} 与风速 v 之间的函数关系为

$$P_{wind} = \begin{cases} 0, & v \leqslant v_{ci} \\ a = bv, v_{ci} < v \leqslant v_r \\ P_r, & v_r < v \leqslant v_{co} \\ 0, & v > v_{co} \end{cases} \tag{9-35}$$

$$a = P_r v_{ci} / (v_{ci} - v_r), \ b = P_r / (v_r - v_{ci}) \tag{9-36}$$

式中　v_{ci} ——切入风速；

　　　　v_r ——额定风速；

v_{co} ——切出风速；

P_r ——风电额定功率；

a 与 b ——由风电机组特性决定的系数。

风速一般采用双参数威尔分布模型，具体表达式为

$$f(v) = \frac{k}{c}\left(\frac{v}{c}\right)^{k-1} \exp\left[-\left(\frac{v}{c}\right)^k\right] \tag{9-37}$$

式中 k 和 c ——系数。

根据以上公式可以推导得出 P_{wind} 的概率密度分布，即

$$f(P_{wind}) = \frac{k}{bc}\left(\frac{P_{wind} - a}{bc}\right)^{k-1} \exp\left[-\left(\frac{P_{wind} - a}{bc}\right)^k\right] \tag{9-38}$$

分布式光伏的出力功率 P_{pv} 由光照强度 I、光伏组件面积 S 以及光电转换效率 η 决定，有 $P_{pv} = IS\eta$。而 I 可以认为服从 β 分布，则有 P_{pv} 的概率密度函数为

$$f(P_{pv}) = \frac{\Gamma(\alpha + \beta)}{P_{pv,max}\,\Gamma(\alpha)\Gamma(\beta)}\left(\frac{P_{pv}}{P_{pv,max}}\right)^{\alpha-1}\left(1 - \frac{P_{pv}}{P_{pv,max}}\right)^{\beta-1} \tag{9-39}$$

式中 $P_{pv,max}$ ——分布式光伏的额定功率；

α 和 β —— I 的形状参数。

（3）随机机会约束规划。以 min-min 形式的随机机会约束规划为例，该理论的数学模型为

$$\begin{cases} \min \overline{f} \\ \text{s.t. } Pr\{f(x, \xi) \leqslant \overline{f}\} \geqslant \alpha \\ Pr\{g_j(x, \xi) \leqslant 0, j = 1, 2, \cdots, p\} \geqslant \beta_j \\ h_i(x) \leqslant 0, i = 1, 2, \cdots, q \end{cases} \tag{9-40}$$

式中 x ——模型的控制变量；

$Pr\{\cdot\}$ ——事件概率；

$f(x, \xi)$ ——目标函数，其中的 ξ 为模型中的不确定变量；

α ——目标函数大于 $\overline{f}$ 的置信水平；

β_j ——第 j 个约束条件的置信水平，共有 p 个含随机变量的约束条件；

$\overline{f}$ —— $f(x, \xi)$ 在概率水平至少为 β 时所取的最大值（即 β 乐观值），此外模型还包含 q 个不含随机变量的常规约束。

（4）主动配电网开关函数。开关函数的定义为馈线过流信息对馈线故障状态的函数，其中馈线过流信息即开关状态，该状态由系统中所有馈线上开关的过流状态组成，过流状态为二进制变量，其中 1 表示发生过流，0 表示未发生过流。

定义：当配电网以公共耦合点（point of common coupling，PCC）为电源时，处于开关 i 上游的分布式电源为反方向，处于开关 i 下游的分布式电源为正方向。当不计及故障重数时，建立的开关函数 $I_i(S)$ 如式（9-41）所示，该开关函数针对的是第 i 个开关。

$$I_i(S) = g_{\text{grid}} = \prod_{d=1}^{D_i} s_{i,d} \left[\prod_{j=1}^{J} g_j^{\varepsilon} \left(P_{\text{DG},j} - P_{\text{DG,min}} \sum_{d=1}^{D_{i,j}} s_{j,i,d} \right) - \prod_{j=1}^{M} k_j^{\varepsilon} (P_{\text{DG},j} \right.$$

$$\left. - P_{\text{DG,min}} \sum_{d=1}^{F_{i,j}} s_{j,i,d} \right] \tag{9-41}$$

式中　g_{grid}——配电网运行系数，$g_{\text{grid}}=1$ 表示运行在并网模式，$g_{\text{grid}}=0$ 表示运行在离网模式；

$\quad S$——支路故障状态集；

$\quad D_i$——以公共耦合点为电源时开关 i 下游的支路数目；

$\quad s_{i,d}$——开关 i 下游第 d 条支路的故障状态，当 $s_{i,d}=1$ 时表示发生了故障，当 $s_{i,d}=0$ 时表示未发生故障；

$\quad J$——开关 i 正方向分布式电源数目；

$\quad M$——开关 i 反方向分布式电源数目；

$\quad g_j$——正方向第 j 个 DG 的并网系数，$g_j=1$ 时表示该 DG 并网，$g_j=0$ 时表示该 DG 未并网；

$\quad k_j$——反方向 DG 的并网系数，其含义与 g_j 相同；

$D_{i,j}$ 和 $F_{i,j}$——正方向和反方向第 j 个分布式电源的下游支路数目；

$\quad s_{j,i,d}$——第 j 个分布式电源下游第 d 条支路的故障状态，其含义与 $s_{i,d}$ 相同；

$\quad \varepsilon_{\text{O}}$——单位阶跃函数；

$\quad P_{\text{DG},j}$——第 j 个 DG 在发生故障时的功率出力；

$\quad P_{\text{DG,min}}$——具备向故障点提供灵敏度足够故障电流的最小 DG 出力；

$\quad \prod$——逻辑或计算。

在调度自动化系统中，分布式发电并网开关的遥信状态均上传至调控中心进行监测，在开发故障区段定位模块时，只需要将该遥信节点作为并网系数上送至程序模块即可。

在开关函数的定义中，$I_i^*(S)$ 应该存在三种取值，分别为 1、−1、0。当 $I_i^*(S)=1$ 时表示配电网故障发生在开关 i 正方向，当 $I_i^*(S)=-1$ 时表示配电网故障发生在开关 i 反方向，当 $I_i^*(S)=0$ 时表示配电网未发生故障或者开关 i 在正方向和反方向同时发生了多重故障。若以式（9-41）进行开关函数计算，则会出现 $I_i^*(S)$ 取值超出这三个值的情况，因此对式（9-36）进行修正得到如式（9-42）所示的形式，确保了 $I_i^*(S)$ 取值正确。

$$I_i^*(S) = \varepsilon[I_i(S)] - \varepsilon[-I_i(S)] \tag{9-42}$$

在开关函数中，采用广度优先搜索法对 PCC 或者第 j 个分布式电源下针对开关 i 的上下游支路进行判定，具体步骤如下：

1）从 PCC 或者第 j 个分布式电源节点 n_0 出发，访问并记录；

2）逐个访问与 n_0 相邻的所有未被访问的节点，并将被访问的节点进行记录；

3）若访问过程遇到开关 i 所在的支路，则该支路暂停访问；

4）分别从这些邻接节点出发，依次访问与这些节点相邻的未被访问的节点，直到所有的能访问的节点都被访问过为止。

由于目前配电网基本上采用闭环建设、开环运行的策略，因此在进行故障区段定位时配电网处于辐射状拓扑状态，暂不考虑环状配电网。

（5）故障区段定位目标函数。根据定义的开关函数，构建配电网故障区段定位模型的评价函数作为目标函数，如式（9-43）所示。

$$\min F(S) = \sum_{i=1}^{N} |I_i - I_i^*(S)| + \omega \left[\varepsilon \left(\sum_{i=1}^{L} |s_i| - 2 \right) + \varepsilon \left(-\sum_{i=1}^{L} |s_i| \right) \right] \tag{9-43}$$

式中 N——配电网开关数目；

  L——配电网馈线支路数目；

  I_i——RTU 检测到的第 i 个开关的开关状态；

  ω——权重系数，一般取为[0,1]。

式（9-43）中，第一项为实际开关状态和假想故障情况下开关状态下的偏差，第二项的作用是将故障支路数限值在两重以内，以防止模型进行误判。

从式（9-43）中可见，目标函数中的 $I_i^*(S)$ 中包含了随机变量 $P_{DG,j}$，因此该目标函数也为不确定变量，采用 min-min 形式的随机机会约束规划将目标函数整理为如式（9-44）所示的形式。

$$\min \min \overline{F}(S) \tag{9-44}$$

式中 $\overline{F}$——目标函数在给定置信度之下的乐观值；

  S——随机机会约束规划模型的控制变量。

（6）故障区段定位约束条件。

1）目标函数的机会约束。基于随机机会约束规划理论建立的故障区段定位模型首先要满足如式（9-45）所示的机会约束关系。

$$Pr \left\{ \begin{matrix} \sum_{i=1}^{N} |I_i - I_i^*(S)| + \\ \xi \left[\varepsilon \left(\sum_{i=1}^{L} |s_i| - 2 \right) + \varepsilon \left(-\sum_{i=1}^{L} |s_i| \right) \right] \leqslant \overline{F} \end{matrix} \right\} \geqslant \alpha \tag{9-45}$$

式中 $Pr\{\cdot\}$——事件的概率测度；

  α——置信度。

式（9-44）和式（9-45）的含义为：通过制定合理的 S，最小化 $\overline{F}$ 的值，使得在分布式发电随机分布出力的情况下，目标函数值小于 $\overline{F}$ 的概率要大于置信度 α。

2）控制变量定义域约束。配电网故障区段定位模型的控制变量 $S = [s_1, s_2, \cdots, s_N]$，其中任意 s_i 满足 $s_i \in [0, 1]$ 且为整数。

3）故障类型限制约束。建立的模型适用于单重故障以及多重故障的求解，然而如果不对故障类型进行限值，将影响模型求解效率，而三重故障较为罕见，因此暂不考虑三重及以上故障，只考虑单重和双重故障。该约束如式（9-46）所示。

$$0 \leqslant \sum_{i=1}^{L} |s_i| \leqslant 2 \tag{9-46}$$

9.5.2　算法与模型求解流程

（1）不确定函数模拟。不确定函数模拟实际上为蒙特卡洛模拟，该方法通过对随机变量进行取样模拟从而计算目标函数或者约束条件成立的概率。采用不确定函数模拟对概率约束形式的目标函数进行计算，其数学形式如式（9-47）所示。

$$U:(x, y) \rightarrow \min\{\overline{F} \mid Pr\{f(S, \xi) \leqslant \overline{F}\} \geqslant \alpha\} \tag{9-47}$$

式中　ξ——概率空间(Ω, A, Pr)上的随机变量；

　　　f——实值连续函数，$f(S, \xi)$也是一个随机变量，从Ω中随机抽取样本点ω_s，$s=1$，
　　　　　$2, \cdots, N_s$，得到N_s个$f(S, \xi(\omega_s))$，则可以通过以下步骤对$\overline{F}$的值进行测算。

1）按照概率测度Pr从Ω中随机产生ω_s，$s=1, 2, \cdots, N_s$。

2）计算函数$h_s = f(S, \xi(\omega_s))$，$s=1, 2, \cdots, N_s$的值，并从小到大进行排序。

3）置N'为αN_s的整数部分。

4）输出$\{h_1, h_2, \cdots, h_{N_s}\}$中第$N'$个最小值即为所求的$\overline{F}$值。

对分布式风电和光伏出力进行随机模拟，针对每一种模拟情形，计算故障区段定位模型的目标函数，最后将所有情形汇总，基于排序法得到给定置信度下的目标函数乐观值。

（2）基于二进制帝国竞争算法的模型求解流程。帝国竞争算法作为一种高效的智能搜索算法，具备寻优效率高、不易陷入局部最优点等优势。然而传统帝国竞争算法只适用于连续规划，而不适用于整数规划。对帝国竞争算法中国家移动引入二进制原理进行改进并设计模型，求解流程如下：

1）初始化国家种群。以S为二进制的帝国位置变量随机生成N_{pop}个国家，针对每个国家调用不确定函数模拟过程得到目标函数，依据目标函数定义国家势力。将势力最强的N_{imp}个国家定义为帝国，剩余N_{col}个国家为殖民地，定义第n个国家的相对势力F_n为

$$F_n = \frac{\left| f_n - \max_{i \in J_{imp}}\{f_i\} \right|}{\left| \sum_{j=1}^{N_{imp}} (f_j - \max_{i \in J_{imp}}\{f_i\}) \right|} \tag{9-48}$$

式中　J_{imp}——帝国集合，所有帝国相对势力之和为1，第n个帝国分配到的殖民地数量N_n^{col}
　　　　　　　为$\text{round}\{N_{col}F_n\}$。

2）殖民地同化。针对每一个帝国，当一个殖民地属于某个帝国时，其位置更新计算式为

$$U_{i,d}^s = \begin{cases} 1 & r < \text{Sigmoid}(v_{i,d}^s) \\ 0 & r > \text{Sigmoid}(v_{i,d}^s) \end{cases} \tag{9-49}$$

式中：$U_{i,d}^s$——该帝国第i个殖民地第d维在第s次迭代时的位置变量；

　　　r——生成的随机数，位于区间[0,1]上；

　　　$v_{i,d}^s$——第i个殖民地第d维在第s次迭代时的速度变量。

Sigmoid函数如式（9-50）所示。

$$x = \frac{-b \pm \sqrt{b^2 - 4ac}}{2a} \tag{9-50}$$

同时，在迭代过程中引入殖民地变革率 δ，表现为殖民地有 δ 的概率在每一维上随机切换位置变量。

3）帝国与殖民地交换位置。在迭代过程中，如果殖民地的势力大于所属帝国的势力，此时将该殖民地与帝国进行身份交换。

4）殖民竞争。首先定义帝国集团 n 的势力 E_n，如式（9-51）所示。

$$E_n = F_n + \xi \frac{\sum\limits_{i \in J_n} F_i}{N_n^{col}} \tag{9-51}$$

式中　ξ ——殖民地势力构成系数，一般取为 0.1～0.5 可满足大部分条件；

　　　J_n ——帝国 n 的殖民地集合；

　　　F_i ——殖民地 i 的势力。

殖民竞争发生在不同帝国之间，表现为争夺殖民地，在每一次竞争中，假设最弱帝国集团为 q，则被帝国集团 n 占有的概率如式（9-52）所示，可以采用轮盘赌方法实现。

$$P_n = \frac{E_n}{\sum\limits_{i \in J_{imp}, i \neq q} E_i} \tag{9-52}$$

5）帝国消亡。某个帝国失去所有殖民地时则消亡。当算法迭代到仅存在一个帝国并且收敛到要求的精度时，则该帝国位置即为所求配电网故障区段定位模型的解。

9.5.3　算例验证

以如图 9-32 所示的主动配电网为例进行故障区段定位方法验证。所研究的主动配电网基于馈线终端单元对配电网运行状态以及开关过流状态进行上送。主动配电网中包含三个分布式电源并网在节点 8、10 和 22，系统通过 PCC 与外网连接，既可以运行在离网模式也可以运行在并网模式，在正常情况下一般不考虑离网运行模式，因此模型中假设系统一直运行在并网模式。随机机会约束规划模型中置信度取为 0.9。在改进帝国竞争算法中，初始国家数设为 100，初始帝国数设为 10，最大迭代次数为 150 代。仿真算例设置的配电网故障类型为单相接地短路故障，所研究的配网属于低压配电网，系统中性点采用不接地方式，以提高运行可靠性。

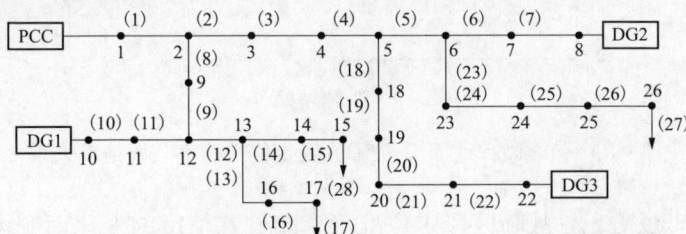

图 9-32　含分布式发电并网的主动配电网网架结构图

（1）单重故障情形。首先针对单重故障情形，设置如表 9-12 所示的几种故障方式，其中 DG 类型和并网系数依次指的是 DG1、DG2、DG3。

运行模型，可以得到如表 9-13 所示的在大部分情况下的模型求解结果，其中缺失的开关状态检测信息用 X 表示，开关检测到过流信息为 1，未检测到为 0。

表 9-12 单重故障情形下故障方式设置

故障方式	方式一	方式二	方式三	方式四
DG 类型	WT，WT，PV	WT，WT，PV	PV，PV，WT	PV，PV，WT
故障区段	支路（3）	支路（5）	支路（14）	支路（24）
并网系数	1，1，1	1，1，1	1，1，1	1，1，1
信息畸变	无	开关 3 缺失	开关 11 缺失	开关 20 缺失

表 9-13 单重故障情形下故障区段定位模型求解结果

故障方式	开关状态检测	求解得到开关函数	定位结果	准确率（%）
方式一	1111111111111000001111110000	1111111111111000001111110000	支路（3）	87
方式二	11X11111111110000111110000	1111111111111000001111110000	支路（5）	82
方式三	1111111111X1000001111110000	111111111111110000111110000	支路（14）	94
方式四	1111111111110000011X111000	111111111111100000111111000	支路（24）	93

事实上，由于分布式发电出力的不确定性对故障区段定位的影响，模型可能会对故障区段发生误判断。在以上置信度取为 0.9 的情况下，四种故障方式下的故障区段定位准确率分别为 87%、83%、94% 和 93%。为了验证模型置信度参数对故障区段定位准确率的影响，选取不同置信度，分别在四种故障方式下运行模型，得到故障区段定位准确率与置信度的关系如图 9-33 所示。

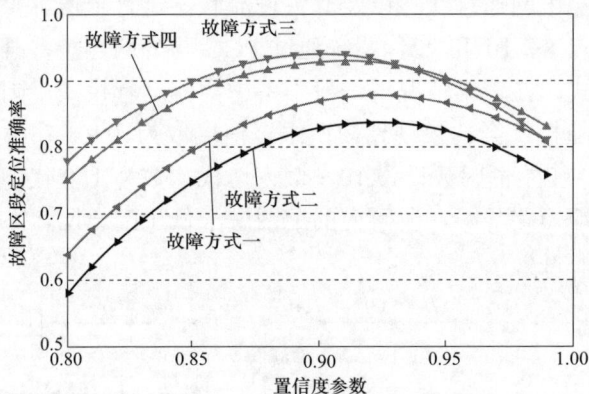

图 9-33 单重故障情形下故障区段定位准确率与置信度关系

从图 9-33 中可以看出，故障区段定位准确率随着置信度的变化而变化，随机机会约束规划模型中置信度的选取对于故障区段定位准确率至关重要。当置信度参数较低时，模型对分布式发电不确定性考虑的保守程度较低，因此分布式发电出力的随机性容易影响定位结果，所以故障区段定位准确率较低。当置信度参数较高时，模型对分布式发电不确定性的考虑较为严格，而这也容易导致模型出现无解的情形，因此故障区段定位准确率较低。

（2）二重故障情形。在模型能够适用于单重故障的基础上，针对二重故障情形，设置如表 9-14 所示的几种故障方式。

表 9-14　　　　　　　　　　　　二重故障情形下故障方式设置

故障方式	方式一	方式二	方式三	方式四
DG 类型	WT，WT，PV	WT，WT，PV	PV，PV，WT	PV，PV，WT
故障区段	支路（3） 支路（5）	支路（3） 支路（14）	支路（5） 支路（24）	支路（14） 支路（24）
并网系数	1，1，1	1，1，1	1，1，1	1，1，1
信息畸变缺失	无	开关 3 缺失	开关 11 缺失	开关 20 缺失

运行模型，可以得到如表 9-15 所示的在大部分情况下的模型求解结果。

表 9-15　　　　　　　　　　二重故障情形下故障区段定位模型求解结果

故障方式	开关状态检测	求解得到开关函数	定位结果	准确率（%）
方式一	111111111111100000111110000	111111111111100000111110000	支路（3） 支路（5）	82
方式二	11X1111111110000111110000	111111111111110000111110000	支路（3） 支路（14）	86
方式三	1111111111X110000011111000	11111111111100000111111000	支路（5） 支路（24）	84
方式四	111111111111000011X111000	11111111111100001111111000	支路（14） 支路（24）	92

同样为了验证模型置信度参数对二重故障情形下故障区段定位准确率的影响，选取不同置信度，分别在四种故障方式下运行模型，得到故障区段定位准确率与置信度的关系如图 9-27 所示。从图 9-34 中可以看出，在二重故障情形下，故障区段定位准确率与置信度之间的关系与单重故障情形下相似。

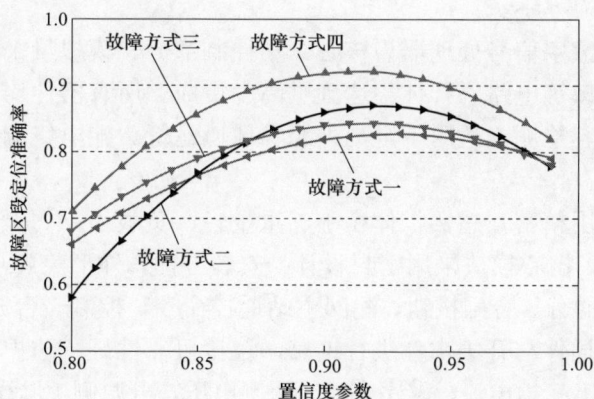

图 9-34　二重故障情形下故障区段定位准确率与置信度关系

为了验证改进帝国竞争算法（improved imperial competition algorithm，IICA）在主动配电网故障区段定位模型求解的效果，针对同样的算例和模型，采用常用的二进制粒子群算法（binary particle swarm optimization，BPSO）进行求解，得到与改进帝国竞争算法求解指标对比，如表 9-16 所示。

表 9-16　　　　　　　　二进制粒子群算法与改进帝国竞争算法求解指标对比

单重故障情形				
故障方式	BPSO 准确率（%）	IICA 准确率（%）	BPSO 求解时间（s）	IICA 求解时间（s）
方式一	84	87	5.69	5.23
方式二	78	82	6.21	5.86
方式三	89	94	5.31	5.04
方式四	90	93	5.36	4.93
二重故障情形				
故障方式	BPSO 准确率（%）	IICA 准确率（%）	BPSO 求解时间（s）	IICA 求解时间（s）
方式一	79	82	6.23	5.94
方式二	83	86	6.71	6.28
方式三	78	84	5.79	5.64
方式四	86	92	5.82	5.62

从表 9-16 中可以看出，采用 IICA 算法对所建立的主动配电网故障区段定位模型进行求解，相比于传统 BPSO 算法，无论是在定位准确率上还是求解时间上性能均要更优。

9.6　配网快速保护终端研制

9.6.1　终端整体结构设计要求

配电终端以高速数字信号处理器为核心，集控制部分、模拟量采集、数字量采集、通信接口、无线数据接口等电路于一体，达到了高度集成。所有器件均采用工业级，可靠性高，通过多项电磁兼容检测，适用于全户外恶劣环境运行。配电终端整体结构设计有以下要求：

（1）采样元件采用精密互感器，体积小、重量轻、负载小；

（2）模块化设计、核心模块采用密封设计，安装方便，外形美观，内部结构紧凑合理；

（3）可通过就地的分、合闸按钮、配网主站遥控命令，控制一台开关的合、分闸操作；

（4）通过航空接插件与开关本体进行连接，连接可靠性好、防护等级高；

（5）装置应可采集三相电流、零序电流、两侧电压，电源侧（母线侧）电压固定接 U_a、U_b、U_c、$3U_0$、U_n，负荷侧（线路侧）电压接 U_{ab}、U_{bc}（VV 接线 PT 方式）或 U_a、U_b、

U_c（YY 接线 PT 方式）；

（6）内置 5G 模组，支持全网通，通过线路两侧采样数据的交互实现差动保护功能；

（7）预留外置 5G CPE 接口，可通过以太网接口连接 5G CPE；支持光纤通通讯通道作为备用通道。

9.6.2 保护功能模块

（1）过电流保护功能。过流保护Ⅰ段逻辑如图 9-35 所示，可对保护动作时限、电流定值进行设定；分两段进行故障判断，每一段的动作时限、电流定值均可以自由平滑设定，各段均可选择跳闸或告警，选择告警时，装置不出口跳。

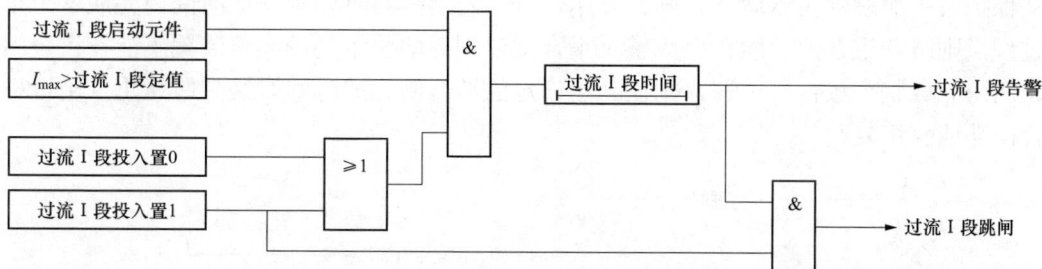

图 9-35　过流Ⅰ段逻辑图

（2）零序电流保护功能。零序过流Ⅰ段逻辑如图 9-36 所示，可对保护动作时限、电流定值进行设定；分两段进行故障判断，每一段的动作时限、电流定值均可以由用户自由平滑设定。各段均可选择跳闸或告警，选择告警时，装置不出口跳。

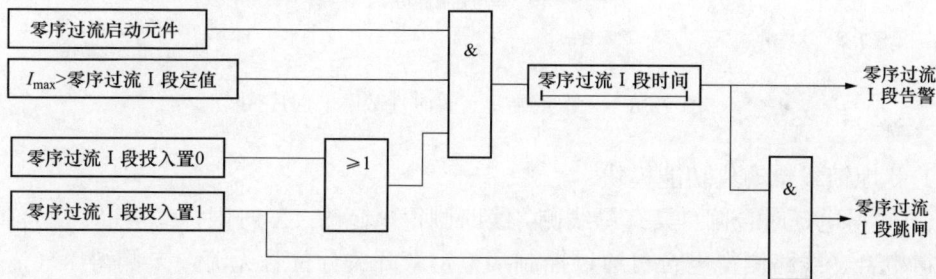

图 9-36　零序过流Ⅰ段逻辑图

零序过电压保护告警逻辑如图 9-37 所示，动作后跳闸，动作电压及动作时间均可以自由平滑设定，可选择投入或退出。

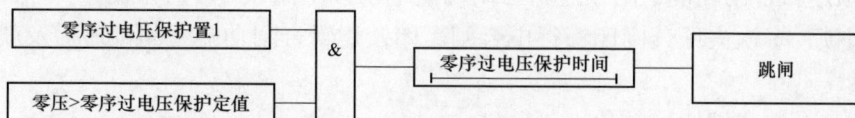

图 9-37　零压告警逻辑图

（3）重合闸功能。具备一次重合闸和二次重合闸功能，并可通过控制字选择投入一次或二次重合闸，应具备检无压重合闸、检同期重合闸、不检无压及不检同期重合闸功能，并能通过控制字选择，检无压方式在有压后自动转为检同期方式。检无压重合闸定值固定取 40%额定电压，检同期重合闸的电压差定值固定取 20%额定电压、角度差定值固定取 30°，上述定值不开放整定。重合闸启动前，收到弹簧未储能闭锁重合闸信号，经延时后放电；重合闸启动后，收到弹簧未储能闭锁重合闸信号，重合闸不放电。重合闸充电时间为 0～180s，步长为 0.1s，重合闸开放时间（重合闸开放时间指开放重合闸功能的时间）不小于 5min。

重合闸功能有关时间段的设置应满足图 9-31 的时序要求。图 9-38 中，重合闸开放时间从保护第一次跳闸（启动重合闸）开始计时，若装置在重合闸开放时间内完成整个重合闸过程，则装置重合闸功能在完成整个重合闸过程后即整组复归，若装置不能在重合闸开放时间内完成整个重合闸过程，则在到达设定的重合闸开放时间时装置终止重合闸过程，重合闸功能整组复归。

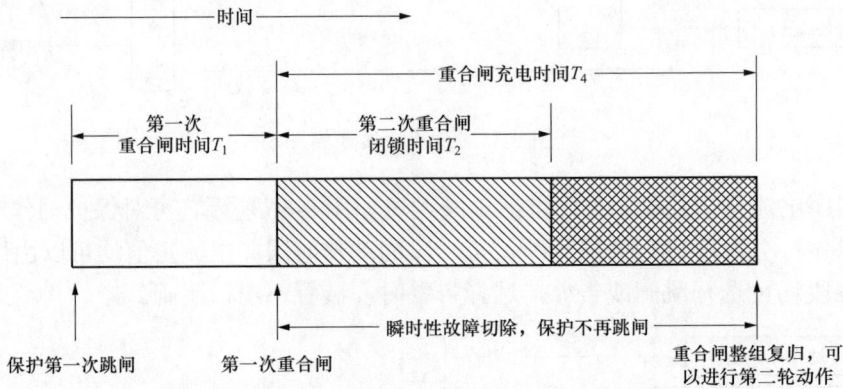

图 9-38　一次重合闸（瞬时性故障）时序图

（4）就地馈线自动化功能模块。

1）单侧得电延时合闸。具有母线侧、线路侧得电延时（X 时限，可整定）后合闸功能。母线侧得电合、线路侧得电合可通过控制字整定。开关分位且无流，一侧得压（需判由无压到有压，两个线电压均满足条件才判得电）、一侧无压，无闭锁存在，得电延时时间到，控制开关合闸。双侧得电闭锁合闸。

2）双侧失电延时分闸。具有失电后延时（Z 时限，可整定）分闸功能，设备失电后，检测无电流，达到延时时间，开关分闸，延时时间可通过控制字整定。

3）闭锁逻辑合闸功能。闭锁逻辑合闸功能包括残压闭锁（X 时限闭锁）、Y 时限闭锁、人为分闸闭锁、多次失压分闸闭锁得电合闸。闭锁逻辑合闸功能不闭锁遥控及就地手动操作开关。

（5）智能分布式馈线自动化。

1）故障切除逻辑。故障隔离充电完成且本节点 GOOSE 通信正常，当系统发生故障，若本节点非末开关，且相电流大于整定定值或零序电流大于整定定值，M 侧和 N 侧节点中有且只有一侧的节点均未发出"节点故障"GOOSE 信号，则经过整定故障跳闸时限后动作跳本节点开关；若本节点为末开关，且相电流大于整定定值或零序电流大于整定定值，且收到 M 侧和 N 侧任一节点的"节点故障"GOOSE 信号，则经过整定故障跳闸时限后动作跳本节点开关。

故障隔离充电完成且本节点 GOOSE 通信正常，若本节点未检测到故障且收到 M 侧或 N 侧有且仅有一个节点的"节点故障"GOOSE 信号，则经过整定故障跳闸时限后动作跳本节点开关，对于末开关应按照此逻辑要求完成故障隔离。

2）首开关失压保护逻辑。分布式 FA 功能投入、本节点为首开关且本节点 GOOSE 通信正常时，故障隔离充电完成后自动投入首开关失压保护，保证故障发生在电源点与首开关之间时能迅速隔离。首开关失压保护投入后若本节点两侧均无压且本节点无流，则经整定首开关失压跳闸时限跳本节点开关，同时启动开关跳闸失灵判断。

3）开关失灵联跳逻辑。节点开关因分布式 FA 动作跳闸后，经过失灵判断时间后判定为开关失灵拒跳，则触发"开关拒跳"GOOSE 输出信号，用于启动邻侧开关。当本节点收到 M 侧或 N 侧节点"开关拒跳"GOOSE 信号，且本节点开关在合位、未跳闸，则失灵联跳瞬时动作跳本节点开关。若本节点未检测到故障且跳闸成功，则触发"故障隔离成功"GOOSE 输出信号。

4）开关 GOOSE 异常联跳逻辑。当分布式 FA 投入且本节点 GOOSE 通信异常时，自动投入 GOOSE 通信异常过流保护用于故障切除，以及 GOOSE 通信异常失压保护逻辑用于故障隔离。GOOSE 通信异常过流保护用于 GOOSE 通信异常节点下级故障时的故障切除，共用分布式 FA 故障切除过流定值与故障跳闸时限定值。故障隔离充电完成，若本节点 GOOSE 通信异常且相电流大于整定定值或零序电流大于整定定值，则经过整定故障跳闸时限后动作跳本节点开关，若在开关失灵时间内本节点开关仍未跳开，则触发"开关拒跳"GOOSE 输出信号。GOOSE 通信异常失压保护用于 GOOSE 通信异常节点上级故障时的故障隔离，共用分布式 FA 故障跳闸时限定值。故障隔离充电完成，若本节点 GOOSE 通信异常，两侧均无压且本节点无流，则经过整定故障跳闸时限后动作跳本节点开关，同时启动开关跳闸失灵判断。若在开关失灵时间内开关由合变分且无流，则触发"故障隔离成功"GOOSE 输出信号；若在开关失灵时间内本节点开关仍未跳开，则触发"开关拒跳"GOOSE 输出信号。

5）供电恢复逻辑。故障隔离成功后，区域各节点向两侧依次转发"故障隔离成功"GOOSE 信号，当本节点供电恢复充电完成且在电源侧和负荷侧单侧失压后，收到"故障隔离成功"GOOSE 信号，则经过整定供电恢复延时后启动本节点开关合闸，完成转供电过程。对于多联络点的网架，通过"供电恢复时限"的整定来确定不同联络开关的优先级。恢复时限短的联络开关，优先级高，反之则低。

6）故障隔离充放电条件。①充电条件：本节点开关在合位；本节点无故障且相邻侧均无故障；电源侧和负荷侧至少一侧有压。②放电条件：本节点开关分位；分布式 FA 功能退出；电源侧和负荷侧均无压延时一定的时间（默认 60s）。

7）供电恢复充放电条件。①充电条件：本节点开关在分位；电源侧和负荷侧均有压。②放电条件：分布式 FA 功能退出；电源侧和负荷侧均无压延时一定时间（默认为 15s）；

邻侧"节点故障"GOOSE 输入；邻侧"节点拒跳"GOOSE 输入；供电恢复动作（以上任一条件满足时供电恢复瞬时放电）。

（6）纵联电流差动保护与备投功能。每台进线柜配备基于差动功能的保护测控单元，当保护区域内发生各种短路故障时，配电终端启动差动保护功能，瞬时跳开故障电缆两侧的断路器（三相跳闸），实现故障隔离。

1）稳态分相差动元件。TA 断线是否闭锁差动由控制字"TA 断线闭锁差动"决定。当控制字"TA 断线闭锁差动"投入时，TA 断线闭锁差动保护；当控制字"TA 断线闭锁差动"退出时，TA 断线不闭锁差动保护。

2）零序差流元件。"零序差动采用自产"控制字投入，零序差动采用自产零流，TA 断线闭锁零差。"零序差动采用自产"控制字退出，零序差动采用外采零流。零序差动固定 100ms 延时。

3）远跳。若断路器与 TA 之间发生短路，由于是区外故障，纵联差动保护不动作，故障电流仍存在，为了让对侧保护快速动作，其他保护装置（母差）动作接点接到本测光差装置的远跳开入遥信上，借助光纤通道传递给对侧光差装置，对侧光差装置收到远跳开入后可加速跳闸（是否经启动元件闭锁由控制字决定）并闭锁备投。

4）瞬时 TA 断线。差流门槛：$I_{cdqd} \times 0.5$；自产零流门槛：$I_{cdqd} \times 0.5$；无流门槛：额定 5A 时为 50mA，额定 1A 时为 30mA。任一相差流大于差流门槛后，启动 CT 断线的判断。

9.6.3 终端核心单元结构

配电终端尺寸及开孔图如图 9-39 所示。

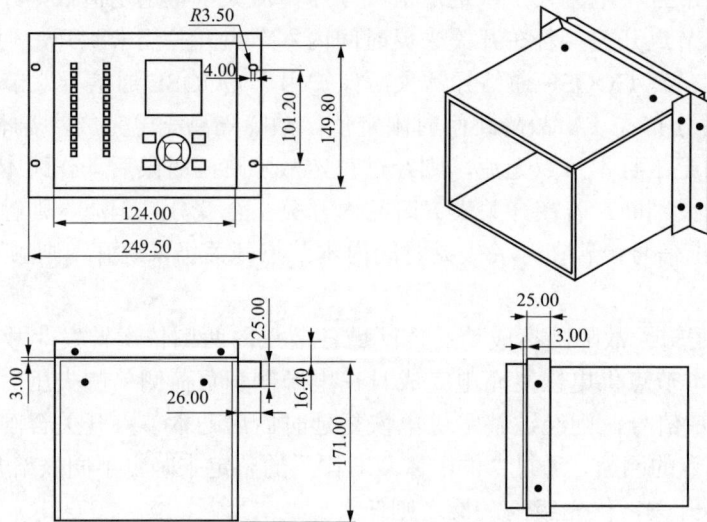

图 9-39 配电终端尺寸及开孔图

终端核心单元主要由五块功能板件构成：分别是 PCK 板（电源出口板）、YXDC 板（遥信直流板）、M 板（主板）、COM 板（通讯板）和 T 板（交流量采集板），如图 9-40

所示。

	PCK			YXDC					T	
101	KZDY		201	DC1				501	UA	
102	YHIN		202	DC2				502	UAN	
103	CHIN		203	DCOM				503	UB	
104	HZOUT		204	YXCOM				504	UBN	
105	YFIN		205	YX1				505	UC	
106	BHTIN		206	YX2				506	UCN	
107	FZOUT		207	YX3				507	UO	
108	HHCOM		208	WYX1				508	UON	
109	HHQD		209	WYX2				509	PT2	
110	HHTC		210	WYX3				510	PT2N	
111	GZLFD		211	WYX4				511		
112	YXLED		212	WYX5				512		
113	OUT3		213	WYX6						
114	LED-		214	WYX7						
115			215	WYX8						
116	ZZDY-		216	WYX9						
117	ZZDY-		217	WYX10				513		517
118	ZZDY+		218	WYX11				514		518
119	ZZDY+		219	WYX12				515		519
			220	WYX13				516		520
			221	YXDY-						

M 板：
- 311 网口
- 312 光纤 TX
- 313 光纤 RX

COM 板：
- 415 网口
- 416 网口
- 5G 天线
- 401 B码+
- 402 B码-
- 403 LCDT
- 404 LCDR
- 405 GND
- 406 FIXT
- 407 FIXR
- 408 232T0
- 409 232R0
- 410 GND
- 411 232T1
- 412 232R1
- 413 485A2
- 414 485B2

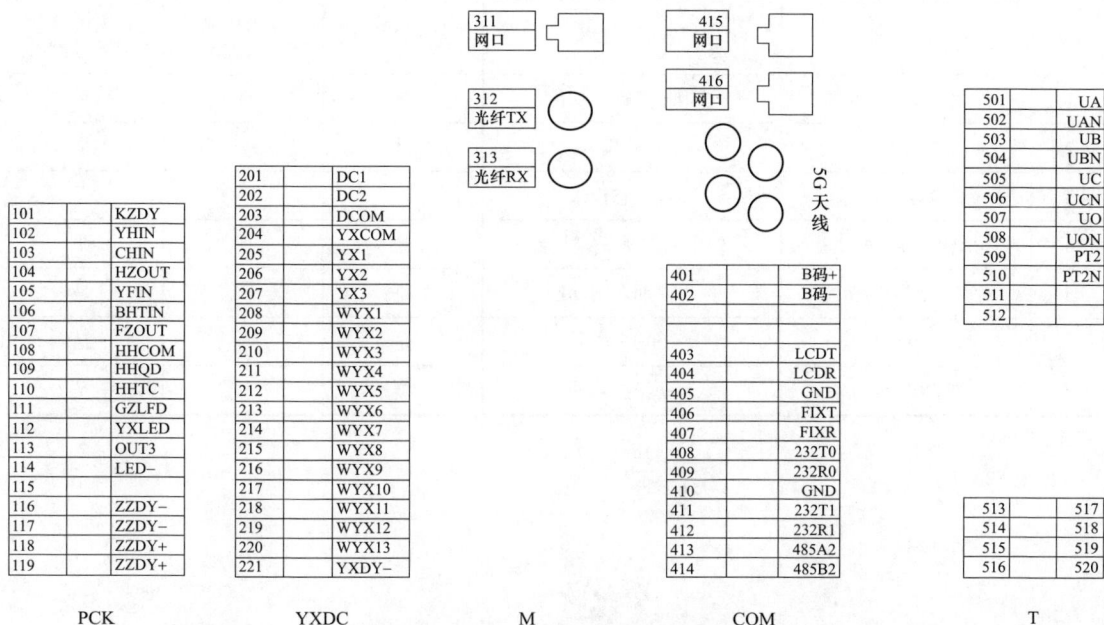

图 9-40 从左往右依次是 PCK 板、YXDC 板、M 板、COM 板和 T 板

9.6.4 配电终端压板定值说明

压板功能说明如下：

（1）保护跳闸出口 1LP1：控制器所有保护逻辑分闸出口压板，包括保护分闸出口、逻辑分闸出口。

（2）保护合闸出口 1LP2：控制器所有保护逻辑合闸出口压板，包括保护合闸出口、逻辑合闸出口。

（3）遥控/电动合闸 1LP3：电操合闸出口压板，包括遥控合闸出口、就地电操合闸出口。

（4）遥控/电动分闸 1LP4：电操分闸出口压板，包括遥控分闸出口、就地电操分闸出口。

（5）停用自动解列功能 1LP6：停用自动解列功能压板，投入后，退出自动解列功能。

（6）重合闸投入 1LP7：投入重合闸功能压板，投入后，装置重合闸功能投入。

（7）检修状态投入 1LP8：投入检修状态功能压板，投入后，装置变化遥信、变化遥测不上送主站，总召时上送遥信及遥测，不响应主站遥控。

（8）停用保护及 FA 功能 1LP9：停用保护及 FA 功能压板，投入后，退出装置常规保护功及馈线自动化功能（及电压型、电压电流型、智能分布式），但不影响遥控功能。

（9）停用同期合闸功能 1LP10：停用同期合闸功能压板，投入后，退出同期合闸功能。

（10）差动保护功能 1LP11：差动保护功能功能压板，投入后，差动保护功能投入。

装置软硬功能压板配置要求见表 9-17。

表 9-17　　　　　　　　　　配电自动化终端软硬功能压板配置表

序号	功　能	硬压板名称	是否配软压板	软硬压板逻辑关系	软压板是否可远方投退
1	停用自动解列功能	停用自动解列功能	是	或	是
2	重合闸	重合闸投入	是	与	是
3	检修状态	检修状态投入	否	—	—
4	停用保护及 FA 功能	停用保护及 FA 功能	是	或	是
5	停用同期合闸功能	停用同期合闸功能	是	或	是
6	分段/联络模式	—	是	—	是
7	差动保护功能	差动保护功能	是	与	是

新型有源配电网供电快速恢复

10.1 有源配电网可靠性评估

10.1.1 可靠性评估模型

本节利用分布式电源和典型负荷时变性优先恢复系数反映不同时段用户侧需求的变化情况，建立了分布式电源和典型负荷时变性需求模型，保证了故障时刻需求度高的负荷优先恢复，该模型更加准确且贴近工程实际。

10.1.1.1 负荷时变性

（1）负荷时变性的概念。负荷的时变性是指由于一些不可预定和不可控制的因素存在，导致不同时刻的负荷量大小以及负荷构成都不相同，因此对外体现的负荷特性也有差别。IEEE 建模工作组对负荷模型的定义仅考虑电力负荷母线的电压和频率特性，这与实际情况还有较大差距，因为实际电力系统中，综合负荷功率不仅仅与母线 U、f 特性相关，还与气候影响、季节变化、人们的生活习惯等许多因素有关。只是将负荷母线的 U、f 看作模型的输入量，另外的一些不确定因素肯定会导致所建模型参数随时间改变而改变，这就是负荷的特殊性之一，时变性。负荷时变性对负荷特性的影响重大，依据生活经验，可知夏季负荷中常包含许多降温负荷，冬季中经常包含有大量的电加热设备，空调和电加热设备虽然是季节性负荷，但其对天气因素也很敏感，如寒冷多风天气电加热负荷会增加，炎热潮湿天气空调负荷会增加等。正是由于负荷的时变性，导致负荷建模工作相当困难，也因此成为电力行业公认的难题之一。

负荷的时变性给负荷模型的建模工作带来了极大的困难。由于负荷时变性问题，为保证负荷模型的有效性，理应是对某一负荷在不同的时间建立不同的负荷模型，这无疑是最直接有效的。但从工程应用角度来说，这显然是不可取的，因为对同一负荷建立太多种模型，那么在电力系统仿真计算时如何选用模型就变得相当困难，而且电网规模越来越大，在仿真计算时不可能只考虑一个负荷，且如果每个负荷都有很多种模型，那这样显然是不切实际的，也失去了负荷建模的意义。由此，由于负荷时变性问题，应在不同时刻建立不同的模型；另外，从工程实用角度，又要求对同一负荷不能建立太多的模型。这是负荷建模工作的一个两难问题，为兼顾提高模型的表征精度和控制所建负荷模型的数量，并结合工程应用，有必要寻求一种折中处理的方法。

（2）负荷时变性问题的解决方法。采用分类与综合的方法。该方法是针对负荷的时变性，探讨如何引入统计学中的聚类分析和综合理论，从统计学的角度出发，分析负荷不同时刻采样数据中隐含的负荷组成成分的时变规律，建立负荷时间特性到模型参数变化的映射。尽管负荷组成存在时变性和随机性，但负荷特性仍然呈现一定的规律性，而且影响负荷构成的气候因素以及人们的生活习惯等也都存在一定的规律性，这从根本上保证了负荷构成的变化存在规律性。因此，负荷特性的分类与综合是当前建立实用化负荷模型的有效方法。

负荷特性分类属于聚类分析问题，它将电力系统中不同时刻负荷特性相似的样本划为一类，对划分的每一类负荷，对其采用相同的负荷模型来描述。负荷特性分类综合是以分类为前提，采用综合算法提取同类负荷的共同特征或行为模式，综合同类负荷中所有样本特征以统一的负荷模型来描述，并且所建立的负荷模型能够体现该类负荷中各样本的共同本质。同时负荷特性分类综合还具有一个明显优势，就是对每类中的多个样本进行综合且能有效的解决单样本带来的参数分散性问题。因此，对负荷特性的分类与综合方法进行系统的研究，具有非常重要的实际应用价值。

如前所述，电力负荷具有时变性以及变结构性等特点，忽视负荷的这些特点，就目前的建模理论和技术来说，试图建立一个所谓的"通用"模型是不现实的。而按季节、时间、负荷水平和负荷构成等将负荷分成几个大的类型，从多侧面多角度来描述负荷的行为，针对每类负荷分别建模，则是当前一个合理的选择，这也符合建模理论的基本思想。因此，负荷分类是电力负荷本身的特殊性所决定的。不考虑负荷的时变性、变结构性，不考虑负荷特性的分类，盲目地进行负荷特性综合是不切实际的，也是行不通的。

另外，负荷动态特性分类的方法，还可以解决由于负荷模型的非线性所带来的负荷模型的外推内插困难。由于电力系统的仿真计算要求负荷模型具有较强的外推内插能力，而不仅仅是只能够较好地拟合单一样本。在实际建模中，要得到在全电压范围内的模型具有很大的困难，主要体现在两个方面：一是难以获得低电压下的负荷数据，另一个困难是如何描述负荷模型在全电压下的非线性。负荷特性分类可以解决后一个困难，将负荷模型在全电压下的非线性，用分段的线性或其他简单的函数关系来近似，每一段对应于一个负荷模型。如此，通过采用几个不同的负荷模型，就可以描述一个综合负荷在全电压下的行为。

由此可见，负荷特性分类对于解决负荷时变性问题，具有重要的理论意义和实际价值。

（3）对用户数据降维处理、聚类。

1）主成分分析。主成分分析（principal component analysis，PCA）在 1901—1933 年之间以非随机变量作为研究对象。在 1933 年 Hotelling 将此方法发展并运用到对随机变量的研究中间。PCA 是目前主流的一种降维方法，由于其操作简单并且易于理解的特性而受到很多领域的广泛应用。其主要目的是希望寻找一个新的坐标系，在减少特征的数量的同时，又能使原数据的有用信息最大程度地得到保留。

原始数据在新坐标系中的表示形式也可以理解为线性变换。假设原坐标系为 n 维，新的坐标系为 m 维，则线性变换可以表示为

$$\begin{cases} u_1 = a_1^{(1)}x_1 + a_2^{(1)}x_2 + \cdots + a_n^{(1)}x_n \\ u_2 = a_1^{(2)}x_1 + a_2^{(2)}x_2 + \cdots + a_n^{(2)}x_n \\ \qquad\qquad \cdots\cdots \\ u_m = a_1^{(m)}x_1 + a_2^{(m)}x_2 + \cdots + a_n^{(m)}x_n \end{cases} \tag{10-1}$$

其中，$x^{\mathrm{T}} = (x_1, x_2, \cdots, x_n)$ 为原坐标，$u^{\mathrm{T}} = (u_1, u_2, \cdots, u_n)$ 为新坐标，系数向量 $(a_1^{(1)}, a_2^{(1)}, \cdots, a_n^{(1)})$ 为新的第 i 维坐标轴的基向量。为后续便于表示，记

$$\begin{cases} a_1^{(1)\mathrm{T}} = (a_1^{(1)}, a_2^{(1)}, \cdots, v_n^{(1)}) \\ \quad x^{\mathrm{T}} = (x_1, x_2, \cdots, x_n) \\ \qquad u_i = a_1^{(m)\mathrm{T}}x \end{cases} \tag{10-2}$$

新坐标轴的基向量矩阵为

$$A = \begin{pmatrix} a_1^{(1)}, & a_2^{(1)}, & \cdots, & a_n^{(1)} \\ a_1^{(2)}, & a_2^{(2)}, & \cdots, & a_n^{(2)} \\ & & \cdots\cdots & \\ a_1^{(m)}, & a_2^{(m)}, & \cdots, & a_n^{(m)} \end{pmatrix} \tag{10-3}$$

如衡量主成分保留原始信息量的一种直观的解释是数据在新坐标系中的分布尽可能的分散，即投影的方差应该尽可能得大，方差越大，代表特征所蕴含的信息量就越多。那么在选定了第一维后选择第二维时如果还是单纯考虑方差最大原则，那么很显然第二维应该和第一维是几乎重合的。所以为了尽可能地保留原始信息，第二维应与第一维不相关，即协方差为 0。因此目标变成：任意两个不同的维度之间的协方差为 0，而各维度本身的方差则尽可能得大。

由式（10-2）可知

$$\mathrm{var}(u_1) = \mathrm{var}(a^{(1)\mathrm{T}}x) = a^{(1)\mathrm{T}}\sum a^{(1)} \tag{10-4}$$

其中 $\sum a^{(1)}$ 是原坐标向量 x 的协方差矩阵。目的是找出使得式（10-4）最大的系数向量 $a^{(1)}$。易知式（10-3）是关于向量 $a^{(1)}$ 的增函数，所以若不对范围加以限制，式（10-4）可以无限大，失去了原有的研究价值。因此将系数向量 $a^{(1)}$ 约束为单位向量，则求第一主成分的问题变成了有约束条件的最优化问题，即

$$\begin{cases} \max a^{(1)\mathrm{T}}\sum a^{(1)} \\ \mathrm{s.t.}\, a^{(1)\mathrm{T}}a^{(1)} = 1 \end{cases} \tag{10-5}$$

对式（10-5）应用拉格朗日乘子法，可得

$$\sum a^{(1)} = \lambda a^{(1)} \tag{10-6}$$

$$a^{(1)\mathrm{T}}\sum a^{(1)} = a^{(1)\mathrm{T}}\lambda a^{(1)} = \lambda \tag{10-7}$$

由式（10-6）知 λ 是协方差矩阵 $\sum a^{(1)}$ 的特征值，$a^{(1)}$ 是对应于 λ 的特征向量，将式（10-6）两边左乘 $a^{(1)\mathrm{T}}$ 得到式（10-7）。根据式（10-4）和式（10-7）知，要求使式（10-3）最大的 $a^{(1)}$，等价于求协方差矩阵 $\sum a^{(1)}$ 的最大特征值 λ 对应的特征向量，并且 λ 越大代表主成分保留得

原始信息就越多。当得出系数向量 $a^{(1)}$ 后，可以写出表达式 $u_1 = a^{(1)T}x$ 即为第一主成分。

第二个系数向量 $a^{(2)}$ 可由次大特征值对应的特征向量得到，且由于不同特征值对应的特征向量正交，所以满足不相关的约束条件。具体保留多少个主成分，一般根据保留的信息量决定，即

$$\lambda_i / \sum_{j=1}^{n} \lambda_j \tag{10-8}$$

$$\sum_{i=1}^{m} \lambda_i / \sum_{j=1}^{n} \lambda_j \tag{10-9}$$

式（10-8）称为第 i 个主成分的方差贡献率，式（10-9）称为前 m 个主成分的累计方差贡献率，代表着其反映的信息占原有信息的比例有多大，通常来说为了达到更好的效果累计方差贡献率需要取 85%以上。

主成分分析的具体流程如下：①对原始数据序列进行标准化，消除其量纲，并且计算经处理后的数据的协方差矩阵 $\sum a^{(1)}$ 。②求 $\sum a^{(1)}$ 的特征值，并按照由大到小的顺序进行排序 $\lambda_1 \geqslant \lambda_2 \geqslant \cdots \geqslant \lambda_n > 0$ 。③计算各个特征值对应的特征向量及累计方差贡献率，决定保留主成分的个数 m 。④最大的 m 个特征值所对应的特征向量就是新坐标系的 m 个基向量 $a^{(1)},\cdots,a^{(m)}$ 。⑤由式（10-2）得到 m 个主成分的表达式。

2）常用聚类算法。大数据分析中的聚类分析，主要是用来统计和分析所给的原始数据之间是否有内在的联系，并将有一定联系的数据划分成同一个类别，最终，进行聚类分析的原始数据会因其所含有的数据对象的特征不同而被划分成多个不同的类别，就像是常说的"物以类聚"。聚类算法主要所做的工作是将没有进行类别标记的原始数据，按照一定的规则进行划分，最终使得原始数据被划分成为若干个不同类簇。当聚类结束后，对最终原始数据经过聚类划分后所得到的若干个不同类簇进行分析可以看出：对于划分到同一类簇的数据，它们之间的自身属性极为相似，而与不同类簇中的数据特征却有着较大的不同，这种数据之间相似程度的大小，在聚类算法中，通常以数据之间的距离来确定。聚类分析最根本的思想是：对原始的数据进行划分后，对于所得到的各个类簇而言，同一个类簇中所有数据的特征相似程度尽可能的要高，而对于不同的类簇，它们之中数据间特征的相似程度要尽可能得低。聚类分析方法在国内外被广泛研究与应用，出于不同的聚类目的以及在实际中的运用情况，相应地出现了许多不同类型的聚类方法。目前，应用较多的聚类算法可以分为划分聚类、层次聚类、密度聚类算法等。

①划分聚类。

划分聚类算法一般过程可以描述成：首先需要给定一个想要对原始数据进行划分的划分簇数 b 随机选取个中心点，根据某一种相似度量依据（一般为数据之间的距离）将进行聚类的原始数据划分成；fc 个簇，然后利用反复迭代的过程，不断地进行个簇类中的所属数据调整，直到每一个簇类中的数据不再变化为止。目前划分聚类算法应用最多的是K-Means 聚类算法和 K-中心点聚类算法。划分聚类算法的收敛速度很快，在算法运行过程中占用的计算机内存较小，这一优点在处理大型数据时表现得尤为明显，但是划分聚类算法开始时需要人为给定划分的聚类数，而这一聚类数往往是根据日常运行经验来确定的，

而且如果聚类数据中含有孤立点或噪声点，会对聚类的结果产生较大的影响。

②层次聚类。

如果聚类算法对需要进行处理的原始数据进行一定的层次分解，便形成了层次聚类算法。层次聚类方法可以分为以下两种：

a．凝聚的层次聚类。这种聚类算法可以形象的概括为"自底而上"，首先将要进行聚类分析的原始样本中的每一个数据当作一个类簇，然后按照一定的相似性规则，将比较相似的小簇合成一个较大的簇，重复这一过程，一直合成较大的簇，直到满足算法的收敛条件为止。

b．分裂的层次聚类。这种聚类算法可以形象的概括为"自上而下"，首先将要进行聚类分析的原始样本整体当做一个类簇，然后按照一定的相似性规则，将其分裂成比较相似的若干小簇，重复这一过程，直到满足算法的收敛条件为止。层次的聚类的计算复杂度太高，内存占用较大，计算时间也较长，一般将层次聚类方法和一些其他算法结合起来使用。

③密度聚类。

密度聚类算法是以要划分的数据对象自身的密度作为划分依据，将原始聚类数据中的密度较大数据区域进行连接起来，通过这一做法可以很好地去除进行聚类的数据中的噪声点。对于划分数据的高密度区和低密度区，通常情况下，通过设置一个密度阈值来确定，要是一个点邻域内所含数据点的总数大于阈值，称该点就为高密度点，否则为低密度点。密度聚类方法计算复杂度高，内存占用大，计算时间长，而且，算法中划分高低密度点的阈值也不易确定。

④K-means 聚类算法。

K-means 聚类算法是划分聚类算法中一种很经典的基于距离的聚类划分算法，对于各个数据之间的相似程度，采用距离的大小作为其相似程度评价的指标，即在 K-means 聚类算法中，如果两个聚类的数据对象之间的距离越近，它们的相似度程度就越大，反之亦然。在 K-means 算法中认为每一个类簇都是由距离相近的数据对象所组成的，所以，该算法的最终目的是得到比较紧凑而且又相对独立的类簇。

以下是 K-means 聚类分析中经常要用到的距离函数。

欧几里得距离，其计算式为

$$d(x_i - x_j) = \sqrt{(x_{i1} - x_{j1})^2 + (x_{i2} - x_{j2})^2 + \cdots + (x_{im} - x_{jm})^2} \qquad (10\text{-}10)$$

其中，$x_i = (x_{i1}, x_{i2}, \cdots, x_{im})$，$x_j = (x_{j1}, x_{j2}, \cdots, x_{jm})$，$x_i$、$x_j$ 表示原始数据中，具有 m 个特征属性的两个数据。

曼哈顿距离，其计算式为

$$d(x_i - x_j) = |x_{i1} - x_{j1}| + |x_{i2} - x_{j2}| + \cdots + |x_{im} - x_{jm}| \qquad (10\text{-}11)$$

式中　x_i、x_j ——原始数据中，具有 n 个特征属性的两个数据。

闵可夫斯基距离，其计算式为

$$d(x_i - x_j) = (|x_{i1} - x_{j1}|^q + |x_{i2} - x_{j2}|^q + \cdots + |x_{in} - x_{jn}|^q)^{\frac{1}{q}} \qquad (10\text{-}12)$$

式中　q——正整数。当 q 为 1 时，它表示的是曼哈顿距离，当 q 为 2 时，它就则表示的是欧几里得距离。

当使用欧几里得距离进行样本数据间的距离计算时，K-means 算法输入与输出可以表示为：

输入：需要得到的聚类的个数 t 进行聚类分析的原始数据的样本集合；

输出：满足了收敛标准的个聚类簇。

K-means 聚类算法的主要步骤可以总结为：

a．从需要进行聚类分析的数据向量对象中任意地选择出 k 个数据向量作为初始聚类时的聚类中心；

b．根据已经设置好的 k 个数据向量，用选择好的距离计算公式计算数据中的每个数据对象与这 k 个中心的距离大小；

c．对于以上的计算，可以得到进行聚类的数据中，每一个数据向量与数据中心点的距离大小，将与某一个聚类中心距离最近的数据向量归到这一个类簇中；

d．划分完类簇后，开始重新计算关于每个类簇的 k 个中心；

e．重复以上 b、c、d 三个步骤，直到最后所形成的类簇中向量归类的变化变得极少为止。

算法流程图如图 10-1 所示：

3）聚类结果分析。对于配电网而言，电力负荷指的是网络中，在某一时刻时，系统中所有的各种类型用电器所消耗的功率之和，即用户的用电负荷。最为常见的用电负荷的分类方式是按照用电的部门来进行分类，可以分为工业用电、农业用电、商业用电以及市政用电四种。负荷的特性则由用电负荷的分类构成决定，而用电负荷构成则离不开它所处在的行业范围，挖掘有效的负荷模式的根本就在于对负荷的特性分析。在电力网络中，用户负荷曲线的变化具有不确定、周期、连续性等特点。由于负荷的曲线拥有这些走势规律，在对负荷特性进行分析时，首先需

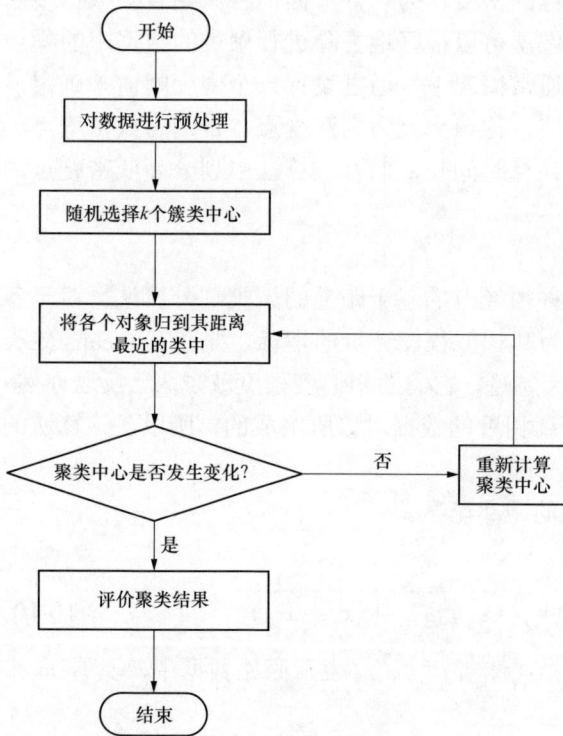

图 10-1　K-means 聚类算法流程图

要进行研究的是负荷自身一日、一周、一月、一个季度甚至是一年的周期性与规律性。在这些负荷曲线中，日负荷曲线反映的是一天之中网络中的负荷随着时间的变化而变化的曲线，可以比较直接地反映出用户用电的行为。对于用电行为较为相似的用电用户，他们的日负荷曲线走势也会具有相似性，而对于不同种类型的用电用户其负荷曲线的走势也会存在着较大的差异。这就使得可以用聚类分析的方法对网络中电力负荷的日负荷曲线进行类

簇的划分，从而得出典型的日负荷曲线。

首先，使用 PCA 将负荷数据进行降维处理，降为二维并可视化处理，如图 10-2 所示。

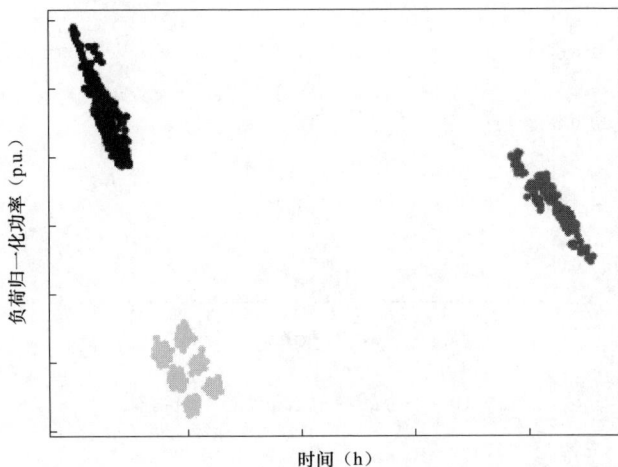

图 10-2　负荷数据降维结果

根据实际情况，划分簇类数为 3，进行负荷特性聚类分析后所得的结果如图 10-3 所示。

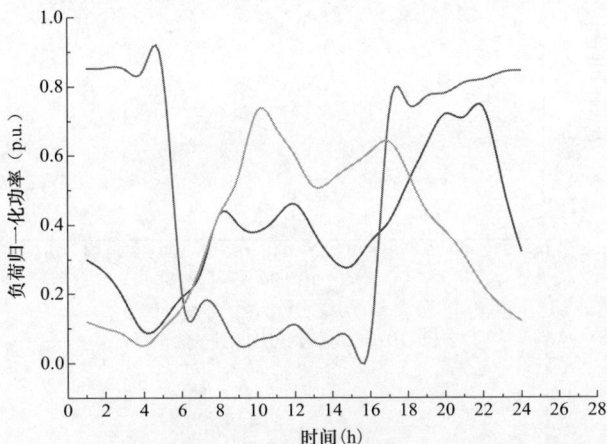

图 10-3　负荷特性聚类结果

由以上聚类分析可知，这 3 类负荷特征可以归纳如下：①小高峰+大高峰的用电特征，一般工商业用电，该类负荷白昼差异性明显，如图 10-4 所示。②双峰的用电特征，典型的居民生活用电，如图 10-5 所示。③避峰型负荷，路灯等用电设备，负荷曲线走势呈现两头高、中间低特征，如图 10-6 所示。

10.1.1.2　负荷重要性

（1）负荷重要性指标。负荷的重要程度与用户供能可靠性的要求和用户中断供能产生的危害程度等因素相关。采用专家打分的方式对各分项指标进行打分，然后通过熵权法确定各分项指标所占权重，最后计算出各负荷的重要性指标。本书根据负荷重要程度的特点选取了负荷经济损失、社会因素、用户可容忍度、环境损失指标 4 个分项指标共同构建负

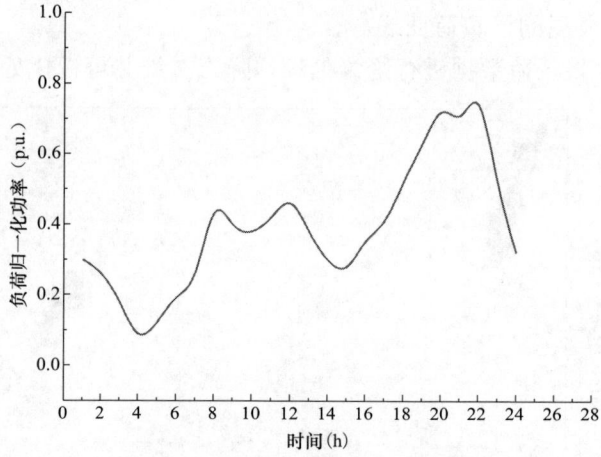

图 10-4　小高峰+大高峰的用电特征

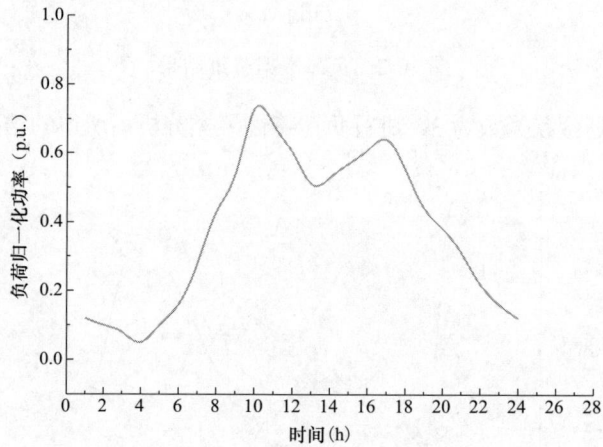

图 10-5　双峰的用电特征

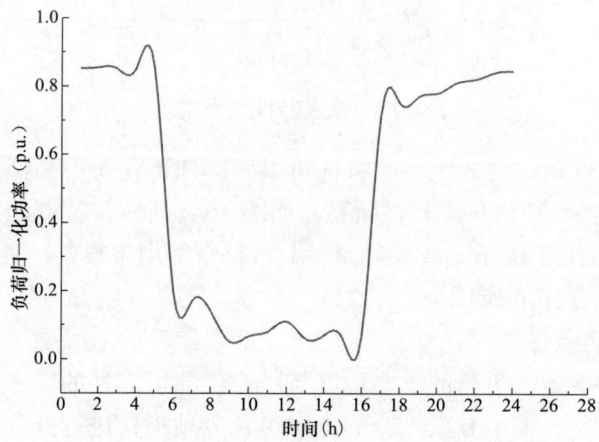

图 10-6　避峰型负荷

荷重要性指标，如图 10-7 所示。为了给专家打分提供统一的参考标准，将指标的严重程度（可能性）划分为 4 个等级，并确定了各等级的打分范围，见表 10-1。

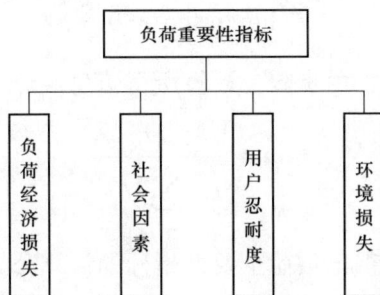

图 10-7　负荷重要性指标

表 10-1　　　　　　　　　　　　　　指 标 打 分 范 围

严 重 程 度	分 值
非常严重	[85,100]
比较严重	[70,84]
一般严重	[35,69]
不严重	[0,34]

（2）熵权法。熵权法是一种客观赋权方法，以指标变异性的大小为原则来确定客观权重。其在使用过程中从数据本身出发，根据各指标的变异程度，利用信息熵计算各指标的熵权，再通过熵权对各指标权重进行修正，从而得出较为客观的指标权重，目前在综合评价中得到广泛应用。一般而言，信息熵越小的指标变异程度越大，提供的信息量就越多，在综合评价中所能起到的作用也越大，其权重也就越大。

假设给定了 k 个指标 $X_1, X_2, X_3, \cdots, X_k$。其中 $X_j = \{x_{1j}, x_{2j}, x_{3j}, \cdots, x_{ij}, \cdots, x_{nj}\}$，$n$ 为方案数。熵权法具体实现步骤如下所述。

步骤一：各指标数据标准化。假设各指标数据标准化后为 $Y_1, Y_2, Y_3, \cdots, Y_K$。其中，$Y_j$ 的表达式为

$$\begin{cases} Y_j = \{y_{1j}, y_{2j}, y_{3j}, \cdots, y_{ij}, \cdots, y_{nj}\} \\ y_{ij} = \dfrac{x_{ij} - \min\{x_j\}}{\max\{x_j\} - \min\{x_j\}} \end{cases} \tag{10-13}$$

步骤二：计算各指标信息熵。根据信息论中信息熵的计算公式，计算出各指标的信息熵 M_j，即

$$\begin{cases} M_j = -\ln(n)^{-1} \sum_{i=1}^{n} p_{ij} \ln p_{ij} \\ p_{ij} = \dfrac{y_{ij}}{\sum_{i=1}^{n} y_{ij}} \end{cases} \tag{10-14}$$

式中 p_{ij}——第 i 个方案的第 j 个指标占所有方案的第 j 个指标的比重。

若 $p_{ij}=0$，则定义

$$\lim_{p_{ij}\to 0} p_{ij}\ln p_{ij} = 0 \tag{10-15}$$

步骤三：确定各指标权重。由步骤二计算所得信息熵计算各指标的权重 ω_j，即

$$\omega_j = \frac{1-M_j}{k-\sum_{j=1}^{k} M_j} \tag{10-16}$$

因此，可根据熵权法步骤得出负荷重要性指标的计算公式，即

$$F_i = \sum_{j=1}^{k} \omega_j y_{ij} (i=1,2,\cdots,n) \tag{10-17}$$

式中 n——负荷个数。

10.1.1.3 配网负荷特性研究

（1）重要性—时变性模型。鉴于目前配电网故障恢复仿真研究没有考虑负荷重要性会受到负荷时变性的影响，故建立配网负荷特性的重要性—时变性模型，模型流程图如图 10-8 所示。

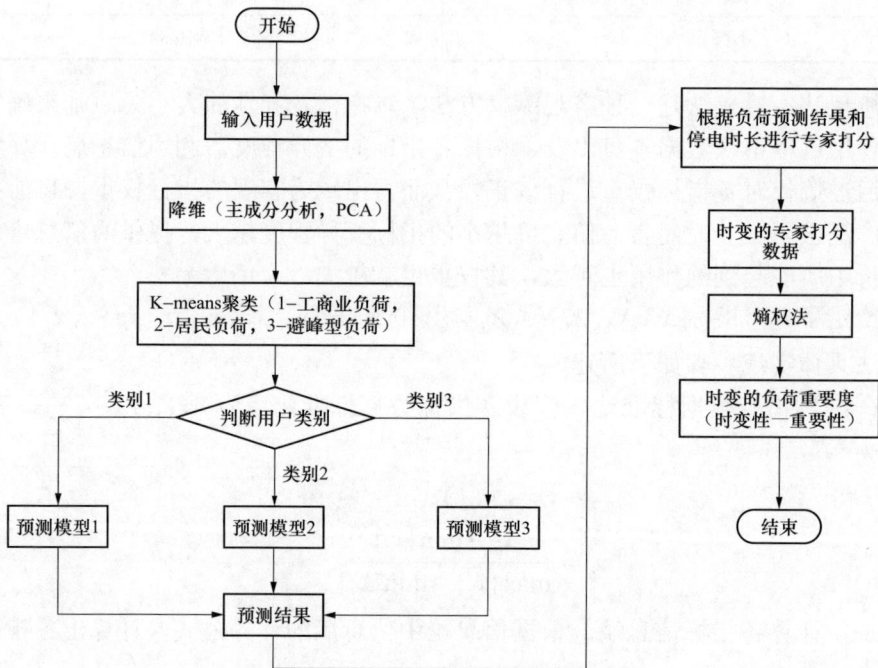

图 10-8 重要性—时变性模型流程图

首先，使用主成分分析法对用户数据进行降维处理，然后进行使用 K-means 聚类对降维后的用户数据进行聚类，根据实际情况聚为 3 类，分别使用这 3 类负荷原始数据进行训练，分别得出预测模型，最后使用对应的预测模型进行预测，得出特定负荷的日负荷曲线。其次，根据得到的负荷预测结果作为专家打分的依据，并且考虑到停电时长对负荷重要性

的影响，给出时变的专家打分数据，并通过熵权法计算负荷重要性，建立基于重要性—时变性模型的配网负荷特性研究。

（2）仿真分析。根据日负荷曲线并基于停电时长划分场景并选取 10 个二级负荷为研究对象，停电时刻设置为 0 点，分别建立停电时长为 4、8、12、16、20、24h 六个场景，首先根据日负荷曲线表现出的负荷时变性，如图 10-9 所示，其中负荷 1～4 为工商业负荷，负荷 5～8 为居民负荷，负荷 9～10 为避峰型负荷；然后，根据停电时长计算出各个负荷的失负荷量，如表 10-2 所示；最后，分别给出专家打分数据并进行重要性计算，日负荷曲线负荷重要性计算结果如表 10-3～表 10-8 所示。

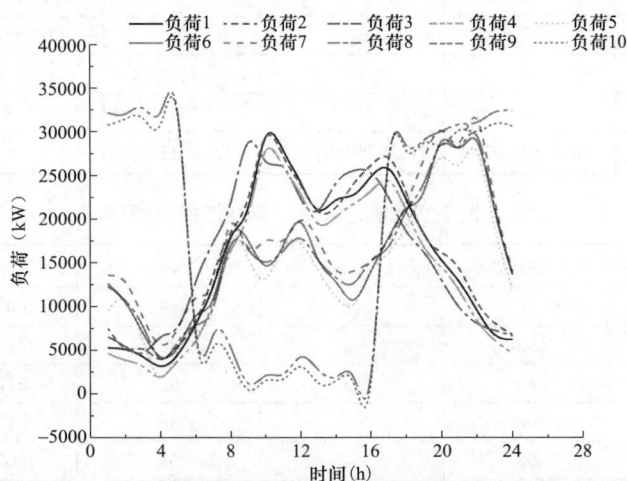

图 10-9 日负荷曲线

表 10-2 各停电时长下的失负荷量

停电时长（h）	负荷 1（kW）	负荷 2（kW）	负荷 3（kW）	负荷 4（kW）	负荷 5（kW）
4	17716.56	21769.25	23204.80	13531.23	28124.70
8	60775.31	67861.98	83177.22	50592.06	67964.10
12	163418.78	170720.38	186837.39	147758.47	130676.49
16	254140.88	262961.19	282741.73	232303.59	180123.31
20	335764.37	347518.53	353010.26	308893.61	265943.18
24	371135.66	387229.43	384904.49	339856.86	350946.41
停电时长（h）	负荷 6（kW）	负荷 7（kW）	负荷 8（kW）	负荷 9（kW）	负荷 10（kW）
4	33944.28	40679.89	34973.18	129091.42	124553.04
8	77238.25	91314.45	76034.00	180019.09	172031.71
12	146051.68	162921.01	141799.09	189773.62	178787.52
16	198966.87	223850.52	198228.30	198389.58	183837.26
20	289912.79	320076.76	288480.37	312498.49	295456.84
24	381600.74	416254.30	381336.91	438939.68	417106.52

表 10-3　　　　　　　　　　停电时长为 **4h** 的负荷重要性指标及排序

序号	负荷经济损失	社会因素	用户可容忍度	环境损失指标	重要性指标	重要度排序
1	65	86	65	83	0.08175	7
2	73	92	72	88	0.13454	3
3	76	83	73	95	0.11960	4
4	59	96	58	86	0.09298	6
5	62	88	56	68	0.04799	10
6	69	92	63	50	0.06797	8
7	74	96	65	52	0.09545	5
8	71	82	61	70	0.05566	9
9	96	86	90	46	0.14528	2
10	93	86	95	53	0.15879	1
权重	0.23565553	0.21881177	0.297506851	0.24802583	—	

表 10-4　　　　　　　　　　停电时长为 **8h** 的负荷重要性指标及排序

序号	负荷经济损失	社会因素	用户可容忍度	环境损失指标	重要性指标	重要度排序
1	70	86	65	83	0.09612	7
2	76	92	72	88	0.14097	1
3	80	83	73	95	0.12068	3
4	65	96	58	86	0.12730	2
5	52	88	80	68	0.07079	9
6	58	92	82	50	0.07331	8
7	62	96	88	52	0.10253	5
8	59	82	86	70	0.06426	10
9	96	86	85	46	0.10077	6
10	93	86	82	53	0.10327	4
权重	0.273058917	0.268269653	0.154584479	0.304086952	—	

表 10-5　　　　　　　　　　停电时长为 **12h** 的负荷重要性指标及排序

序号	负荷经济损失	社会因素	用户可容忍度	环境损失指标	重要性指标	重要度排序
1	75	86	68	83	0.10550	6
2	81	92	73	88	0.15255	1
3	85	83	79	95	0.14145	2
4	71	96	63	86	0.13502	3
5	63	88	78	68	0.09047	7
6	67	92	90	50	0.10733	5
7	69	96	89	52	0.12728	4
8	62	82	80	70	0.07088	8
9	55	86	72	46	0.03253	10
10	53	86	71	53	0.03698	9
权重	0.23461549	0.264174281	0.201765431	0.299444798	—	

表 10-6　　　　　　停电时长为 16h 的负荷重要性指标及排序

序号	负荷经济损失	社会因素	用户可容忍度	环境损失指标	重要性指标	重要度排序
1	80	86	71	83	0.10278	6
2	86	92	76	88	0.14711	1
3	89	83	82	95	0.13416	3
4	76	96	65	86	0.13169	4
5	67	88	75	68	0.08682	7
6	73	92	93	50	0.11677	5
7	78	96	93	52	0.13953	2
8	64	82	82	70	0.07564	8
9	50	86	72	46	0.03001	10
10	48	86	71	53	0.03549	9
权重	0.205841599	0.263413099	0.232163314	0.298581988	—	

表 10-7　　　　　　停电时长为 20h 的负荷重要性指标及排序

序号	负荷经济损失	社会因素	用户可容忍度	环境损失指标	重要性指标	重要度排序
1	86	86	72	83	0.10326	7
2	91	92	81	88	0.14830	1
3	93	83	86	95	0.13086	4
4	82	96	68	86	0.13716	2
5	72	88	88	68	0.10465	6
6	78	92	95	50	0.11097	5
7	83	96	98	52	0.13631	3
8	70	82	90	70	0.08559	8
9	46	86	64	46	0.01875	10
10	45	86	62	53	0.02414	9
权重	0.19891439	0.256719401	0.253371609	0.290994599	—	

表 10-8　　　　　　停电时长为 24h 的负荷重要性指标及排序

序号	负荷经济损失	社会因素	用户可容忍度	环境损失指标	重要性指标	重要度排序
1	86	86	72	83	0.09614	8
2	91	92	78	88	0.14242	1
3	93	83	80	95	0.12336	4
4	82	96	68	86	0.12514	3
5	80	88	96	68	0.11146	6
6	85	92	98	50	0.11546	5
7	88	96	100	52	0.14107	2
8	84	82	96	70	0.09781	7
9	46	86	64	46	0.02326	10
10	45	86	62	53	0.02388	9
权重	0.166327758	0.253894146	0.291985957	0.287792138	—	

对于表 10-3，停电时长为 4h，停电时段发生在凌晨，居民和工商业负荷逐渐减小，而避峰型负荷在工作时段，故总体重要度为避峰型负荷＞工商业负荷＞居民负荷；对于表 10-4，停电时长为 8h，由于到早晨，居民负荷和工商业负荷增加，而避峰型负荷刚刚进入非工作时段，失负荷量增加速度减慢，故总体重要度为工商业负荷＞避峰型负荷＞居民负荷；对于表 10-5，停电时长为 12h，由于居民负荷进入第一次高峰时段，工商业负荷进入小高峰，而避峰型负荷进入非工作时段的时间变长，故总体重要度为工商业负荷＞居民负荷＞避峰型负荷；对于表 10-6～表 10-8，停电时长变为 16、20、24h，由于某些特殊居民用户和工商业对于停电时长比较敏感，停电时间过长，用户的可忍耐度越低，且居民负荷和工商业的失负荷量加大，故居民负荷和工商业负荷的重要度呈现交错排序的现象，且避峰型负荷的重要度最低。

10.1.2 可靠性评估方法

主要介绍了编号法与蒙特卡洛模拟法在配电网可靠性评估中的应用情况。编号法用于对配电网内各类元件进行数字化处理，实现网络拓扑化简，根据编号规则，能在故障情况分析中更准确快速地定位故障元件并描述其信息，提高计算效率，节约存储空间。

（1）编号法。为提高分析效率，首先对配电网进行了结构简化，将元件种类、数量繁多的配电网简化成只有三类元件的配电网络，三类元件分别为节点、馈线段与负荷点[211]。馈线段元件和负荷点元件之间只由节点元件连接，具体描述如图 10-10 所示。其中：节点是指负荷点在馈线上的分叉点；馈线段是指两节点之间的馈线部分，也包括节点间的开关；负荷点是指连接在节点上的负荷，包括变压器、熔断器等。

如图 10-10 所示，馈线段元件和负荷点元件通过节点元件连接起来，所以只需要用数字表示出节点的位置，节点两端的馈线段和负荷点的位置就能显示出来，从而用数字编号表示出整个配电网的结构信息。采用数字编号法，实现了配电网络拓扑结构、元件和负荷点信息的整合，便于后续的可靠性分析。

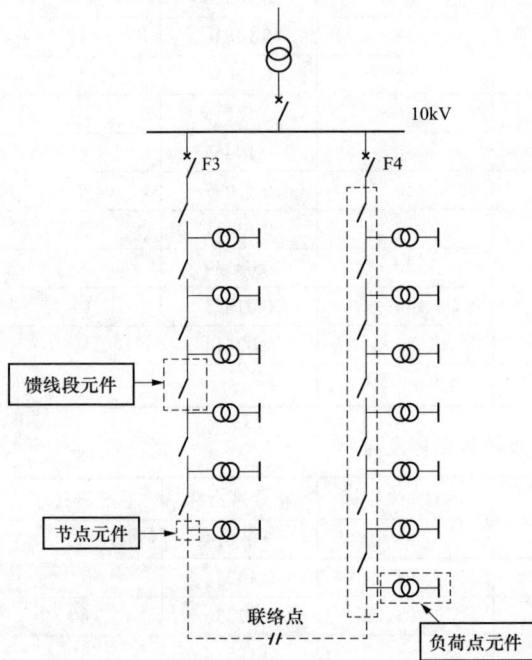

图 10-10　配电网简化示意图

在对节点进行数字编号前，首先需要根据配电网中元件功能的不同，将配电系统中的馈线进行等级划分处理，分为层、支、级三个级别。

1）分层：首先对馈线进行分层处理，从馈线首段向末端遍历，当遇到断路器时，在该节点进行分层；同时，当遇到馈线上的自然分叉点时，该节点分层。层号按遍历顺序依次排序。

2）分支：当各层馈线仍然存在自然分叉时，应该继续进行分支处理，支路编号按照遍历次序排列。

3）分级：对于分层号与分支号都相同的馈线部分，在隔离开关处继续分级，级号同样按照遍历次序排序。

按照上述方法对馈线进行等级划分，如图 10-11 所示。

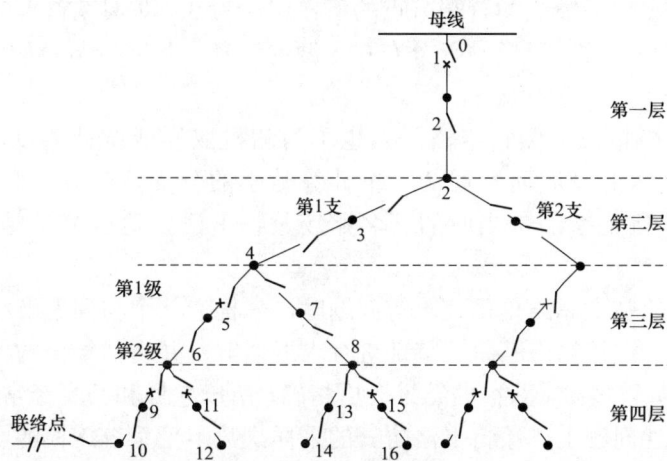

图 10-11　馈线等级划分示意图

对馈线的等级划分处理完毕后，开始进行编号工作。首先对各个节点进行数字编号，再根据各个节点的编号来决定各个馈线段、负荷点的编号，从而实现对配电网的编号。下面讲述对节点编号的过程。

对节点进行编号时，采用一维数组，用来描述节点在配电系统中的分布和同其他节点的关系。该数组主要包含馈线号、节点层号以及各层中的分支分级关系等，如图 10-12 所示。

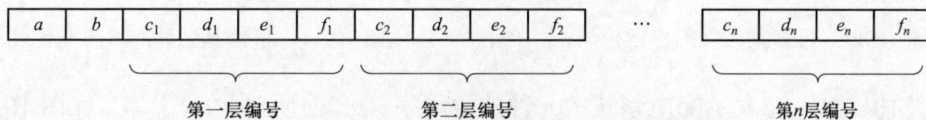

图 10-12　节点编号数组的构成

图 10-12 中，a 为馈线号：表示节点所在馈线的序号。编号时，按照所在配电网的电压等级由高到低的顺序来编。b 为节点层号：表示节点所在层的层序号。c 为连接关系：表示该层中的第一个节点与上一层之间是由什么元件连接的。数字"1"代表通过隔离开关进行连接，"2"代表通过断路器进行连接。d 为支路号：表示该层的分支序号。如果是由馈线的天然分叉引起，则该支路将被按照从左至右的顺序编号；如果一个分层是由断路器引起，则该支路号为"1"。e 为级号：表示节点所在层、所在分支的级号。f 为联络点：表示该节点是否位于联络点的最小路上，若位于最小路，则此位为"1"；否则，此位为"0"。

通过上述编号方法可以得到，当被编号的节点在第 1 层时，其数字编号数组的长度为

6，6位分别为馈线号、节点层号、该节点的4位层内编号；当被编号的节点在第2层时，其数字编号数组的长度1为10，10位分别为馈线号、节点层号、该节点所在层的第一个节点的4位层内编号、该节点的4位层内编号。以此类推，可以获得数字编号数组长度与被编号的节点所在层号的关系为：当被编号的节点在第n层时，其数字编号数组的长度则为$1=4×n+2$。

特此说明，规定每条馈线的首端节点的所在层号为0，即馈线首端节点的数字编号数组长度为2，分别为所在馈线号和0；分布式电源的编号与其连接节点的编号相同。负荷点元件与其所连接的唯一节点的编号一致。

（2）蒙特卡洛模拟法。蒙特卡洛法，也称为随机取样或统计测试法，是1945年前后为配合原子能技术的发展而发展的一个计算数学的分支，也是一种基于概率的计算方法。其名字是取自于摩洛哥当时的著名赌场蒙特卡洛，这也生动地展示了其概率统计特性。

蒙特卡洛方法的基本思路是：在求解问题时，先构造一个与问题解相等的概率模型，然后用随机取样的方法计算出其统计特性进行求近似解，并用估算值的标准误差来表示解的精度。当仿真次数较多时，获得的结果会更精确，所以取样和仿真经常用到电子计算机。

在电网的可靠性问题上，蒙特卡洛仿真的采样次数不受系统规模的影响，同时还可以获取可靠性指标的更多信息，因而更适合于复杂规模的电网可靠性分析。

应用蒙特卡洛模拟法对配电网络可靠性进行分析的过程，主要分为状态抽样、状态估计和可靠性指标计算三大部分。采用序贯蒙特卡洛模拟法对配电网的可靠性进行了研究。

在元件的停运模型中，元件是在正常状态和停运状态之间变化的，而在模拟时，正常状态和停运状态的时间是随机的，如图10-13、图10-14所示。

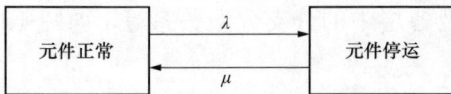

图10-13　可修复元件的停运模型　　　　图10-14　可修复元件的状态变化过程

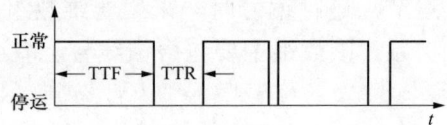

在图10-13中，λ表示配电系统中元件的故障率，μ表示元件的修复率。在图10-14中，TTF（time to failure，TTF）表示元件正常工作时间；TTR（time to repair，TTR）表示故障修复时间。上述参数之间的关系为

$$\begin{cases} MTTF = \dfrac{1}{\mu} \\ MTTR = \dfrac{1}{\lambda} \end{cases} \qquad (10\text{-}18)$$

式中　$MTTF$——元件平均正常工作时间，即TTF的期望值；

　　　$MTTR$——元件平均故障持续时间，即TTR的期望值。

不同的故障，因此可以认为元件的TTF和TTR的模型为指数函数，根据概率统计知识推导计算得到每一次故障模拟时的计算式为

$$\begin{cases} TTF = -\dfrac{1}{\lambda} \ln R_1 \\ TTR = -\dfrac{1}{\mu} \ln R_2 \end{cases}$$

(10-19)

式中　R_1、R_2——区间[0,1]内均匀分布的随机数。

在配电网络出现故障时，故障的影响区域和供电恢复范围都由开关的状态和位置决定，而在同一开关后面的各元件都会遭受同样的故障影响，那么负荷受故障影响的供断电状况是一样的，因此，可靠性情况是一样的。

系统发生故障后，断路器动作隔离故障，故障点上、下两端的隔离开关被切断，以此分为如下几个部分：

1）故障区域。故障区域为被切断的隔离开关之间的部分，该区域在故障修复完毕前无法获得电能，区域内负荷的断电时间为故障的修复时间。

2）故障后向区域。故障后向区域为下端隔离开关下游的区域，该区域内的负荷根据有无联络点可以分为能被联络点转带的负荷与不能被联络点转带的负荷。如果区域内的负荷能被转带，则负荷的断电时间为故障隔离时间与负荷转带时间；如果不能被转供，则负荷的断电时间为故障修复时间（TTR）。

3）故障前向区域。故障前向区域为跳闸断路器和上端隔离开关之间的部分。故障隔离后，断路器合闸，前向区域与主电源恢复连接获得电力，故此区域内负荷的断电时间为故障隔离时间。

4）故障无影响区域。除去上述三类区域，余下区域为无影响区域，该区域内负荷点不受此次故障的影响，不会发生停电事故。

至此，可靠性评估流程的前两步——状态抽样、状态估计已经讲述完成，第三步可靠性指标的计算方法如第 2 章所述。

综合上述内容，采用蒙特卡洛模拟法评估配电网的可靠性首先需要对模拟系统的每个元件随机产生 TTF，找到最小的 TTF 对应的元件，令该元件发生故障，求得该元件对应于其 TTF 的 TTR，统计受此次故障影响的负荷点的失电信息，依次遍历所有元件故障，形成 FMEA 表，记录并分析，直至预设模拟时间结束。

假定需要进行故障模拟的系统元件有 n 个，已知初次故障元件的元件故障率、元件修复率，对系统进行 N 年模拟，具体流程如下：

a．随机产生 n 个（0,1）之间的随机数，求得 n 个 TTF；

b．找出其中 TTF 最小的元件 $j(j=1, 2, \cdots, n)$，即 $TTF_{min} = TTF_j$（若有多个元件的 TTF 相同，随机选择其中一个），元件 j 为故障元件，对 j 生成一个随机数，求得元件 j 对应的 TTR_j；

c．标记受元件 j 故障影响的所有负荷点，记录每个负荷点的停电情况，第一次模拟结束；

d．重新生成一个新的随机数，求得新随机数对应的 TTF'_j，找出新的 TTF'_{min}；

e．判定仿真时长是否为一年，如尚未满一年，继续累加，如已满一年，则可计算该年的可靠性指标，且开始累加新一年的负荷点指标；

f．判定仿真时长是否超过仿真年限，若尚未满仿真年限，则返回步骤二继续仿真，若超出，则停止仿真。

g. 模拟结束后，计算 N 年的系统年可靠性指标，再取均值可最终得到系统的可靠性指标。

将这个过程模拟在时间轴上，如图 10-15 所示。

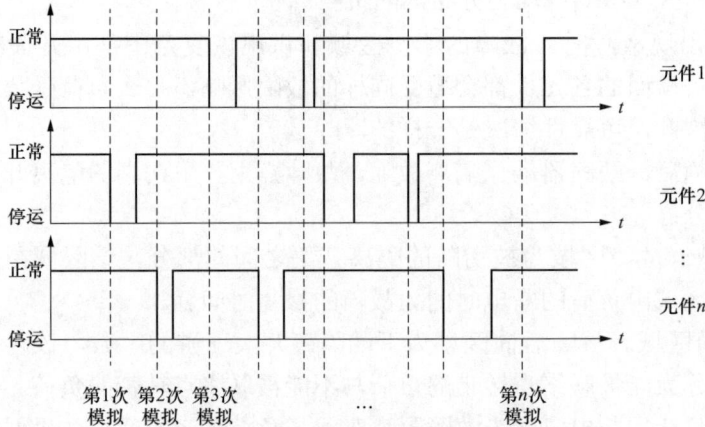

图 10-15　蒙特卡洛模拟法模拟过程

（3）配电网可靠性评估方案。

1）元件可靠性指标。配电网中的元件构成复杂、数量多，主要包括馈线、断路器、隔离开关、自动重合闸装置、变压器等。元件的可靠性指标主要有故障率、修复率、平均无故障工作时间、平均故障修复时间。可靠性指标的介绍如下：

①故障率。在单位时间内，元件因故障而脱离正常工作状态的次数，记作 λ。

②修复率。出现故障后，元件可以被修复的概率，记作 μ。

③平均无故障工作时间。元件在正常状态下工作时间的期望值 $MTTR$。

$$MTTR = \frac{1}{\lambda} \tag{10-20}$$

式中　λ ——可修复元件的故障率。

④平均故障修复时间。元件出现故障后到完成故障修复所需要的时间的期望值 $MTTF$。

$$MTTF = \frac{1}{\mu} \tag{10-21}$$

式中　μ ——可修复元件的修复率。

元件一般可以分为可修复元件和不可修复元件两种。实际电网中，大部分元件都是可修复元件，在这里只考虑可修复元件。

2）负荷点可靠性指标。配电网负荷点可靠性指标可以反应系统中负荷点的可靠性情况。负荷点可靠性指标主要包括平均故障率、平均停电时间和平均故障修复时间。

①负荷点平均故障率

负荷点平均故障率是在统计时间内负荷点停运次数的期望值，记作 λ。λ 由元件故障率决定。

②负荷点平均停电时间

负荷点平均停电时间是指在统计时间内负荷点停运后持续时间的期望值，记作 μ。

③负荷点平均故障修复时间

负荷点平均故障修复时间是负荷点平均每次从停电后到维修完成所需要的时间，记作 γ。

$$\gamma = \frac{\mu}{\lambda} \tag{10-22}$$

3）系统可靠性指标。负荷点可靠性指标只能体现负荷点的可靠性，不能完整体现整个系统的可靠性水平，因此，要评估配电系统的可靠性，还要计算系统的可靠性指标。系统可靠性指标主要是反映某区域整个配电系统的供电可靠性程度，从而评价系统的供电能力。常用的系统可靠性指标主要包括以下几种指标：

指标 1：系统平均停电频率指标 $SAIFI$。

系统平均停电频率指标（system average interruption frequency index，SAIFI）是指评估系统内的每个用户在每单位时间内的平均停电次数。

$$SAIFI = \frac{\sum 用户停电总次数}{用户总数} = \frac{\sum \lambda_i N_i}{\sum N_i} \tag{10-23}$$

式中　λ_i——负荷点 i 的平均故障率；

　　　N_i——负荷点 i 上的用户数。

指标 2：系统平均停电持续时间指标 $SAIDI$。

系统平均停电持续时间指标（system average interruption duration index，SAIDI）是指评估系统内的每个用户一年中停电持续时间的平均值。

$$SAIFI = \frac{\sum 用户停电持续时间}{用户总数} = \frac{\sum U_i N_i}{\sum N_i} \tag{10-24}$$

式中　U_i——负荷点 i 的年平均停电时间；

　　　N_i——负荷点 i 上的用户数。

指标 3：用户平均停电持续时间指标 $CAIDI$。

用户平均停电持续时间指标（customer average interruption duration index，CAIDI）是指评估系统内受到故障影响后停电的用户一年内的平均停电持续时间。

$$CAIDI = \frac{\sum 用户停电持续时间}{\sum 用户停电次数} = \frac{\sum U_i N_i}{\sum \lambda N_i} \tag{10-25}$$

式中　U_i——负荷点 i 的年平均停电时间；

　　　N_i——负荷点 i 上的用户数；

　　　λ_i——负荷点 i 的平均故障率。

指标 4：平均供电有效度指标 $ASAI$。

平均用电有效度指标（average service availability index，ASAI）是指一年中用户实际用电的小时数与用户要求的供电小时数的比值。用户要求的总供电小时数为 12 个月内平均运行的用户数与 8760h 的乘积。

$$ASAI = \frac{实际用电总时户数}{要求供电总时户数} = \frac{8760 \times \sum N_i - \sum U_i N_i}{8760 \times \sum N_i} = 1 - \frac{\sum U_i N_i}{8760 \times \sum N_i} \qquad (10\text{-}26)$$

式中　U_i——负荷点 i 的年平均停电时间；

　　　　N_i——负荷点 i 上的用户数。

指标 5：系统缺供电量期望值 $EENS$。

系统缺供电量期望值（expected energy not supplied，EENS）是指在统计时间内，由于电气元件发生故障等原因导致用户得不到供电的缺电量的平均值。

$$EENS = 系统供电量缺额 = \sum L_i U_i \qquad (10\text{-}27)$$

式中　L_i——负荷点 i 上的平均负荷；

　　　　U_i——负荷点 i 的年平均停电时间。

4）评估方案。采用数字编号法和蒙特卡洛模拟法评估配电网的可靠性，就是结合编号法与蒙特卡洛模拟法，使评估过程更高效，评估结果更精确。在模拟时，蒙特卡洛模拟法可以从整体上确定元件发生故障的顺序和时间，而数字编号法可以针对某一次的元件故障判断出元件的位置和此次故障对负荷点的影响情况，通过综合分析得出负荷点和系统的可靠性指标。

蒙特卡洛模拟法对模拟进行整体控制的过程如上节所述，与编号法相结合后，应用流程图如图 10-16 所示。而在已知的故障中，即已知故障元件、故障时间、故障隔离时间和 TTR 的情况下，对负荷点进行故障分区，那么通过编号法就可以得出相应的断电时间和断

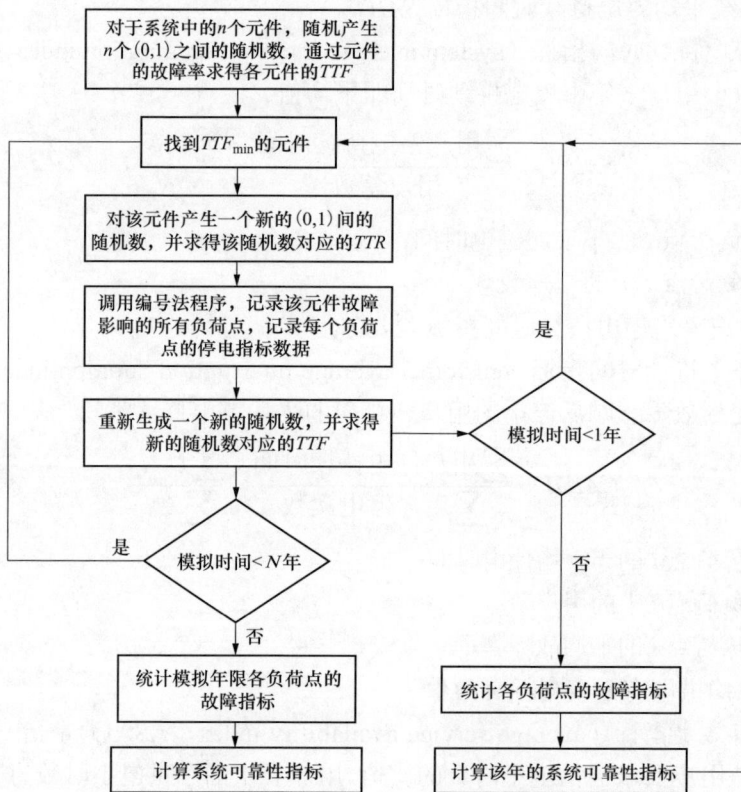

图 10-16　蒙特卡洛模拟法流程图

电次数。假定元件 i 故障，具体分区流程如图 10-17 所示。

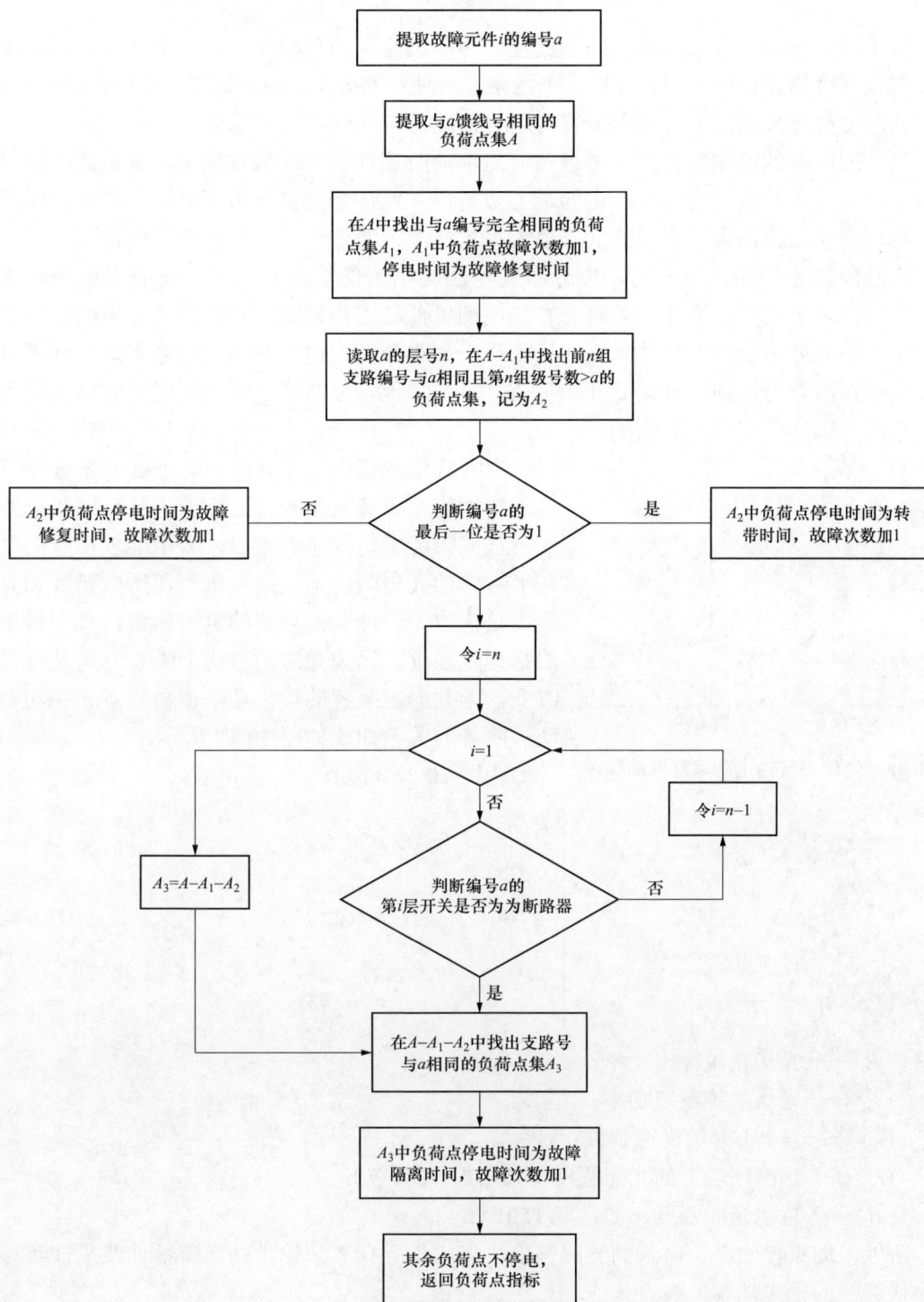

图 10-17 编号法应用流程图

239

10.1.3 考虑分布式电源的可靠性评估

提出可靠性评估方法整体思路与流程，为后续算例的分析做好方法论基础。根据上节所提配电网可靠性评估方法，设置三个场景、六种对比方案，通过模拟，验证方法有效性，分析并对比分布式电源不同接入位置与运行情况对可靠性指标的影响。

（1）配电网的可靠性模型。考虑负荷需求的时变性，当故障发生时，设定此故障时刻的负荷需求为该时刻（时段）既定的最大负荷值，保证系统供电水平满足用户最大期望值的同时，避免负荷需求设置阈值低于最大需求情况下可能会出现的系统过载情况。

当故障发生断路器跳闸后，以分布式电源的出力能够带动的最多负荷为原则转供负荷，不进行多余的开关操作。考虑分布式电源以孤岛工作模式，将计划孤岛内的负荷点优先转供，不需要多余的孤岛外开关切换工作，如果分布式电源的输出功率有余，则再以减少开关操作次数为原则转供孤岛外的负荷。进一步地，分布式电源应按照实际出力最大化转供负荷，以实现能源可靠消纳。

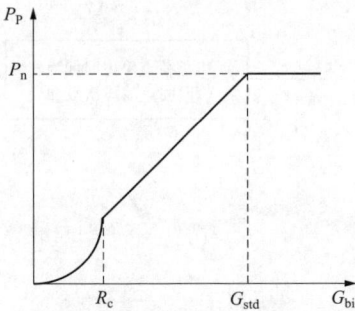

图 10-18　光伏系统输出功率特性曲线图

分布式电源选用分布式光伏。下面介绍分布式光伏的出力模型、接入方式、运行方式及可靠性模型。

从太阳能发电的原理来看，太阳能板接收阳光后在半导体的光电效应下，产生电流，所以温度和光照强度是决定太阳能输出功率的重要因素，其中最重要的是光照强度。因为光照的强弱会随着时间及气候而改变，因此光电装置的输出功率也会随着光强而有波动，两者的关系曲线如图 10-18 所示。

由图 10-18 可知

$$P_\mathrm{P}=\begin{cases} \dfrac{P_\mathrm{n}G_\mathrm{bi}^2}{G_\mathrm{std}R_\mathrm{c}} & 0<G_\mathrm{bi}<R_\mathrm{c} \\[2mm] \dfrac{P_\mathrm{n}G_\mathrm{bi}}{G_\mathrm{std}} & R_\mathrm{c}\leqslant G_\mathrm{bi}<G_\mathrm{std} \\[2mm] P_\mathrm{p} & G_\mathrm{bi}\geqslant G_\mathrm{std} \end{cases} \tag{10-28}$$

式中　P_P ——光伏系统输出功率；

　　　P_n ——光伏系统额定功率；

　　　G_bi ——第 i 小时的光照强度；

　　　G_std ——标准环境下的光照强度，通常取 $1000\mathrm{W/m^2}$；

　　　R_c ——特定光照强度，通常取 $150\mathrm{W/m^2}$。

所以，如果已知某一时刻的光照强度，可根据光伏系统输出功率特性曲线来计算该时刻光伏系统的输出功率。

在配电网实际应用中，分布式电源接入配电网的形式一般有两种，如图 10-19 所示。一种是分布式电源接入低压配电网络的分支馈线上，给各负荷点供电。当系统发生故障时，不考虑孤岛的形成概率和分布式电源出力，能保证孤岛内的负荷点不失电，提高了系统的可靠性。另一种是将分布式电源接在配电系统的低压侧母线上。当配电系统的中压网络出现故障时，分布式电源可以代替主电源，对低压用户持续供电。但当低压侧出现故障时，需要将连接在低压侧母线上的负荷点全部停电。

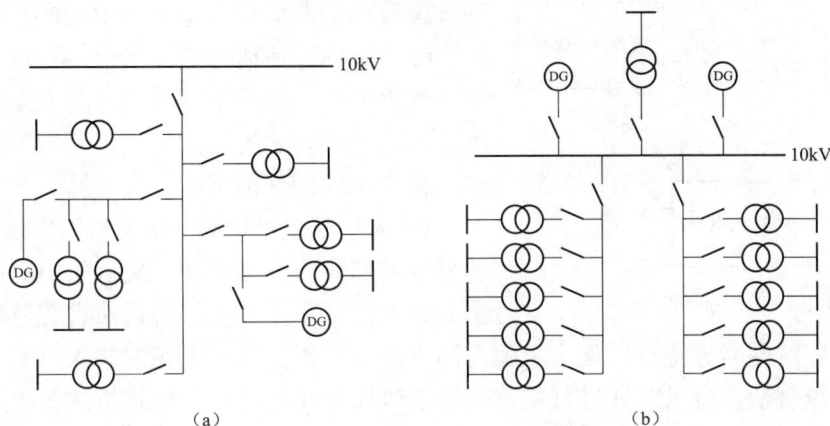

图 10-19　DG 接入配电网的形式

（a）DG 分散式接入馈线；（b）DG 集中接入母线

为了探讨配电系统的可靠性，采用分布式电源分散接入的方式。

分布式电源的运行方式有 DG 作为系统电源的备用电源、系统电源作为 DG 的后备电源、DG 与系统电源并列运行三种。

1）DG 作为系统电源的备用电源。当系统正常运行时，DG 不提供电能；当系统发生故障时，DG 启动，为部分负荷提供电能。DG 与系统的配合能改善配电网的可靠性，但需要较大投资，经济性差。

2）系统电源作为 DG 的后备电源。此时，DG 独立承担负荷点所需全部电能，当 DG 输出功率低于负荷需求量，系统电源作为后备电源提供差额；当 DG 输出功率高于负荷需求时，系统电源将超额部分输送到电网。系统电源作为 DG 的后备电源的运行方式经济性较高，但由于 DG 出力的不稳定性，该运行方式对配电网可靠性的提高不够理想。

3）DG 与系统电源并列运行。此时的配电网是一个多电源网络，当配电网发生故障时，DG 能够为一部分负荷供电，如果进行适当地控制，可以改善配电网可靠性；否则，则会出现孤岛不同步的情况，严重时会导致系统的稳定性降低。

采用第三种运行方式即分布式电源与系统电源并列运行。当故障发生时，系统被分为四个区域，不考虑联络线所能承受的转带容量限制，分布式电源不会改变故障区域和故障无影响区域的可靠性指标。对于故障前向、后向区域，当分布式电源只能转带部分不需要开关操作的负荷点或能转带全部需要开关操作的负荷点及部分需要开关操作的负荷点时，转带负荷的原则均为使所能转带的负荷点负荷最大且小于分布式电源的出力。此外，应将分布式电源输出功率视为其最小功率，以减少不必要的切负荷；分布式电源的平均功率应与其连接分支馈线上的负荷点的平均负荷之和相等。

目前，分布式电源可采用的可靠性模型主要有等效配电站模型、等值发电机模型和等效为部分失效的随机电源三种模型。

由于光伏发电系统主要由光伏阵列、逆变器及其他并网环节组成，光伏阵列、逆变器的故障会导致光伏系统的降额出力，并网环节出现故障会导致整个光伏系统的故障。由此，采用将光伏系统等效为部分失效的随机电源，光伏系统的可靠性出力状态分为故障停运、降额运行和正常运行状态如图 10-20 所示。

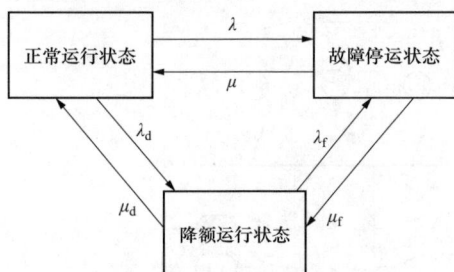

图 10-20　DG 可靠性模型

（2）可靠性评估方法。当前，对电力系统的可靠性评价主要有解析法、模拟法、人工智能法三种方法。这三种方法的特点和适用范围不同，下面对这三种方法进行分别阐述。

1）解析法是以精确的数学模型来描述被理想化的系统或部件的生命周期，然后采用数值计算的方法对其进行可靠性分析。解析法具有逻辑严密、数学模型准确、精度高等特点，但由于配电网络的发展和分布式电源的接入，配电网络的结构变得越来越复杂，难以对其进行精确的数学建模和计算，从而使解析法在电力系统可靠性评价中的实际应用具有一定的难度。①故障模式后果分析法（failure mode and effect analysis，FMEA）是通过制订特定的失电准则，将配电网络分为正常与失电这两种情况，并建立相应失电模式后果集，对配电网络中的各部件进行失效假定，对各故障的后果与影响进行分析，并根据逻辑关系对各因素进行叠加，从而求出负荷点与系统的可靠性指标。这种方法只适合于对结构较为简单的辐射型配电网，而在复杂的电力系统中，由于故障类型的迅速增多，采用故障模式后果分析法难以进行可靠性评价。最小路法的基本思想就是在每个负荷点处寻找最短的供电路径即最小路。发生故障时，把非最小路径上的元件对负荷点的可靠性的影响转化到对应的最小路节点上，求出各个负荷点的可靠性，从而得出系统可靠性指标。此算法的难点是求解非最小路元件和最小路元件之间的转换问题，在系统比较复杂的情况下，需要大量的计算量。②网络等值方法的基本思路是把复杂的配网进行简化，由最底层的子馈线依次向上，以一个等价单元取代部分配电网络，使子馈线等效于对应的线路和负荷，直至不再包含子馈线，然后采用 FMEA 方法对其进行可靠性评估。这种方法可以精确地求出复杂配电网络的可靠性情况，但其计算程序比较繁琐，而且仅能求出等效负荷和系统可靠性指标。③馈线分区法是基于 FMEA 法的一种方法，其基本思想是以馈线拓扑图为基础，利用不同类型的开关作为边界把配电网馈线系统等效划分为一个个网络区域，将配电网进行简化。每次故障对于在同一个等效区内的负荷点的影响大致相同，所以对每一个等效区域分别进行可靠性计算，从而得到整个系统的可靠性情况。

2）模拟法主要是指蒙特卡洛模拟法，它首先要建立元件寿命的状态概率模型，用随机数字来描述各单元的状态概率分布，并对其进行概率分布抽样，将各元件的取样值在计算机上进行仿真，最终利用概率统计法求解系统的可靠性。模拟法具有原理简单、操作方便、不受限于系统规模、适应性强等优点，能较好地反映出实际工作中各部件的工作状况，适合于大规模复杂配电网络的可靠性评估。但是，模拟法有其不足之处，即其仿真结果的准确性不高，如果要实现高精度的计算，则需要增加仿真时间，需要更长的计算时间。随着计算机技术的不断发展，使用超级计算机可以极大地加快模拟法的运算速度，缩短仿真时间。

蒙特卡洛模拟法可分为非序贯蒙特卡洛模拟法和序贯蒙特卡洛模拟法。①非序贯蒙特卡洛模拟法不需要考虑系统的各个元件的时间序列，是一种直接随机取样的方法，又被称为状态取样法。非序贯蒙特卡洛分析方法首先将元件的失效概率特征用（0，1）之间的随机数来表达，再以随机取样的方法，比较随机数与元件状态概率，确定元件的状态后，进行系统可靠性的计算。非序贯蒙特卡洛模拟法不考虑系统的时间序列，故算法相对简单。但在实际情况中，电力系统的出力和负荷需求均存在时变性，非序贯蒙特卡洛模拟法无法充分反映电力系统的实际状况。②序贯蒙特卡洛模拟法是在特定的时间序列中，对随机抽取的元件进行随机采样，以仿真时序系统的运行状况，并在元件不同的状态下，得到相应的系统可靠性指标。在目前分布式电源市场蓬勃发展的今天，采用序贯蒙特卡洛仿真方法，考虑分布式电源发电的功率不稳定性和负荷需求的时变性，使仿真的结果更加贴近现实，并能获得更多的系统工作的状态信息，对研究现代配电网络的可靠性具有一定的参考价值。

3）人工智能法。随着人们对人工智能领域研究的不断深入，部分研究人员开始将人工智能算法应用在配电网的可靠性评估过程中。人工智能法包括神经网络算法、模糊算法等。其中，应用神经网络算法进行可靠性评估可以得到较高精度的数据，但其设计难度高且对历史数据的要求较高，能处理的系统规模有限。模糊算法是用模糊数表示系统元件各参数，并通过模糊运算得到系统可靠性指标的分布，一定程度上减小了元件参数在数值上的不确定性带来的系统误差，但其在提高计算精度、优化模型和选取函数方面仍有难度。总体上看，人工智能算法不考虑具体网络结构，但要想将各类智能算法进一步应用到配电网可靠性评估中仍有很多问题，还需要不断地改进。

10.2　配电网故障就地自愈方法

10.2.1　故障恢复暂态响应特性

在配电网故障就地自愈过程中，必须考虑自愈开关合闸前后系统暂态特征变化，尤其当分布式电源、储能等介入后，电气量、状态量对故障自愈合闸的影响亟须探究，否则将会造成事故范围扩大。

（1）分布式电源暂态特性分析。随着新能源发电技术的不断推进，配电网中分布式电源的接入容量日益增长，开环运行的传统配电网逐渐发展为多端电源供电的主动配电网，导致潮流分布发生变化、运行方式和短路容量难以确定。在故障恢复过程中，大容量负荷接入、变压器空载合闸等暂态过程可能引起明显的频率和电压波动，从而导致发电机失速、保护装置动作甚至系统失稳等。因此，研究分布式电源接入的配电网故障恢复暂态特性，对保证配电网安全稳定运行具有重要意义。

DG 按其发电方式可分为电机型 DG、半逆变型 DG 和全逆变型 DG。电机型 DG 的故障特性与传统发电机的故障特性相似，其故障等值模型已比较成熟。而全逆变型 DG 和半逆变型 DG 的故障特性研究较少，用于系统短路电流计算的故障等模型目前尚不明确，因此，主要分析全逆变型 DG 和半逆变型 DG 的故障暂态特性。

1）半逆变型 DG 暂态特性分析。双馈式发电机（double fed induction generator，DFIG），

是目前使用最广泛的半逆变型 DG，发电系统有两套绕组，定子绕组直接并入电网，转子绕组通过转子侧变流器（RSC）和网侧变流器（GSC）并入电网，双馈发电方式实现了变速恒频，并确保了电压和功率的稳定控制。DFIG 在三相静止坐标系下的空间矢量数学模型为

$$u_{s,abc} = R_s i_{s,abc} + p\psi_{s,abc} \tag{10-29}$$

$$u_{r,abc} = R_r i_{r,abc} + p\psi_{r,abc} + j\omega_{r,abc} \tag{10-30}$$

$$\psi_{s,abc} = L_s i_{s,abc} + L_m i_{r,abc} \tag{10-31}$$

$$\psi_{r,abc} = L_m i_{s,abc} + L_r i_{r,abc} \tag{10-32}$$

式中 　　　　　　　　　　s ——定子绕组电气量；

　　　　　　　　　　　　r ——转子绕组电气量；

　　　　　　　　　　　ω_r ——转子角速度；

　　　　　　　R_s、R_r ——等小的定子电阻和转子电阻；

　　　L_m、L_s、L_r ——等小的励磁电感、定子电感以及转子电感，且

　　　　　　　　　　　　　　$L_s = L_m + L_r$；

$u_{s,abc}$、$u_{r,abc}$、$i_{s,abc}$、$i_{r,abc}$、$\psi_{s,abc}$、$\psi_{r,abc}$ ——双馈发电机定、转子电压、电流和磁链的空间矢量。

设 $t = t_0$ 时刻系统发生三相短路，DFIG 机端电压空间矢量可表示为

$$u_{s,abc} = \begin{cases} U_{s0}e^{j\omega_s t}, & t < t_0 \\ kU_{s0}e^{j\omega_s t}, & t \geqslant t_0 \end{cases} \tag{10-33}$$

式中　k ——机端电压幅值跌落率；

　　　U_{s0} ——正常运行下机端电压相量；

　　　ω_s ——系统同步角速度。

由于故障瞬间绕组磁链不变，可推导 DFIG 定子三相短路电流为

$$i_{s,abc} = \frac{kU_{s0}e^{j\omega_s t}}{j\omega_s L_s} - \frac{L_m i_{r,abc}}{L_s} + \frac{(1-k)U_{s0}e^{j\omega_s t_0}}{j\omega_s L_s}e^{-\tau t} \tag{10-34}$$

式中　τ ——定子绕组衰减时间常数。

由式（10-34）可知，DFIG 短路电流不仅与机端电压跌落程度即故障严重程度有关，还与转子电流相关。而转子电流受绕组磁链暂态持性和变流器控制其同影响，通过简化可得三相静止坐标系下转子短路电流空间矢量。由式（10-34）可知，转子电流由三部分组成，第一部分为变流器指令电流组成的工频稳态分量，第二部分是反应电压跌落对转子绕组影响的转速频率暂态分量，第三部分是受变流器影响的工频暂态分量。

$$i_{r,abc} = I_{ref}e^{j\omega_s t} + f(s)(1-k)U_{s0}e^{j\omega_s t}e^{-\tau t} + g(k_c)I_{r0}e^{-\tau_c t}e^{j\omega_s t} \tag{10-35}$$

式中　I_{ref} ——转子侧变流器指令电流；

　　　s ——DFIG 转差率；

　　　$f(s)$ ——与转差率相关的函数；

　　　I_{r0} ——机组稳定运行时的转子电流，与机组出力相关；

　　　k_c ——转子变流器参数；

　　　$g(k_c)$ ——与转子变流器参数相关的函数。

244

三相短路下 DFIG 短路电流包含四个分量，即工频稳态分量、直流暂态分量、工频暂态分量、转速频率暂态分量。其中转速频率暂态分量与其他三个值相比较小，可以忽略。系统三相短路下 DFIG 稳态短路电流如下，故障稳态并联等值电路如图 10-21 所示。

$$i_{\text{sf,abc}} = \frac{U_{\text{sf}}\mathrm{e}^{\mathrm{j}\omega_s t}}{\mathrm{j}\omega_s L_s} - \frac{L_m i_{\text{ref}}}{L_s}\mathrm{e}^{\mathrm{j}\omega_s t} \tag{10-36}$$

式中 U_{sf} ——故障后 DFIG 机端电压，即 $U_{\text{sf}} = kU_{s0}$。

故障稳态串联等值电路如图 10-22 所示。

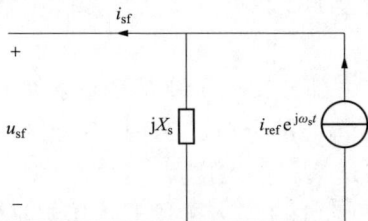

图 10-21   三相短路下 DFIG 故障稳态   图 10-22   三相短路下 DFIG 故障稳态
　　　　　　并联等值电路　　　　　　　　　　　　　　串联等值电路

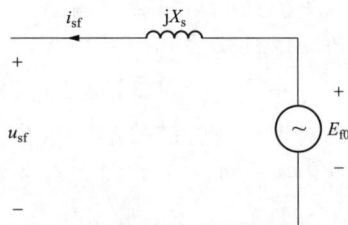

同理可得，不对称短路下 DFIG 短路电流包含四个分量，即工频稳态分量、直流暂态分量、工频暂态分量、转速频率暂态分量。其中，工频稳态分量受机端电压不对称影响含有正序和负序分量，而工频暂态分量受 DFIG 变流器三相平衡控制策略影响三相对称，与负荷电流类似，不对称短路下的 DFIG 正序故障稳态模型对称短路相同。

根据 DFIG 的故障稳态模型可知，系统故障时 DFIG 可等值为电压源与阻抗串联的形式，与传统电机相同，其电压源大小在故障前后不发生突变。与传统发电机不同的是，DFIG 的等值电压源与 DFIG 出力值有关，随着风电场等值风速的变化而变化，难以作为一个恒定电压源参与系统短路电流计算。

2）全逆变型 DG 暂态特性分析。全逆变型分布式电源（FIDG）输出直流电，或输出频率不恒等于 50Hz 的交流电，必须通过逆变器转变为工频交流电才能并网，其输出的电压和电流的频率取决于逆变器的控制策略，其输出电压幅值取决于其直流侧电容和逆变器的控制策略。分布式电源的并网逆变器主要有恒功率控制、恒压恒频控制和下垂控制三种方式，当 FIDG 并网运行时，通常采用恒功率控制方式，变流器的暂态过程可忽略不计。系统发生三相短路故障时，逆变器控制策略为维持输出功率恒定及电压稳定，可推导全逆变型 DG 的短路电流为

$$\begin{cases} I_{\text{DG,f\_q}} = \min[1.5(0.9-\gamma)I_{\text{N}}, I_{\max}] \\ I_{\text{DG,f\_d}} = \min\left(\dfrac{P_{\text{ref}}}{U_{\text{DG,f}}}, \sqrt{I_{\max}^2 - I_{\text{DG,f\_q}}^2}\right) \\ I_{\text{DG,f}} = \sqrt{I_{\text{DG,f\_d}}^2 + I_{\text{DG,f\_q}}^2} \end{cases} \tag{10-37}$$

式中 $U_{\text{DG,f}}$、$I_{\text{DG,f}}$ ——DG 接入节点故障电压、故障电流；

　　　　$I_{\text{DG,f\_d}}$、$I_{\text{DG,f\_q}}$ ——DG 故障注入电流 dq 分量；

$U_{DG,s}$ ——DG 额定电压；

P_{ref} ——参考有功功率；

δ ——DG 功率相角。

DG 故障电流只含有工频稳态分量。三相短路下全逆变型 DG 故障稳态等值模型为一个电流源，其值是 DG 并网点电压的函数，即 $I_{DG,f} = q(U_{DG,f})$。该等值电流源不仅与 DG 出力有关，还与电压跌落程度有关，因此电流源大小在故障发生前后发生突变，即戴维南等值变换下的电压源在故障前后发生突变。当配电网发生不对称短路时，全逆变型 DG 受逆变器三相平衡控制策略影响输出正序电流，故全逆变型 DG 仅存在于正序故障网络中，其负序等值网络开路。

（2）分布式电源对就地故障恢复的影响。目前，大部分文献主要是稳态条件下 DG 接入配电网对电压特性的影响，很少涉及配电网暂电压特性的分析。DG 接入配网后，影响配网暂态电压特性的主要因素有分布式电源类型、渗透率、接入位置、接口类型、故障类型、负荷特性等。为了方便量化分析暂态电压恢复速度和 DG 接入配网对电压水平的影响，提出两个指标，即暂态响应恢复率（transient response recovery rate，TRRR）和相对电压提升率（relative voltage rise rate，RVRR）。

暂态响应恢复率（TRRR）：该指标用于衡量故障清除后暂态电压相对恢复快慢。其表达式为

$$TRRR = \frac{t_s}{t_{ref}} \times 100\% \qquad (10\text{-}38)$$

式中 t_s ——故障清除后故障恢复到稳态的时间；

t_{ref} ——基准时间，一般选取最恶劣情况下故障清除后故障恢复时间。

利用此指标能衡量分布式电源暂态恢复速度快慢，其取值 0%～100%为之间，值越小，表示恢复速度越快。

相对电压提升率（RVRR）：该指标用于衡量分布式电源对暂态电压水平的提升能力。其表达式为

$$RVRR = \frac{U_1 - U_2}{U_{ref}} \times 100\% \qquad (10\text{-}39)$$

式中 U_1、U_2 ——两种不同情况下暂态电压水平；

U_{ref} ——参考电压，一般选取分布式电源接入配电网对暂态电压水平提升的最大值。

利用此指标评估 DG 接入对暂态电压的提升效果，其取值 0%～100%为之间，值越大，表示对电压支撑效果越好。

当故障发生、定位和隔离后，将进行故障恢复重构，DG 将对此过程产生影响。如果 DG 能独立供电的话，那么此部分电网就成为孤岛系统。

DG 容量的大小反映 DG 的调节能力，关系着 DG 能否形成孤岛的重要问题。功率平衡原则即：在包含有 DG 的系统供电范围内发电总容量与负荷总容量的匹配关系必须满足

$$\sum_{i=1}^{n} P_{DGi} + \sum_{j=1}^{m} P_{Lj} \geqslant 0 \qquad (10\text{-}40)$$

式中 $\sum\limits_{i=1}^{n} P_{DGi}$ ——孤岛内所有电源的发电容量；

$\quad\quad \sum\limits_{j=1}^{m} P_{Lj}$ ——孤岛内所有负荷的容量。

同时，要保证 DG 的稳定运行，其孤岛内的功率差额要满足

$$\Delta P = P_G - P_L < \varepsilon \tag{10-41}$$

式中 ε ——孤岛内有功不平衡的最大容许能力。

$$\varepsilon = \Delta f \times P_G \times K_G / f_e \tag{10-42}$$

式中 K_G ——发电机的单位调节功率；

$\quad\quad \Delta f$ ——孤岛允许的频率偏差。

电力系统静态频率计算式为

$$K_L = \frac{\Delta P_L}{P_0} \times \frac{f_0}{\Delta f} \tag{10-43}$$

$$K_L = \frac{\Delta P_L}{P_0} \times \frac{f_0}{\Delta f} \tag{10-44}$$

联立式（10-43）和式（10-44），可得

$$\frac{\Delta P}{P_0} = -(\alpha K_G + K_L)\Delta f / f_0 x = \frac{-b \pm \sqrt{b^2 - 4ac}}{2a} \tag{10-45}$$

式中 α ——备用容量因数，为系统备用容量与总开机处理之比；

$\quad\quad \dfrac{\Delta P}{P_0}$ ——电力系统有功功率的相对变化量；

$\quad\quad \Delta P$ ——发电机出力变化量（增量取正）与负荷变化量（增量取负）的代数和；

$\quad\quad P_0$ ——系统机组的总出力；

$\quad\quad \Delta f / f_0$ ——系统频率相对变化量；

$\quad\quad K_L$ ——系统中负荷的频率静态特性常数；

$\quad\quad K_G$ ——系统中发电机组调速系统的频率静态特性常数。

在电力系统中，如果 $f \geq (1+10\%)f_0$ 或 $f \leq (1-10\%)f_0$，高周保护、低周保护会迅速动作切机。因此，如果电网频率变化 $\Delta f / f_0 \geq 10\%$，则不允许孤岛运行。

DG 的引入会给负荷尤其是敏感性负荷带来电能质量问题。主要考虑电压偏差的影响，在系统中，总负荷或者部分负荷的变化会引起电压偏差。其计算式为

$$U = \frac{U_t - U_N}{U_N} \times 100\% \tag{10-46}$$

式中 U_t ——实际电压。

（3）故障自愈实现方式及特点。配电网自愈控制实现方式主要包括就地方式和集中方式。其中，第一种方式包括基于时序配合的就地控制方式、基于分布式智能终端的就地控制方式；第二种控制方式包括运行监视方式和基于配电自动化主站的集中控制方式。

1）基于时序配合的就地控制方式。这种控制方式可以理解为传统的馈线自动化模式，可以实现的具体功能可以归纳为：当在不发生故障的正常工作状态下，对一个用户供电馈

电线路进行监视、控制和相关数据的收集采集，这些采集的数据包括给相应用户供电的馈电的线路柱上断路器运行情况、电流值、电压水平等；实现馈线保护控制和管理；根据负荷均衡情况实现配电网的优化与重构。此外，当发生故障时，进行自动记录、故障定位，以及自动隔离故障电缆线的区域和路段，还具备通过开关控制等实现的配电网重构，达到对非故障区域进行恢复供电的功能。

值得注意的是，上述方式并不依靠传统的配电子站或者具备配电网监测、控制和快速故障隔离功能的配电自动化主站，而只需要通过在现场协调配电自动化终端、自动使电路开路、使电流中断或使其流到其他电路的电子元件等装置，以及其他保护装置相互之间的时序和逻辑配合，就能够保证在配电网发生故障时，将发生故障的区域自行隔离，并快速恢复没有发生故障区域的电能供应，并同时将事故处理的方式和结果上报。

基于时序配合的就地控制方式的实现方式可以分为以下两种：①在故障发生地采用交流高压自动重合器的方式。此方式是一种借助开关成套设备间逻辑实现的一种馈线自动化方式，直接借助变电站处的架空（或混合）线路配套的电流或电压型开关成套设备或者出线开关/刀闸来实现。②电流级差保护方式。这种保护方式反应于电流的相对变化。通过变电站的具有延时电流速断保护的出口处的开关与母线上分段断路器或者是分支线路断路器之前的间电流差值比较、配合来实现。

基于时序配合的就地控制的故障处理时应遵循的原则包括以下两条：①变电站出线开关不跳闸或尽量少跳闸，尽可能地使距离电源侧近的开关少发生动作。这是因为，如果变电站出线处发生开关跳闸故障，将会影响出线处下方的全部供电区域，会使得较大一部分的用电面积发生停电故障，造成较大的经济和社会损失。②对于一些并没有经过短路电流的开关，使他们尽量不发生动作，比如，当主干线出现了故障的适合，各个支路的分段开关和支路下游的分段开关其实没有短路电流流过，因此不应让其跳闸。

该控制的优点是不需要子站/主站，并且可以很快速地就地处理故障，具有比较好的稳定性。但是该方法的缺点是使电路开路、使电流中断或使其流到其他电路的电子元件动作次数多，无法对转换供电的方式进行优化或者控制，这将直接造成终止供电造成的影响区域大。因此，上述方式适用于电网 D、E 供电区的那些对客户停电时间、减少客户停电次数要求相对较低区域的输电线路，以及对于一些偏远郊区，以负荷分散且较少为代表的区域，在这些区域使用上述方法时，成本花费方面具有比较明显的优势。

2）基于分布式智能终端的就地控制方式。随着现场分布式装置渗透率的不断提升，通信装技术的不断发展，基于分布式智能配电终端的就地控制方式也越来越普遍。通过分布式智能终端，在微型处理器上写入并处理程序，即可在当地完成故障隔离和快速的故障恢复，而不需要在远方的控制中心进行指令的发布。在故障处理完成后，相关的分布式装置可以将报警及隔离开关或断路器的触头状态进行反馈，如借助 SCADA 系统等，使主站能够收集到相关信息。

在实现方式方面，该控制方式分为"自主重构"和"协作重构"两种。对于前者而言，断路器可以并不依赖信号发送、信号传输和信号接收装置，而只是通过智能负荷开关、离合器之间的全自动的逻辑配合实现网络的自律重组；而对于后者而言，这种方式需要依赖快速通信网络，并且依赖于开关之间的快速通信。首先，该方法需要获取相关断路器的状态，从而帮助确定故障发生的位置，并将发生故障的区域隔离，以便成功地实现转供电。在这种方式下，短路冲击次数可以明显减少，可以以更快的速度实现网络的重组和构建。

上述两种方式也可以进行自由的切换，相关功能包括有通信闭锁的"失压延时分闸"功能以及无通信闭锁"保护"功能。因为两种方式的重要区别就在于是否依赖先进的信号发送、信号传输和信号接收装置，所以在能够正常通信的情况下，将会运行于第一种方式，而当不能够通信的时候，就运行于第二种方式。

这种技术的优点是故障处理的速度会有显著提高，在上述第二种方式下处理时间很短，通常在毫秒级和秒级就能够完成。该方式对于通信系统要求不高，即：就算是发生通信中断现象，也不会对故障的处理和恢复供应电能产生影响。但这种方法的缺点是配电网的网络结构比较复杂，因此，当存在具有多个电源的转换/供应电能的回路时，采用该方法就只能取对当前的转换/供应电能方式的最优解，显然，此解为一个局部最优解而非全局最优解，并且在这种情况下很难快速地获得全局解。因此，该技术方式适用于电网 B、C 类型供电区中对客户停电时间、减少客户停电次数要求较高，但是由于在较大的面积内铺设光纤，而存在困难的区域。

10.2.2 故障就地自愈方法

（1）就地自愈功能系统架构。双环网主接线的配电网分布式保护自愈配置如图 10-23 所示，S1 与 S4 形成一个环网，S2 和 S3 形成另一个环网。S1 与 S4 形成环网的装置和通讯配置如图 10-23 所示，S2 和 S3 与之类似。

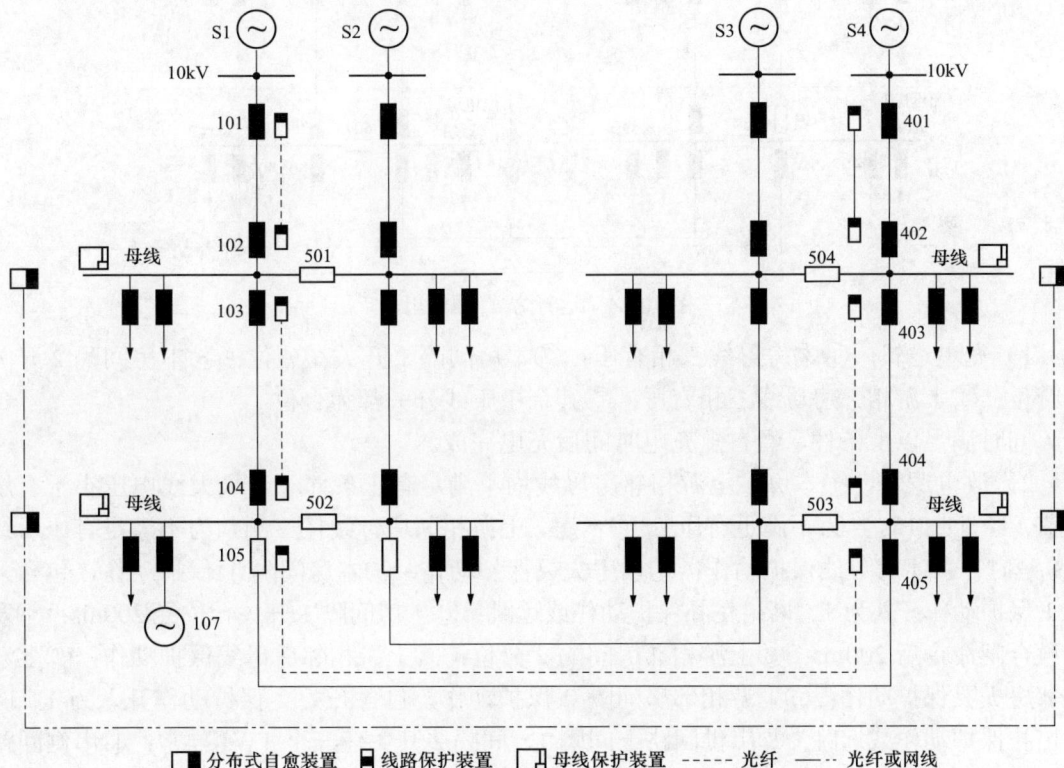

图 10-23 环网主接线分布式配电保护自愈配置

（2）自愈逻辑。以 S1～S4 环网为例，描述配电房环网自愈逻辑。

下述中沿 S1～S4 方向环进环出主干线路开关依次定义为各配电房的间隔 1、间隔 2 开关。S1 侧变电站的 101 开关定义为间隔 2 开关，S4 侧变电站的 401 开关定义为间隔 1 开关。各配电房的分段开关定义为间隔 3 开关。间隔 1、间隔 2 的也可以按 S4～S1 方向统一定义，对自愈逻辑没有影响。

下述涉及的上、下游概念，以图 10-24 配电房 2 为例，S1-101-102-103-104 为回路上游，S4-401-402-403-404-405-105 为回路下游。其余配电房判断逻辑类似。对于 S1～S4 环网，本房母线对于配电房 1、配电房 2 指的是母线 1，对于配电房 3、配电房 4 指的是母线 2。

在自愈中，电压的有压、无压按线电压判断。自愈充电时间默认为 10s，自愈合闸时间默认为 100ms，都可经辅助参数整定。各配电房安装的分布式配电保护自愈装置的功能完全一致，自愈逻辑包含下述两种运行方式。

（3）运行方式 1 自愈方式如图 10-24 所示。

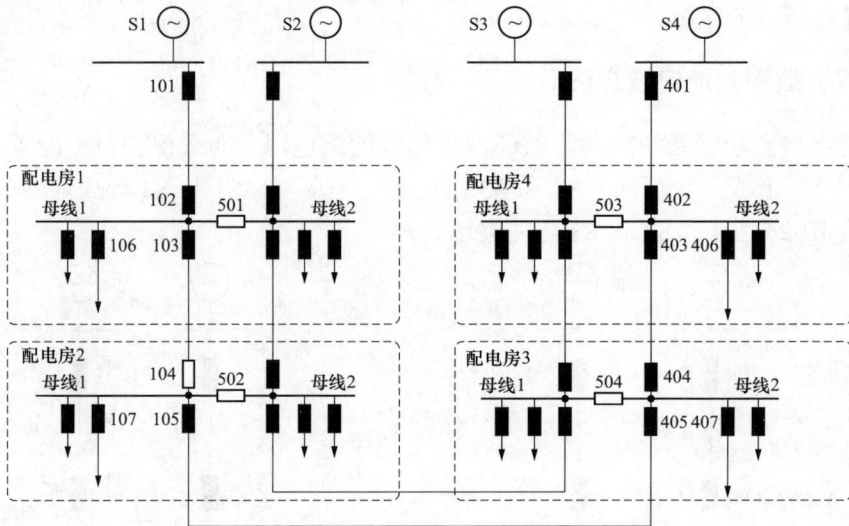

图 10-24　运行方式 1 结构图

1）充电逻辑。①本房母线三相有压；②本房间隔 1 开关在分位；③本房间隔 2 开关在合位；④上游相邻房母线三相有压；⑤其余主干线开关都为合位。

同时满足以上条件，经自愈充电时间后充电完成。

2）放电逻辑。①本房、上游相邻房母线均不满足有压条件（当最大线电压小于有压定值，经延时 15s 判为不满足有压）；②本房、上游相邻房母线任一侧判为不满足有压后经 20s 延时；③本房母线保护动作；④本房失灵保护动作；⑤本房间隔 1 保护动作，包含开关 1 保护动作开入为 1、网络拓扑保护动作或远跳；⑥本房间隔 1 开关合位经 200ms；⑦发自愈合闸命令后 200ms；⑧上游相邻房间隔 2 分位；⑨上游相邻房母线保护动作；⑩上游相邻房失灵保护动作；⑪上游相邻房间隔 2 保护动作，包含开关 2 保护动作开入为 1、网络拓扑保护动作或远跳；⑫串供回路上间隔 1、间隔 2 开关任一个 TWJ 异常；⑬串供回路上间隔 1、间隔 2 开关任一个 TA 断线；⑭串供回路上间隔 1、间隔 2 开关任一个检修；

⑮串供回路上除开环点开关外的间隔 1、间隔 2 开关任一个手跳;⑯串供回路上任一个配电房接收 GOOSE 异常;⑰首端变电站发闭锁自愈信号或尾端变电站发闭锁自愈信号;⑱串供回路上任一个配电房或变电站侧的母线 TV 三相断线告警;⑲串供回路上任一个配电房的自愈整定控制字、功能硬压板或功能软压板任一个退出。

满足以上任意一条则放电。

3）动作逻辑。①上游失电，当充电完成后，收到上游自愈启动信号，上游相邻房母线三相无压，本房母线最大线电压有压，自愈启动，经自愈合闸时间后合间隔 1。②下游失电，当充电完成后，收到下游自愈启动信号，本房母线三相无压，本房间隔 2 无流，上游相邻房母线最大线电压有压，自愈启动，经自愈合闸时间后合间隔 1。

（4）运行方式 2 自愈方式如图 10-25 所示。

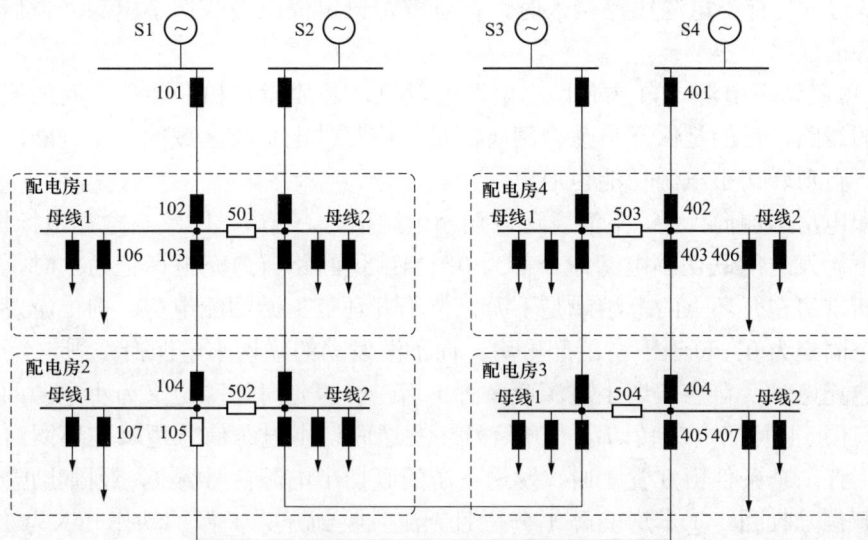

图 10-25 运行方式 2 结构图

1）充电逻辑。①本房母线三相有压;②本房间隔 1 开关在合位;③本房间隔 2 开关在分位;④下游相邻房母线三相有压;⑤其余主干线开关都为合位。

同时满足以上条件，经自愈充电时间后充电完成。

2）放电逻辑。①本房、下游相邻房母线均不满足有压条件（当最大线电压小于有压定值，经延时 15s 判为不满足有压）;②本房、下游相邻房母线任一侧判为不满足有压后经 20s 延时;③本房母线保护动作;④本房失灵保护动作;⑤本房间隔 2 保护动作，包含开关 2 保护动作开入为 1、网络拓扑保护动作或远跳;⑥本房间隔 2 开关合位经 200ms;⑦发自愈合闸命令后经 200ms;⑧下游相邻房间隔 1 分位;⑨下游相邻房母线保护动作;⑩下游相邻房失灵保护动作;⑪下游相邻房间隔 1 保护动作，包含开关 1 保护动作开入为 1、网络拓扑保护动作或远跳;⑫串供回路上间隔 1、间隔 2 开关任一个 TWJ 异常;⑬串供回路上间隔 1、间隔 2 开关任一个 TA 断线;⑭串供回路上间隔 1、间隔 2 开关任一个检修;⑮串供回路上除开环点开关外的间隔 1、间隔 2 开关任一个手跳;⑯串供回路上任一个配电房接收 GOOSE 异常;⑰首端变电站发闭锁自愈信号或尾端变电站发闭锁自愈信号;

⑱串供回路上任一个配电房或变电站侧的母线 TV 三相断线告警；⑲串供回路上任一个配电房的自愈整定控制字、功能硬压板或功能软压板任一个退出。

满足以上任意一条则放电。

3）动作逻辑。①上游失电，当充电完成后，收到上游自愈启动信号，本房母线三相无压，本房间隔 1 无流，下游相邻房母线最大线电压有压，自愈启动，经自愈合闸时间后合间隔 2。②下游失电，当充电完成后，收到下游自愈启动信号，下游相邻房母线三相无压，本房母线最大线电压有压，自愈启动，经自愈合闸时间后合间隔 2。

（5）联切小电源。当存在小电源线路接入后，考虑故障后由于小电源支撑母线电压不满足自愈、分段备自投无压判断等情况，增加联切小电源功能。设备参数定值中小电源间隔定义参数，当本房母线没有小电源接入时，整定为 0，联切小电源功能不会切除本房任何线路；当本房母线有小电源线路接入时，按位整定该定值，当联切小电源动作后，切除定义为小电源的线路。

1）自愈联切小电源。自愈联切小电源的对象，是故障点和开环点之间的配电房定义为小电源的线路，目的是保证自愈合闸时满足可恢复供电负荷区域的无压判断。当自愈功能退出时，自愈联切小电源功能也退出。

每个配电房增加向上游、下游发送联切小电源信号。当串供回路自愈充电标记为 0 时，向上游、下游发送的联切小电源命令都为 0；当串供回路自愈充电标记为 1 时，每个配电房首先判断本房在开环点的上游或是下游，位于开环点上游的配电房，向上游发送的联切小电源命令固定为 0；位于下游的配电房，向下游发动的联切小电源命令固定为 0。

在自愈充电时，自愈联切小电源命令置 1 后，经短延时切除定义为小电源的线路。

2）开环点上游配电房联切小电源信号。发送联切小电源信号逻辑在环网自愈充电，且本房以下任一个条件由 0 置 1 时，发送下游的联切小电源信号置 1，经固定展宽 1s 后将联切小电源信号收回。①本房间隔 1 分位且无流且收到开关 1 保护动作开入为 1；②本房间隔 2 分位且无流且收到开关 2 保护动作开入为 1；③本房母线保护动作信号；④本房间隔 1 分位或上游相邻房间隔 2 分位，并且本房间隔 1 无流经 100ms 延时。

3）联切小电源逻辑。收到上游联切小电源信号置 1 时，有以下 3 种情况：①本房主干线路都未充电，则切除本房所有小电源，并将接收上游的联切小电源信号和本房联切小电源信号取或逻辑后向下游发送。②本房间隔 1 充电，则不切除本房小电源，并将向下游发送的联切小电源信号置 0。③本房间隔 2 充电，则切除本房所有小电源，并将向下游发送的联切小电源信号置 0。

收到上游联切小电源信号为 0 时，若本房只满足间隔 2 分位、无流、收到开关 2 保护动作开入为 1 这一个条件，则本房不联切小电源，并将向下游发送的联切小电源信号置为数值 1。

4）开环点下游配电房联切小电源信号。发送联切小电源信号逻辑在环网自愈充电，且本房以下任一个条件由 0 置 1 时，发送上游的联切小电源信号置 1，经固定展宽 1s 后将联切小电源信号收回。①本房间隔 1 分位、无流、收到开关 1 保护动作开入为 1；②本房间隔 2 分位、无流、收到开关 2 保护动作开入为 1；③本房母线保护动作信号；④本房间隔 2 分位或下游相邻房间隔 1 分位，并且本房间隔 2 无流经 100ms 延时。

5）联切小电源逻辑。

收到下游联切小电源信号置 1 时，有以下 3 种情况：①本房主干线路都未充电，则切除本房所有小电源，并将接收下游的联切小电源信号和本房联切小电源信号取或逻辑后向上游发送。②本房间隔 1 充电，则切除本房所有小电源，并将向上游发送的联切小电源信号置 0。③本房间隔 2 充电，则不切除本房小电源，并将向上游发送的联切小电源信号置 0。

收到下游联切小电源信号为 0 时，若本房只满足间隔 1 分位、无流、收到开关 1 保护动作开入为 1 这一个条件，则本房不联切小电源，并将向上游发送的联切小电源信号置为数值 1。

6）其余切除小电源措施。当自愈功能退出后，主要依赖故障解列功能，在本房电压、频率满足低压、低频、过压、过频等判据后切除本房母线接入的小电源。当本房母线保护动作后，联切本房母线接入的小电源。当本房分段备自投跳闸后，联切本房母线接入的小电源。

10.3 有源配电网故障恢复

10.3.1 自动化终端部署方案

这里研究了含 DG 的配电网的终端优化布置方法，并根据优化布置结果进行主动配电网的区域划分，以满足配网故障后的故障信息采集及故障定位准确性和及时性要求。

（1）含 DG 配电网终端上下层布置优化模型。进行终端优化配置是为了进行故障定位，即使终端优化布置结果能够更好地适用于配网故障定位，进行终端优化布置分区不仅需要考虑经济效益，还需要考虑各个分区的运行可靠性和故障风险性指标。针对这种情况，采用多目标优化进行处理。

1）多目标优化模型。多目标优化问题通常包含有多个决策变量，需要将多个目标函数组合求解，并且满足多个等式或不等式约束条件，其模型如下

$$\min y = f(x) = \left[f_1(x), f_2(x), f_3(x), L, f_M(x) \right] \tag{10-47}$$

$$\text{s.t.} \begin{cases} g_i(x) \leqslant 0, i = 1,2,3,L,n \\ h_i(x) \leqslant 0, i = 1,2,3,L,n \end{cases} \tag{10-48}$$

式中　　　x——决策变量；

　　　$f(x)$——目标函数；

$g_i(x)$、$h_i(x)$——不等式约束。

2）求解方法。采用上下层终端布置优化，建立以可靠性为上层约束、以经济性和风险性为下层约束的终端布置分层区域划分模型，建立一个协调各方面要求的终端布置优化分区方案。

鉴于目前配电网检测信息不全和高比例新能源接入后导致的配电网网架结构和故障信息更加复杂情况，建立考虑经济性、可靠性和风险性的配电网终端布置方法。对主动配电网进行多目标终端布置分区采用分层规划模型，分层布置分区模型以节点可靠性为上层优化目标预选配电网中终端的安装节点，以终端经济性和区域故障风险性为下层优化目标确定各个终端在配电网中的最终安装节点，最终达到需要安装的量测装置最少（经济性最

优)、单个区域内负荷量风险性最小，以及可靠性最好的终端优化布置分区方案。

（2）有源配电网上层终端布置优化分区模型。上层划分模型以配电网的可靠性为筛选指标对终端安装位置进行选择，为了使终端能够最大限度地发挥其对有源配电网运行状态的实时监测作用和故障时的故障信息上传作用，以节点故障可靠性衡量各个节点处安装终端对故障定位作用的大小，并以此作为可靠性衡量指标。

1）不含 DG 的配电网节点可靠性指标。区域划分方案是为了配网故障定位和恢复服务的，为了保证故障定位的实时性和自愈控制的效率，对配电网的关键节点和关键支路进行研究是必不可少的，同时配电网的重要负荷的持续供电是配电网可靠性的重要指标之一，因此，配电网故障分区的可靠性指标划定原则为：①定义电源节点为高可靠性节点。电源接入点对配电网的安全可靠供电至关重要，因此电源接入点必须安装终端量测以便对电源状态进行实施监测。②定义配电网物理结构图中的高连接度节点为高可靠性节点。配电网中同时连接多条支路的节点通常可以成为根节点，此处安装量测装置能够同时监视多条支线。③定义故障高关联度节点为高可靠性节点。通常情况下，配电网的电气连接度较高的节点能够反映较多的故障情况，量测装置的安装是为了保证故障后的定位和恢复，因此，故障高关联度节点也是量测布置优选点。④定义重要负荷节点为高可靠性节点。保证配电网可靠供电首先是对重要负荷的可靠供电，因此对配电网中重要负荷节点必须有完善的量测和保护。

根据以上的划定原则，计算配电网各节点的可靠性指标为

$$S_{ecu} = D_{source} + Du_{ph} + Du_{fa} + D_{im}$$ （10-49）

式中　D_{source} ——节点的供电可靠度，表示为是否连接有电源；

Du_{ph} ——节点的物理连接度，连接支路数越多取值越大；

Du_{fa} ——节点的故障关联度，节点的电气连接度越大取值越大；

D_{im} ——节点的负荷重要度，负荷等级越高取值越大。

2）可靠性指标的更新。DG 接入配电网后，着重分析分布式光伏导致接入点节点故障关联有效性发生变化，以及故障后分布式电源可能形成的孤岛效应对故障风险评估的影响。DG 对区域划分可靠性指标的影响主要表现在：①增加了配电网的电源节点，DG 接入的节点由普通节点变为电源节点；②改变了配电网物理结构的节点连接度；③改变了配网结构的电气连接度，节点的故障关联度发生变化。

根据以上分析，更新配电网各节点的可靠性指标为

$$Secu' = D'_{source} + Du'_{ph} + Du'_{fa} + D_{im}$$ （10-50）

式中　D'_{source} ——更新后节点的供电可靠度；

Du'_{ph} ——更新后节点的物理连接度；

Du'_{fa} ——更新后的节点的故障关联度；

D_{im} ——节点的负荷重要度。

（3）有源配电网下层终端布置优化划分模型。在利用节点可靠性进行终端安装位置预选之后，为了保证最终的终端安装既能够满足故障定位的准确性和实时性要求，又满足配网规划的经济性要求，综合考虑到配网运行的经济性和故障风险性，建立有源配电网下层

终端优化布置分区模型。

1）经济性指标。为了保证配电网故障定位的准确性，需要在各个节点安装终端量测装置对故障信息进行量测，安装的终端越多定位越准确，但是考虑到经济性投资问题，在主动配电网内大量地安装布置配网量测装置不现实，也不满足配网经济性要求。因此，一方面需要保证配置的量测终端节点能够完整的获取配电网故障后的各种故障信息，另一方面，需要考虑投资大小问题，经济性指标可以用需要配置终端节点新增投资和维护费用来衡量，即

$$Cos_t = C_{IC} + C_{OM} \tag{10-51}$$

式中　C_{IC}——新增配置终端节点的总投资；

　　　C_{OM}——每年的终端节点的维护费用。

2）风险性指标。在配电网运行分险评估中，针对配网的预想事故的安全水平，可以定义多种类的运行风险指标，包括静态指标和动态指标。针对配网各个线路发生故障的可能性，定义配网故障的风险性指标，即

$$Risk = \sum_{k \in L} \tau^k \sum_{I \in NL, I \neq k} Damage_I^k \tag{10-52}$$

式中　L——线路集合；

　　　k——第 k 线路发生故障的可能性，其值由受到设备的工作状态、气象条件和历史故障率确定；

$Damage_I^k$——第 k 个故障发生后对系统的危害程度，分为一级危害、二级危害和三级危害，其中一级危害为导致配网大规模失电的故障，二级危害为导致配网区域失电的故障，三级危害为只造成本线路失电的故障。

3）风险性指标的更新。分布式电源接入配电网会对配网区域划分的风险性指标产生影响。针对 DG 接入后的配电网节点风险性评估，主要表现在两个方面，一方面由于 DG 接入，部分负荷的供电可靠性增加，其发生故障的概率下降；另一方面，DG 本身存在发生故障的概率。因此，针对以上两种状况，需要对配网的风险性指标进行更新，即

$$Risk' = \sum_{k \in NC} \tau^k \sum_{I \in NL, I \neq k} Damage_I^k + \sum_{i \in DG} \tau^i \sum_{I \in NL, I \neq k} Damage_I^i \tag{10-53}$$

式中　NC——线路集合；

　　　k'——DG 接入后第 k 线路发生故障的可能性；

　　　DG——DG 接入点集合；

　　　i——DG 发生故障的概率。

考虑到 DG 发生故障的概率并非研究重点，因此在计算配网风险性时忽略 DG 本身发生故障的概率，仅考虑 DG 接入后导致其他各线路的风险故障的影响。

4）目标函数的建立。综合以上所述，含 DG 的主动配电网的下层区域划分适应度函数的建立应该综合考虑经济性和风险性指标，首先采用归一化思想处理各评价指标值，获取经济性指标和风险性指标的最大值，然后进行归一化。

$$p'_{[COST,RISK]}(x) = \frac{p_{[COST,RISK]}(x)}{MAX[p_{[COST,RISK]}(x)]} \tag{10-54}$$

然后，经归一化处理后，各个评价指标的值都控制在[0,1]之间，避免了某一评价指标

权重过大的影响，且不会影响各个评价指标的特征。同时考虑到各个评价指标的优先等级，给各个评价指标一个权重系数，即

$$P = w_1 * Cost + w_2 * Risk \qquad (10\text{-}55)$$

式中　w_1，w_2——经济性指标和风险性指标的权重系数。

考虑到配电网的经济性和风险性，以主动配电网内需要布置的终端量测数量最少和故障风险性最小为目标函数建立的终端优化布置分区数学模型为

$$obj: \min \sum_{i=1}^{B} w_1 * Cost + w_2 * Risk \qquad (10\text{-}56)$$

（4）含 DG 配电网终端布置优化分区算法。根据前面（1）、（2）的研究，建立了含 DG 的配电网终端优化布置分区模型，首先通过根节点搜索法进行有源配电网上层终端初步布置，形成配网初步划分方案，然后调用经济性和风险性指标生成终端布置优化目标函数，通过遗传算法来对这一类优化配置模型进行求解。布置优化分区模型的求解的具体过程如图 10-26 所示。

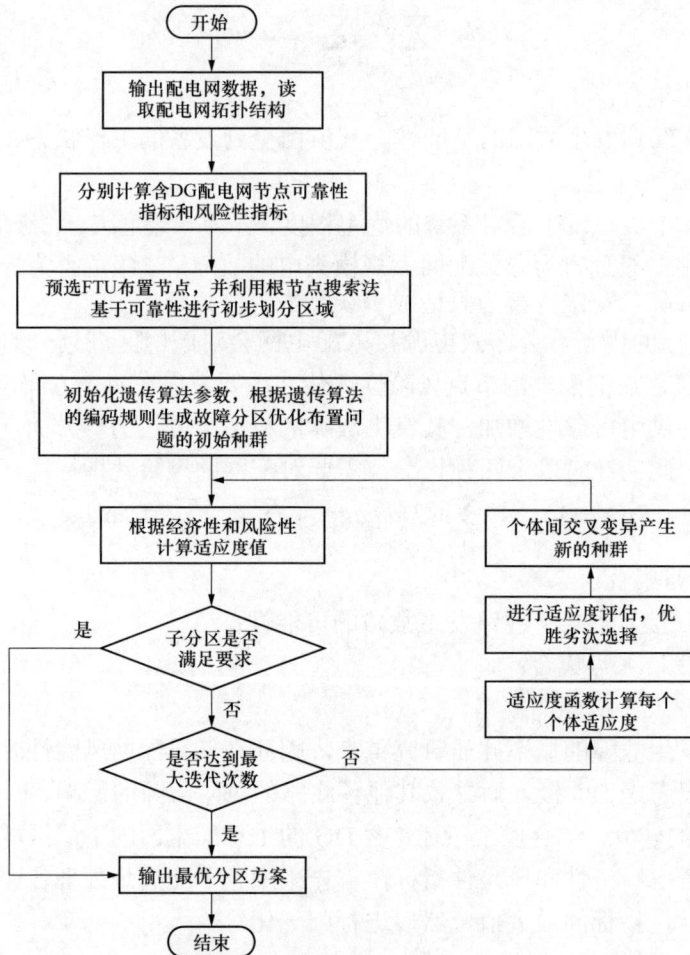

图 10-26　含 DG 配电网终端布置优化配置模型求解流程图

遗传算法（genetic algorithm，GA）是传统的优化算法，该算法能够通过模拟达尔文生物

进化论中遗传学机理的生物进化过程，搜索待求的优化模型最优解。遗传算法实现的过程本质上就是对自然界中物种的遗传与进化进行模拟的过程，一般可以分为以下 4 个主要步骤：

1）基因编码：采用数学方法对优化目标进行编码处理，然后生成一个包含一定数目的满足特定制定好的规则的潜在可行解的初始种群，对配网的经济性和节点风险性指标进行编码操作。

2）选择操作：对编码后的目标进行适应度计算，对形成的种群中的所有个体进行适应度评估，采用排序函数并选择其中适应度最高的优秀个体遗传到下一代中去，计算配网经济性和风险性指标并评估，将经济性最优和故障风险最低方案保留。

3）交叉变异：设定一定的交叉算子和变异算子让种群个体按照一定规律进行交叉变异，生成更加优异的新一代种群，即是找到优化模型的全局最优解。通过交叉变异操作一方面将有益的基因组合在一起，另一方面使得遗传算法具有局部搜索的能力。

4）迭代：设置一定的迭代次数，不断进行遗传的选择和交叉变异操作，不断更新基因种群，直到遗传种群达到设定的收敛条件或者迭代次数满足，进而得到的最佳适应度个体就是最优解。

（5）算例分析。本章采用改进的 IEEE33 节点的配电网系统进行算例验证分析，利用仿真软 Matlab 进行 M 文件编程，从而进行主动配电网终端分区上下层优化模型的求解，验证本章所提出的配电网终端优化布置分区算法的有效性。配电网系统如图 10-27 所示，该系统一共包含 4 个 DG，分别接在配网节点 11、18、22、27。

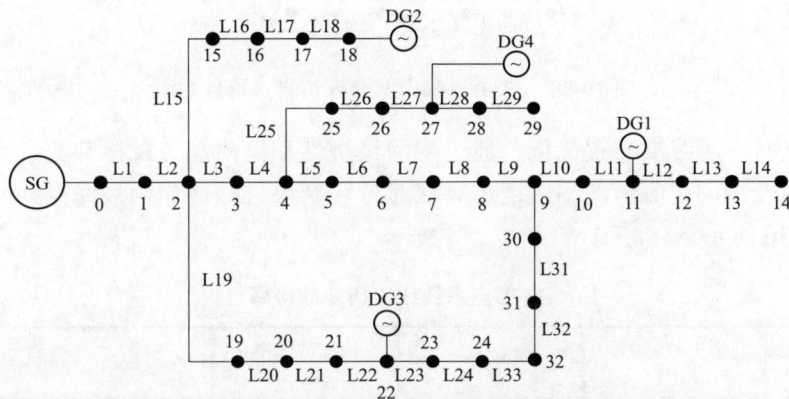

图 10-27　改进的 IEEE33 节点配电网节点图

首先进行终端布置节点预选，根据网络拓扑结构以及负荷等级形成主动配电网各节点的可靠性指标，以可靠性节点为根节点进行搜索分区得到多组配置结果如表 10-9 所示，部分分区结果如图 10-28、图 10-29 所示。

表 10-9　　　　　　　　　　　　　区 域 划 分 结 果

场景	边界节点	子分区节点数
1	0,2,4,9,11,18,22,27	3,2,5,2,4,4,4,5,3,2
2	0,2,4,7,10,18,22,27,31	3,2,3,6,3,4,3,4,3,2

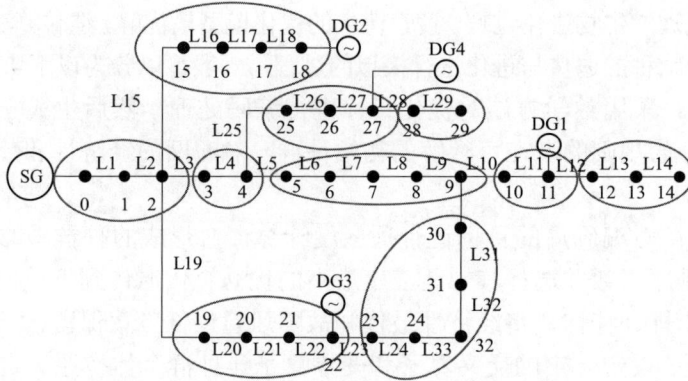

图 10-28　33 节点配电网分区结果（场景 1）

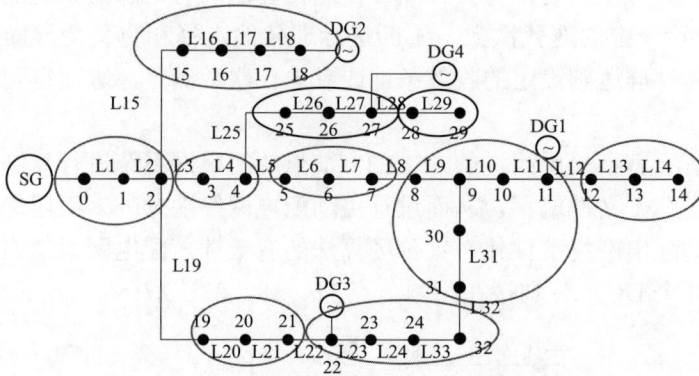

图 10-29　33 节点配电网分区结果（场景 2）

　　进行配电网下层终端布置优化，通过配网经济性和风险性为目标函数，其中各线路的历史故障率如表 10-10 所示，利用遗传算法对分区结果进行优化，最终得到的优化的分区结果如图 10-30 所示。

表 10-10　　　　　　　　　　　　　33 节点系统线路历史故障率

线路	历史故障率（次/年）	线路	历史故障率（次/年）	线路	历史故障率（次/年）
L1	0	L12	1	L23	0
L2	0	L13	1	L24	4
L3	2	L14	3	L25	0
L4	1	L15	0	L26	2
L5	3	L16	0	L27	0
L6	0	L17	0	L28	0
L7	5	L18	0	L29	0
L8	1	L19	0	L30	0
L9	0	L20	0	L31	0
L10	0	L21	2	L32	0
L11	1	L22	2	L33	0

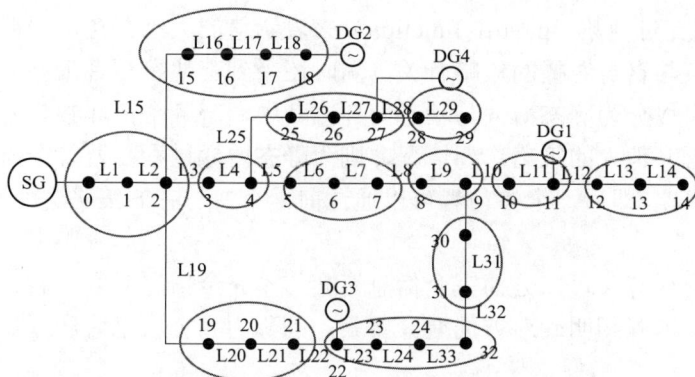

图 10-30　33 节点配电网分区优化结果

显然，根据上述分区结果，得到区域边界节点分别为：1、2、4、7、9、11、18、21、22、27、31，根据区域划分结果安装终端量测，得到终端优化安装布置结果如表 10-11 所示。

表 10-11　　　　　　　　　　　　　　终 端 布 置 结 果

系统	DG 接入位置	所需要终端个数	终端布置位置
33 节点系统	11、18、22、27	14	支路 L1、支路 L3、支路 L5、支路 L8、支路 L10、支路 L12、支路 L15、支路 L18、支路 L19、支路 L22、支路 L25、支路 L28、支路 L32、支路 L34

由表 10-11 终端布置结果可知，根据区域划分结果配置终端，在满足经济性和故障风险性的基础上进行终端配置，再配置 14 个终端即可满足配电网故障后定位的要求。

10.3.2　故障恢复策略

这里提出非合作博弈思想，通过构建电网与用户的双人博弈模型，在故障恢复过程中考虑了用户需求并对恢复策略进行动态调整，解决了以电网作为单一主体进行恢复策略求解时缺少考虑用户侧的反馈导致的用户满意度下降的问题。

（1）非合作博弈思想。博弈可分为合作博弈与非合作博弈，博弈论解决的问题是若干决策主体在一定约束条件下寻找并实施最优策略，最终取得最佳收益的过程，形成一个博弈格局至少应包括参与者、策略与收益三个要素。

1）参与者：指参与博弈决策的主体。在故障恢复过程中，博弈参与者可以是电网、用户，也可以是分布式电源等在故障恢复中存在一定的"利害关系"，并可以主动选择并调整参与博弈的策略从而最大化自身利益的主体。

2）策略：指参与者在博弈过程中选取的策略。每个参与者在一场博弈中制定的行动方案集至少由两种实际可行的完整策略构成，反之则会丧失博弈的主动权而被别的参与者摆布，参与者在博弈中的行为就是在行动方案集中选择对自己有利的策略过程。策略又可以分为纯策略（即确定性的策略），与混合策略（即策略是行动方案集上的概率分布）。若所有参与者的行动方案集内的策略是有限的，则该博弈为有限博弈，反之则为无限博弈。

3）收益：指参与者在某一特定的策略组合下可获得的收益，负的收益也可称为支付

（payoff），并采用支付函数（payoff function）来表示值的大小。在一局博弈中，任何一名参与者的收益不仅与自身选择的策略有关，同时还受到其他参与者策略的制约和影响。

非合作博弈可以分为静态博弈与动态博弈。其中，若各个博弈参与者在进行决策时相互之间都无法掌握其他人的策略选择情况，则为静态博弈过程；若各个博弈参与者可以按照顺序依次选择策略，即后一个参与者可以通过前一个参与者的策略进而选择自己的策略，则为动态博弈过程。

此外，非合作博弈又可以分为完全信息博弈与不完全信息博弈。若各个参与者之间可以平等交互信息，即互相明确对方的博弈要素，则称为完全信息博弈，反之则称为不完全信息博弈。

在故障恢复阶段考虑非合作博弈过程，参与者之间信息平等，且互相了解策略的选择情况以及对自身利益的影响，存在先后选择策略的情况，因此为完全信息的动态博弈过程。

非合作博弈均衡，即纳什均衡（Nash equilibrium），假设一场完全信息的动态非合作博弈有 n 个参与者，每一个参与者都根据对手们的策略选择可以使自身利益最大化的最优策略，至此，将所有参与者选择的最优策略构成一个稳定的策略集，在这个集下如果任意一个参与者改变其选择都会打破这个平衡，那么此平衡状态下的策略集即为纳什均衡。

双人博弈是非合作博弈的一种形式，由两个参与者参与博弈。每个参与者的目标函数及收益最大化，并随机且独立地选择自己的策略，各自获得收益。在纳什均衡策略下，任意一个博弈参与者无法在另一个参与者已确定收益的策略选择下改变自己的策略而获得更高的收益。

在双人博弈场景下，博弈要素表示为：

1）参与者 i 的集合 $N=\{1, 2\}$；

2）参与者 i 的策略 $\alpha_i^1, \alpha_i^2, \cdots, \alpha_i^m$，策略集合 $S_i = \{\alpha_i^1, \alpha_i^2, \cdots, \alpha_i^m\}$，$i=1$，2。假设此时参与者 i 将其策略 α_i^x，$x \in [1, m]$，调整为策略 t_i^x，则将此时策略集合记作 $S_i \| t_i^x = \{\alpha_i^1, \alpha_i^2, \cdots, t_i^x, \cdots, \alpha_i^m\}$；

3）参与者 i 的收益 F_i，$i=1$，2。当参与者 i 选择策略 α_i^n，$n \in [1, m]$，收益可表示为 $F_i = F_i(\alpha_i^n)$。

此非合作双人博弈情况可以表示为 $G = \{N: S_1, S_2: F_1, F_2\}$。

定义1：假设参与者分别选择了策略，并构成了一个博弈局势 S 的状态，若 $F_i(S \| t_i^x) \leqslant F_i(S)$，则称此时的博弈局势 S 为博弈平衡点。

定理1：一个含有有限个参与者的非合作博弈中，若参与者可选择的纯策略是有限的，那么该博弈中至少存在一个混合策略纳什均衡[66]。根据此定理结果可以延伸出定理2的内容。

定理2：任何含 n 名参与者且策略集为非空的非合作博弈都存在混合策略纳什均衡点。

对于非合作博弈模型，亦有定理3如下所述。

定理3：任何含 n 名参与者的博弈中，若每一个参与者 i 的纯策略集 S_i 是欧氏空间的非空紧致凸子集，且收益 $F_i(\alpha_i)$ 关于 α_i 连续且关于 S_i 拟凹，则该博弈存在一个纯策略纳什均衡点。

（2）基于非合作博弈思想的故障恢复模型。假设电网参与者有 m 个策略，$\alpha_1, \alpha_2, \cdots, \alpha_m$，记作 $S_1 = \{\alpha_1, \alpha_2, \cdots, \alpha_m\}$；用户参与者有 n 个策略，$\beta_1, \beta_2, \cdots, \beta_n$，记作 $S_2 = \{\beta_1, \beta_2, \cdots, \beta_n\}$，则一种综合恢复策略可以表示为 $S_{R,i} = S_{1,x} \cup S_{2,y} = \alpha_x \cup \beta_y$，其中 $x \in [1, m]$，$y \in [1, n]$。假设电网参与者总支付 f_{grid}，用户参与者支付 f_{user}，则博弈模型可以表示为 $G = \{N: S_1, S_2: f_{grid}, f_{user}\}$，其中 N 为博弈参与者的集合，取 $N=\{1, 2\}$。当电网参与者选择策略 α_x^*，用户参与者选择策略 β_y^*，且此时无论哪一方改变自身策略后求解得到的恢复策略都会使另一方支付值升高时，称策略 $S_{R,i}^* = \{\alpha_x^*, \beta_y^*\}$ 为本非合作博弈模型的纳什均衡解。

本问题的支付函数考虑以下 5 个方面：

1）分布式电源售电费用。

$$f_1 = \sum_{i=1}^{N_{DGs}} \lambda_{DGi,t} P_{DGi,t} \tag{10-57}$$

式中　　N_{DG} ——故障后并网的分布式电源数量；

$P_{DGi,t}$ —— t 时刻第 i 个节点上的分布式电源的输出功率；

$\lambda_{DGi,t}$ —— t 时刻第 i 个节点分布式电源单位出力购电费用折算因子。

2）开关操作损耗费用。

$$f_2 = \sum_{k=1}^{N_L} |x_k - x_k'| \xi_K \quad x = \frac{-b \pm \sqrt{b^2 - 4ac}}{2a} \tag{10-58}$$

式中　　N_L ——开关个数；

x_k ——第 k 条支路故障前的状态，0 表示断开，1 表示闭合；

x_k' ——第 k 条支路故障后的状态，0 表示断开，1 时表示闭合；

ξ_K ——单位开关操作次数经济损耗折算因子。

3）失电负荷损失费用。

$$f_3 = \eta \sum_{k=1}^{N_{nodes}} (1 - x_{i,t}) c P_{i,t} \tag{10-59}$$

式中　　N_{nodes} ——总节点数；

$x_{i,t}$ ——节点 i 的负荷在 t 时刻是否被恢复供电，是取 1，否取 0；

$P_{i,t}$ ——节点 i 在 t 时刻的负荷量；

η ——单位失电负荷损失金额折算因子；

c ——负荷权重。

4）网损费用。

$$f_4 = \delta \sum_{i=1}^{N_L} I_{Lk}^2 R_{Lk} \tag{10-60}$$

式中　　N_L ——总支路数；

I_{Lk} ——支路 k 流过的电流；

R_{Lk} ——支路 k 的电阻；

δ ——单位网损费用折算因子。

5）电动汽车充放电费用。

$$f_5 = \begin{cases} \omega_{\text{cha}} P_{\text{EV},i} \\ \omega_{\text{dis}} P_{\text{EV},i} \end{cases} \tag{10-61}$$

式中　ω_{cha}——电动汽车单位充电电价;

　　　ω_{dis}——电动汽车单位放电电价;

　　　$P_{\text{EV},i}$——节点 i 上接入的电动汽车功率。

上述支付函数中,在故障恢复阶段电网侧的支付分别为从分布式电源侧购电的费用 f_1、开关动作损耗费用 f_2、恢复阶段的网损费用 f_4 和 f_5 中电动汽车向电网反向充电时的电网支付的费用;此外,用户侧的支付为失电负荷损失费用 f_3 与 f_5 中电动汽车充电费用。

电网和用户在恢复阶段的主要目标均为最大化恢复从自身利益角度出发所对应的重要负荷,对负荷权重 c 进一步定义。

$$\max F = \sum_{i=1}^{N_{\text{nodes}}} x_{i,t} c P_{i,t} \qquad c = \begin{cases} c_i \\ c_{i,t} \end{cases} \tag{10-62}$$

式中　c_i——节点 i 在电网策略下的负荷权重;

　　　$c_{i,t}$——节点 i 在用户策略下的负荷权重。

本问题的约束条件考虑以下 6 方面:

1)辐射状拓扑约束,要求重构后配电网拓扑为辐射状的供电结构,不允许环网与孤岛出现。

$$g \in G \tag{10-63}$$

式中　g——配电网当前的运行结构;

　　　G——配电网所有辐射状供电结构的集合。

2)潮流约束。

$$P_{i,f} - U_{i,t} \sum_{j=1}^{N_1} U_{j,t} (G_{ij} \cos \delta_{ij} + B_{ij} \sin \delta_{ij}) = 0 \tag{10-64}$$

$$Q_{i,f} - U_{i,t} \sum_{j=1}^{N_1} U_{j,t} (G_{ij} \sin \delta_{ij} - B_{ij} \cos \delta_{ij}) = 0 \tag{10-65}$$

式中　$P_{i,f}$——节点 i 在 t 时刻注入的有功功率;

　　　$Q_{i,f}$——节点 i 在 t 时刻注入的无功功率;

　　　$U_{j,t}$——节点 i 在 t 时刻的电压幅值;

　　　G_{ij}——节点 i 与节点 j 相连支路的电导;

　　　B_{ij}——节点 i 与节点 j 相连支路的电纳;

　　　δ_{ij}——节点 i 与节点 j 的相角差。

3)支路电流约束。

$$I_{\text{LK}} \leqslant IL_{\text{Lkmax}} \tag{10-66}$$

式中　IL_{Lkmax}——支路 k 允许流过的电流幅值。

4)节点电压约束。

$$U_{i\max} \leqslant U_{\text{node}} \leqslant U_{i\min} \tag{10-67}$$

式中　U_{imin} ——节点 i 电压下限；

　　　U_{imax} ——节点 i 电压上限。

5）分布式电源出力约束。

$$P_{\text{DG}i,t}^{\min} \leqslant P_{\text{DG},t} \leqslant P_{\text{DG}i,t}^{\max} \qquad (10\text{-}68)$$

式中　$P_{\text{DG}i,t}^{\min}$ ——节点 i 上并网 DG 在 t 时刻的有功功率下限；

　　　$P_{\text{DG}i,t}^{\max}$ ——节点 i 上并网 DG 在 t 时刻的有功功率上限；

　　　$P_{\text{DG},t}$ ——节点 i 上并网 DG 在 t 时刻的有功功率。

6）电动汽车充放电约束。

$$0 \leqslant P_{\text{EV,cha}}(t) \leqslant P_{\text{chamax}} \qquad (10\text{-}69)$$

$$0 \leqslant P_{\text{EV,dis}}(t) \leqslant P_{\text{dismax}} \qquad (10\text{-}70)$$

$$P_{\text{EV,cha}}(t) \times P_{\text{EV,dis}}(t) = 0 \qquad (10\text{-}71)$$

式中　$P_{\text{EV,cha}}(t)$ ——t 时刻电动汽车充电功率；

　　　$P_{\text{EV,dis}}(t)$ ——t 时刻电动汽车放电功率；

　　　P_{chamax} ——电动汽车充电功率上限；

　　　P_{dismax} ——电动汽车放电功率上限。

（3）故障恢复模型求解策略。

1）求解算法。采用的主要算法流程如下：

①网络编码，采用二进制编码方法，减少搜索空间，提升算法效率。

②种群初始化，采用随机方法生成初始种群，采用深度优先搜索算法剔除不满足使配电网拓扑要求的个体。

③选择：为防止轮盘赌方法易出现的早期收敛问题，首先采用精英保留策略，保留适应度前 5% 的精英个体，然后再对剩下的所有个体采用随机遍历选择法生成下一代种群的父代。

④交叉，变异：采用自适应交叉和变异算子进行运算。

⑤将步骤 c 保留的精英个体与生成的种群合并成新种群，计算个体适应度值，并判断是否达到迭代次数，若是，则输出计算结果至综合故障恢复策略进行下一步分析；若否，则将新种群返回步骤 c 进行新一轮计算。

2）求解策略。

在配电网中，单个用户没有与电网博弈的能力，因此考虑配电网全体用户构成的用户参与者与电网参与者进行博弈。在非合作博弈环境下，故障恢复博弈的局中人即电网参与者和用户参与者之间没有协议约束，然而两个局中人的博弈顺序是事先确定的，为完全信息动态博弈过程。

配电网故障恢复阶段的博弈过程，实际上体现在：电网根据既定的用户等级决定经济性好的恢复策略；用户提出了策略并以用户满意度的形式对电网制定的恢复策略进行反馈，然后电网根据用户的反馈调整自身的恢复策略向减少该停电时段高需求度负荷失电量的方向改进，然后再次获得用户的用电反馈。如此循环往复求得博弈双方利益均衡的解。

构建的基于用户需求的用户供电满意度指标如式（10-72）。

$$
S_{\text{users},t} = \left[1 - \frac{\sum_{i=1}^{N_{\text{nodes}}} (1 - x_{i,t}) c_{i,t} P_{i,t}}{\sum_{i=1}^{N_{\text{nodes}}} c_{i,t} P_{i,t}} \right] \times 100\% \geqslant S_{\text{users},t}^{\min}
\tag{10-72}
$$

式中 $S_{\text{users},t}$ ——t 时刻用户供电满意度指标；

       $S_{\text{users},t}^{\min}$ ——t 时刻用户最低供电满意度指标。

需要说明的是，权重是电网侧角度制定的用户重要度权重，按照既定的负荷重要度对所有配电网用户进行等级划分，为定值；而其与用户策略下的负荷权重有别，用户策略下的负荷权重为节点 i 的负荷在 t 时刻的需求度权重，其取值非主观设定而随时间尺度客观变化，由于用户负荷需求具有时变性，不同故障时刻导致的停电事故会导致用户向电网反馈不同的用户满意度，尤其是高需求负荷的失电会导致满意度大大降低。

因此，需求度权重可用于计算此时刻恢复策略下用户的供电满意度，作为用户向电网发起博弈实现恢复策略动态调整的筹码。综上，负荷需求度权重的制定原则是基于用户在 t 时刻的实际用电需求，取 t 时刻节点 i 的负荷需求在此时配电网总负荷下的占比。

$$
c_{i,t} = \frac{\text{第 } i \text{ 个节点在 } t \text{ 时段的负荷需求}}{t \text{ 时刻配电网总负荷}}
\tag{10-73}
$$

此外，t 时刻用户最低供电满意度指标 $S_{\text{users},t}^{\min}$ 可由式（10-74）计算，其中，$P_{i,t}$ 为节点 i 在 t 时段切除的全部可控负荷。

$$
S_{\text{users},t} \quad \frac{\min \sum_{i=1}^{N_{\text{nodes}}} c_{i,t} P_{i,t,\text{cut}}}{\sum_{i=1}^{N_{\text{nodes}}} c_{i,t} P_{i,t}}
\tag{10-74}
$$

式中 $P_{i,t,\text{cut}}$ ——节点 i 在 t 时段切除的可控负荷大小。

本问题综合故障恢复策略的求解流程如图 10-31 所示，具体如下：①输入故障信息、分布式电源出力、电动汽车充放电状态以及该时刻下负荷需求等配电网数据。②采用改进的自适应遗传算法求解故障恢复模型，获得本时刻故障恢复策略 $S_{\text{R},i}$。③根据各支付函数，代入恢复策略 $S_{\text{R},i}$ 并求解此情况下电网侧参与者与用户侧参与者的支付值，根据式（10-72）计算基于用户需求的用户供电满意度指标 $S_{\text{users},i,t}$。④若 $S_{\text{users},i,t} \geqslant S_{\text{users},t}^{\min}$，则保留恢复策略 $S_{\text{R},i}$，记录此时电网侧支付 $f_{\text{grid},i}$、用户侧支付 $f_{\text{grid},i}$ 并计算总支付值；若 $S_{\text{users},i,t} < S_{\text{users},t}^{\min}$，则电网侧参与者应重新根据步骤①中负荷需求数据调整自身恢复策略，并重新进行步骤②，求解新的恢复策略。⑤将步骤④所有保留的恢复策略按照用户满意度大小排序，进行进一步筛选。依次计算不同策略下总支付值差值，若差值小于阈值 ε，则保留满意度结果高的恢复策略。依此类推，最后形成由各恢复策略下用户满意度最高的策略解构成的恢复策略集 S_{R}。⑥选择恢复策略集 S_{R} 中用户满意度最高的策略并视为优秀策略，分析当电网侧参与者或者用户侧参与者分别改变其行为的情况下对支付值的影响，若博弈参与者任意一方改变策略得到的新恢复策略都无法实现优于优秀策略的解，则视该优秀策略已达到纳什均衡，

并称其为最优策略；反之则回到步骤⑤选择恢复策略集中其余策略并再次进行本步骤的分析过程，直到获得最优策略。

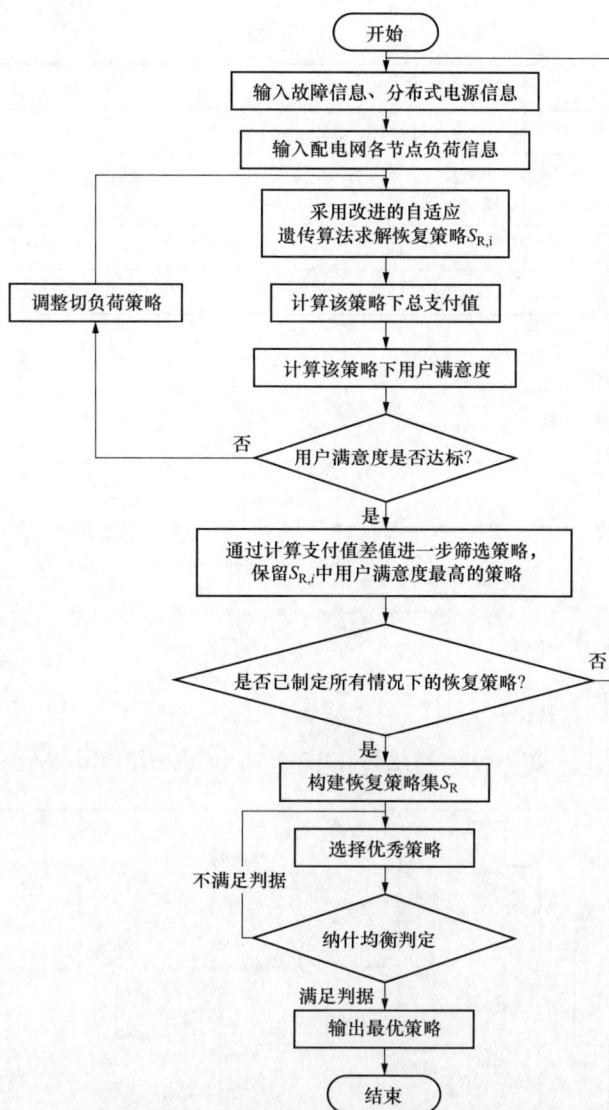

图 10-31　综合故障恢复策略求解流程图

（4）算例分析。以图 10-32 所示的改进 IEEE33 节点配电网为例验证策略的有效性，其中各节点负荷类型如表 10-12 所示，同时，选取某地区实际用电数据，得到三类负荷的日负荷阶梯图，如图 10-33 所示。其中，居民类负荷节点数量最多，属于二级负荷，此类负荷的负荷需求在 18:00—21:00 内呈峰值，在其余时刻均属于正常用电时段；政府类负荷的日负荷率高，没有明显的峰时用电与正常用电时段划分，在 22:00—5:00 为低谷用电时段，其余时刻均有较高的用电需求，属于一级负荷，通常此类负荷重要度也最高，在故障恢复阶段通常优先考虑恢复供电；农业类负荷在 3:00—8:00 的负荷需求为三类负荷中最高，在其余时段负荷率较低，属于三级负荷。由于农业类负荷处于配电网末端，重要度相对较低，在发生故障时且当配电网本地转供能力不足时，电网常通过优先削减此类节点的可控负荷部分以保证重要负荷的可靠供电。

表 10-12 节 点 负 荷 类 型

项目	节 点 编 号
A 类负荷	7，9，11，18，26
B 类负荷	1，2，3，4，5，6，8，10，12，13，15，19，20，21，22，23，24，25，27，28，29，30
C 类负荷	16，17，31，32
可控负荷（20%可控部分）	12，14，15，16，17，29，31，32

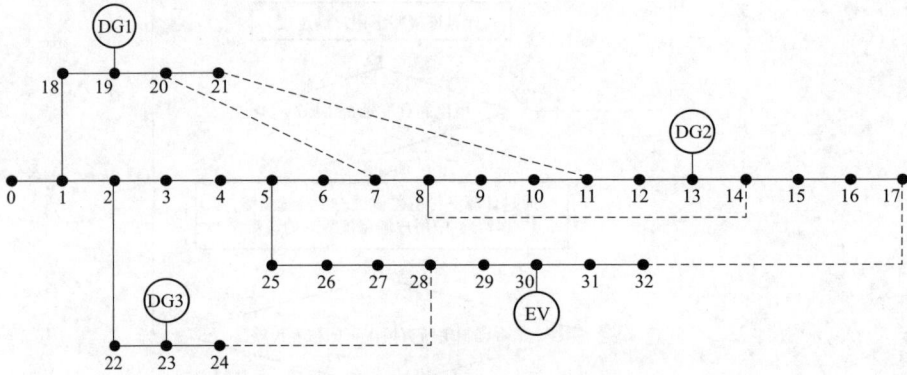

图 10-32 改进的 IEEE33 节点配电网结构图

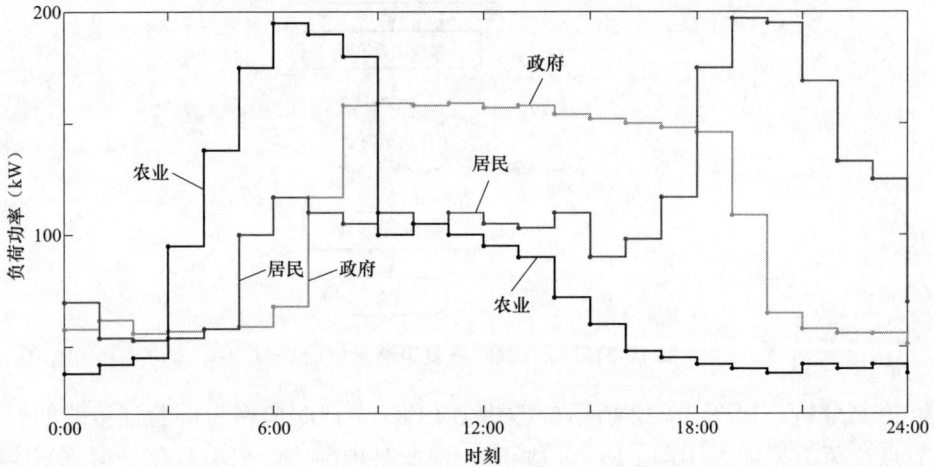

图 10-33 三类负荷日负荷阶梯图

本算例各项参数值设置如下，设分布式电源单位电量售电费用折算因子 $\lambda_{DGi,t}$ =1.2 元/kWh，开关操作损失费用折算因子 ξ_K =10 元/次，失电损失费用折算因子 η =2 元/kWh，网损费用折算因子 δ =0.32 元/kWh，电动汽车充电费用折算因子 ω_{cha} =0.5 元/kWh，电动汽车向电网反向放电费用折算因子 ω_{dis} =1 元/kWh。设恢复时长为 1h，DG1、DG2 与 DG3 均为设有储能装置的分布式光伏且恒定输出功率均为 200kW，考虑电动汽车充放电约束下 EV 充电站内可参与故障恢复的电动汽车放电功率为 4kW/辆，充电站最大放电功率为 260kW。设阈值 $\varepsilon=0.5$，将负荷重要度权重 c_i 分为三类等级，权值分别设置为 1、0.5、0.1。

场景一，设故障时刻为 12:00，故障线路为 7-8。故障发生后，节点 8 及其下游节点的负荷由于线路 7-8 分段开关跳闸而失电，系统总失电负荷 1068kW，此时配电网本地发电资源总功率 840kW，不足保障所有失电负荷的恢复。为保障一级负荷节点即节点 9、11 的负荷优先恢复，电网参与者制定恢复策略为：断开分段开关 7-8，闭合联络开关 11-21，同时全部切除各节点可控负荷部分以弥补功率缺额，如表 10-13 所示。

表 10-13 　　　　　　　　　　　　场景一下电网参与者恢复策略

失电负荷量（kW）	支付值（元）			用户满意度
	电网参与者	用户参与者	总支付	
118.12	1003.03	246.24	1249.27	93.75%

此恢复策略下，所有一级负荷全额恢复供电。同时，此故障时刻各负荷类型的需求等级与其负荷重要度的等级相同，用户的策略与电网的策略是相同的，因此已完成了满足用户需求的恢复策略寻优工作。

场景二，设故障时刻为 5:00，故障线路为 7-8。系统总失电负荷 950kW，与场景一时恢复目标相同，电网参与者制定恢复策略为：断开分段开关 7-8，闭合联络开关 11-21，削减三级负荷节点 16，17，31，32 的可控负荷部分，一、二级负荷全额恢复，如表 10-14 所示。

表 10-14 　　　　　　　　　　　　场景二下电网参与者恢复策略

失电负荷量（kW）	支付值（元）			用户满意度
	电网参与者	用户参与者	总支付	
113.33	997.64	213.43	1211.07	92.14%

虽然电网参与者恢复策略保障了高重要度负荷节点的优先恢复，但此时配电网内节点实际负荷需求与负荷重要度存在差异，三级负荷虽然位于配电网线路末端，但其用电需求在此故障时刻居三类负荷中最高，电网侧实施的切负荷策略相应地降低了用户满意度。因此，用户参与者将提升用户供电满意度作为博弈条件反馈至电网参与者，以调整电网切负荷策略实现切除更少需求度较高用户的负荷。用户参与者修改恢复策略为：断开分段开关 7-8，22-23，闭合联络开关 11-21，24-28，同时削减负荷节点 12、14、15、29、16、17、31、32 的可控负荷部分，增发 EV 充电站功率至 260kW，一级负荷全额供电，具体见表 10-15。

表 10-15 　　　　　　　　　　　　场景二下用户参与者恢复策略

失电负荷量（kW）	支付值（元）			用户满意度
	电网参与者	用户参与者	总支付	
113.02	1018.98	192.09	1231.97	94.07%

由表 10-15 可知，虽然用户满意度得到提高，但是由于开关动作次数增加与 EV 充电站反向供电功率增大，电网参与者支付值增大，总支付值也相对增加，经济性降低。

综上，在故障时刻高用电需求度用户不愿通过削减更多自身的负荷来弥补功率缺额，而且切除更多可控负荷也同时会导致失电负荷量进一步增加，为使用户满意度达到最佳，用户侧向电网侧提出通过增发 EV 充电站放电量弥补一定功率缺额减少自身切负荷量的要求，由电网侧考虑用户侧高需求负荷的同时进一步兼顾经济性（总支付最低）、可靠性（Ⅰ级负荷全额恢复供电）的要求，重新生成恢复策略。

如表 10-16 所示，选取各个情况下恢复策略 $S_{R,i}$ 中用户满意度最高的策略构建恢复策略集。随着 EV 充电站放电功率增加，虽然电网侧向配电网参与故障恢复的 EV 用户支付值增加，但相应地由于配电网故障自愈能力的增强减少了切负荷量，从而减少了失电负荷赔偿支付值。并且，在该故障时刻下恢复策略 3 与策略 4 实现基于用户需求的用户满意度大于 95%，同时，恢复策略 3 的用户满意度较高且总支付值较低，可进行下一步分析。

表 10-16　　　　　　　　　　　　　恢 复 策 略 集

策略	恢 复 策 略	失电负荷量（kW）	总支付值（元）	用户满意度
策略 1	EV 电站总功率 248kW，断开分段开关 7-8，22-23，闭合联络开关 11-21，24-28，削减 16.7%节点 12、14、15、29 的负荷，削减 8.5%节点 16、17、31、32 的负荷	113.33	1218.97	94.00%
策略 2	EV 电站总功率 252kW，断开分段开关 7-8，22-23，闭合联络开关 11-21，24-28，削减 18.1%节点 12、14、15、29 的负荷，削减 6.7%节点 16、17、31、32 的负荷	98.30	1212.90	94.49%
策略 3	EV 电站总功率 256kW，断开分段开关 7-8，闭合联络开关 11-21，削减 19.2%节点 12、14、15、29 的负荷，削减 5.4%节点 16、17、31、32 的负荷	97.34	1185.23	95.12%
策略 4	EV 电站以最大功率向电网放电，断开分段开关 7-8，27-28，闭合联络开关 11-21，24-28，削减节点 12、14、15、29 的全部可控负荷，削减 4.8%节点 16、17、31、32 的负荷	92.29	1200.94	95.05%

在策略 3 的基础上用户参与者改变其策略为：保持 EV 充电站发电量不变，调整切负荷策略为削减二级负荷与线路最末端三级负荷的可控部分。求解得到的恢复策略如表 10-17 所示。用户满意度指标与策略 3 结果相同，但是总支付值增加，经济性降低。此外，当电

表 10-17　　　　　　　　　　　　　博 弈 均 衡 点 判 定

策略	恢 复 策 略	失电负荷量（kW）	总支付值（元）	用户满意度
策略 3	EV 电站总功率 256kW，断开分段开关 7-8，闭合联络开关 11-21，削减 19.2%节点 12、14、15、29 的负荷，削减 5.4%节点 16、17、31、32 的负荷	97.34	1185.23	95.12%
用户参与者改变策略	EV 电站总功率不变，调整切负荷策略。断开分段开关 7-8，闭合联络开关 11-21，削减 8.4%节点 12、14、15、29 的负荷，削减 10.8%节点 17、32 的负荷	97.05	1204.98	95.12%
电网参与者改变策略	增加 EV 电站总功率的同时调整切负荷策略。断开分段开关 7-8，闭合联络开关 11-21，削减 15.2%节点 12、14、15、29 的负荷，削减 6.4%节点 16、17、31、32 的负荷	93.38	1201.09	94.80%

网参与者改变策略为：增发 EV 充电站放电功率，不改变切负荷节点数量情况下修改切负荷策略，解得恢复策略用户满意度与经济性均劣于策略 3 的求解结果。因此，无论博弈参与者双方任意一方改变其策略均会使求得的恢复策略解劣于恢复策略集中的优秀策略即策略 3，可认为此时策略 3 为博弈双方利益达到均衡的最优策略。

将恢复策略 3 恢复结果与直接调用改进遗传算法求解故障恢复模型得到的恢复结果进行对比，如表 10-18 所示。改进遗传算法求解得到的恢复策略为：当 EV 充电站总功率为 256kW 时，断开分段开关 7-8，5-25，闭合联络开关 11-21，24-28，削减 9.4%三级负荷（节点 16，17，31，32），其余节点负荷全额恢复供电。直接调用传统遗传算法求解得到的恢复策略与电网参与者在 EV 充电站发电量相同时制定的恢复策略相似，两者均考虑先切除重要度低的负荷可控部分弥补配电网自身发电资源无法提供的功率缺额，保障重要度高的负荷全额恢复供电，但由于缺少了博弈过程，该故障恢复策略下的用户满意度较低。由表 10-18 中结果可见，经过算法改进且通过用户侧与电网侧的博弈动态调整后的恢复策略需要动作的分段开关与联络开关较少，且减少了故障时刻高需求用户负荷的失电量，提升了用户满意度。

表 10-18　　　　　　　　　　　不同方法下的恢复策略对比

策略	恢 复 策 略	失电负荷量（kW）	总支付值（元）	用户满意度
本书方案	EV 电站总功率 256kW，断开分段开关 7-8，闭合联络开关 11-21，削减 19.2%节点 12、14、15、29 的负荷，削减 5.4%节点 16、17、31、32 的负荷	97.34	1185.23	95.12%
改进遗传算法直接求解策略	EV 电站总功率 256kW，断开分段开关 7-8，5-25，闭合联络开关 11-21，24-28，削减 9.4%节点 16、17、31、32 的三级负荷	97.07	1204.98	93.80%

此外，将求得的最优策略与参照恢复策略在提出的模型上进行对比，如表 10-19 所示。最优策略经济性相对较高，且在削减可控负荷保障了高重要度负荷的全额供电的同时减少了重要度较低但在故障时刻需求度较高用户节点的切负荷量，实现了通过动态调整恢复策略提高配电网故障重构阶段用户满意度的目的。

表 10-19　　　　　　　　　　场景二不同方法求解效果对比

策略	开关动作次数	失电负荷量（kW）	总支付值（元）	用户满意度
本书方案	2	97.34	1185.23	95.12%
参照策略	2	117.36	1227.41	91.17%

10.3.3　故障恢复与抢修协调优化策略

利用广度优先搜索（Breath First Search，BFS）算法与深度优先搜索（Depth First Search，DFS）算法对配电网进行孤岛划分，利用 DG 与配电网的主网共同对故障进行恢复，以总失电负荷最少、网损最小、开关动作次数最少为目标函数，应用变异粒子群算法进行求解，在故障恢复过程中动态调整初始孤岛，最终得到最优恢复策略。

（1）负荷差异化可靠性需求模型。在分析负荷特性时，需考虑负荷的重要程度，在故障恢复的过程中，按照"确保一级负荷完全恢复供电，优先恢复二级负荷，尽量恢复三级负荷"的顺序进行。考虑到系统中还存在可控负荷，在故障恢复方案不满足约束条件时，根据实际情况中断或者减小可控负荷的供电量，以确保重要负荷能够恢复供电。可控负荷的特性可以描述为

$$L_{i,t}^{c} = \xi_{i,t} L_{i,t} \tag{10-75}$$

式（10-75）中，$\xi_{i,t} \in [0,1]$，具体数值取决于电网调度的实际需要。将配电网内的此类负荷按需求响应排列后生成可控负荷削减集合 L_{C}。

配电网各节点的负荷量会随时间而变化，不同类型的负荷也具有不同特性。考虑到在实际配电网中，同一节点可能会连接不同类型的负荷，假设同一节点中各类负荷的分布比例不同，但同种类负荷的曲线函数相同，节点 i 在时刻 t 的负荷大小可以表示为

$$L_{i,t} = \sum_{\lambda=1}^{4} L_{\max,i} M_{\lambda,i} C_{\lambda,t} \tag{10-76}$$

式中 λ ——负荷类型，λ=1 代表医用负荷，λ=2 代表政府负荷，λ=3 代表商业负荷，λ=4 代表居民负荷；

$L_{\max,i}$ ——节点 i 的负荷最大值；

$M_{\lambda,i}$ ——节点 i 中第 λ 类负荷的比例；

$C_{\lambda,t}$ ——第 λ 类负荷在 t 时的分量。

根据配电网各节点各时刻的负荷数据，可以得到配电网节点日负荷曲线函数，在此基础上进行积分计算，可得任意节点在故障恢复时段内的用电需求 L_i 为

$$L_i = \int_{t}^{t+1} f_i(x) \mathrm{d}x \quad t = 0, 1, 2, \cdots, 23 \tag{10-77}$$

式中 $f_i(x)$ ——节点 i 的负荷曲线函数；

t ——0～23 内的整点时间。

（2）孤岛划分策略。在故障恢复过程中为充分考虑 DG 出力，利用 DG 形成孤岛对配电网中重要负荷进行恢复。

在研究配电网孤岛划分方案时，应考虑到以下原则：

1）确保方案在孤岛运行时能够安全、稳定，且具备并入主网运行的能力。

2）在保证孤岛内的负荷与损耗之和小于 DG 出力的前提下，孤岛内应包含尽可能多的负荷，这样既充分发挥 DG 的供电能力，同时又不会造成过负荷的情况出现。

3）在进行孤岛划分时，应优先恢复 $F_{t,\text{Rload}}$ 中的负荷。

利用 DG 在故障时段的实际出力作为孤岛的供电量，考虑在孤岛划分过程中，首先恢复 $F_{t,\text{Rload}}$ 中的负荷，切除最少的负荷，尽可能多的恢复其他负荷，因此，孤岛划分的目标函数为

$$\min f_t = \sum_{i \in N} F_{t,i} P_{t,i}^{\text{cut}} x_{t,i} \tag{10-78}$$

式中 N ——配电网中的节点数；

$P_{\text{cut }t,i}$ ——节点 i 在 t 时刻被切除的负荷功率；

$x_{t,i}$ ——节点 i 在 t 时刻的接入状态，$x_{t,i}=1$ 表示 $P_{t,i}^{\text{cut}}$ 被切除，$x_{t,i}=0$ 表示 $P_{t,i}^{\text{cut}}$ 未被切除。

在故障时刻利用 DG 对孤岛内的负荷进行恢复，孤岛划分流程如下：

步骤 1：读取配电网数据，包括初始结构、支路阻抗、节点负荷类型等。

步骤 2：读取故障信息，断开故障支路。

步骤 3：输入故障时刻，确定相应时刻的优先恢复集 $F_{\text{t,Rload}}$ 和可控负荷集 Cload。

步骤 4：以含 DG 的节点为根节点，以该时刻 DG 出力值为最大搜索半径，采用 BFS 确定功率圆所包含的负荷，由此得到功率圆实际半径。若出现 2 个或多个孤岛交叉，则将其融合为一个孤岛。

步骤 5：判断 $F_{\text{t,Rload}}$ 中负荷是否都已恢复，以未恢复的负荷作为根节点，采用 DFS 将其接入最近的 DG 节点，可通过削减 C_{load} 中的负荷，调整孤岛恢复范围。若负荷节点无法通过 DG 进行恢复，则不恢复该负荷。判断孤岛是否满足功率平衡约束，若满足，则转至步骤 7，若不满足，则执行步骤 6。

步骤 6：削减 C_{load} 中的负荷，直至满足功率平衡约束执行步骤 7，若所有 C_{load} 中的负荷都已切除，仍无法满足功率平衡约束，则根据重要度等级进行切负荷操作，缩小孤岛范围，若满足功率平衡及其他约束条件，则执行步骤 7，否则继续步骤 6 的切负荷操作，直至满足条件。

步骤 7：完成最终孤岛划分，形成孤岛划分方案。

（3）孤岛与主网相结合的故障恢复策略。孤岛划分策略利用 DG 对失电负荷进行供电，但未考虑配电网主网在故障恢复中的作用，为进一步提高故障恢复效率，利用 DG 孤岛与配电网主网的负荷转供对配电网故障区域进行恢复。在处理恢复策略中，利用变异粒子群算法（mutation particle swarm optimization，MPSO）对寻优过程进行优化。

在配电网故障恢复策略的研究中已广泛应用粒子群算法，该算法具有操作简单、收敛速度快、易于实现等优点。由于配电网中的开关操作只存在开、合两种状态，因此结合实际问题，采用二进制粒子群算法（binary particle swarm optimization，BPSO）。每个粒子代表一组开关的状态，当开关闭合时，对应的位 x_{id} 取值为 1，若断开则取值为 0。BPSO 算法的更新公式为

$$v_{\text{id}}(k+1)=\omega v_{\text{id}}(k)+c_1 r_1[p_{\text{id}}(k)-x_{\text{id}}(k)]+c_2 r_2[p_{\text{gd}}(k)-x_{\text{id}}(k)] \tag{10-79}$$

式中 i ——粒子编号；

d ——维数；

k，$k+1$ ——迭代次数；

v_{id} ——粒子 i 在 d 维的速度，在配电网中为当前第 i 个拓扑第 d 条支路接入的概率，例如：$v_{\text{id}}=0.25$，则 $x_{\text{id}}=1$ 的概率为 25%，即第 i 个拓扑第 d 条支路上的开关闭合概率为 25%；

c_1，c_2 ——学习因子；

r_1，r_2 ——介于[0,1]之间的随机数；

p_{id} ——第 i 个粒子到目前为止所出现的最优位置，在配电网中为当前第 i 个拓扑的最

优结构中第 d 条支路的投切状态；

p_{gd} ——种群所有粒子到目前为止所出现的最优位置，在配电网中为当前所有拓扑的
最优结构中第 d 条支路的投切状态；

x_{id} ——第 i 个粒子在 d 维当前的位置，在配电网中为当前第 i 个拓扑第 d 条支路的投
切状态；

ω ——惯性权重值。

由于 BPSO 没有原始粒子群算法的粒子位置更新公式，因此利用位变量取 1 值的概率表示粒子的速度，当粒子速度越小，则代表粒子取 0 概率越大，反之，当粒子速度越大，则代表粒子取 1 概率越大。速度 v_{id} 被映射到区间[0,1]上，利用 sigmoid 函数进行映射，如式（10-80）所示，$S[v_{id}(k)]$ 为位置 x_{id} 取 1 的概率，粒子通过式（10-81）改变 x_{id} 的位值。

$$S(v_{id}(k)) = \frac{1}{1 + \exp(-v_{id}(k))} \tag{10-80}$$

$$x_{id}(k+1) = \begin{cases} 1, & \rho < S(v_{id}(k)) \\ 0, & \rho \geqslant S(v_{id}(k)) \end{cases} \tag{10-81}$$

其中，ρ 为[0,1]上的随机数，为了避免 $S(v_{id}(k))$ 太靠近 0 或 1，设置参数 V_{max} 以限制 v_{id} 的取值范围，即 $v_{id} \in [-V_{max}, V_{max}]$。

由于 BPSO 自身存在易陷入局部最优、收敛早熟等问题，因此对 BPSO 进行改进，引入线性微分递减惯性权重和非对称线性变换学习因子以改进算法的收敛速度与收敛精度。GA 算法中的交叉与变异操作可以提高算法的全局搜索能力，因此将 BPSO 与 GA 两种算法进行优势互补，将交叉与变异操作应用到 BPSO 中，形成 MPSO。

惯性权重 ω 影响算法的搜索能力，当 ω 取值较大时，算法全局搜索能力较强，当 ω 取值较小时，算法局部搜索能力较强，因此为了使算法在早期具有较强的全局搜索能力，到后期又可以进行精确局部搜索，引入线性微分递减惯性权重（linear decreasing inertia weight，LDIW），即

$$\omega(k) = \omega_{start} - \frac{\omega_{start} - \omega_{end}}{k_{max}^2} k^2 \tag{10-82}$$

式中 ω_{start} ——初始惯性权重；

ω_{end} ——迭代到最大次数时的惯性权重，一般地，ω_{start}=0.9，ω_{end}=0.4 时算法性能最好；

k ——当前迭代次数；

K_{max} ——最大迭代次数。

学习因子 c 影响算法的搜索能力和收敛速度，为了使算法在迭代前期的全局搜索能力较强、后期的收敛速度快，利用非对称线性变换对 c 进行改进，更新公式为

$$c_1 = c_{1s} + (c_{1e} - c_{1s})k/K_{max} \tag{10-83}$$

$$c_2 = c_{2s} + (c_{2e} - c_{2s})k/K_{max} \tag{10-84}$$

式中 c_{1s}、c_{2s} ——学习因子 c_1 和 c_2 的初始值；

c_{1e}、c_{2e} ——学习因子 c_1 和 c_2 的终值。

　　传统 BPSO 具有收敛速度快的特点，且在种群更新中粒子自身信息占优势，但算法存在易于陷入局部最优、收敛早熟等问题。而 GA 中的交叉、变异操作可以有效解决该问题，将改进后的变异与交叉操作引入传统 BPSO 算法中，有效提高算法的全局搜索能力。

　　1）交叉操作。交叉操作是通过某种方式将相互交叉的两个染色体中的部分基因进行交换，从而得到两个新个体，交叉操作可以有效提高算法的全局搜索能力，将该操作引入到 BPSO 中可以改善其易于陷入局部最优的问题。

　　交叉操作的具体操作首先是对种群中的粒子进行随机配对，按照选定的交叉概率 p_c 进行交叉，在迭代过程中以交叉概率 p_c 生成杂交粒子池 N_{pc} 为

$$N_{pc} = \text{round}(p_c \sigma sp) \tag{10-85}$$

式中　σsp　——种群规模；

　　round(·)　——四舍五入取整函数。

　　选择需要进行杂交的粒子 $x_i(k)$ 和粒子 $x_j(k)$，即

$$\begin{cases} x_i(k) = \text{floor}(\text{rand}()^* N_{pc}) + 1 \\ x_j(k) = \text{floor}(\text{rand}()^* N_{pc}) + 1 \end{cases} \tag{10-86}$$

式中　floor(·)　——向下取整函数；

　　rand(·)　——随机函数。

　　当选择的粒子 $x_i(k)$ 和 $x_j(k)$ 相同，则重新进行选择。新的粒子 $x_i(k+1)$ 和 $x_j(k+1)$ 的位置与速度更新公式分别为

$$\begin{cases} x_i(k+1) = \alpha_1 x_i(k) + (1-\alpha_1)x_j(k) \\ x_j(k+1) = (1-\alpha_1)x_i(k) + \alpha_1 x_j(k) \end{cases} \tag{10-87}$$

$$\begin{cases} v_i(k+1) = \alpha_2 v_i(k) + (1-\alpha_2)v_j(k) \\ v_j(k+1) = (1-\alpha_2)v_i(k) + \alpha_2 v_j(k) \end{cases} \tag{10-88}$$

式中　α_1、α_2　——[0,1]区间内的两个随机数。

　　2）高斯变异操作。变异操作可以产生新的个体，提高了算法的局部搜索能力，同时能够保持种群的多样性，防止收敛早熟现象的发生。将高斯变异引入到 BPSO 中，在迭代过程中以变异概率 p_m 生成变异粒子池，即

$$N_{pm} = \text{round}(p_m \sigma sp) \tag{10-89}$$

　　选择需要进行变异的粒子 $x_i(k)$，即

$$x_i(k) = \text{floor}(\text{ramd}()^* N_{pm}) + 1 \tag{10-90}$$

　　在变异粒子池内依次选择粒子变异，变异后的粒子位置更新公式为

$$x_{id}(k+1) = x_{id}(k)(1+\delta) \tag{10-91}$$

式中　δ　——高斯变异系数，服从均值为 0、方差为 1 的正态分布。

　　在故障恢复问题的研究中，设计的目标函数包括总失电负荷最少、网损最小、开关动作次数最少，目标函数为

$$\min f = \omega_1 \sum_{j \in N} F_{ti} P_{ti}^{cut} x_{ti} + \omega_2 \sum_{i \in M} k_i \left(\frac{P_i^2 + Q_i^2}{U_i^2} \right) R_i + \omega_3 \left[\sum_{d \in F}(1-k_d) + \sum_{d \in L} k_d \right] \tag{10-92}$$

式中　ω_1、ω_2、ω_3 ——失电负荷、网损以及开关动作次数在目标函数中的权重值，根据故障恢复实际需求进行取值；

N ——配电网中的节点个数；

M ——配电网中的支路个数；

k_i ——支路 i 的投切状态，当 k_i =1 时支路连入配电网，当 k_i =0 则未连入；

P_i 和 Q_i ——第 i 条支路上流入末端节点的有功和无功功率；

U_i ——第 i 条支路末端节点的电压幅值；

R_i ——支路 i 的电阻；

d ——配电网中开关；

F ——分段开关集合；

L ——联络开关集合；

k_d ——开关的开合状态，当 k_d =1 时开关闭合，当 k_d =0 则开关断开。

在故障恢复时，首先充分利用 DG 的供电能力，形成孤岛划分方案，并与主网协调控制，最终得到故障恢复策略，具体流程如下：

步骤 1：读取配电网数据，包括初始结构、支路阻抗、节点负荷类型等。

步骤 2：读取故障信息，断开故障支路。

步骤 3：输入故障时刻，确定相应时刻的优先恢复集 $F_{t,Rload}$ 和可控负荷集 C_{load}。

步骤 4：以含 DG 的节点为根节点，以该时刻 DG 出力值为最大搜索半径，采用 BFS 确定功率圆所包含的负荷，由此得到功率圆实际半径。若出现 2 个或多个孤岛交叉，则将其融合为一个孤岛。

步骤 5：判断 $F_{t,Rload}$ 中负荷是否都已恢复，以未恢复的负荷作为根节点，采用 DFS 将其接入最近的 DG 节点，可通过削减 C_{load} 中的负荷，调整孤岛恢复范围。若负荷节点无法通过 DG 进行恢复，则不恢复该负荷。判断孤岛是否满足功率平衡约束，若满足，则转至步骤 7，若不满足，则执行步骤 6。

步骤 6：削减 C_{load}，直至满足功率平衡约束执行步骤 7。若所有 C_{load} 都已切除仍无法满足功率平衡约束，则根据重要度等级进行切负荷操作，缩小孤岛范围；若满足功率平衡及其他约束条件，则执行步骤 7，否则继续步骤 6 的切负荷操作，直至满足条件。

步骤 7：形成初步孤岛划分方案。

步骤 8：对初步孤岛内开关重新编码，更新配电网相关数据，利用主网与 DG 的协调控制，在保证步骤 7 方案中已恢复的负荷不断电的基础上，对配电网进行综合恢复，以提高负荷恢复量。

步骤 9：初始化改进 BPSO 算法参数。

步骤 10：种群初始化。

步骤 11：进行算法迭代寻优，更新粒子速度与位置，执行交叉、变异操作，计算适应度，直至到达最大迭代次数。

步骤 12：更新开关集合，得到故障恢复方案。

步骤 13：按照故障恢复策略对联络和分段开关进行相应开合操作。

故障恢复策略流程如图 10-34 所示。

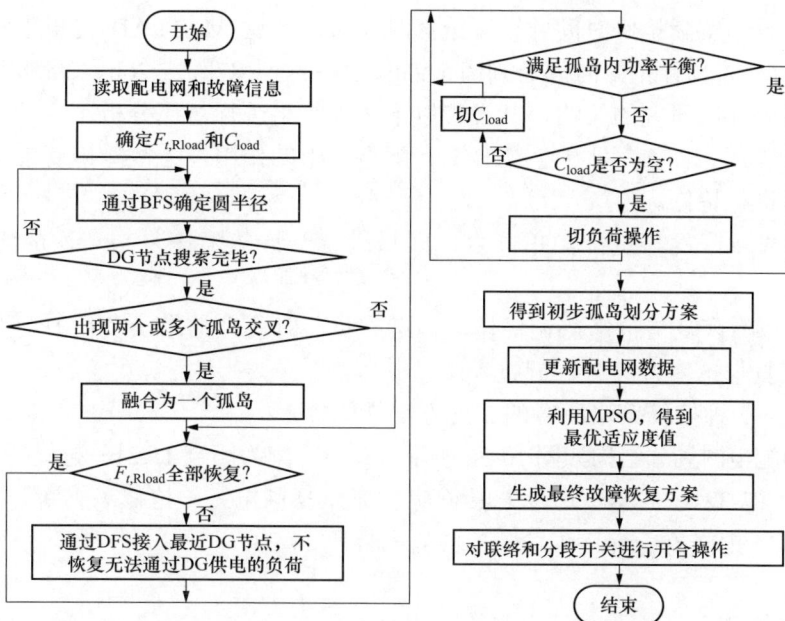

图 10-34　故障恢复策略流程图

（4）算例分析。算例对 IEEE 33 节点系统进行仿真，通过对不同策略的仿真结果进行对比，验证所提恢复与抢修协调优化策略的优越性。

算例采用 IEEE 33 节点系统，基准电压为 12.66kV，以电源点 SG 作为根节点，节点 6、12、23、30 为一级负荷，节点 1、5、8、14、16、18、21、22、24、25、29、32 为二级负荷，其余为三级负荷；节点 3、9、13、20、28 为完全可控负荷，节点 2、7、10、27 为 50% 可控负荷，其余为不可控负荷。算例中，设节点 23 为医疗负荷、节点 30 为政府负荷、节点 16、24 和 25 为商用负荷、节点 4、17 和 22 为居民负荷。因故障点的出现具有随机性，对配电网中所有支路进行编号。为更好地进行算例仿真，结合配电网实际运行情况，共设置 6 个故障点，通过 MATLAB 随机生成故障点 f_1 至 f_6，并假设故障均可被抢修成功。在配电网中分别在节点 6、8、12、23 和 30 接入 DG，网络结构如图 10-35 所示。

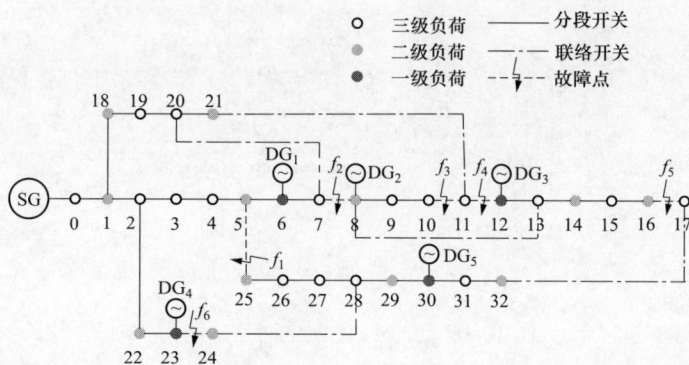

图 10-35　配电网结构

算例中，收集实际抢修时间并设置抢修时间域，通过 MATLAB 随机生成各故障点预计抢修时间：$f_1 \sim f_6$ 预计抢修时间分别为 1.93h、2.09h、1.87h、2.26h、2.52h 和 2.29 h。

为进一步验证所研究的策略，共设置以下 3 种策略进行对比分析。

策略 1：单阶段抢修，即不考虑 DG 在配电网中的作用，无故障恢复过程，发生故障后直接对故障进行抢修。

策略 2：故障恢复与抢修简单联合，即只进行一次故障恢复与一次故障抢修方案的寻优。

策略 3：故障恢复与抢修协调优化，即考虑负荷时变性需求及负荷波动性，在抢修过程中对故障恢复与抢修方案进行调整。

经过仿真，3 种抢修策略所得的 3 种方案具体如下：

方案 1 的配电网划分结构如图 10-36 所示，具体方案为闭合 11-21—抢修 f_3—闭合 8-13—抢修 f_1—闭合 17-32、24-28（此时失电负荷全部恢复供电）—抢修 f_5—断开 17-32—抢修 f_2—断开 11-21—抢修 f_4—断开 8-13—抢修 f_6—断开 24-28。

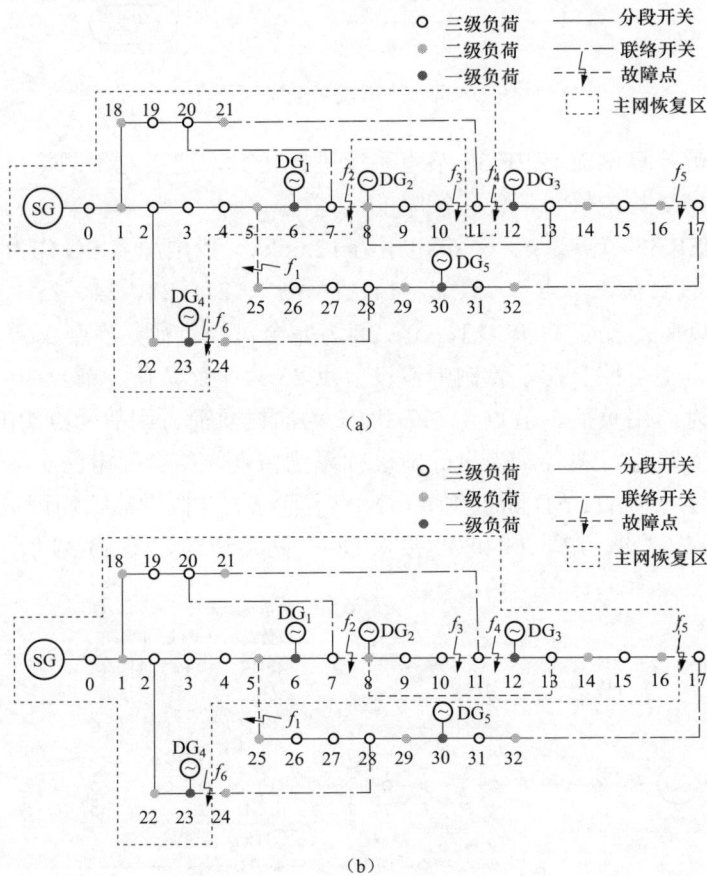

图 10-36　方案 1 的配电网划分结构
（a）方案 1 中闭合 11-21 配电网划分结构；（b）方案 1 中闭合 8-13 配电网划分结构

方案 2 的配电网划分结构如图 10-37 所示，闭合 11-21、8-13、17-32—抢修 f_3—抢修

f_1—闭合 24-28（此时所有失电负荷均恢复供电）—抢修 f_5—断开 17-32—抢修 f_2—断开 11-21—抢修 f_4—断开 8-13—抢修 f_6—断开 24-28。

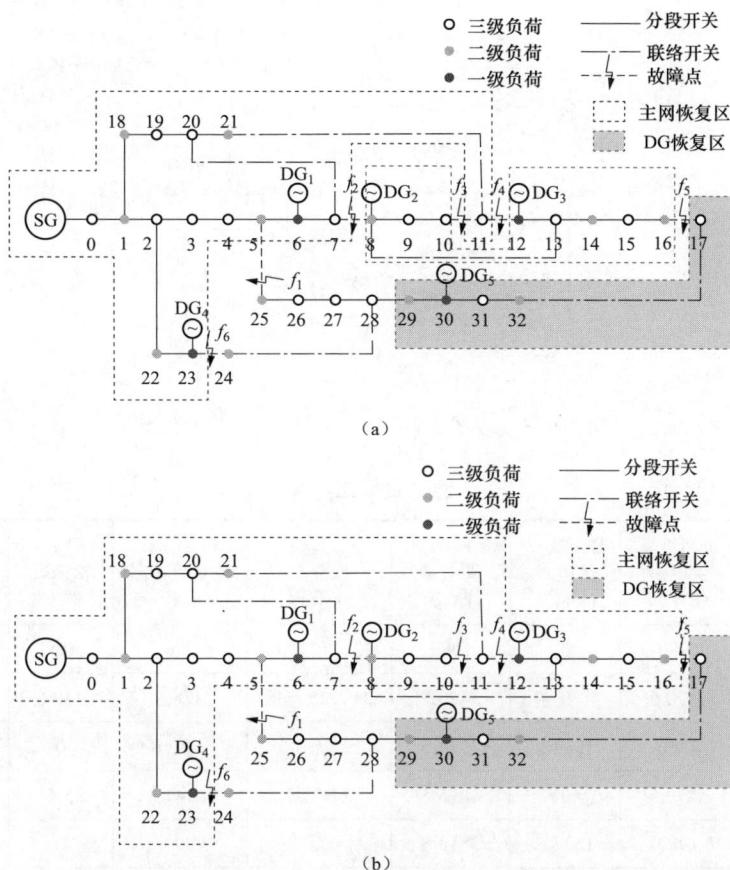

图 10-37　方案 2 配电网划分结构

（a）方案 2 中闭合 8-13 配电网划分结构；（b）方案 2 中 f_3 抢修完毕配电网划分结构

　　方案 3 的配电网划分结构如图 10-38 所示，闭合 11-21、8-13、17-32—抢修 f_3—调整故障恢复与抢修方案—闭合 24-28—抢修 f_1（此时所有失电负荷均恢复供电）—抢修 f_5—断开 17-32—抢修 f_2—断开 11-21—抢修 f_4—断开 8-13—抢修 f_6—断开 24-28。

　　在 f_1 抢修完成后，3 个方案中所有负荷均由电源点 SG 供电，且 3 种方案在 f_3 抢修时刻负荷总需求均为 3954.5kW，此时 $F_{t,Rload}$ 为：4、6、12、17、22、23、30，$F_{t,Rload}$ 中的负荷总量为 1298kW；在 f_1 负荷总需求均为 4746.5kW，此时 $F_{t,Rload}$ 为：6、12、16、23、24、25、30，$F_{t,Rload}$ 中的负荷总量为 1342kW。故障点 f_3 到故障点 f_1 的车程时间为 0.3h。因此仿真结果对比故障点 f_3 抢修完毕之前的数据，仿真结果见表 10-20。

　　通过表 10-20 可知，不同方案的主网恢复供电量相同，但由于方案 1 中未考虑 DG 的恢复能力，DG 恢复供电量为 0。在抢修完 f_1 处后，方案 3 中 DG 恢复供电量比方案 2 增加 341kW，这是由于在抢修完第一个故障点 f_3 后，方案 3 对故障恢复与抢修方案进行更新，得到了新的配电网划分结构,增加了全网恢复供电量,提高了故障恢复效率。方案 3 中 $F_{t,Rload}$ 均无未恢复负荷节点,提高了用户满意度。

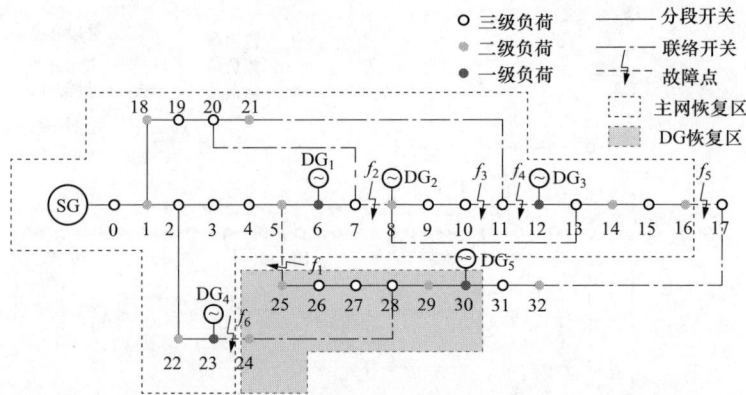

图 10-38　方案 3 调整方案后配电网划分结构

表 10-20　　　　　　　　　　　　　　　仿　真　结　果

方案序号	抢修时刻	主网恢复供电量（kW）	DG 恢复供电量（kW）	全网恢复供电量（kW）	$F_{t,Rload}$ 未恢复负荷节点	$F_{t,Rload}$ 未恢复负荷量（kW）	$F_{t,Rload}$ 未恢复比例（%）	抢修时间（h）	社会经济损失（kWh）
1	抢修 f_3	1980	0	1980	12、17、30	396	30.51	14.74	13047.05
	抢修 f_1	3470.5	0	3470.5	24、25、30	478.5	35.66		
2	抢修 f_3	1980	1534.5	3514.5	无	0	0	14.74	2302.06
	抢修 f_1	3470.5	605	4075.5	24、25	341	25.41		
3	抢修 f_3	1980	1534.5	3514.5	无	0	0	14.74	1247.27
	抢修 f_1	3470.5	946	4416.5	无	0	0		

算例中 3 种方案的抢修时间相等,但由于抢修方案对联络开关的操作不同,因此恢复负荷量不同,社会经济损失不同。方案 2 利用 DG 的供电能力对孤岛内的负荷进行可靠恢复,社会经济损失比方案 1 减少 82.36%,其目标函数减小 38.67%,由此可知,利用 DG 孤岛运行能力对失电负荷进行恢复可大幅降低社会经济损失。对比方案 3 和方案 2,方案 3 社会经济损失比方案 2 减少 45.82%,故障抢修目标函数减小 6.19%,由此可知,在抢修过程中根据负荷时变性需求及负荷波动性对配电网故障恢复和抢修方案进行更新可降低社会经济损失,提高负荷恢复效率。

10.3.4　故障处置微服务研发

配电线路发生故障时,主站系统迅速从配电终端等获取故障信息,进行故障判断、定位、隔离和非故障区域恢复供电,从而大幅度减少故障影响的停电范围和停电时间。主站系统故障处置是指利用自动化装置或系统,监视配电线路或馈线的运行状况,当配网发生故障时,能够迅速查出故障区域,自动隔离故障区域,及时恢复非故障区域用户的供电,缩短用户的停电时间，减少停电范围，提高供电可靠性。馈线自动化功能应具备人工或特定条件下自动投入或退出的机制，能适应各类电网一次接线方式，具备各种故障类型的故障处理能力。发生故障时，能给出故障区域并生成隔离及恢复方案。所生成的故障处理方案能直接给出具体的操作开关、刀闸和它们符合调度规程的操作顺序。具有与实际调度过程相一致的可操作性。处理故障过程中，具备一定的容错机制。能够对配电网的非跳闸故障进行分析，最终事故处理结束能够恢复正常运行方式。

（1）故障处理系统配置。配电主站馈线自动化功能可通过各类参数的设置，满足各地现场实际应用需求。详细参数不限于以下功能需求：

1）配置故障处理方式。支持以单条馈线或馈线联络组为单元，根据现场实际情况合理配置启动条件、故障处理方式等。各地根据需要可配置为全自动执行模式或交互式执行模式。故障处理方式支持的馈线自动化应用包括主站集中式、就地分布式、差动保护式。

2）配置启动条件。配电线路馈线自动化功能的启动条件有标准短路故障、接地故障及人工启动三种方式，具体参数可设置。短路故障的四种启动条件：①分闸+保护：系统需要在规定时间内（可设定）同时收到启动开关的分闸信号以及启动开关的保护动作信号才能满足启动条件。②分闸+事故总：系统需要接收启动开关的事故分闸信号才能启动分析。③分合分：系统需要在规定时间内（可设定）同时收到启动开关的分闸、合闸、分闸三个连续信号才能满足启动条件。④非正常分闸：系统一旦收到启动开关的分闸信号就会认定满足启动条件并启动故障分析。

3）配置功能闭锁参数。①为区分跳闸开关的检修试验引起的开关分合闸动作，防止馈线自动化误启动，需具备在启动开关上设置馈线自动化闭锁标识牌闭锁馈线自动化功能。②当配电开关遇到如下情况时，应闭锁该开关的遥控操作，原则有：开关上挂有禁止操作属性、调试属性、故障属性的标识牌；保护通道工况异常（工况退出等）；开关不可控（可配置）。③系统能根据配电终端的运行工况及其告警信息自动选择或人工选择是否参与故障的分析与处理阶段。故障分析阶段：若终端发生装置异常，终端保护信息不能可靠发出异常时，该终端能自动退出馈线自动化的故障分析阶段；故障处理阶段：终端若有不可遥控的告警或人工已设置该终端不能遥控，则该终端参与故障分析阶段，但不参与故障的隔离及转供操作。

4）配置安全约束参数。为防止负荷转供造成对侧线路过载或扩大故障停电范围。转供策略约束包含并不限于以下条件：

①转供优先级。单相接地：系统同时收到配电终端上送的接地告警（含录波分析的接地结果）及变电站母线接地告警才能满足启动条件。

系统可根据需要，由人工操作实现相应线路馈线自动化功能的启动，同时人工启动与自动启动可相互切换。一般情况下按负载量由小到大的原则安排转供路径，过载线路放在最后，搜索至上级变电站10kV出线。没有过载的方案中，优先选择通过开关站内分段开关或站间专用联络线开关的转供方案；对没有过载的方案，不判负载量，而是要保证双电源重要用户的转供电源和现有电源不是来自同一个变电站。由于配网双电源用户的模型在PMS系统中不满足要求，现在采用在配网系统中创建双电源用户表，将用户受电的受电开关做标记。

②在馈线自动化故障处理前，确保分布式电源已脱网。

③对侧线路发生单相接地故障，则不出现该条转供策略。

④对侧线路所在系统的主变低压侧超过限额，则不出现该条转供策略。

5）配置全自动处理参数。①隔离遥控失败。系统对全自动隔离遥控失败有两种方式：一种是停止全自动执行，转为人工交互方式；另一种是扩大隔离范围，继续遥控执行，直到处理完成。如果选择第一种处理方式，在遇到隔离遥控失败后，将转为人工处理，系统停止自动遥控执行。另增加设备允许遥控最大次数（可配置），超过则转为人工处理。②转供遥控失败。系统对全自动转供遥控失败有两种方式：一种是停止全自动执行，转为人工交互方式；另一种是继续选择其他恢复开关的遥控操作，直到操作全部完成后，再转为人工交互方式。③全自动设备遥控操作允许次数参数。设置全自动模式下设备允许遥控最大次数参数（可配置），超过则转为人工处理。当故障电流信号不连续时即系统在分析到故障电流信号有缺失时，系统将闭锁自动执行转为人工交互方式处理。由于故障电流有缺失，给出的故障处理方案为推荐方案，需运行人员确认后方可执行。④故障处理方案冲突。系统在进行全自动故障处理时，将对未处理完毕的事故进行冲突性检验，如果未处理完成的事故操作步骤中，存在与当前全自动故障处理操作开关相同的开关，将闭锁全自动执行，转为人工交互处理。⑤短时间内开关二次跳闸。同一开关在短时间（时间可设置）内发生第二次故障启动，如果第二次故障处理采用全自动处理方式，将闭锁自动控制模式转为人工处理方式。⑥操作开关内存在除跳闸开关以为其他主网开关。全自动执行方式下，在自动执行时，遇到除跳闸开关以外的主网开关操作时，将闭锁全自动功能，转为人工处理方式。⑦故障处理的执行模式。馈线自动化执行模式可配置自动执行故障隔离。馈线自动化执行模式可配置自动执行故障隔离、故障上游恢复、故障下游恢复。

6）配置功能投退。馈线自动化功能应具备人工或特定条件下自动投入或退出的机制。

（2）故障处理功能展示。馈线自动化功能应适应各类电网一次接线方式、不同类型设备和不同类型终端，具备各种故障类型的故障处理能力。发生故障时，系统自动收集信号并对信号分析，给出故障区域，同时生成隔离及恢复方案。所生成的故障处理方案能够直接给出具体的操作开关、刀闸和它们符合调度规程的操作顺序。具有与实际调度过程相一致的可操作性。处理故障过程中，具备一定的容错机制。能够对配电网的非跳闸故障进行分析，最终事故处理结束能够恢复正常运行方式。

1）故障定位。系统能够根据馈线拓扑和故障相关信息自动定位故障区段，可以通过交互界面上"区域着色"按钮与图形互动着色，以醒目方式辅助操作人员查询故障区域、故障上游、故障下游等信息。在功能界面能够描述定位判定的结果。

2）故障隔离。系统能够根据故障定位结果和开关确定隔离方案，通过对开关分别控制，隔离故障，故障隔离方案可自动执行或者经运行人员确认执行。

3）故障恢复。进入负荷转供界面时，图形会相应着色显示恢复路径以及需要操作的开关，提供优先方案供运行人员选择，当自动执行或者人机交互式选择执行完负荷转供方案，提示故障处理完毕，故障恢复，操作信息存档。

4）运行方式恢复。事故处理结束后，能给出恢复到事故发生前该馈线运行方式的操作策略。

5）非跳闸故障处理。支持主网、配网断路器非跳闸、配网未收到主网断路器跳闸遥信、单相接地异常运行。①故障信息丢失。10kV出线开关通过转发的方式接入配电主站，由于转发过程中，存在开关跳闸信号丢失问题。由此将导致的馈线自动化功能未启动分析。为与真实事故进行区分，疑似故障信息，不会自动弹出故障处理界面。而以告警和图形显示两种方式提示用户。用户可以在对应的断路器上通过右键操作"馈线自动化离线事故启动"按钮显示该线路下游所有疑似故障信息。②单相接地。支持多种类型的单相接地处理，终端需配合提供接地翻牌或接地信号波形文件。该功能与疑似故障处理逻辑基本相同，指示系统在收到故障信号为接地信号或者故障指示器的接地翻牌动作时，会将该故障定位为接地故障，按照接地故障分析，同时还要校验变电站母线是否有接地告警动作，用以确认是否真实的接地发生，如果变电站母线没有接地告警动作，将不会启动接地故障分析。另外，如果变电站具备接地选线装置，系统会将接地处理结果与接地选线结果进行比对，提供比对结果。

6）多种馈线自动化类型的配合。能与就地式馈线自动化、分布式馈线自动化等进行配合。根据各种类型的馈线自动化对主站的实际需求响应，线路功能启动时间可配，并提示是否与其他类型配合。

一是与重合器式就地型馈线自动化的配合。

动作逻辑：主站集中式在收到启动条件后，等待一定时间，确保就地重合器式馈线自动化已经动作完成；同时收集线路上的终端故障测量信号。如果就地重合器式馈线自动化故障隔离完成，主站集中式进行信号分析，匹配就地重合器式馈线自动化的分析处理情况，最终结合终端故障量测信号给出故障区间以及补充分析结论，并推出故障定位结果。

如果就地重合器式馈线自动化未完成处理，主站集中式根据就地重合器式馈线自动化上送的过程信号，匹配处理过程，并结合终端故障测量信号生成相应的故障处理策略，推出故障定位结果。集中式馈线自动化推出联络开关动作策略，非故障区域通过遥控或现场操作恢复供电。

结果描述：与就地重合器的配合及就地重合器执行结果、"故障区间""故障隔离情况""故障恢复情况"及其他重要信息（不限于以上描述内容）。

二是与差动保护的配合。

动作逻辑：该功能可以辅助记录发生故障信息及定位信息，由于光纤纵差跳闸后，故障将自动切除，无需提供策略，仅用于告警提示用户使用。与光纤纵差方式的配合主要取决于光纤纵差网络结构，一般来说，光纤纵差方式能够完全处理故障的隔离与恢复操作，且光纤纵差网络的可靠性较高。因此主站集中式只对光纤纵差方式的故障提供信息收集工作，即辅助记录发生故障信息及定位信息，由于光纤纵差跳闸后，故障将自动切除，无需提供策略，仅用告警提示用户使用。

结果描述：与光纤纵差的配合及光纤纵差执行结果、"故障区间""故障隔离情况""故障恢复情况"及其他重要信息（不限于以上描述内容）。

三是与智能分布式的配合。

智能分布式馈线自动化可以完整的进行故障隔离与恢复操作，主站集中式功能仅做后备补充作用。

动作逻辑：主站集中式在收到启动条件后，等待一定时间，确保智能分布式馈线自动化已经动作完成。如果智能分布式馈线自动化故障处理完成，主站集中式进行信号分析，匹配智能分布式馈线自动化的分析处理情况，最终给出故障区间以及补充分析结论，并推出故障定位结果。如果智能分布式馈线自动化完成全部处理流程，则主站集中式不做操作，只提示故障区域。如果智能分布式馈线自动化未完成全部处理流程，主站集中式根据智能分布式上送的过程信号，匹配处理过程，并生成相应的故障处理策略，提示用户进行故障处理和恢复供电。

结果描述：与智能分布式的配合及智能分布式执行结果、"故障区间""故障隔离情况""故障恢复情况"及其他重要信息（不限于以上描述内容）。

（3）故障处理控制方式。

1）人机交互式。对于运行条件不是很好的线路，为确保安全性，可采用人机交互式，系统可提供隔离及转供方案供运行人员选择，通过运行人员的确认后再做控制操作。

2）自动执行式。实时数据质量较好，具备遥控条件的线路可以采用自动执行式，系统对隔离及转供方案自动控制操作。在自动控制操作之前，将在控制台上推出交互处理界面做倒计时的等待，当倒计时完成后，系统开始自动控制操作。并在交互界面和告警窗上显示控制过程信息以及告警。自动执行式执行处理步骤时，可以配置语音告警，在执行结束后，会推出事故图形，并将故障区域闪烁显示。同时推出历史界面，将发生的事故处理信息展示给用户。

（4）故障处理反演与信息查询。故障处理的全部过程信息应保存在历史数据库中，以备故障分析时使用；可按故障发生时间、发生的变电站、馈线、受影响客户等方式对故障信息进行检索和统计；应能按故障处理实际过程进行反演，反演过程可基于环网图，利用主站记录的保护装置动作信息、线路遥测和遥信信息、系统判断结论、遥控输出与执行后各断路器和负荷开关变位信息，以图示和信息提示方式，顺序复现故障前、故障后、故障识别与定位、故障隔离、非故障区段恢复供电处理的全过程；能提供故障前和主站故障信息收集完毕后的数据断面，断面信息应包括保护装置信号状态、线路断路器及负荷开关动作状态、动作时间等；反演过程中能够提供故障判断及处理的相关依据，如故障信号、控制输出和执行动作情况等。

1）故障处理反演。馈线自动化功能的事故反演功能可以将事故过程全程信息进行反演。该界面罗列出发生事故时刻与该事故有关的所有信息，并逐一进行反演。提供开始、前进、后退、暂停、停止等功能，可按照反演进度逐一进行操作。事故反演将在事故反演态下进行，会有图形与事故反演态告警窗的相应互动信息。事故反演完毕后，能给出事故处理耗时。

2）信息查询。①全过程保存故障处理过程，在查询结果中某一项馈线故障记录将在下方的故障详细信息中得到故障综述、故障处理方案、故障隔离信息、故障恢复方案、故障电流信息、故障处理过程信息等。②检索和统计故障各项信息。在历史界面同时提供信息查询功能，查询条件栏提供了按照时间区间、运行方式、责任区、执行模式进行历史故障查询。能够统计出一段时间内（可配）的包括短路故障、疑似故障、接地故障及配变失电分析故障等类型的故障信息。③生成故障处理报告。如图 10-39 所示，可在信息查询窗体中找到需要导出的相应故障信息（可多选），可保存故障信息至本机的相应目录。

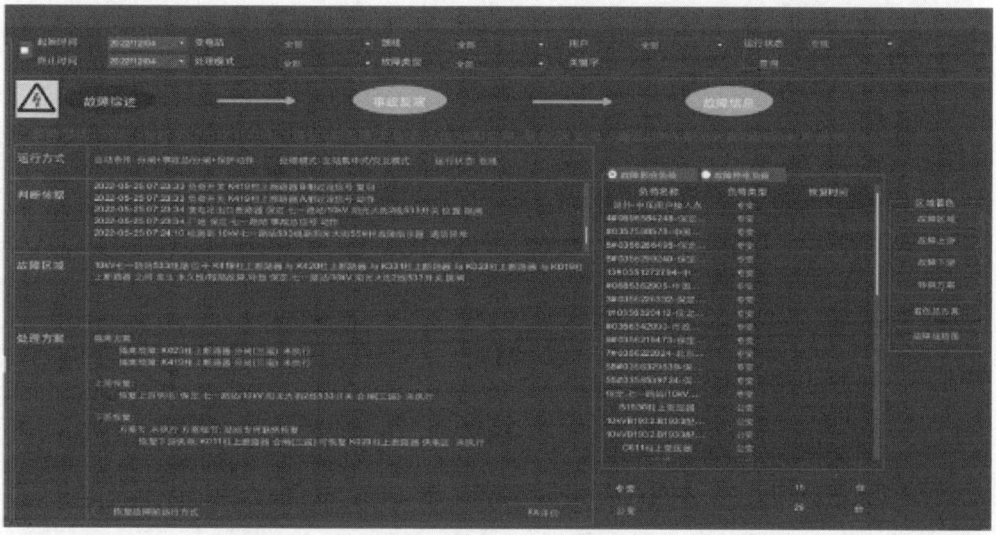

图 10-39　故障隔离与自愈方案